KOSMOS HIMMELS-JAHR 2001

SONNE, MOND UND STERNE IM JAHRESLAUF

Herausgegeben von Hans-Ulrich Keller
unter Mitarbeit von Erich Karkoschka

Mit 245 Abbildungen
und 102 Tabellen

KOSMOS

Mit 214 größtenteils vierfarbigen Zeichnungen von Gerhard Weiland nach Vorlagen der Verfasser, 20 Farbfotos und 6 Schwarzweißfotos, 102 Tabellen, 5 Sternkartendarstellungen (Archiv). 12 Monatssternkarten von Wil Tirion.

Umschlag gestaltet von Atelier Reichert, Stuttgart, unter Verwendung einer Graphik von Conrad Höllerer
Grundlayout: Friedhelm Steinen-Broo, eStudio Calamar

Lektorat: Hermann-Michael Hahn, Sven Melchert
Herstellung: Siegfried Fischer

Anschrift des Herausgebers:
Prof. Dr. Hans-Ulrich Keller
Planetarium Stuttgart
Mittlerer Schloßgarten
D-70173 Stuttgart

ISSN 1438-3306
ISBN 3-440-08120-6
Printed in Germany / Imprimé en Allemagne
Satz und Repro: Typomedia GmbH, Ostfildern
Druck und Bindung: Westermann Druck Zwickau GmbH, Zwickau

Verzeichnis wichtiger Abbildungen und Tabellen

Das Himmelsjahr 2001

Monatsübersichten

Monatsthemen

Kurzhinweise zum Gebrauch

Nachstehende Angaben sind für diejenigen Nutzer gedacht, die mit den Grundlagen der Astronomie einigermaßen vertraut sind. Für Einsteiger in die Himmelskunde seien die ausführlichen „Erläuterungen zum Gebrauch“ auf Seite 9 zur Lektüre empfohlen.
Alle Zeitangaben sind in MEZ (MEZ = UTC + 1^h) vermerkt. Während der Gültigkeit der Mitteleuropäischen Sommerzeit (MESZ = UTC + 2^h) ist zu allen Zeitangaben eine Stunde zu addieren. Während der Geltungsdauer der Sommerzeit sind die Zeitangaben in Tabellen in einem dunkleren Farbton unterlegt.
Auf- und Untergangszeiten in MEZ gelten exakt für 10° östlich von Greenwich und 50° Nord. Für Sonne und Mond gelten die Auf- und Untergangszeiten jeweils für den oberen Scheibenrand. Die mittlere Refraktion in Horizontnähe ist mit 35′ berücksichtigt. Die Dämmerungszeiten in der Rubrik „Sonnenlauf“ geben Beginn und Ende der nautischen Dämmerung (Sonnenhöhe = –12°) an. Die Mittagshöhe der Sonne gilt für 50° Nord.
Zeitgleichung = WOZ – MOZ; positive Werte: Wahre Sonne geht vor der mittleren durch den Meridian; negative Werte: Wahre Sonne geht nach der mittleren durch den Meridian.
Kulmination: Vermerkt ist die Kulminationszeit der wahren Sonne in MEZ für den Meridian 10° östlich von Greenwich.
Sternzeit: Stundenwinkel des Frühlingspunktes
Sonnenzeit: Stundenwinkel der mittleren Sonne plus 12^h
Positionen: Äquatoriale Koordinaten (Rektaszension und Deklination) gelten jeweils für das Äquinoktium J2000.0.
Mondlauf: Spalte „Sterne und Sternbilder“: Ein Sternchen (*) weist auf eine beobachtbare Sternbedeckung hin (siehe Tabelle „Sternbedeckungen durch den Mond“ im Anhang).
Spalte „Phase“: Erdnähe/Erdferne: Angegeben sind die Monddistanzen in Tausend Kilometer und der scheinbare Monddurchmesser in Bogenminuten.
Fixsternhimmel: Die Planetenpositionen in den Monatssternkarten gelten jeweils für die Mitte des laufenden Monats. Die Sternbilderbezeichnungen entsprechen der internationalen Sternbilderliste der IAU (siehe *Astrowissen* von H.-U. Keller, 2. Auflage, Seite 128).
Veränderliche Sterne: Lichtlaufzeit für Algol (β Perseï) ist berücksichtigt.
Bei β Lyrae bedeuten:
H – Hauptminimum
N – Nebenminimum
Helligkeiten: Alle Helligkeitsangaben sind V-Helligkeiten (UBV-System nach Johnson).

Das Himmelsjahr – ein Wegweiser durch die Welt der Sterne

Mit Gongschlag Mitternacht am Silvestertag des Jahres 2000 beginnt das 21. Jahrhundert und damit das dritte Jahrtausend. Der 1. Januar 2001 ist somit der erste Tag im dritten Jahrtausend, das immerhin 365 242 Tage umfasst – allerdings nur im Gregorianischen Kalender. Im Julianischen Kalender beginnt das dritte Jahrtausend erst am 14. Januar 2001, denn der 1. Januar 2001 des Julianischen Kalenders fällt auf den 14. Januar im Gregorianischen Kalender. In anderen Kalendersystemen gibt es diesmal keinen Jahrtausendwechsel. So beginnt am 17. September 2001 das jüdische Jahr 5762 und am 25. März das islamische Jahr 1422 (siehe auch Seite 7). Damit wird die Bedeutung des „Jahrtausendwechsels" relativiert.
Astronomisch gesehen ist der Jahrtausendwechsel ohne Belang. Denn der Beginn einer Jahreszählung, die sogenannte Epoche, ist mehr oder minder willkürlich von Menschen festgelegt worden. Der Lauf der Gestirne bleibt davon unberührt. Seit scheinbar ewigen Zeiten ziehen Sonne, Mond und Sterne ihre Bahnen lautlos und präzise am Firmament.
Was uns das dritte Jahrtausend unserer christlichen Zeitrechnung bescheren wird, darüber kann man nur spekulieren. Ein Blick in die Zukunft bleibt uns verwehrt. Mit einer Ausnahme: Die Astronomen können den Lauf der Gestirne berechnen und mit hoher Genauigkeit angeben, wann und wo die nächste totale Sonnenfinsternis zu sehen sein wird, wann und wo welche Planeten am Nachthimmel glänzen, wann bestimmte Sterne vom Mond bedeckt werden oder wie die vier hellen Jupitermonde sich zu einem bestimmten Zeitpunkt um den Riesenplaneten gruppieren.
Nicht zuletzt deshalb übt die Astronomie auf viele Menschen eine ungeheure Faszination aus. Und manche hoffen immer noch, dass aus dem vorhersehbaren Lauf der Gestirne auch das eigene, zukünftige Schicksal ableitbar ist. Ein Aberglaube, gewiss, aber anscheinend unausrottbar. Wer hofft, im vorliegenden Jahrbuch Hinweise auf sein persönliches Wohlergehen aufgrund von Gestirnsstellungen zu erfahren, wird enttäuscht werden. Es dient vielmehr denjenigen, die einmal die „Wunder des Himmels" mit eigenen Augen erleben wollen und sich einen Leitfaden wünschen, um sich am gestirnten Firmament zurechtzufinden.
Immer mehr Menschen starren viele Stunden pro Tag auf Bildschirme, sei es im Beruf oder in der Freizeit. Wir surfen im Internet und hocken vorm Fernseher. Da mag von Zeit zu Zeit der Wunsch aufkommen, einmal die Weite und Klarheit eines ungetrübten Sternenhimmels zu erleben, einmal die Augen von Horizont zu Horizont über die riesige Himmelskugel schweifen zu lassen und in Ruhe die Pracht des glitzernden Nachthimmels zu genießen. Natürlich möchte man auch wissen, was man da am Sternenhimmel alles zu Gesicht bekommt und wann interessante Himmelserscheinungen zu beobachten sind.
Wann, wo und wie welche Gestirne und Himmelsereignisse im Jahr 2001 zu beobachten sind, darüber will das Himmelsjahr die geneigte Leserschaft informieren. Einer jahrzehntelangen Tradition folgend, berichtet vorliegendes Jahrbuch über alle wichtigen astronomischen Ereignisse des Jahres in möglichst klarer und verständlicher Form.
Jedes Jahr kommen stets neue Leser und Leserinnen hinzu, die sich erst in die astronomischen Fachbegriffe und in die spezifische Materie der Himmelskunde einarbeiten wollen. Sie schätzen eine möglichst einfache und doch vollständige Darstellungsweise auch komplizierter Sachverhalte. Für die Erstbenutzer ist das Einführungskapitel „Erläuterungen zum Gebrauch" in erster Linie gedacht. Auch der langjährige Himmelsjahrleser sollte ab und zu das Einführungskapitel durchgehen.
Nicht nur dem Neuling in der Himmelskunde will vorliegendes Jahrbuch dienen. Für fortge-

schrittene Sternfreunde und systematisch arbeitende Amateurastronomen bringt es alle notwendigen Zahlenangaben (Ephemeriden) für eigene Beobachtungen. Um möglichst allen Benutzern – vom Anfänger bis zum versierten Beobachter – zu dienen, wird in den Monatsübersichten eine einfache, beschreibende Darstellung aller interessanten Himmelsvorgänge gebracht, während im Tabellenteil am Schluß wichtige Beobachtungsdaten in Form von Zahlentafeln vermerkt sind, die der Anfänger unberücksichtigt lassen kann.

Neu hinzugekommen ist in diesem Jahrgang das Kapitel „Kurzhinweise zum Gebrauch". Es soll dem Astronomiekundigen einen raschen Überblick über die in diesem Jahrbuch verwendeten Konventionen verschaffen, ohne dass er lange das Einführungskapitel durchackern muss.

Dem Hauptteil ist eine Zusammenfassung der im Jahre 2001 stattfindenden Sonnen- und Mondfinsternisse vorangestellt. Auf Seite 7 findet man eine kalendarische Übersicht für das Jahr 2001 mit chronologischen Daten und Angaben der Festtage.

Der Anhang enthält ein Verzeichnis professioneller astronomischer Institute sowie eine Liste von amateurastronomischen Einrichtungen, die den Kontakt zu Gleichgesinnten erleichtern soll.

Die Daten für das vorliegende Jahrbuch stammen, soweit nicht nachstehend besonders vermerkt, vom Planetarium Stuttgart. Das Bureau des Longitudes, Paris, lieferte die Daten für die Jupitermonderscheinungen, die Angaben für die Sternbedeckungen das International Lunar Occultation Centre (ILOC), Tokio, die Sonnenfleckenrelativzahlen das Observatoire Royal de Belgique, Brüssel. Die Finsternisdaten stammen von Fred Espenak und Jay Anderson vom Goddard Space Flight Center, Greenbelt in Maryland.

Für die rege Teilnahme an der Umfrage im Himmelsjahr 2000 gilt allen Lesern unser Dank. Bei Redaktionsschluss war die Auswertung noch nicht abgeschlossen, aber die am häufigsten genannten Wünsche konnten schon in dieser Ausgabe berücksichtigt werden. Dazu gehört eine weitere Optimierung der Monatssternkarten, die bessere Bindung des Buches sowie ein Verzeichnis der Monatsthemen von 1990 bis 2000. Im Anschriftenverzeichnis auf Seite 236 findet der Leser nun auf einen Blick die Adressen der gewerblichen Anbieter von Teleskopen und Zubehör.

Mein besonderer Dank gilt meinem Mitarbeiter, Herrn Erich Karkoschka (Lunar and Planetary Laboratory, University of Arizona, Tucson) für seine Ephemeridenberechnungen und Anfertigungen vieler Skizzen sowie für seine zahlreichen Hinweise und Vorschläge zur weiteren Verbesserung dieses Jahrbuches. Dank schulde ich auch Herrn Gerhard Weiland, der mit großer Sorgfalt und Umsicht die Reinzeichnungen aller Graphiken angefertigt hat.

Dankbar bin ich auch allen dienstbaren Geistern, die sorgfältig Korrektur gelesen haben. Zu danken habe ich ferner den Mitgliedern der Beobachtergruppe des Planetariums Stuttgart für ihre hervorragenden Astroaufnahmen, die sie auf der Sternwarte Welzheim gewonnen haben. Dank gebührt auch Frau Carmen Borst und Frau Claudia Dintner für die sorgfältige Reinschrift des Manuskripts sowie den Mitarbeiterinnen und Mitarbeitern des Verlages, insbesondere den Herren Siegfried Fischer, Hermann-Michael Hahn, Hartmut Kuhlmann und Sven Melchert, für die hervorragende Zusammenarbeit, ohne die dieses Jahrbuch nicht pünktlich erscheinen könnte.

Stuttgart, im März 2000
Hans-Ulrich Keller

Das Jahr 2001

Das Jahr 2001 ist nach dem Gregorianischen Kalender ein **Gemeinjahr** mit **365** Tagen. Das dritte Jahrtausend beginnt am 1. Januar 2001.

Beginn der Jahreszeiten:

- **Frühling** (Tagundnachtgleiche): 20. März 14^h31^m MEZ
- **Sommer** (Sonnenwende): 21. Juni 8^h38^m MEZ
- **Herbst** (Tagundnachtgleiche): 23. September 0^h04^m MEZ
- **Winter** (Sonnenwende): 21. Dezember 20^h21^m MEZ

▸ **Sommerzeit:** Die Mitteleuropäische Sommerzeit (MESZ) geht gegenüber der Mitteleuropäischen Zeit (MEZ) um eine Stunde vor. Sie soll vom **25. März** bis **28. Oktober** 2001 gelten. Kurzfristige Änderungen sind möglich.

Fest- und Feiertage 2001

Neujahrstag:	**Montag,** 1. Januar
Aschermittwoch:	28. Februar
Karfreitag:	13. April
Ostersonntag:	**15. April**
Ostermontag:	16. April
Christi Himmelfahrt:	Donnerstag, 24. Mai
Pfingstsonntag:	3. Juni
Pfingstmontag:	4. Juni
Fronleichnam:	Donnerstag, 14. Juni
Allerheiligen:	Donnerstag, 1. November
Buß- und Bettag:	Mittwoch, 21. November
1. Advent:	Sonntag, 2. Dezember
Heiliger Abend:	Montag, 24. Dezember
1. Weihnachtstag:	**Dienstag,** 25. Dezember
2. Weihnachtstag:	Mittwoch, 26. Dezember
Silvester:	**Montag,** 31. Dezember

Staatsfeiertage 2001

Tag der deutschen Einheit:	Mittwoch, 3. Oktober
Österreich. Nationalfeiertag:	Freitag, 26. Oktober
Schweizer Bundesfeier:	Mittwoch, 1. August

Kalender-Ären 2001

Das jüdische Jahr 5762 beginnt am 17. September mit Sonnenuntergang. Der jüdische Neujahrstag fällt daher auf den 18. September.
Das islamische Jahr 1422 beginnt am 25. März mit Sonnenuntergang. Der erste Tag des islamischen Jahres 1422 korrespondiert daher mit dem 26. März 2001.
Am 14. September beginnt in der byzantinischen Ära das Jahr 7510.
Am 1. Januar beginnt das japanische Jahr 2661.
Am 11. September beginnt das Jahr 1718 der Ära Diokletians.
Am 14. September beginnt das Jahr 2313 der Seleukidenära.
Am 14. Januar beginnt das Jahr 2754 der römischen Ära a. u. c.
Der 14. Januar 2001 des **Gregorianischen** Kalenders korrespondiert mit dem 1. Januar 2001 des **Julianischen** Kalenders.
Das Jahr 2001 entspricht dem Jahr 6714 der Julianischen Periode.

Der 1. Januar 2001 (0^h Weltzeit = 1^h Mitteleuropäische Zeit) hat die Julianische Tagesnummer 2 451 910,5.

Chronologie 2001

Sonnenzirkel: 22
Goldene Zahl (Mondzirkel): VIII
Sonntagsbuchstabe: G
Indiktion (Römerzinszahl): 9
Epakte: 5
Jahresregent: Jupiter
(Nähere Erläuterungen zu den chronologischen Zyklen, die auch Kalender-Zyklen genannt werden, siehe Seite 25).

Finsternisse 2001

Fünf Finsternisse treten im Jahr 2001 ein: Eine totale, eine partielle und eine Halbschattenfinsternis des Mondes sowie eine totale und eine ringförmige Sonnenfinsternis. Von Mitteleuropa aus ist die totale Mondfinsternis vom 9. Januar in den Abendstunden beobachtbar. Alle anderen Finsternisse sind von Mitteleuropa aus nicht sichtbar. Nähere Angaben zu den Finsternissen findet man im Kapitel „Sonnen- und Mondfinsternisse“ auf Seite 26. Außerdem ist die totale Sonnenfinsternis vom 21. Juni, deren Totalitätszone über das südliche Afrika zieht, im Monatsthema Juni auf Seite 113 näher beschrieben.

Planeten 2001

Merkur kann Ende Januar bis Anfang Februar sowie im Mai am Abendhimmel beobachtet werden. Am Morgenhimmel ist der flinke Planet Mitte Juli sowie Ende Oktober bis Mitte November zu sehen.
Venus zeigt sich zu Jahresbeginn am Abendhimmel. Im März beendet sie ihre Abendsternperiode und kommt am 30. März in untere Konjunktion mit der Sonne. Im April taucht sie am Morgenhimmel auf. Venus bleibt bis Anfang Dezember Morgenstern. Ihren größten Glanz am Abendhimmel erreicht sie am 22. Februar. Am Morgenhimmel strahlt unser innerer Nachbarplanet im größten Glanz Anfang Mai.
Mars ist zu Jahresbeginn Planet am Morgenhimmel. Am 13. Juni steht der rote Planet im Sternbild Schlangenträger in Opposition zur Sonne und ist die ganze Nacht über als auffälliges Gestirn mit einer Helligkeit von $-2{,}^{m}4$ zu sehen. Mit 67 Millionen Kilometer Oppositionsentfernung von der Erde fällt die diesjährige Opposition recht günstig aus. Bis über das Jahresende hinaus ist Mars in der ersten Nachthälfte beziehungsweise am Abendhimmel sichtbar.
Jupiter ist im Sternbild Stier zu Jahresbeginn in der ersten Nachthälfte am Firmament ein auffälliges Gestirn. Im ersten Jahresdrittel ist er am Abendhimmel vertreten. Im Mai zieht er sich vom Abendhimmel zurück und kommt am 14. Juni in Konjunktion mit der Sonne. Ende Juli taucht der Riesenplanet am Morgenhimmel auf und wird bis Jahresende zum Planeten der ganzen Nacht. Am 1. Januar 2002 steht er schließlich im Sternbild Zwillinge in Opposition zur Sonne.
Saturn ist bis Ende April am Abendhimmel vertreten. Am 25. Mai steht er in Konjunktion mit der Sonne. Im Juli erscheint der Ringplanet wieder am Morgenhimmel. Am 3. Dezember erreicht er im Sternbild Stier seine Oppositionsstellung zur Sonne und ist die ganze Nacht über beobachtbar.
Uranus, Neptun und **Pluto** sind so lichtschwach, dass sie mit bloßen Augen nicht sichtbar sind.
Uranus kommt am 14. August im Sternbild Steinbock in Opposition zur Sonne, **Neptun** bereits am 30. Juli, auch im Steinbock.
Pluto, der kleinste und sonnenfernste der neun Planeten unseres Sonnensystems, steht am 3. Juni im Sternbild Schlangenträger in Opposition zur Sonne.

Ausführlichere Angaben über die Sichtbarkeit der Planeten entnehme man der Rubrik „Planetenlauf“ in den Monatsübersichten.

Erläuterungen zum Gebrauch

Wer zum ersten Mal dieses Jahrbuch in Händen hält und noch keine Erfahrungen im Beobachten des gestirnten Himmels hat, sollte nachstehende Erläuterungen aufmerksam lesen. Sie geben eine kurze, aber profunde Einführung in die Grundlagen der praktischen Himmelskunde.

Wer sich jedoch schon am Sternenhimmel auskennt, kann sofort die „Kurzhinweise zum Gebrauch" dieses Jahrbuches auf Seite 4 aufschlagen.

Nur noch selten bietet sich uns modernen Zivilisationsmenschen die Gelegenheit, ungestört von irdischen Lichtquellen die Pracht eines klaren, sternenübersäten Nachthimmels zu erleben. Schier endlos scheint die Zahl der flimmernden Lichtpünktchen am samtschwarzen Firmament zu sein. Schnell kommt der Wunsch auf, sich am Sternenzelt zurechtzufinden und mehr über die Wunder des Weltalls zu erfahren.

Die vielen Sterne, die man in einer mondlosen Nacht zu sehen bekommt, sind fast ausnahmslos Sonnen, also heiße, selbstleuchtende Gasbälle, gewissermaßen Geschwister unserer eigenen Sonne. Sie prägen dem Himmel ein scheinbar unveränderliches Muster auf, das heißt, ihre gegenseitigen Positionen bleiben unverändert; man nennt sie daher Fixsterne. Die Phantasie der Menschen erkannte schon in alter Zeit in der zufälligen Anordnung der Sterne die Gestalten von Menschen, Tieren oder Gegenständen, eben die Sternbilder. Das Beispiel des Großen Wagens ist wohl jedem bekannt. Seine Form ändert sich nicht, jahraus, jahrein erkennen wir ihn in gleicher Gestalt.

Das Aussehen des Sternenhimmels ändert sich jedoch von Stunde zu Stunde. Da die Erde sich dreht, gehen die Sterne ebenso wie Sonne und Mond auf und unter. Am Morgenhimmel sind andere Sternbilder zu sehen als am Abendhimmel. Da die Sonne im Laufe eines

E.1 Der abnehmende Mond, aufgenommen am 1. November 1999 auf der Sternwarte Welzheim von Martin Gertz (Beobachtergruppe Planetarium Stuttgart).

E.2 Der Spiralnebel M 81 im Großen Bären – ein Milchstraßensystem aus mehr als 100 Milliarden Sonnen in 13 Millionen Lichtjahren Entfernung (Aufnahme: Hale-Observatories, Pasadena, California).

Jahres durch die Tierkreissternbilder wandert, ist der Himmelsanblick auch jahreszeitlich immer wieder verschieden.
Schließlich hängt es noch vom Beobachtungsort auf der Erde ab, welche Sterne zu sehen sind. In anderen geographischen Breiten sieht der Himmel entsprechend verschieden aus. Das berühmte Kreuz des Südens beispielsweise ist bei uns in Mitteleuropa nicht zu sehen.
Im *Himmelsjahr* ist das Bild des abendlichen Fixsternhimmels für jeden Monat beschrieben. Eine Sternkarte erleichtert die Übersicht. Außerdem ist die Stellung des Himmelswagens um 22^h MEZ für jeden Monat aus einer Graphik ersichtlich. Der Himmelswagen ist in jeder klaren Nacht zu beobachten, da er bei uns zirkumpolar ist, also niemals untergeht.
Während die Fixsterne ihre Stellungen zueinander nicht ändern, sondern nur gemeinsam infolge der Erdrotation über das Firmament ziehen, gibt es Gestirne, die ihre Position im Laufe von Wochen und Monaten ändern. Man nennt sie Wandelsterne oder Planeten (griech.: πλανάωμαι = umherirren). Sie sind die Geschwister unserer Erde, die ebenfalls ein Planet ist. Mit freiem Auge sind fünf Planeten zu sehen: Merkur, Venus, Mars, Jupiter und Saturn. Nach Erfindung des Fernrohres wurden noch drei weitere entdeckt: Uranus, Neptun und Pluto. Somit sind heute neun große Planeten bekannt, die die Sonne, das Zentralgestirn, umkreisen. Wer die Sternbilder kennt, dem fällt ein Planet sofort als nicht dazugehöriges, gewissermaßen fremdes Gestirn auf. Ferner flimmern Planeten im Unterschied zu den punktförmigen Fixsternen nicht oder kaum, sie glänzen ruhig im geborgten Sonnenlicht.
Die Planeten laufen ziemlich genau in derselben Ebene um die Sonne, die von der Erdbahn aufgespannt wird. Die Erdbahnebene entsteht durch den Umlauf der Erde um die Sonne. Sie heißt auch Ekliptikebene. Von der Erde aus gesehen wandert somit die Sonne in einem Jahr durch die bekannten Sternbilder des Tierkreises. Der Wanderweg der Sonne heißt Ekliptik. Mond und Planeten bewegen sich ebenfalls in der Nähe der Ekliptik. Sie sind daher stets in den Tierkreissternbildern zu finden. Niemals kann beispielsweise die Venus im Großen Bären gesehen werden!
Ein Wort zu den Dimensionen im Weltall: Gibt man sie in Kilometer an, so erhält man die berühmten „astronomischen" Zahlen, Ungetüme mit vielen Nullen, die kaum aussprechbar sind und unter denen man sich gar nichts mehr vorstellen kann. Anschaulicher werden die Entfernungen im Kosmos, nimmt man die Reisegeschwindigkeit des Lichtes zu Hilfe: Pro Sekunde legt ein Lichtstrahl 300 000 Kilometer zurück, das ist fast die Strecke von der Erde zum Mond. Von der Sonne zur Erde sind es $8^1/_3$ Lichtminuten; dies entspricht 150 Millionen Kilometer. Die Entfernung Erde – Sonne wird auch Astronomische Einheit (A. E.) genannt. Sie ist die Basis für astronomische Entfernungsmessungen. Bis zum fernsten Planeten unseres Sonnensystems, dem Pluto, ist ein Lichtquant von der Sonne immerhin schon sechs Stunden unterwegs. Danach beginnt der Abgrund der Fixsternräume. Schon die nächsten Sterne, also Nachbarsonnen unserer eigenen, sind so weit weg, dass das Licht Jahre braucht, um die gewaltigen Distanzen zu überbrücken. In einem Jahr legt das Licht 9 460 000 000 000 Kilome-

ter zurück, also fast zehn Billionen Kilometer. Sirius im Sternbild Großer Hund, ein sehr naher Stern, ist beispielsweise „nur" neun Lichtjahre entfernt. Die meisten Sterne sind aber Dutzende, Hunderte und Tausende von Lichtjahren weit weg. Alle Sterne am Himmel gehören zu einem riesigen System, zur Milchstraße. Als Sternenschwarm von weit über 100 Milliarden Sonnen bildet sie einen gewaltigen Diskus mit 100 000 Lichtjahren Längsdurchmesser und 15 000 Lichtjahren Dicke. Zwischen den Sternen schweben Staub- und Gaswolken, sogenannte interstellare Materie. Von den Milliarden Sternen der Milchstraße sehen wir in einer klaren Nacht aber nur etwa 3000 bis 4000 Sterne. Doch die Milchstraße ist nicht das einzige Sternensystem im Universum. Es gibt Milliarden solcher Milchstraßen oder Galaxien, wie sie auch heißen. Schon mit bloßem Auge kann man im Sternbild der Andromeda ein schwaches Lichtfleckchen erkennen: unsere Nachbarmilchstraße, den berühmten Andromedanebel. Fast drei Millionen Jahre ist das Licht dieser Sterne zu uns unterwegs. Andere Galaxien oder Spiralnebel stehen viele Millionen, ja Milliarden Lichtjahre tief im Raum.

Sterne, Sternbilder und Sternkarten

Je nach Phantasie und Kultur haben die einzelnen Völker Sterne und Sternbilder unterschiedlich benannt. Die alten Chinesen kannten einen anderen Tierkreis, als wir ihn heute benutzen. Der Große Wagen wiederum heißt bei den Amerikanern „big dipper", große Schöpfkelle. Die meisten Sternbilder, die wir in den Sternkarten finden, stammen aus der griechisch-römischen Mythologie, viele haben ihre Wurzeln im babylonischen Kulturkreis, einige kamen im Mittelalter hinzu. Die Sternbilder des Südhimmels wurden erst in der Neuzeit von den Entdeckern benannt. Damit keine Verwirrung aufkommt, hat die Internationale Astronomische Union (IAU) für die gesamte Himmelskugel 88 Sternbilder festgelegt, die für alle Astronomen und Sternfreunde verbindlich sind. Diese 88 Sternbilder haben lateinische Namen und jeweils eine Abkürzung von drei Buchstaben; Beispiel: der Krebs, lat.: Cancer, Abkürzung: Cnc.
Waren früher die Grenzen zwischen den einzelnen Sternbildern unklar oder fließend, so sind die durch IAU-Beschluß festgelegten Sternbilder durch die rechtwinkligen, äquatorialen Himmelskoordinaten (Rektaszension und Deklination) eindeutig abgegrenzt.
In alten Himmelsatlanten findet man recht hübsch und phantasiereich ausgeschmückte Darstellungen der einzelnen Himmelsfiguren (Abb. E.3). Moderne Sternkarten zeigen nur noch Namen und Koordinatengrenzen eines Sternbildes, aber keine figürliche Darstellung mehr (Abb. E.4).
Speziell für die Benutzer des Himmelsjahres empfehlen sich zur ersten Orientierung die Sternkarten in dem *Atlas für Himmelsbeobachter* von Erich Karkoschka, Kosmos-Verlag, Stuttgart (Abb. E.5). Alle Sterne, die mit freiem Auge sichtbar sind, finden sich in dem Himmelsatlas *Der neue Kosmos-Himmelsführer* von Hermann-Michael Hahn und Gerhard Weiland, ebenfalls aus dem Kosmos-Verlag, Stuttgart (Abb. E.4).
Für Sternfreunde mit Fernrohren seien folgende Sternatlanten genannt:
Atlas of the Heavens (Atlas Coeli 1950.0) von Antonin Becvar (geht bis $7\overset{m}{.}75$),
Sky Atlas 2000.0 von Wil Tirion (bis $8\overset{m}{.}5$), und
Uranometria 2000.0 von W. Tirion/B. Rappaport/G. Lovi (Grenzgröße $9\overset{m}{.}5$).
Neben den klassischen Sternatlanten gibt es heute auch gute Computerprogramme, die einen gewünschten Himmelsausschnitt am Monitor erscheinen lassen. Zwei empfehlenswerte Programme seien hier genannt:
Urgras von Roman A. Gubser, Urania-Sternwarte Zürich, und
Bessel 2.0 Planetarium für Windows von Antonius Schrode, Frankfurt am Main.
Nur die hellsten oder auffällige Sterne, die beispielsweise periodisch ihre Helligkeit ändern, haben Eigennamen erhalten. Diese stammen häufig von den Arabern, die in klaren Wüstennächten eifrig den Himmel beobachteten. So heißen die beiden hellsten Sterne im Wintersternbild Orion Beteigeuze und Rigel oder der berühmte veränderliche Stern im Perseus Algol.
Etwas systematischer hat Johannes Bayer im Jahre 1603 die Sterne bezeichnet, nämlich mit griechischen Buchstaben und dem Genitiv des lateinischen Sternbildnamens. So bekommt der hellste Stern in der Leier die Bezeichnung α Lyrae (oder kurz α Lyr), der zweithellste β Lyrae, der dritthellste γ Lyrae usw. Die Helligkeitsfolge ist aber nicht immer streng eingehalten, manchmal hat die Mythologie Vorrang. Von den beiden hellen Zwillingssternen trägt der hellere Pollux die Bezeichnung β Geminorum, der etwas schwächere Kastor α Geminorum. Bei Doppelsternen wird gelegentlich noch ein Index an den griechischen Buchstaben angehängt. Beispiel: ε_1 und ε_2

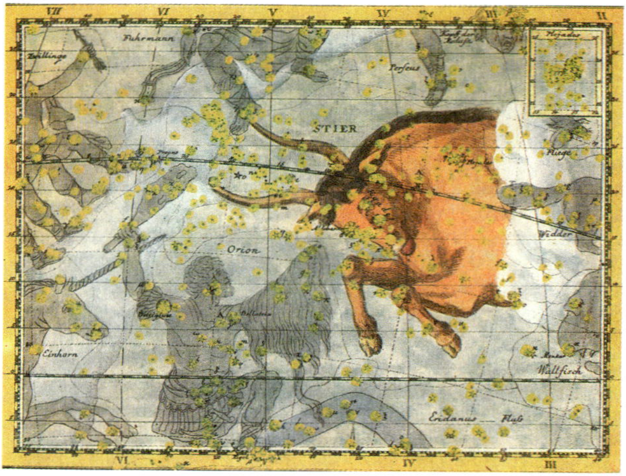

E.3 Das Sternbild Stier (Taurus) in der phantasievoll ausgeschmückten Sternkarte von Johann Elert Bode aus dem Jahre 1782.

Lyrae, der berühmte Vierfachstern in der Leier (jede Komponente ist ihrerseits ebenfalls ein Doppelstern). Die 24 griechischen Buchstaben (siehe Seite 25) pro Sternbild reichen natürlich nicht aus, um alle Sterne zu benennen. Bei schwächeren Sternen gibt man die Katalognummer an, unter der sie verzeichnet sind, oder einfach die genauen Koordinaten. Beispiele für Katalognummern: BD +52°1312 bedeutet Stern Nummer 1312 in der Deklinationszone von +52° bis +53° der so genannten Bonner Durchmusterung. HD 128 974, Stern aus dem Henry-Draper-Katalog, SAO 146 912, Stern aus dem Smithsonian Astrophysical Observatory Star Catalog, FK5: 1051, Stern aus dem 5. Fundamental-Katalog. Sterne, deren Helligkeit variiert, werden häufig mit großen lateinischen Buchstaben + Sternbildnamen versehen: RR Lyrae, T Coronae Borealis. Man kann somit aus der Bezeichnung auf die Eigenart dieser Sterne schließen.
Eine Zusammenfassung der verschiedenen Bezeichnungen für die helleren Sterne findet man in dem Katalog-Werk *Synopsis der Nomenklatur der Fixsterne* von H. Werner und F. Schmeidler, Wissenschaftl. Verlagsgesellschaft mbH., Stuttgart.

Sterngruppen und Nebel

Schon mit bloßem Auge entdeckt man im Sternbild Stier ein Grüppchen von sechs bis neun Sternen, bekannt unter dem Namen Siebengestirn oder Plejaden. Sucht man den Himmel mit Feldstecher oder Fernrohr ab, so findet man zahlreiche derartige Gruppen. Sie werden schlicht Sternhaufen genannt. Man unterscheidet offene und kugelförmige Sternhaufen: Offene Sternhaufen enthalten Dutzende bis einige hundert Sterne, die alle einzeln als Lichtpunkte

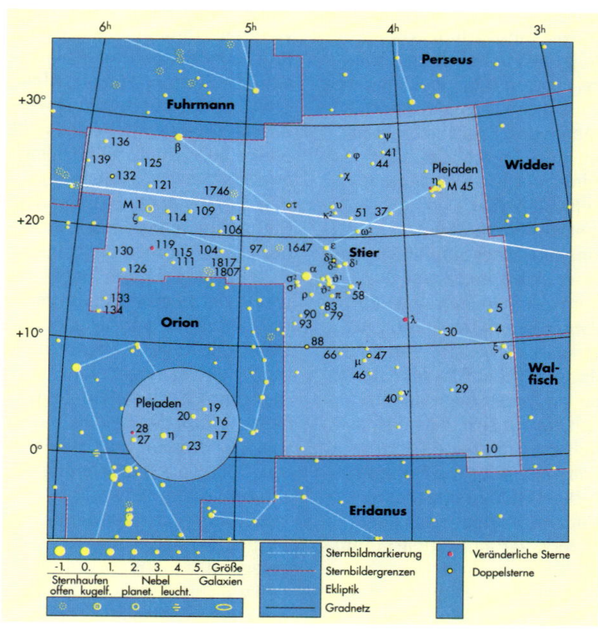

E.4 Ausschnitt aus einem modernen Sternatlas (Der neue Kosmos-Himmelsführer von H.-M. Hahn und G. Weiland). Die Karte zeigt das Sternbild Stier (lat. Taurus).

erkennbar sind; Kugelhaufen haben Hunderttausende bis Millionen Mitgliedssterne und sind als verwaschene, kreisrunde Lichtfleckchen zu sehen. Nur die Randpartien sind in Einzelsterne auflösbar, im Zentrum stehen die Sterne zu dicht, um als einzelne Lichtpunkte erkannt zu werden.
Zwischen den punktförmigen Sternen zeigen sich auch nebelhafte Gebilde. Da diese „Nebel" ihre Positionen unter den Sternen beibehalten, sind sie keine Erscheinung in der Erdatmosphäre, sondern astronomische Objekte. Bei den Nebeln gilt es, zwei Kategorien auseinanderzuhalten. Einmal beobachten wir tatsächlich Staub- und Gasmassen zwischen den Sternen unserer Milchstraße, wie zum Beispiel im Sternbild Orion den berühmten Orion-Nebel. Andere nebelhafte Lichtfleckchen lassen sich jedoch mit sehr großen Teleskopen in einzelne Sterne auflösen. Hier sieht man fremde, ferne Milchstraßensysteme; das Licht von Milliarden Sternen wird von uns nur als schwaches Nebelfleckchen registriert, wie beispielsweise beim Andromeda-Nebel. Wegen ihrer häufig spiraligen Gestalt spricht man auch von Spiralnebeln oder Galaxien (griech.: γαλάξις = Milchstraße).
Der französische Astronom Charles Messier (1730 bis 1817) hat einen Katalog mit über hundert Sternhaufen und Nebeln zusammengestellt. Sternfreunde benutzen noch heute seine Katalognummern. Der Orion-Nebel wird z. B. mit M 42, der Andromeda-Nebel mit M 31, der Kugelsternhaufen im Herkules mit M 13 bezeichnet.
Wesentlich umfangreicher ist der Katalog von John L. E. Dreyer mit dem Namen *New General Catalogue of Nebulae and Clusters of Stars*, abgekürzt mit NGC. Später erschienen noch zwei Ergänzungen (*Index – Catalogue I and II*, kurz IC I und IC II) und schließlich der überarbeitete *Revised New General Catalogue* (RNGC). Daher trägt der Andromeda-Nebel M 31 auch die Bezeichnung NGC 224.

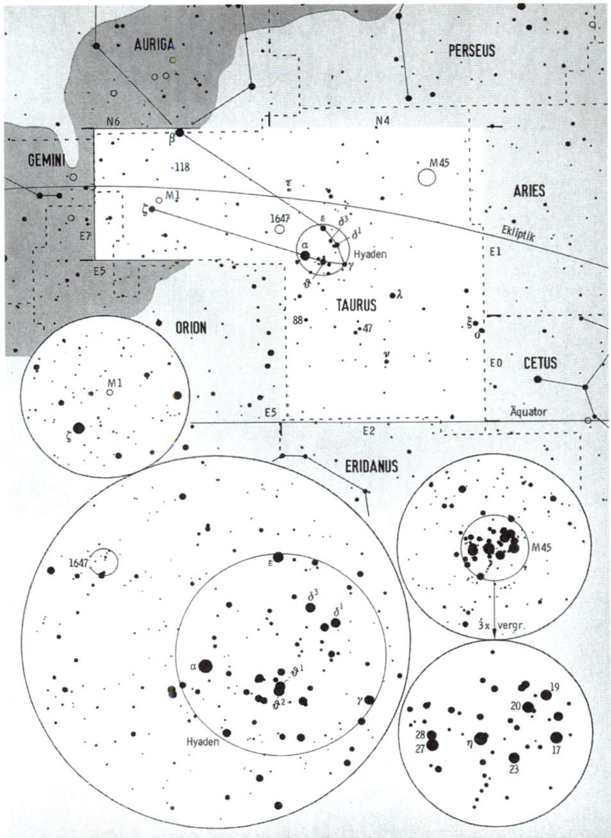

E.5 Ausschnitt aus dem Atlas für Himmelsbeobachter von Erich Karkoschka. Die Übersichtskarten enthalten alle Sterne bis Grenzgröße 6ᵐ, die Aufsuchkarten für Sternhaufen und Nebel bis zur Grenzgröße 9ᵐ (Kosmos-Verlag Stuttgart, 3. Auflage, 1997).

Die Helligkeit der Sterne

Von alters her teilt man die Sterne in sogenannte Größenklassen ein. Man sagt zum Beispiel, der Polarstern sei ein Stern zweiter Größe. Diese Größenklassen geben nicht den Durchmesser oder die wahre Leuchtkraft der Sterne an, sondern ihre scheinbare Helligkeit am Himmel. Sterne erster Größe sind dabei heller als solche zweiter Größe. Ein schwaches Sternpünktchen sechster Größe ist eben noch vom unbewaffneten Auge zu erkennen.

E.6 Die beiden offenen Sternhaufen h und χ im Sternbild Perseus. Sie sind rund 8000 Lichtjahre von uns entfernt. Aufnahme von Martin Gertz (Sternwarte Welzheim/Planetarium Stuttgart).

Ein Stern erster Größe ist dabei hundertmal heller als ein Stern sechster Größe. Daraus folgt, dass ein Stern zweiter Größe 2,512mal lichtschwächer ist als ein Stern erster Größe. Ein Stern dritter Größe wiederum ist 2,512mal lichtschwächer als ein Stern zweiter Größe usw., denn $2{,}512^5 = 100$. Die Größenklassenskala ist somit ein logarithmisches Maß. Als Abkürzung verwendet man ein kleines hochgestelltes m für magnitudo (lat.) = Größe. Sterne, die heller als 1^m sind, bezeichnet man mit 0^m, -1^m, -2^m usw. Die Venus kann -4^m hell sein, was bedeutet, dass sie dann hundertmal heller strahlt als ein Stern erster Größe, also mit 1^m!
Mit Teleskopen lassen sich auch Sterne beobachten, die schwächer sind als 6^m. In einem guten Fernglas sind Sterne bis 10^m ohne weiteres erkennbar. In großen Teleskopen werden Sterne bis 21^m beobachtet, also Objekte, die eine Million mal lichtschwächer sind als die schwächsten, dem menschlichen Auge zugänglichen Sterne mit 6^m. Die Helligkeiten der Sterne zu schätzen, sollte man üben. Abb. E. 8 zeigt den Kleinen Wagen, wobei die Helligkeiten der einzelnen Sterne vermerkt sind. Da das Sternbild Kleiner Wagen zirkumpolar ist, kann es in jeder klaren Nacht zu jeder Uhrzeit gesehen werden. Stünden alle Sterne gleich weit entfernt, sozusagen in einer Normentfernung, dann entspräche die beobachtete scheinbare Helligkeit auch ihrer wirklichen Leuchtkraft. Eine solche Normentfernung wurde mit 10 Parsec (knapp 33 Lichtjahre) festgelegt. Man rechnet nun die Helligkeit aus, die ein Stern in 10 Parsec Entfernung hätte, und bezeichnet diese Größe als „absolute Helligkeit" oder „wahre Leuchtkraft" eines Sternes. Um die absolute Helligkeit nicht mit der scheinbaren zu verwechseln, wird sie mit einem großen M (Magnitudo) abgekürzt. Beispiel: Unsere Sonne hat die enorme scheinbare Helligkeit von -27^m am Firmament und eine absolute Helligkeit von $+4{,}^M8$. In 33 Lichtjahren Entfernung erschiene uns die Sonne also nur noch als Sternchen 5. Größe.

Anmerkung: Da ^{m} auch für Minute steht, ist aus dem Textzusammenhang zu entnehmen, ob Helligkeiten oder Zeiten bzw. Koordinaten gemeint sind.

Entfernungsangaben

Unser Mond ist von der Erde im Mittel 384 400 Kilometer entfernt. Die Planeten unseres Sonnensystems sind viele Millionen Kilometer, die Sterne viele Billionen Kilometer von uns entfernt. In der Astronomie verwendet man, um große Zahlenungetüme zu vermeiden, für die Distanzen im Sonnensystem als Längenmaß die Astronomische Einheit (A. E.). Eine Astronomische Einheit entspricht der mittleren Entfernung der Erde von der Sonne, das sind rund 150 Millionen Kilometer.
Es gilt: 1 A. E. = 149 597 870 km. Diese Strecke legt das Licht in 8^m20^s zurück. Man spricht von der Lichtlaufzeit der Astronomischen Einheit. Jupiter ist beispielsweise 5,2 A. E. von der Sonne und Neptun rund 30 A. E. von ihr entfernt. Die Lichtlaufzeiten der Planetendistanzen betragen Minuten bis wenige Stunden. Die Sterne sind jedoch so weit entfernt, dass ihr Licht Jahre, Jahrhunderte und Jahrmillionen zur Erde unterwegs ist. Man gibt daher ihre Distanzen gerne in Lichtlaufzeiten an, wobei man ein Lichtjahr (LJ) als Einheit nimmt. In einem Jahr legt ein Lichtstrahl im Vakuum rund zehn Billionen Kilometer zurück. Es gilt:

E.7 Der große Orion-Nebel (M 42), ein Sternentstehungsnest in 1700 Lichtjahren Entfernung. Aufnahme von Martin Gertz (Sternwarte Welzheim/Planetarium Stuttgart).

1 LJ = 9,46 × 10^{12} km
= 63 240 A. E.

Ein Lichtjahr ist somit keine Zeit-, sondern eine Entfernungsangabe. In der Stellarastronomie wird ferner das Parsec (Parallaxensekunde) verwendet. Ein Parsec entspricht 3,26 Lichtjahren. Die Definition des Parsecs findet man im Begleitbuch zum Himmelsjahr, dem *Astrowissen* auf Seite 40 im Abschnitt „Entfernungseinheiten in der Astronomie".
Im *Himmelsjahr* werden die Entfernungen im Sonnensystem in A. E. und die Fixsterndistanzen in Lichtjahren angegeben. Parsec werden nicht verwendet.

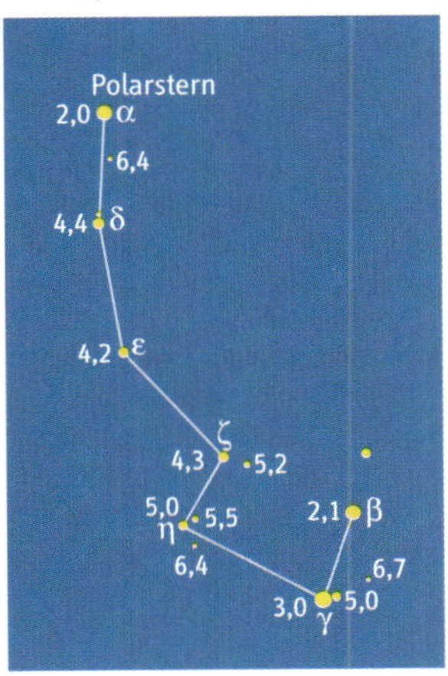

E.8 Sternbild Kleiner Wagen mit Helligkeitsangaben in Größenklassen für die einzelnen Sterne.

Zeitangaben

Alle Uhrzeiten im *Himmelsjahr* sind grundsätzlich in Mitteleuropäischer Zeit (MEZ) angegeben. Die Mitteleuropäische Zeit ist die mittlere Sonnenzeit des Meridians 15° östlich von Greenwich (Nullmeridian der Erde). Sie geht gegenüber der Weltzeit (UT = Universal Time oder GMT = Greenwich Mean Time) um eine Stunde vor. Es gilt: Weltzeit plus eine Stunde = MEZ.

Wenn es in Greenwich Mitternacht (0^h) ist, dann haben wir schon 1^h (MEZ) morgens. Für ortsabhängige Angaben (z. B. Auf- und Untergänge) gelten alle Zeiten genau für einen Ort 10° östlich von Greenwich und 50° nördlicher Breite. Dieser Punkt liegt für Mitteleuropa ziemlich zentral.

Sommerzeit

Die Sommerzeit ist eine willkürliche Verschiebung der Zonenzeit um eine Stunde, um die Tageshelligkeit besser auszunutzen und (angeblich) Energie einzusparen. Sie beruht nicht auf astronomischen Grundlagen und ist außerdem von Staat zu Staat verschieden. Um die Benutzer des Himmelsjahres nicht zu verwirren und die Daten konstant zu halten, sind alle Angaben das ganze Jahr durchgehend in MEZ vermerkt. Es gilt: MEZ plus eine Stunde = MESZ (Mitteleuropäische Sommerzeit). Gilt in einem Land die Sommerzeit, so ist zu den Zeitangaben im *Himmelsjahr* einfach eine Stunde zu addieren. Beispiel: der Mondaufgang am

E.9 **Der Pferdekopfnebel im Sternbild Orion, aufgenommen am 31. Januar 1998 auf der Sternwarte Welzheim von Martin Gertz. Rot leuchten die Wasserstoffwolken im interstellaren Raum auf, während der interstellare Staub als Dunkelwolke (Pferdekopf und Umgebung) sichtbar wird.**

1. April 2001 findet laut Tabelle „Mondlauf im April" um 10^h28^m MEZ statt und somit um 11^h28^m MESZ.

Achtung: Fällt ein Ereignis in die letzte Stunde vor Mitternacht, so ändert sich auch das Datum um einen Tag. Beispiel: Der Mondaufgang erfolgt am 10. Mai 2001 um 23^h08^m MEZ; zählt man eine Stunde hinzu, erhält man 0^h08^m MESZ am 11. Mai.

Die Mitteleuropäische Sommerzeit (MESZ) beginnt am Sonntag, 25. März 2001 um 2^h MEZ und endet am Sonntag, 28. Oktober 2001 um 3^h MESZ. Während der Dauer der Sommerzeit sind alle Zeitangaben in den Tabellen in einem dunkleren Farbton unterlegt. Wer häufig beobachtet, sollte das ganze Jahr über eine Uhr in MEZ laufen lassen. Dies ist recht bequem und hilft, Irrtümer zu vermeiden.

Wichtiger Hinweis: Da Beginn und Ende der Sommerzeit von den Regierungen bestimmt werden und nicht aus astronomischen Gegebenheiten abzuleiten sind, also keine natürlichen Grundlagen haben, sind die Angaben in diesem Jahrbuch unverbindlich. Vermerkt sind die bei Drucklegung bekannt gewordenen Absichten über die Einführung der Sommerzeit. Änderungen der vermerkten Daten sind aufgrund kurzfristiger politischer Entscheidungen möglich. Der Herausgeber übernimmt dafür keine Verantwortung.

Auf- und Untergangszeiten

Alle Auf- und Untergangszeiten (MEZ) gelten exakt für 10° östlicher Länge und 50° nördlicher Breite. Für andere Orte in Mitteleuropa können diese Zeiten erheblich differieren (bis etwa eine halbe Stunde). Um schnell auch für andere Orte die Auf- und Untergänge ermitteln zu können, ist das Nomogramm auf Seite 230 gedacht. Im Nomogramm sind die wichtigsten Städte in Mitteleuropa eingetragen. Man wähle eine Stadt, die dem eigenen Standpunkt am nächsten kommt. Dann lege man ein Lineal so auf das Nomogramm, dass es mit der Deklination des Gestirns bzw. der Uhrzeit laut Tabelle „Sonnenlauf" am oberen Bogen übereinstimmt. Dabei gilt das obere Vorzeichen für den Aufgang, das untere für den Untergang. Die Verbindungslinie (Lineal) gibt dann am unteren Bogen die Korrektur für die Auf- bzw. Untergangszeit an. Positive Werte bedeuten eine Verspätung, ein negativer Wert deutet an: Der Auf- oder Untergang erfolgt entsprechend früher. Die Zahlen geben die Minuten an. Beispiel: Wann geht in Wien am 31. März die Sonne auf? Man verbinde mit einem Lineal den Punkt „Wien" mit der 6 Uhr-Marke am oberen Bogen. Denn laut Tabelle „Sonnenlauf" auf Seite 62 erfolgt der Sonnenaufgang am 31. März um 5^h59^m. Die Verbindungslinie schneidet den unteren Bogen bei -24^m. Der Sonnenaufgang erfolgt in Wien somit 24 Minuten früher, also um 5^h35^m MEZ bzw. 6^h35^m Sommerzeit. Wem die Verwendung des Nomogramms zu kompliziert erscheint, der kann auch die Tabelle zur Auf- und Untergangskorrektur auf Seite 230 benutzen. Man suche die seinem Wohnort nächstliegende Stadt und lese einfach die Korrekturzeit in Minuten ab, wobei für Mond, Planeten oder Sterne noch vorher die Deklination zu ermitteln ist. Bei der Sonne beachte man das Datum. Da durch den natürlichen Horizont (Häuser, Bäume, Berge etc.) die Auf- und Untergangszeiten ohnedies mit einem gewissen Spielraum zu versehen sind, kann man auf die Korrektur auch ganz verzichten, wenn man keine große Genauigkeit benötigt.

Sternzeit

Unser tägliches Leben richtet sich nach der Sonne, ebenso unsere bürgerliche Zeitrechnung. Auf unserer Armbanduhr lesen wir somit „Sonnenzeit" ab. Steht die Sonne im Süden, dann haben wir zwölf Uhr Mittag. Eine Stunde später ist es ein Uhr nachmittags, wieder eine Stunde später zwei Uhr nachmittags usw. Die Sonnenzeit wird also am Stundenwinkel der Sonne gemessen.

Die Sonne steht jedoch nicht fest, sondern wandert im Laufe eines Jahres durch die Tierkreissternbilder. Um aber mit dem Fernrohr ein bestimmtes Gestirn zu finden, muss man die Stellung des Beobachters auf der Erde zu einer bestimmten Uhrzeit des Tages relativ zur Fixsternwelt kennen. Man braucht also einen „ruhenden" Punkt unter den Sternen. Dafür hat man den Frühlingspunkt ausgewählt. Er ist der Schnittpunkt der aufsteigenden Sonnenbahn mit dem Himmelsäquator. Im Frühlingspunkt steht die Sonne zu Frühlingsbeginn. Er ist auch der Nullpunkt der äquatorialen Himmelskoordinaten. Nimmt man statt der Sonne den unter den Fixsternen feststehenden Frühlingspunkt, erhält man statt der Sonnen- die Sternzeit. Steht der Frühlingspunkt im Süden (Meridian), spricht man von 0^h Sternzeit, eine Stunde später von 1^h Sternzeit usw. Es gilt: Sternzeit = Stundenwinkel des Frühlingspunktes. Im *Himmelsjahr* ist die Sternzeit jeweils für 1^h MEZ (= 0^h Weltzeit) von zehn zu zehn Tagen für den Meridian von Greenwich (Nullmeridian) angegeben (siehe Tabelle auf Seite 224). Die Tabelle auf Seite 228 erlaubt eine schnelle Bestimmung der Sternzeit zur abendlichen Beobachtungsstunde. Die Tabelle Sternzeit gibt die Sternzeit um 20^h MEZ (= 21^h MESZ) am Ortsmeridian 10° östlicher Länge für jeden Tag des Jahres an. Wozu dient die Sternzeit? Zunächst gibt sie an, wie der Fixsternhimmel relativ zum Beobachter steht. Um 0^h Sternzeit (SZ) sind beispielsweise Pegasus und Kassiopeia im Meridian zu finden, das Sommerdreieck hingegen im Westen, um 6^h SZ sind im Süden Orion und Sirius zu sehen, um 11^h SZ kulminiert der Löwe usw. Mit Hilfe der Sternzeit kann man sein Teleskop „nach Koordinaten" einstellen. Die Deklination wird direkt an einem Teilkreis eines parallaktisch montierten Fernrohres abgelesen. Der andere Teilkreis ist der Stundenkreis. Um den Stundenwinkel eines Gestirns zu ermitteln, bilde man die Differenz: Sternzeit minus Rektaszension des Gestirns, dann hat man den Stundenwinkel zum Beobachtungszeitpunkt und kann das Teleskop entsprechend einstellen.

Für die Bestimmung des Stundenwinkels eines Planeten kann man auch seine Kulminationszeit (Zeit des Meridiandurchganges) benutzen, wenn man keine Sternzeituhr zur Verfügung hat und sich die Berechnung der Sternzeit zum Beobachtungszeitpunkt ersparen will. Die Kulminationszeiten der Planeten und Kleinplaneten sind auf den Seiten 218 bis 222 angegeben. Die Kulminationszeit gilt für 10° östlicher Länge. Zunächst ist die Korrektur für die Längendifferenz des Beobachtungsortes anzubringen (siehe Seite 229, Spalte Zeitkorrektur gegen 10° östlicher Länge). Um diese so erhaltene Zeit geht der Planet durch den Meridian des Beobachters und hat somit den Stundenwinkel Null. Man bilde nun die Zeitdifferenz zwischen der Beobachtungszeit und der Zeit des Meridiandurchganges. Sie entspricht direkt dem Stundenwinkel (im Zeitmaß).

Geht beispielsweise der Planet Neptun am 30. Juni 2001 um 2^h29^m durch den Meridian, beobachtet man aber erst um 3^h31^m, dann beträgt der Stundenwinkel $t = 1^h02^m$. Erhält man einen negativen Wert, so bedeutet dies, dass das Objekt noch vor dem Meridiandurchgang steht, der Stundenwinkel also in Richtung Ost einzustellen ist.

Dynamische Zeit

In der Astronomie wird seit 1984 eine Dynamische Zeit verwendet, die die früher übliche Ephemeridenzeit abgelöst hat. Nähere Erläuterungen zu den Dynamischen Zeitskalen finden sich in dem Buch *Astrowissen* von H.-U. Keller, erschienen im Kosmos-Verlag, Stuttgart. Die genaue Differenz der Dynamischen Zeit (TDT) zur Weltzeit (UT = Universal Time) kann erst im Nachhinein aus Beobachtungen der Gestirnspositionen bestimmt werden. Der extrapolierte Wert für das Jahr 2001 lautet: $\Delta T = +67$ Sekunden, wobei $\Delta T = TDT - UT$ gilt. Die Weltzeit (UT) hinkt somit der Dynamischen Zeit (TDT) um eine Minute nach. Der beobachtende Sternfreund kann die TDT unberücksichtigt lassen, wenn er nicht hohe Genauigkeitsansprüche hat. Wer jedoch die Angaben im Himmelsjahr mit anderen Jahrbüchern vergleicht, muss beachten, dass alle Zeitangaben hier in MEZ = UT + 1^h und nicht in TDT vermerkt sind.

Der Sonnenlauf

Die Bewegung der Sonne durch den Tierkreis ist zu Beginn jeder Monatsübersicht aus einer kleinen Graphik zu entnehmen. Die Grenzen der Sternbilder sind eingetragen sowie die wichtigsten Bahnpunkte der Sonne. Die Tages- und Nachtstunden sowie Dämmerungslängen werden durch eine dreiteilige Zeichnung (Uhrensymbole) veranschaulicht. Diese soll einen groben und schnellen Überblick über die Länge der Tages- und Nachtzeit geben. Für die Dämmerungszeiten wurde die nautische Dämmerung (Sonne 12° unter dem Horizont) eingesetzt. Die Tabelle „Sonnenlauf“ gibt die Auf- und Untergangszeiten, Meridiandurchgang (Kulmination), Zeitgleichung und die Mittagshöhe der Sonne an sowie die äquatorialen Koordinaten Rektaszension und Deklination für 1^h MEZ jeweils von fünf zu fünf Tagen. Die Zeiten gelten exakt für einen zentralen Ort mit 10° östlicher Länge und 50° nördlicher Breite. Für diesen Ort gelten auch die Dämmerungszeiten. Angegeben ist jeweils der Beginn und das Ende der nautischen Dämmerung (Sonne 12° unter dem Horizont).

Sonnenhöhe zu Mittag

Sie ist in der Tabelle „Sonnenlauf“ für 50° nördlicher Breite angegeben. Für andere Breiten ist sie einfach zu ermitteln: 90° minus geographische Breite des Beobachters plus Sonnendeklination. Beispiel: Wie hoch steht die Sonne am 10. Juni zu Mittag (Kulmination) in Düsseldorf (geographische Breite: +51°)? Die Rechnung lautet dann:
$90° - 51° + 23° = 62°$.
(Im Winterhalbjahr die negativen Deklinationen der Sonne beachten!) In der Graphik „Sonnenlauf“ jeweils zu Monatsbeginn ist die scheinbare Sonnenbahn (Ekliptik) durch die Sternbilder des Tierkreises für den jeweiligen Monat eingezeichnet. Ferner sind die Eintritte der Sonne sowohl in die einzelnen Tierkreissternbilder als auch in die Tierkreiszeichen vermerkt sowie die Äquinoktien (Tagundnachtgleichen) und Solstitien (Sommer- und Winterbeginn).

Zeitgleichung

Die Sonnenzeit wird nach einer fiktiven „mittleren Sonne“ gerechnet. Die wahre Sonne läuft nämlich ungleichförmig. So geht sie einmal vor, dann wieder nach. Die Differenz kann bis zu einer Viertelstunde plus oder minus betragen. Diese Differenz wird Zeitgleichung genannt. Sie ist definiert zu:

ZGL = Wahre Sonnenzeit minus Mittlere Sonnenzeit

Die Zeitgleichung und die Kulmination der wahren Sonne sind tabellarisch aufgeführt. Wer den Wert der Zeitgleichung berechnen will, ziehe von 12^h20^m die Kulminationszeit (angegeben in MEZ) ab. 12^h20^m ist nämlich die wahre Sonnenzeit der Kulmination für 10° östlicher Länge, bezogen auf den Zeitmeridian 15° östlicher Länge. Beispiel: Wie groß ist die Zeitgleichung am 25. April? Kulminationszeit der wahren Sonne am 25. April: 12^h18^m MEZ. Also $12^h20^m - 12^h18^m = +2^m$. Das heißt, die wahre Sonne geht 2^m früher durch den Meridian (Kulmination) als die mittlere. Ein negativer Wert der ZGL bedeutet, die wahre Sonne geht nach der mittleren durch den Meridian.

Der Mondlauf

Auf- und Untergangszeiten (MEZ) gelten genau für 10° östlicher Länge und 50° nördlicher Breite (siehe Zeitangaben). Ferner sind die Kulminationszeiten (Meridiandurchgänge) für 10° östliche Länge tabelliert. Der Mond bewegt sich recht schnell durch den Tierkreis. Deshalb sind für jeden Tag des Jahres seine Koordinaten angegeben. Sie gelten jeweils für 1^h MEZ (= 0^h Weltzeit). Wem diese Zahlen nichts sagen, der findet in der Spalte „Sterne und Sternbilder“ die Position des Mondes im Tierkreis vermerkt. Ein Sternchen (*) deutet auf eine Sternbedeckung hin. Die Position des Mondes gilt wie erwähnt für 1^h MEZ. Wer also abends beobachtet, sollte die Stellung des Mondes im Tierkreis aus der Zeile des folgenden Tages entnehmen, denn der Mond läuft recht rasch. Nähere Angaben zu den Sternbedeckungen finden sich

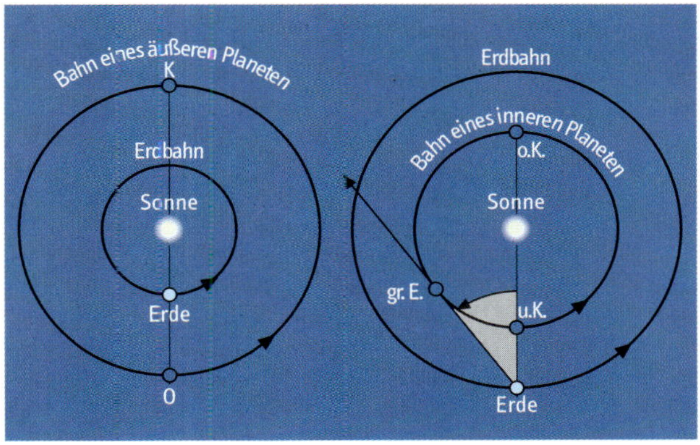

E.10 Die linke Zeichnung zeigt die Erdbahn und die Bahn eines äußeren Planeten. Bei O steht der Planet in Opposition, bei K in Konjunktion. Auf der rechten Seite der Abbildung sind die Erdbahn und die Bahn eines inneren Planeten dargestellt. Bei u. K. steht der Planet in unterer, bei o. K. in oberer Konjunktion mit der Sonne. Bei E steht er in größter Elongation.

in der Tabelle „Sternbedeckungen durch den Mond" auf Seite 226. Die letzte Spalte enthält die Mondphasen sowie wichtige Punkte in der Bahn. Die Mondbahn ist rund 5° gegen die Ekliptik (scheinbare Sonnenbahn) geneigt. Aufsteigender Knoten bedeutet, der Mond überschreitet die Ekliptik nach Norden, absteigender Knoten, er wechselt wieder nach Süden. Größte Nordbreite: Der Mond steht am weitesten in nördlicher Richtung von der Ekliptik entfernt; analog dazu heißt größte Südbreite: Der Mond hat maximalen südlichen Abstand von der Ekliptik. Im Tabellenteil findet man auf Seite 216 die Mondbahn relativ zur Ekliptik eingetragen. Wegen der Rückläufigkeit der Mondbahnknoten verläuft die Mondbahn in jedem Jahr anders.
Libration: Bei größter Südbreite ist die Nordhalbkugel des Mondes uns ein wenig mehr zugekehrt, man spricht von maximaler Libration Nord; entsprechend sieht man bei größter Nordbreite mehr vom Südpolgebiet des Mondes.
Libration West: Westrand des Mondes, Libration Ost: Ostrand des Mondes ist uns zugekehrt (Astronomische Definition West – Ost, siehe auch *Astrowissen* von H.-U. Keller, S. 80, sowie Graphik in diesem *Himmelsjahr* auf Seite 226). Bei Erdnähe und Erdferne ist die Distanz des Mondes jeweils in tausend Kilometer vermerkt. Außerdem ist der scheinbare Monddurchmesser in Bogenminuten angegeben. Beispiel: 10. Januar 2001 – Erdnähe 357/33,5 bedeutet: Der Mond ist 357 000 Kilometer von der Erde entfernt und erscheint 33,5 Bogenminuten groß.

Der Planetenlauf

Planeten sind Geschwister der Erde. Sie laufen gemeinsam mit ihr um die Sonne. Je näher ein Planet der Sonne steht, desto schneller wandert er um sie. Wir beobachten die Planeten nicht von einem ruhenden Punkt aus, sondern vom Raumschiff Erde, das ständig in Bewegung ist. Deshalb erscheinen uns von der Erde aus (geozentrisch) die Bewegungen der Planeten vor dem Hintergrund der fernen Fixsterne – dem Muster der Sternbilder also – recht kompliziert. Überholt die Erde einen weiter außen laufenden Planeten, so scheint er einige Wochen lang zurückzubleiben, er ist „rückläufig", wie die Astronomen zu sagen pflegen. Anschließend bewegt er sich wieder in der ursprünglichen Richtung wie die Sonne, nämlich von West nach Ost, er ist wieder „rechtläufig". Durch diesen Bewegungswechsel bildet die Bahn des Planeten eine Schleife.
Ob ein Planet am Himmel zu sehen ist, hängt von der gegenseitigen Stellung von Sonne und Planet ab. Steht ein äußerer Planet von der Erde aus gesehen hinter der Sonne, Planet – Sonne – Erde bilden also eine Linie, so ist er nicht beobachtbar (Abb. E.10). Da er in Sonnenrichtung steht, geht er mit der Sonne auf und unter, bleibt somit nachts unter dem Horizont verborgen. Diese Konstellation heißt Konjunktion.
Steht der Planet von der Erde aus gesehen der Sonne gegenüber, also in der Reihenfolge Sonne – Erde – Planet (Abb. E.10), so spricht man von Opposition oder Gegenschein. Der Planet ist die ganze Nacht über zu sehen, da er mit Sonnenuntergang aufgeht und morgens mit Sonnenaufgang unter dem Westhorizont verschwindet. Bilden Sonne – Erde – Planet ein rechtwinkliges Dreieck, so spricht man von einer Quadratur.
Die inneren Planeten Merkur und Venus können, wie leicht zu sehen, niemals in Oppositionsstellung kommen. Dafür unterscheidet man bei ihnen zwischen oberer und unterer Kon-

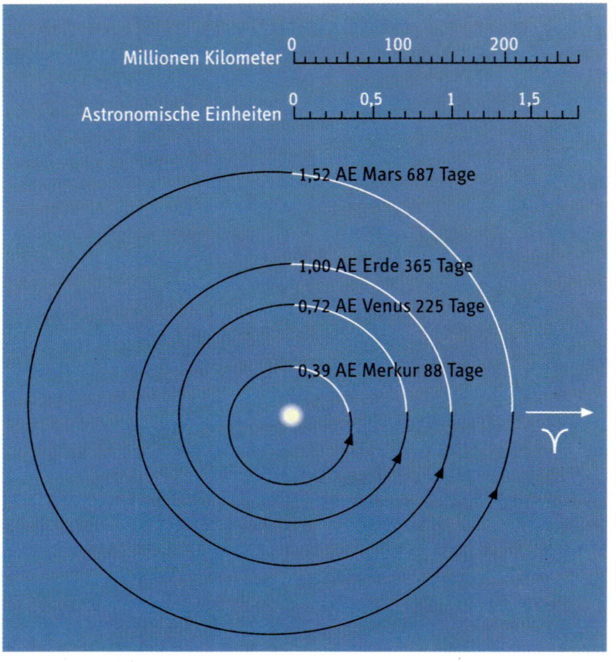

E.11 Die Bahnen der inneren Planeten um die Sonne (1 A. E. = 1 Astronomische Einheit = 149,6 Millionen Kilometer). Der Pfeil deutet die Richtung zum Frühlingspunkt an (Symbol: ♈).

junktion (Abb. E. 10, Seite 18). In diesen beiden Stellungen bleibt der Planet unsichtbar. Nur wenn der Planet westlich oder östlich der Sonne „in Elongation" steht, kann er gesehen werden. Steht Venus in östlicher Elongation, so geht sie erst nach Sonnenuntergang unter, sie ist dann Abendstern. Steht sie in westlicher Elongation, so geht sie vor der Sonne auf und ist am Morgenhimmel zu sehen. Ähnliches gilt für Merkur. Die größte Elongation (Winkelabstand von der Sonne) kann für die Venus 48° betragen, für den sonnennäheren Merkur aber nur 28°. Merkur ist daher schwierig zu beobachten – entweder abends kurz nach Sonnenuntergang tief im Westen oder kurz vor Sonnenaufgang tief am Osthimmel. Die Sichtbarkeiten der Planeten hängen nicht nur von den geometrischen Verhältnissen (Stellung des Planeten und der Sonne), sondern auch von meteorologischen Gegebenheiten ab. Eine starke Dunstglocke, hohe Luftfeuchtigkeit (Nebel) oder irdisches Streulicht (Neonreklame, Autoscheinwerfer, Lichtdom eines Stadions) beeinträchtigen die Beobachtung. Aufgrund langjähriger Erfahrungen sind

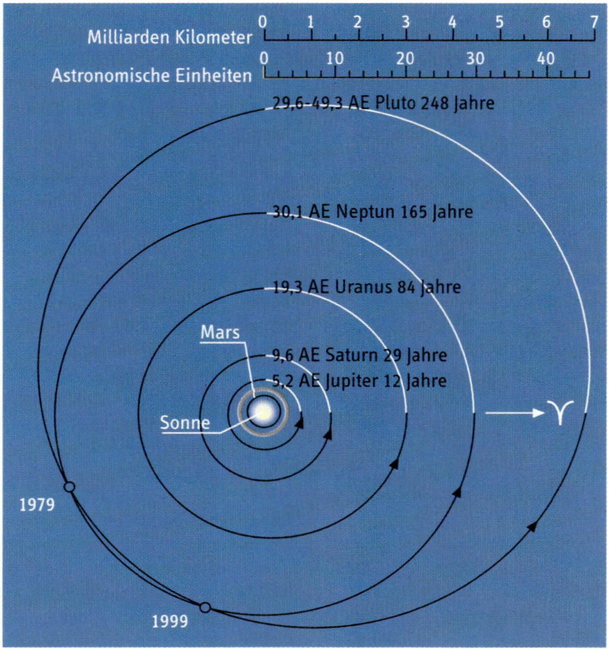

E.12 Die Bahnen der äußeren Planeten. Zwischen der Marsbahn und der Jupiterbahn laufen Abertausende Kleinplaneten (Planetoiden) um die Sonne. Wegen seiner stark exzentrischen Bahn war Pluto von 1979 bis Anfang Februar 1999 der Sonne näher als Neptun.

die Sichtbarkeitszeiten im *Himmelsjahr* vermerkt. Je nach Beobachtungsort (stadtnah oder stadtfern) und Witterung sind die angegebenen Termine um wenige Tage zu verschieben. Jeder Beobachter wird hier seine eigenen, ganz persönlichen Erfahrungen machen. Eine Graphik vor der Rubrik Planetenlauf ermöglicht einen schnellen Überblick, welche Planeten am Abend, die ganze Nacht über, am Morgen oder gar nicht zu sehen sind. Eine graphische Jahresübersicht der Stellung, Größe, Helligkeit und Sichtbarkeit der Planeten findet sich auf den Seiten 214 und 215.

Die großen Planeten

Merkur: Sonnennächster Planet, zwischen $+3^m$ und $-1{,}^m5$ hell; schwer zu beobachten, da nur kurze Sichtbarkeitsperioden und stets horizontnahe Stellung; chromgelbes Licht.
Venus: Nach Sonne und Mond hellstes Gestirn, oft als Abend- bzw. Morgenstern bezeichnet. Helligkeiten von $-3{,}^m9$ bis $-4{,}^m7$; strahlend weißes Licht; entweder abends am Westhimmel oder morgens in der östlichen Himmelshemisphäre zu sehen.
Mars: Äußerer Nachbarplanet der Erde, auffallend seine rötliche Farbe (der rote Planet); sehr unterschiedliche Helligkeiten, nämlich von $+1{,}^m8$ bis $-2{,}^m9$.
Jupiter: Der größte aller Planeten, ein auffallend heller Planet, daher kaum zu übersehen; Helligkeit von $-1{,}^m7$ bis $-2{,}^m9$, weißlich-gelbes Licht.
Saturn: Der sonnenfernste mit freiem Auge noch sichtbare Planet strahlt in einem fahlen Licht zwischen $+1{,}^m3$ und 0^m, in Ausnahmefällen bis $-0{,}^m5$. Der berühmten Ring kann man mit einem Fernrohr ab etwa 30facher Vergrößerung erkennen.

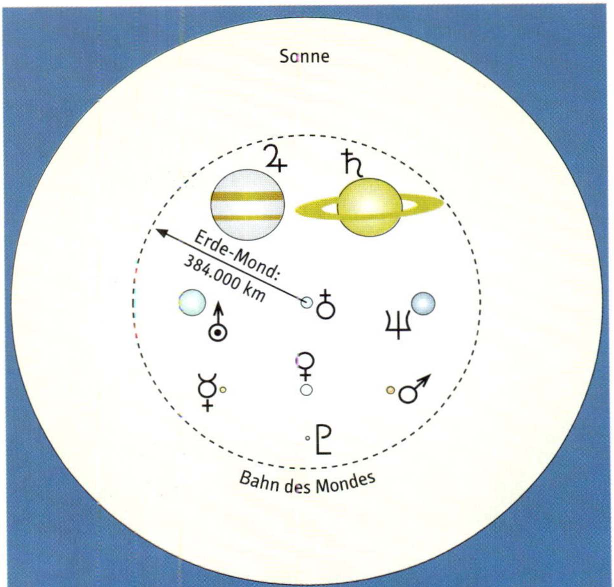

☉ Sonne	ø	1.392.000 km	♃ Jupiter	ø	142.796 km
☿ Merkur	ø	4.878 km	♄ Saturn	ø	120.536 km
♀ Venus	ø	12.104 km	⛢ Uranus	ø	51.118 km
♁ Erde	ø	12.756 km	♆ Neptun	ø	49.424 km
♂ Mars	ø	6.794 km	♇ Pluto	ø	2.300 km

E.13 Größenverhältnisse der Planeten und der Mondbahn im Vergleich zur Sonne. Darunter sind die astronomischen Symbole der Planeten vermerkt, die auch in den monatlichen Sternkarten des Himmelsjahres die Orte der betreffenden Planeten markieren.

Uranus: Ist theoretisch mit bloßem Auge gerade noch erkennbar (Oppositionshelligkeit $5{,}^m5$). Wohlgemerkt „theoretisch“, es empfiehlt sich auf alle Fälle ein gutes Fernglas, um Uranus zu finden! Farbe: grünlich. Die im März 1977 entdeckten Ringe sind jedoch vom Erdboden aus selbst in großen Fernrohren nicht zu sehen.
Neptun: Helligkeit um $7{,}^m9$; zeigt im Fernrohr ein winziges, grünblaues Scheibchen.

Pluto: Der sonnenfernste Planet ist leider recht lichtschwach, Helligkeit: $13{,}^m8$. Nur gut ausgerüstete Amateurastronomen können ihn beobachten.
Die Angaben der scheinbaren Helligkeiten der Planeten sind – wie international üblich – V-Helligkeiten (nach dem UBV-System von Johnson). Die früher gebräuchlichen „visuellen“ (m_{vis}) Helligkeiten sind um durchschnittlich $0{,}^m2$ geringer. Man beachte, dass manche Sternkalender noch die veralteten Werte bringen.

Kleinplaneten

Außer den neun großen Planeten schwirren noch Tausende kleiner und kleinster Planeten (Planetoiden oder Asteroiden) um die Sonne. Der erste wurde

E.14 **Jupiter, der größte Planet des Sonnensystems, mit seinen Monden Io (links) und Europa (rechts). Aufnahme der Raumsonde Voyager 2 vom 13. Februar 1979.**

in der Neujahrsnacht des Jahres 1801 von Giuseppe Piazzi in Palermo entdeckt und auf den Namen Ceres getauft. Heute sind rund zehntausend Planetoiden katalogisiert. Die meisten bewegen sich zwischen Mars und Jupiter um die Sonne. Einige haben jedoch sehr langgestreckte Bahnen, die die Bahnen anderer Planeten kreuzen. Sie können auch der Erde recht nahe kommen. Einige Planetoiden, die im Jahre 2001 heller als 9^m werden, sind in der Rubrik „Planetenlauf" verzeichnet, und zwar: Ceres (1), Pallas (2), und Vesta (4).
Im Abschnitt „Ephemeriden hellerer Kleinplaneten 2001" (Seite 222) sind ihre Koordinaten und Kulminationszeiten angegeben.

Die Monde der Planeten

Die beiden winzigen Marsmonde, die zahlreichen Uranusmonde, die Neptunmonde und der Plutomond sind so lichtschwach, dass sie nicht mit den bescheidenen optischen Hilfsmitteln der Sternfreunde zu beobachten sind. Deshalb sind sie hier nicht aufgeführt.
Jupiter: Die vier hellsten Monde sind schon in kleinen Teleskopen leicht zu sehen: I Io, II Europa, III Ganymed, IV Kallisto. In den Monaten, in denen Jupiter zu beobachten ist, findet man eine Graphik, aus der die Positionen der Jupitermonde im **umkehrenden** Fernrohr ersichtlich sind. Sie soll den Benutzer die gegenseitigen Stellungen und die Bewegungsabläufe der Jupitermonde erkennen lassen. Die waagerechten Linien in der Graphik beziehen sich auf 1^h MEZ des jeweiligen Datums, das links angegeben ist. Die Schnittpunkte der waagerechten Linien mit den Kurven der Jupitermonde geben somit deren Positionen jeweils um 1^h MEZ an. Am unteren Rand jeder Graphik findet man eine Darstellung der Jupitermondbahnen relativ zum Beobachter.

Erscheinungen der Jupitermonde

Für den Fernrohrbesitzer ist es überaus reizvoll, Bedeckungen, Verfinsterungen, Durchgänge und Schattenwürfe der Monde des Riesenplaneten auf Jupiter selbst zu beobachten. Sofern diese Ereignisse von Mitteleuropa aus beobachtbar sind, findet man sie in der Rubrik „Jupitermonderscheinungen" verzeichnet. Es gelten folgende Abkürzungen:
B = Bedeckung, Mond verschwindet hinter der Jupiterscheibe
D = Durchgang, Mond geht vor der Planetenscheibe vorbei
S = Schattendurchgang, Mond wirft seinen Schatten auf Jupiter
V = Verfinsterung, Mond wird vom Jupiterschatten getroffen
A = Anfang der Erscheinung
E = Ende der Erscheinung
I: Io, II: Europa, III: Ganymed, IV: Kallisto.
Beispiel: September 2001:
25. 4 59 II SA bedeutet:
Am 25. um 4^h59^m MEZ (= 5^h59^m MESZ) beginnt der Schatten von Mond II (Europa) über die Jupiterkugel zu wandern.
Saturn: Schon mit einem guten Fernglas ist der Riesenmond Titan zu erkennen. Mit einem Fernrohr sind auch die Monde Rhea, Dione und Tethys sowie Japetus in westlicher Elongation (er ist dann rund 2^m heller) zugänglich. Für die Monate, in denen Saturn einigermaßen zu beobachten ist, findet man jeweils eine Graphik, aus der die Stellungen und die Bewegungsabläufe der Saturnmonde Titan, Dione, Thetys, Rhea und Japetus zu entnehmen sind. Die Bahnlagen der Saturnmonde relativ zum Beobachter sind unter jeder Graphik abgebildet.

Sternschnuppen

Sternschnuppen, die in Strömen periodisch auftreten, sind in den Monatsübersichten angegeben. Bei den verzeichneten Daten, vor allem, was die Häufigkeit betrifft, ist mit erheblichen Abweichungen zu rechnen. Die Meteorrate bezieht sich auf den Idealfall, dass der Radiant im Zenit steht. Vor allem bei horizontnahen Radianten ist die pro Stunde zu beobachtende Sternschnuppenzahl erheblich geringer. Die systematische Beobachtung heller Meteore ist auch heute noch ein dankbares Aufgabengebiet für den Amateurastronomen.

Konstellationen und Ereignisse

Diese Übersicht weist auf Konjunktionen (Begegnungen) zwischen den großen Planeten, mit Sonne und Mond sowie auf alle Oppositionen zur Sonne und die größten Elongationen der inneren Planeten hin. Auch Perihel- (Sonnennähe) und Aphelstellungen (Sonnenferne) der Planeten sind angegeben. Sind Begegnungen des Mondes mit Planeten prinzipiell beobachtbar, so sind die Winkeldistanzen **topozentrisch** (für +50° Breite) angegeben und durch **Fettdruck** hervorgehoben. Für die übrigen Konjunktionen sind die Abstandsangaben geozentrische Werte (Normaldruck). Denn durch die relative Erdnähe des Mondes ergibt sich eine große Parallaxe, d. h., der Winkelabstand des Mondes von einem Planeten kann bis etwa 1° differieren zwischen einem (fiktiven) Beobachter im Erdmittelpunkt (geozentrisch) und einem Beobachter auf der Erdoberfläche (topozentrisch). Ferner sind wichtige Ereignisse durch **Fettdruck** hervorgehoben.

Fixsternhimmel

Da die Sonne täglich um rund 1° unter den Sternen nach Osten vorrückt, ändert sich der Anblick des Himmels im Laufe eines Jahres. Genauer: Täglich durchschreiten die Fixsterne den Meridian vier Minuten früher als am Vortag. In 30 Tagen, also einem Monat, macht das schon zwei Stunden! Mitte Dezember steht das Sternbild Orion gegen Mitternacht im Süden. Mitte Januar schon um 22 Uhr, und Mitte Februar geht Orion um 20 Uhr durch den Meridian. Dadurch ändert sich zur gleichen Beobachtungsstunde die Himmelsszene mit dem Datum. Nach einem Monat ist der Anblick noch nicht allzu verschieden vom Vormonat, aber nach einem Vierteljahr (sechs Stunden!) hat sich die Szenerie völlig umgestellt. Man spricht daher von einem Frühlings-, Sommer-, Herbst- und Wintersternhimmel. Gemeint ist der Anblick des Fixsternhimmels in den Abendstunden der jeweiligen Jahreszeit. Die Monatssternkarte dient der schnellen Orientierung. Sie zeigt den beobachtbaren Himmelsausschnitt für 50° nördlicher Breite zur Standardbeobachtungszeit (am Monatsersten um 23^h MEZ, am 15. um 22^h MEZ). Ebenfalls in die Monatssternkarten eingetragen sind die fünf hellen Planeten (Merkur bis Saturn), sofern sie zur Monatsmitte um 22^h MEZ über dem Horizont stehen. Zum Rand zu erscheint die Sternkarte aufgehellt. Es werden damit die Extinktion und die durch künstliche Lichtquellen fast immer aufgehellten Horizonte nachempfunden. Die monatlichen Sternkarten können auch zur Beobachtung am Morgenhimmel herangezogen werden. Unter jeder Sternkarte finden sich die entsprechenden Datums- und Uhrzeitangaben. Man beachte noch, dass für andere Monate der Planetenstand nicht aktuell ist. Man entnehme ihn der monatlichen Graphik „Planetenlauf".

Monatsthemen

Hier wird monatlich ein Kapitel aus der Himmelskunde kurz und bündig dargestellt, zum leichteren und allmählichen Eindringen in die Wissenschaft von den Sternen. Auch über neue Forschungsergebnisse aus der Astronomie wird berichtet.

Tabellen und Ephemeriden

Für den fortgeschrittenen Amateurastronomen sind im Anhang wichtige Beobachtungsgrundlagen vermerkt. Der Anfänger kann diese Angaben unberücksichtigt lassen. Auf Seite 216 findet man die ekliptikalen Koordinaten des Mondes, der Sonne und der großen Planeten von Merkur bis Saturn. Die äquatorialen Koordinaten der Planeten und Kleinplaneten sind für das Äquinoktium J2000.0 angegeben, damit man sie leichter in vorhandene Sternkarten einzeichnen kann. Die Aufsuchkärtchen gelten ebenfalls für J2000.0. Ferner sind Kulminationszeiten sowie die Auf- bzw. Untergangszeiten, Scheibchendurchmesser in Bogensekunden und beleuchteter Teil der Planetenscheibchen vermerkt. Bei Saturn ist noch die Ringöffnung zur Erde und zur Sonne sowie die scheinbare Ausdehnung der großen und der kleinen Ringachse angegeben.
Für Sonne, Mars und Jupiter (System I und II) sind die Zentralmeridiane (Meridiane durch den Scheibchenmittelpunkt) jeweils für 1^h MEZ vermerkt. Fer-

E.15 Der Planetarische Nebel NGC 6751 (Sternbild Adler) befindet sich in einer Entfernung von 6500 Lichtjahren. Aufnahme des Hubble-Space-Teleskops (NASA/STScI).

ner gibt die Sonnenephemeride die Entfernung der Sonne von der Erde in A. E. sowie ihren scheinbaren Durchmesser, die Achsenlage und die Sternzeit an.

Sternbedeckungen durch den Mond sind für Berlin, Dresden, Hamburg, Hannover, Düsseldorf, Frankfurt (Main), Leipzig, München, Nürnberg, Stuttgart, Wien und Zürich angegeben. Aus Platzersparnisgründen ist jeweils nur ein Positionswinkel angegeben, der lediglich dem leichteren Aufsuchen des zu bedeckenden Sternes dienen soll. In den Monatsübersichten wird unter der Rubrik „Mondlauf" in der Spalte Sterne und Sternbilder durch ein Sternchen (*) auf eine Sternbedeckung hingewiesen. Veränderliche Sterne sind im Anschluß an die Fixsternmonatsübersichten aufgeführt. Für Algol (β Perseï) und β Lyrae findet der Sternfreund jeweils die Minima-Zeiten, für δ Cepheï die Lichtmaxima und für den langperiodisch veränderlichen Stern Mira (o Ceti) den jeweiligen Helligkeitszustand. Die Aufsuchkärtchen findet man auf der Umschlaginnenseite. Bei den Minima-Angaben für Algol ist die Lichtzeitkorrektur (heliozentrisch auf geozentrisch) berücksichtigt.

Eine Sternzeittafel soll die rasche Bestimmung der Sternzeit zur abendlichen Beobachtungsstunde ermöglichen (Seite 228). Die Sternzeit für 1^h MEZ, bezogen auf den Meridian von Greenwich (Nullmeridian), findet man in der Tabelle „Ephemeride der Sonnenscheibe" (letzte Spalte). Das Julianische Datum ist jeweils für den Monatsersten in der Rubrik „Sonnenlauf" angegeben. Das Julianische Datum stellt eine fortlaufende Tageszählung dar, die mit dem 1. Januar des Jahres −4712 (= 4713 v. Chr.) beginnt.

Im Anhang finden sich zwei Verzeichnisse astronomischer Institutionen. Im Verzeichnis „Astronomische Institute, Planetarien und Sternwarten" findet man die professionellen Einrichtungen im deutschen Sprachraum. Das Verzeichnis „Amateurastronomische Vereinigungen, Beobachtungsstationen und Privatsternwarten" enthält astronomische Vereine, Schulsternwarten sowie ehrenamtlich betriebene Sternwarten mit Publikumsverkehr. Dieses Verzeichnis soll dem Leser den Kontakt zu Gleichgesinnten erleichtern und die eigene Beobachtungstätigkeit fördern. Das Verzeichnis erhebt keinen Anspruch auf Vollständigkeit. Weitere Adressen nimmt der Herausgeber gerne auf (Anschrift: Planetarium Stuttgart, Mittlerer Schloßgarten, 70173 Stuttgart).

Abbildungen

Zahlreiche Abbildungen sollen der Anschaulichkeit, dem besseren Verständnis und für die Beobachtung dienen. Viele Abbildungen sind irgendwo im Text eingestreut, werden jedoch nicht nur in einem bestimmten Monat, sondern häufiger benötigt – z. B. Sternkarten mit eingezeichnetem Planetenlauf oder Aufsuchkärtchen. Um eine gewünschte Abbildung schneller zu finden, sind die Abbildungen nicht fortlaufend durchnumeriert, sondern kapitelweise: E. steht dabei für den Erläuterungsteil, F. für Finsternisse, 1. für die Monatsübersicht Januar, 2. für Februar usw., T. für den Tabellenteil. Beispiele: E.3 ist die dritte Abbildung im Erläuterungsteil, 1.1 die erste im Monatskapitel Januar, 5.3 die dritte im Mai, T.5 die fünfte im Tabellenteil usw. Auf Seite 2 findet sich ferner ein Verzeichnis wichtiger Abbildungen und Tabellen für ein schnelles Auffinden gewünschter Graphiken und Zahlenwerte.

Kalender-Zyklen

Sonnenzirkel: Ordnungszahl (1 bis 28) im Zeitintervall von 28 Jahren, nach dem die Wochentage wieder auf dieselben Daten (dieselben Monatstage) fallen. Da es sieben Wochentage gibt, aber jedes 4. Jahr ein Schaltjahr ist, so fallen nach $7 \times 4 = 28$ Jahren die Wochentage wieder auf dieselben Monatstage. Der Sonnenzirkel gibt an, welcher Sonntagsbuchstabe im betreffenden Jahr gilt.

Sonntagsbuchstabe: Gibt im ewigen Kalender den Tag des ersten Sonntags im Jahr an. In Schaltjahren gelten zwei Sonntagsbuchstaben (der zweite ist ab dem 1. März zu benutzen).

1. Januar A	5. Januar E
2. Januar B	6. Januar F
3. Januar C	7. Januar G
4. Januar D	

Epakte: Gibt das Mondalter vermindert um 1 zu Beginn des Kalenderjahres an, also die Zahl der Tage, die am 31. Dezember des Vorjahres seit dem letzten Neumondtermin verflossen sind (1–29). Für Neumond am 31. Dez. steht meist ein * statt 0. Die Epakte spielt eine Rolle bei der Festlegung des Ostertermins.

Goldene Zahl, lateinisch Numerus Aureus oder auch Mondzirkel genannt, ist die Ordnungszahl (I bis XIX) der Jahre im Metonschen Mondzyklus. Da 235 Lunationen (synodische Monate) ziemlich genau 19 Jahren entsprechen, fallen nach 19 Jahren die Mondphasen (nahezu) auf dieselben Tage im Sonnenjahr. Die Goldene Zahl diente im Julianischen Kalender zur Bestimmung des Ostertermins. Im Gregorianischen Kalender ist sie durch die Epakte ersetzt. Die Goldene Zahl wird in römischen Ziffern geschrieben, um eine Verwechslung mit dem Sonnenzirkel auszuschließen.

Indiktion (Römerzinszahl): Zyklus von 15 Jahren im Besteuerungssystem des Römischen Reiches, das von Kaiser Augustus eingeführt wurde. Der Start (Epoche) des Zyklus erfolgte im Jahr 3 v. Chr. Heute dient die Indiktion (von lat.: indictio = Ankündigung) nur noch als chronologische Prüfzahl für das laufende Jahr. Die Indiktion läuft von 1 bis 15.

Jahresregent: Gehört traditionsgemäß ebenfalls zu den Kalender-Zyklen, hat aber keine chronologische Bedeutung mehr. Aus kulturhistorischen Gründen und da er in der Numismatik eine gewisse Rolle spielt, sowie schlicht der Vollständigkeit halber, ist er in der Rubrik „Kalender-Zyklen“ mit aufgeführt. Jahresregent können sein: Sonne, Mond, Merkur, Venus, Mars, Jupiter und Saturn, also die klassischen sieben Planeten des Ptolemäischen Weltsystems.

Das griechische Alphabet

Α	α	Alpha	a	Η	η	Eta	e	Ν	ν	Nü	n	Τ	τ	Tau	t
Β	β	Beta	b	Θ	ϑ	Theta	th	Ξ	ξ	Xi	x	Υ	υ	Ypsilon	y
Γ	γ	Gamma	g	Ι	ι	Jota	i, j	Ο	ο	Omikron	o	Φ	φ	Phi	ph
Δ	δ	Delta	d	Κ	κ	Kappa	k	Π	π	Pi	p	Χ	χ	Chi	ch
Ε	ε	Epsilon	e	Λ	λ	Lambda	l	Ρ	ρ	Rho	r	Ψ	ψ	Psi	ps
Ζ	ζ	Zeta	z	Μ	μ	Mü	m	Σ	σ	ς Sigma	s	Ω	ω	Omega	o

Sonnen- und Mondfinsternisse 2001

Fünf Finsternisse finden im Jahr 2001 statt. Für Mitteleuropa bleibt 2001 dennoch finsternisarm: Leglich die totale Mondfinsternis vom 9. Januar ist in unseren Gegenden beobachtbar. Die partielle Mondfinsternis vom 5. Juli und die Halbschattenfinsternis des Mondes vom 30. Dezember sind von Mitteleuropa aus ebensowenig sichtbar wie die beiden Sonnenfinsternisse. Die totale Sonnenfinsternis vom 21. Juni ist vom südlichen Afrika aus beobachtbar (siehe auch Monatsthema Juni, „Die totale Sonnenfinsternis vom 21. Juni 2001“, Seite 113), während die ringförmige Sonnenfinsternis vom 14. Dezember größtenteils vom Pazifischen Ozean und von Mittelamerika aus verfolgt werden kann.

Totale Mondfinsternis am 9. Januar

Diese Finsternis ereignet sich in den frühen Abendstunden des 9. Januar und ist in ihrem gesamten Verlauf von Mitteleuropa aus beobachtbar. Die Mondfinsternis nimmt folgenden Verlauf:

	MEZ
Eintritt des Mondes in den Halbschatten	18^h44^m
Eintritt des Mondes in den Kernschatten	19 42
Beginn der totalen Verfinsterung	20 50
Mitte der Finsternis	21 21
Ende der totalen Verfinsterung	21 52
Austritt des Mondes aus dem Kernschatten	22 59
Austritt des Mondes aus dem Halbschatten	23 58

Der Eintritt in und der Austritt aus dem Halbschatten des Mondes bleiben prinzipiell unbeobachtbar. Auch die fortgeschrittene Halbschattenphase ist schwierig zu erkennen. Erst mit Eintritt des Mondes in den Kernschatten der Erde wird die Finsternis deutlich sichtbar. Für 50° Nord und 10° Ost erfolgt der Mondaufgang am 9. Januar um 16^h17^m. Der Verlauf der Finsternis ist aus Abb. F.1 ersichtlich.

Die Größe der Finsternis beträgt das 1,195fache des Mondscheibendurchmessers. Sie gehört zum Saros-Zyklus Nr. 134.

Der Beginn der Kernschattenphase der Finsternis ist sichtbar von ganz Europa, Afrika, Australien, Asien und den arktischen Gebieten einschließlich Grön-

F.1 Verlauf der totalen Mondfinsternis vom 9. Januar 2001.

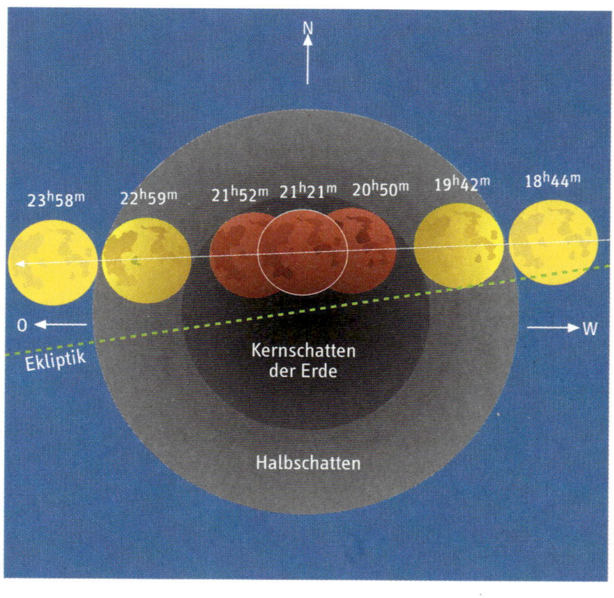

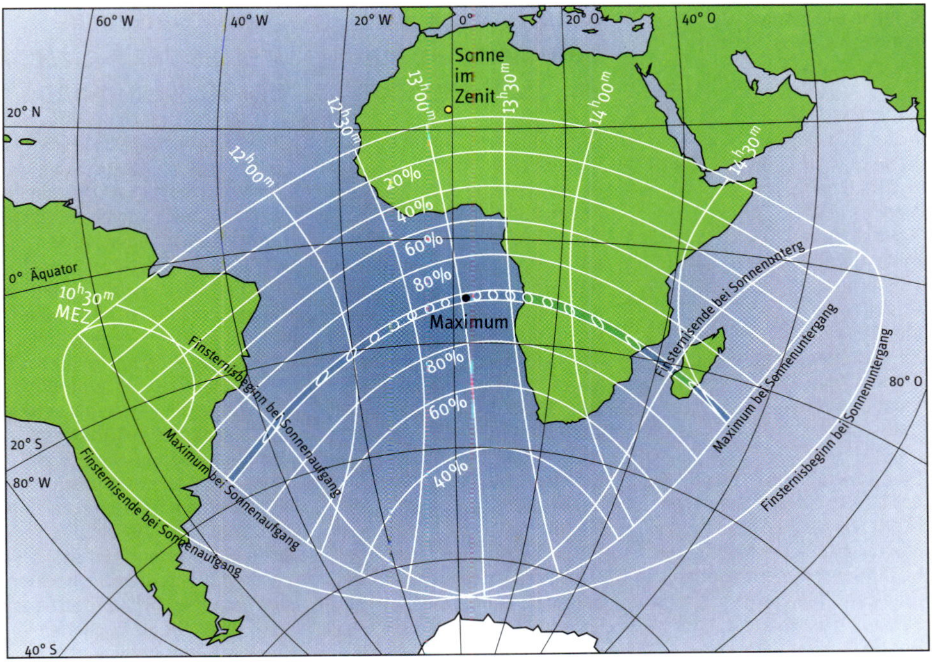

F.2 Globaler Verlauf der totalen Sonnenfinsternis vom 21. Juni 2001. Im umrandeten Gebiet ist die Sonnenfinsternis partiell zu sehen. Die Totalitätszone zieht sich vom Südatlantik über das südliche Afrika und Madagaskar in den Indischen Ozean hinein.

land sowie vom Nordostatlantik, dem Indischen Ozean und dem Nordwestpazifik. Das Ende der Kernschattenphase der Finsternis ist vom gesamten Europa, Asien und Afrika aus beobachtbar sowie von Grönland und den arktischen Gebieten, dem Atlantischen und dem Indischen Ozean.

Totale Sonnenfinsternis am 21. Juni

Dies ist die erste totale Sonnenfinsternis nach der berühmten vom 11. August 1999, bei der die Totalitätszone über Mitteleuropa ging. Diesmal gehen wir leer aus: Von keinem Punkt in Europa aus ist die totale Sonnenfinsternis vom 21. Juni sichtbar. Die Finsternis findet von 10^h33^m bis 15^h34^m MEZ statt. Die Totalitätszone verläuft vom Südatlantik östlich der Ostküste Südamerikas etwa in der Höhe der Mündung des Rio de la Plata ausgehend über den Südatlantik, trifft bei Angola auf die afrikanische Westküste, zieht über das südliche Afrika, trifft an der Ostküste Afrikas in der Höhe von Mosambik auf den Indischen Ozean, überquert Madagaskar und endet im Indischen Ozean etwa 800 Kilometer südöstlich von Madagaskar. Die maximale Dauer der Totalität beträgt 4^m57^s, die größte Breite der Totalitätszone 200 Kilometer. Sie wird mitten im Südatlantik am Ort 2°45′ östlicher Länge und 11°16′ südlicher Breite um 13^h04^m MEZ erreicht. Der Mondscheibendurchmesser übertrifft den Sonnendurchmesser um 5%.

Diese Finsternis gehört zum Saros-Zyklus Nr. 127. Das Sichtbarkeitsgebiet der partiellen Phase umfasst die östlichen Gebiete von Südamerika, den südlichen Atlantischen Ozean, ganz Afrika südlich des Äquators sowie die Gebiete zwischen der Sahara und dem Äquator, Madagaskar und die westlichsten Gebiete des Indischen Ozeans (siehe auch Monatsthema Juni, Seite 113).

Partielle Mondfinsternis am 5. Juli

Diese Finsternis findet in den Nachmittagsstunden statt, in denen der Mond in unseren Gegenden unter dem Horizont steht. Die Finsternis bleibt somit von Mitteleuropa aus unbeobachtbar. Die Mondfinsternis nimmt folgenden Verlauf:

	MEZ	MESZ
Eintritt des Mondes in den Halbschatten	13^h11^m	14^h11^m
Eintritt des Mondes in den Kernschatten	14 35	15 35
Mitte der Finsternis	15 55	16 55
Austritt des Mondes aus dem Kernschatten	17 15	18 15
Austritt des Mondes aus dem Halbschatten	18 40	19 40

Die Größe der Finsternis beträgt das 0,499fache des Mondscheibendurchmessers. Damit werden rund 45% der Mondscheibenfläche vom Kernschatten der Erde getroffen. Sie gehört zum Saros-Zyklus Nr. 139.
Der Beginn der Kernschattenphase der Finsternis ist sichtbar von Australien, Neuseeland, den Alëuten, der Antarktis, den östlichen Teilen Asiens ohne den äußersten Nordosten, dem Pazifischen Ozean mit Ausnahme der östlichen Gebiete und dem östlichen Indischen Ozean.
Das Ende der Kernschattenphase der Finsternis ist beobachtbar von Australien, Neuseeland, der Antarktis, Asien ohne die nordöstlichen Gebiete, Ostafrika, dem Indischen Ozean und vom westlichen Pazifischen Ozean aus.

Ringförmige Sonnenfinsternis am 14./15. Dezember

Diese Finsternis findet fast ausschließlich im Pazifischen Ozean statt und zwar in den Abendstunden, wenn bei uns in Mitteleuropa die Sonne längst untergegangen ist. Die Zone der ringförmigen Phase zieht sich die längste Strecke durch den Pazifischen Ozean und überquert kurz vor Sonnenuntergang Mittelamerika. Sie endet in der Karibik. Die Finsternis beginnt um 19^h03^m MEZ und endet um 0^h41^m MEZ am 15. Dezember. Die maximale Dauer der ringförmigen Phase beträgt 3^m53^s. Sie tritt um 21^h52^m MEZ bei 130°41′ westlicher Länge und 0°37′ nördlicher Breite ein, wobei die Zone der ringförmigen Phase 127 Kilometer breit ist. Der Durchmesser der Mondscheibe entspricht dabei 96,8% der Sonnenscheibe.
Die partielle Phase kann vom östlichen Pazifischen Ozean aus beobachtet werden mit Ausnahme der südlichsten Gebiete sowie von Nordamerika ohne Nordkanada, Mittelamerika, Karibik und den nordwestlichen Gebieten Südamerikas.
Die Finsternis gehört zum Saros-Zyklus Nr. 132.

Halbschattenfinsternis des Mondes am 30. Dezember

Diese Finsternis findet in den Vormittagsstunden statt, wenn der Mond längst untergegangen ist. Somit bleibt sie von Mitteleuropa aus unbeobachtbar. Halbschattenfinsternisse sind unauffällige Himmelserscheinungen und nur sichtbar, wenn der Mond zu mindestens 70% seines Scheibendurchmessers in den Halbschatten eindringt. Die Größe der Finsternis beträgt diesmal das 0,919 fache des Mondscheibendurchmessers. Knapp 92% des scheinbaren Monddurchmessers stehen zum Maximum im Halbschatten der Erde. Die Finsternis ist damit für den aufmerksamen Beobachter vom richtigen Ort aus durchaus erkennbar. Die Halbschattenfinsternis nimmt folgenden Verlauf:

	MEZ
Eintritt des Mondes in den Halbschatten	9^h25^m
Mitte der Finsternis	11 29
Austritt des Mondes aus dem Halbschatten	13 33

Zur Mitte der Finsternis ist eine leichte, graue Verdunklung der Südkalotte des Mondes sichtbar. Die Finsternis ist im Pazifischen Raum, in Nordamerika, Grönland, den arktischen Gebieten und Nordostasien beobachtbar. Die Finsternis gehört zum Saros-Zyklus Nr. 144.

Januar 2001

Die totale Mondfinsternis, die in den Abendstunden des 9. von Mitteleuropa aus sichtbar ist, bildet den astronomischen Höhepunkt des Januars. Venus, Jupiter und Saturn sind am Abendhimmel vertreten. Am 4. befindet sich die Erde in Sonnennähe.

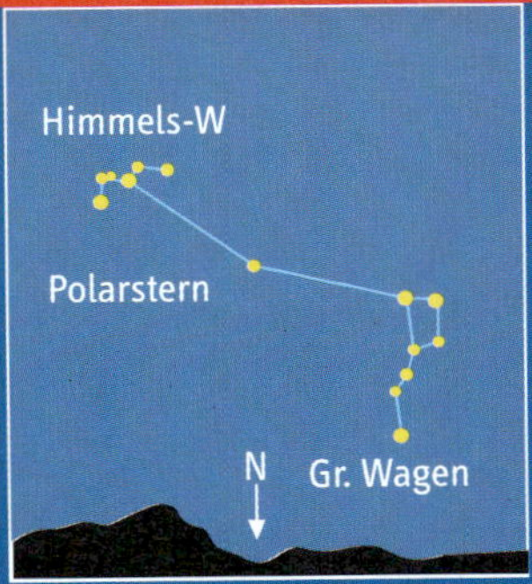

Großer Wagen und Himmels-W Anfang Januar um 22ʰ

1.1 Anblick des frühen Abendhimmels in östlicher Richtung am 6. Januar gegen 18ʰ MEZ. Die Riesenplaneten Jupiter und Saturn stehen im Stier vor dem Goldenen Tor der Ekliptik. Zu Jupiter gesellt sich der zunehmende Mond.

Sonnenlauf

19.1. 18h
Sonne tritt in das Sternbild Steinbock
20.1. 1h
Sonne tritt in das Tierkreiszeichen Wassermann

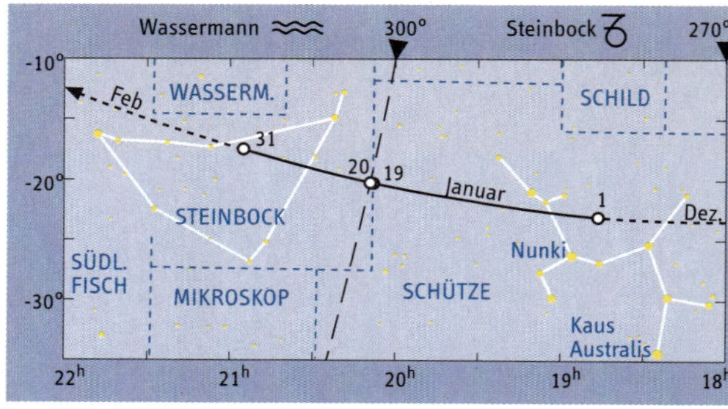

Julianisches Datum am 1. Januar, 1h MEZ: 2 451 910,5

Tag	Dämmerg. Anfang	Aufgang MEZ	Kulmination	Untergang MEZ	Dämmerg. Ende	Mittagshöhe	Zeitgleichg.	Rektaszension	Deklination
	h m	h m	h m	h m	h m	°	m	h m	°
1.	6 59	8 19	12 24	16 29	17 48	17,0	− 4	18 46	−23,0
5.	6 59	8 18	12 25	16 33	17 52	17,4	− 5	19 04	−22,6
10.	6 58	8 16	12 28	16 40	17 58	18,1	− 8	19 26	−22,0
15.	6 55	8 13	12 29	16 47	18 04	18,9	− 9	19 47	−21,2
20.	6 52	8 08	12 31	16 54	18 11	20,0	−11	20 09	−20,2
25.	6 48	8 03	12 32	17 02	18 18	21,1	−12	20 30	−19,0
31.	6 41	7 55	12 33	17 13	18 26	22,7	−13	20 54	−17,4

Tages- und Nachtstunden

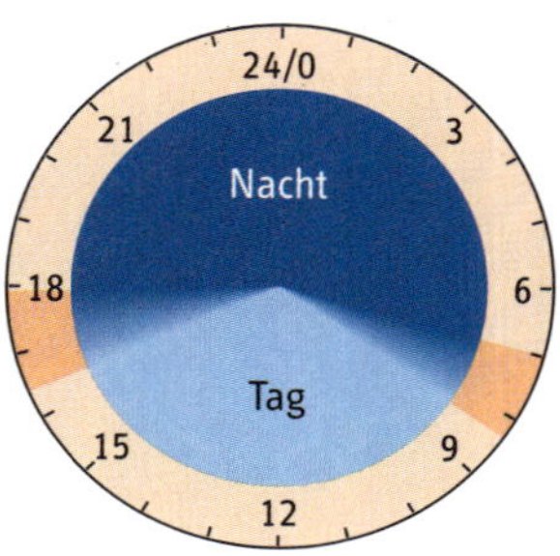

5. Januar

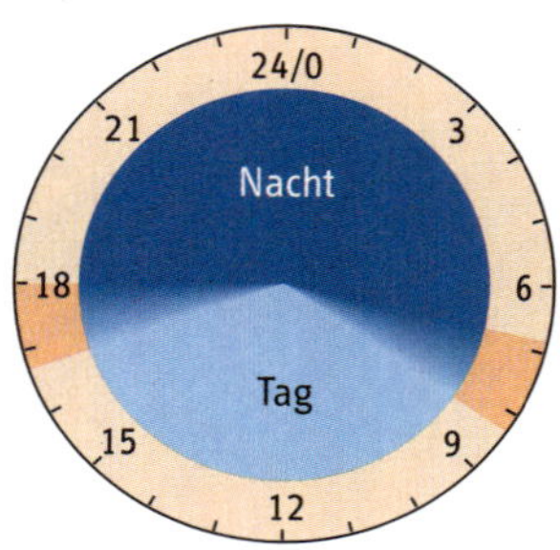

15. Januar

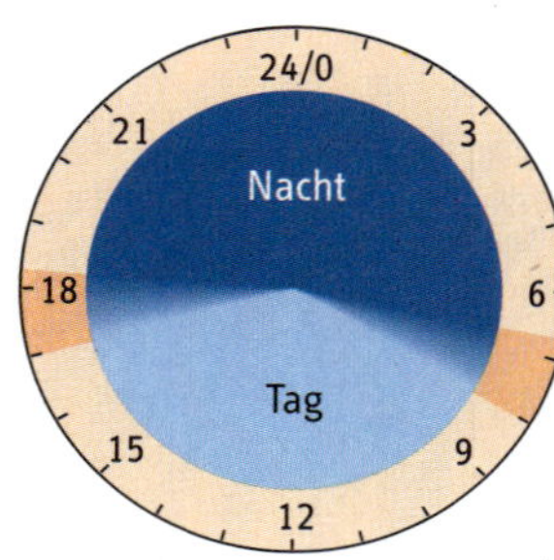

25. Januar

Mondlauf

Datum		Aufg. MEZ	Kulmination	Unterg. MEZ	Rektaszension	Deklination	Sterne und Sternbilder	Phase	MEZ
		h m	h m	h m	h m	°			
Mo	1.	11 55	17 32	23 19	23 26	− 8,8	* Wassermann		
Di	2.	12 15	18 15	–	0 11	− 4,4	Fische	**Erstes Viertel**	**23^h31^m**
Mi	3.	12 35	18 59	0 26	0 57	+ 0,4	Walfisch	Größte Südbreite	
Do	4.	12 56	19 46	1 36	1 45	+ 5,2	Fische	Libration Ost	
Fr	5.	13 21	20 35	2 49	2 34	+10,0	Walfisch		
Sa	6.	13 50	21 30	4 05	3 27	+14,5	Stier		
So	7.	14 28	22 28	5 23	4 24	+18,3	* Stier, Hyaden		
Mo	8.	15 16	23 31	6 40	5 25	+21,1	Stier		
Di	9.	16 17	–	7 50	6 29	+22,5	Alhena	**Vollmond** Aufsteigender Knoten	**21^h24^m**
Mi	10.	17 31	0 36	8 49	7 35	+22,2	Pollux	Erdnähe 357/33′,5	10^h
Do	11.	18 52	1 40	9 37	8 40	+20,4	Krebs, Krippe		
Fr	12.	20 15	2 40	10 14	9 43	+17,1	Löwe, Regulus		
Sa	13.	21 36	3 37	10 44	10 42	+12,8	Löwe		
So	14.	22 54	4 30	11 09	11 37	+ 7,8	Löwe		
Mo	15.	–	5 20	11 32	12 29	+ 2,5	Jungfrau	Größte Nordbreite	
Di	16.	0 09	6 08	11 54	13 20	− 2,7	Spica	**Letztes Viertel** Libration West	**13^h35^m**
Mi	17.	1 22	6 54	12 16	14 09	− 7,6	Jungfrau		
Do	18.	2 32	7 41	12 40	14 58	−12,1	Waage		
Fr	19.	3 41	8 28	13 07	15 47	−15,9	Waage		
Sa	20.	4 47	9 15	13 39	16 37	−19,0	Antares		
So	21.	5 48	10 04	14 17	17 28	−21,2	Schlangenträger		
Mo	22.	6 44	10 53	15 02	18 19	−22,3	Schütze	Absteigender Knoten	
Di	23.	7 33	11 43	15 54	19 11	−22,5	Schütze, Nunki		
Mi	24.	8 13	12 31	16 52	20 02	−21,7	Schütze	**Neumond** Erdferne 407/29′,4	**14^h07^m** 20^h
Do	25.	8 47	13 18	17 54	20 52	−19,9	Steinbock		
Fr	26.	9 16	14 03	18 58	21 41	−17,2	Steinbock		
Sa	27.	9 40	14 47	20 03	22 28	−13,8	Wassermann		
So	28.	10 01	15 30	21 09	23 14	− 9,9	Wassermann		
Mo	29.	10 21	16 12	22 15	23 59	− 5,5	Fische		
Di	30.	10 40	16 55	23 23	0 45	− 0,9	Walfisch	Größte Südbreite	
Mi	31.	11 00	17 40	–	1 31	+ 3,9	Fische		

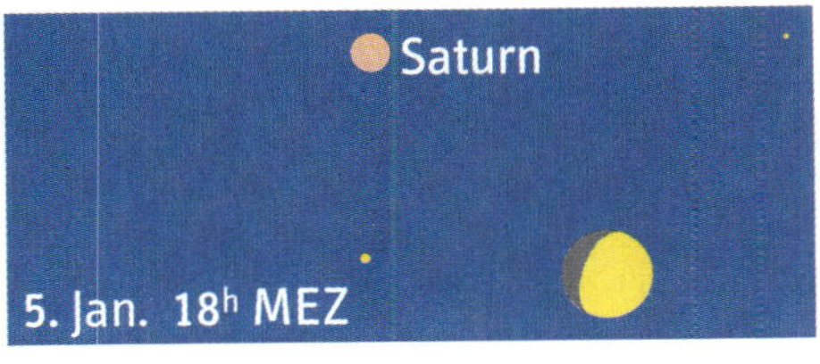

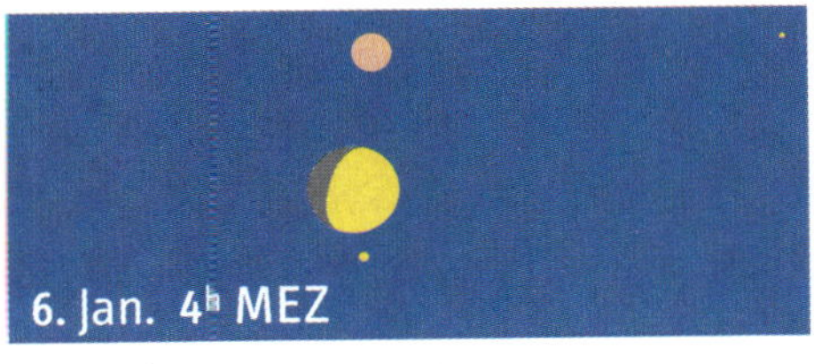

Planetenlauf

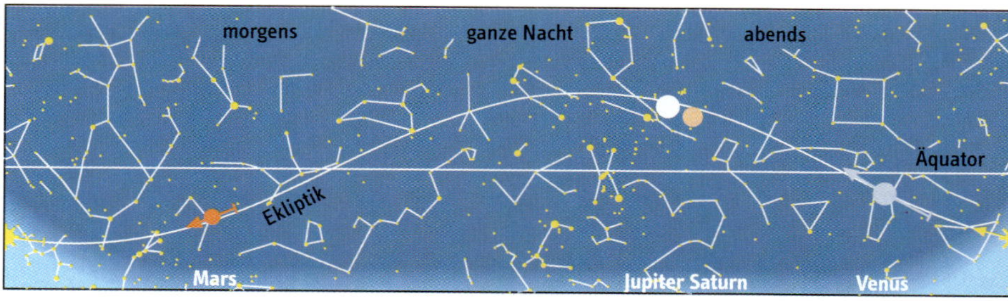

Merkur stand am ersten Weihnachtstag des Vorjahres in oberer Konjunktion mit der Sonne. Der sonnennahe Planet gewinnt allmählich an östlichem Winkelvorsprung vor der Sonne. Am 28. schließlich erreicht er mit 18°26′ Winkelabstand seine größte östliche Elongation. Die größte östliche Elongation fällt diesmal recht bescheiden aus, denn bereits am 1. Februar eilt Merkur durch sein Perihel, dem sonnennächsten Punkt seiner Bahn. Trotz des relativ kleinen Elongationswinkels kommt es zu einer Abendsichtbarkeit: Ab dem 19. kann man versuchen, den $-0\overset{m}{,}9$ hellen Merkur am südwestlichen Horizont zu erspähen. Gegen 17^h30^m kann sich Merkur in der Dämmerung durchsetzen. Der Merkuruntergang erfolgt am 19. um 18^h10^m. Etwa zwanzig Minuten vorher wird er von den dichten Dunstschichten am Horizont verschluckt. Wer noch nie nach Merkur gesucht hat, sollte noch ein paar Tage warten. Die gün-

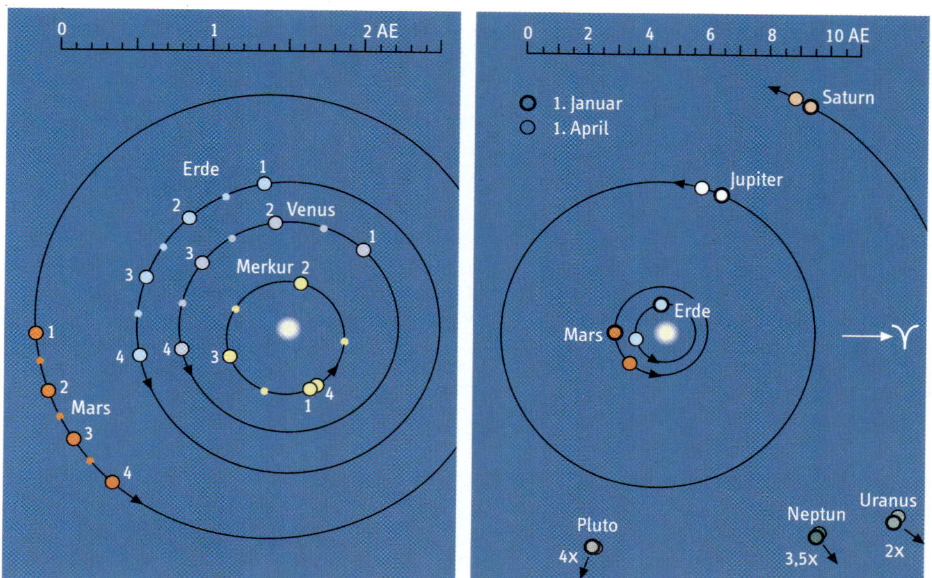

1.2 Heliozentrischer Anblick des Planetensystems im ersten Jahresviertel 2001. Eingetragen sind die Positionen der inneren Planeten für den 1. Januar (1), 1. Februar (2) sowie 1. März (3) und 1. April (4) im linken Teil. Der rechte Teil zeigt das äußere Planetensystem samt einiger Planetoiden zu Anfang und Ende des ersten Jahresviertels. Die Pfeile deuten die Richtungen zu den ferneren Planeten sowie zum Frühlingspunkt an.

stigste Zeitspanne um Merkur zu sehen, liegt zwischen dem 24. und dem 29. Am 24. geht der –0^m,8 helle Planet um 18^{h}35^m unter. Bis zum 29. sinkt die Merkurhelligkeit auf –0^m,4 ab, der Merkuruntergang verspätet sich auf 18^{h}52^m. Bis Monatsende sinkt die Helligkeit auf –0^m,1 ab, die Untergangszeit bleibt fast konstant – am 31. geht Merkur um 18^{h}54^m unter. Nach dem 31. zieht sich Merkur vom Abendhimmel zurück und wird unsichtbar. Am 26. wandert die schmale Sichel des zunehmenden Mondes an Merkur vorbei. Am 29. zeigt sich das 7″,2 große Merkurscheibchen halb beleuchtet. Die Halbphase wird Dichotomie genannt. Danach wird das Planetenscheibchen größer und Merkur zeigt eine Sichel. Am Tag der größten östlichen Elongation ist Merkur 144 Millionen Kilometer (= 0,962 A. E.) von der Erde entfernt. Die Begegnungen von Merkur mit Neptun am 13. und Uranus am 22. bleiben unbeobachtbar.

Venus eröffnet den Jahresreigen als strahlender Abendstern. Am 17. erreicht sie mit 47°06′ ihren größten östlichen Winkelabstand von der Sonne, man spricht von maximaler Elongation. Im Laufe des Monats nimmt ihre Helligkeit von –4^m,3 auf –4^m,5 leicht zu. Die Venusuntergänge verspäten sich von

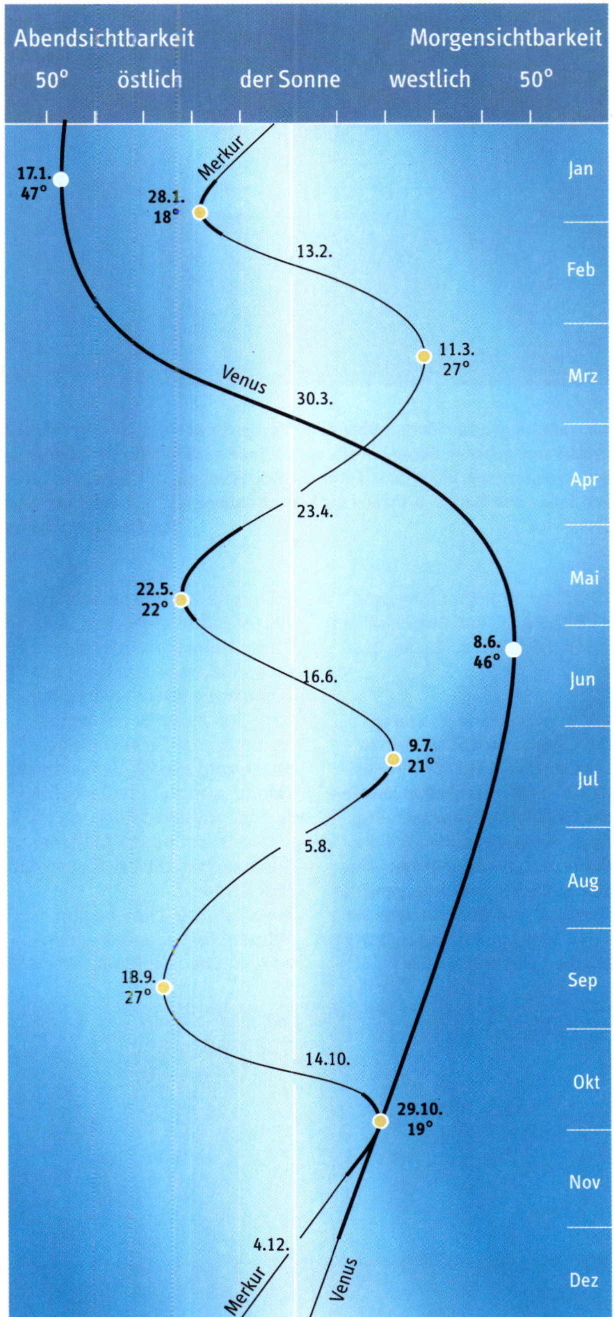

1.3 Elongationen der inneren Planeten Merkur und Venus von der Sonne im Jahre 2001. Die Datumsangaben beziehen sich jeweils auf die größten Elongationen und die Konjunktionen. Fettgedrucktes Datum bedeutet: in Mitteleuropa mit freiem Auge sichtbar. Unterbrochener Sonnenbalken weist auf eine untere Konjunktion hin, unterbrochene Planetenlinie auf eine obere Konjunktion.

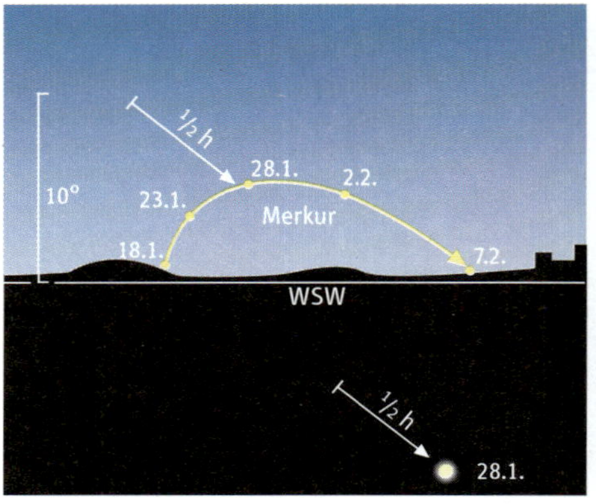

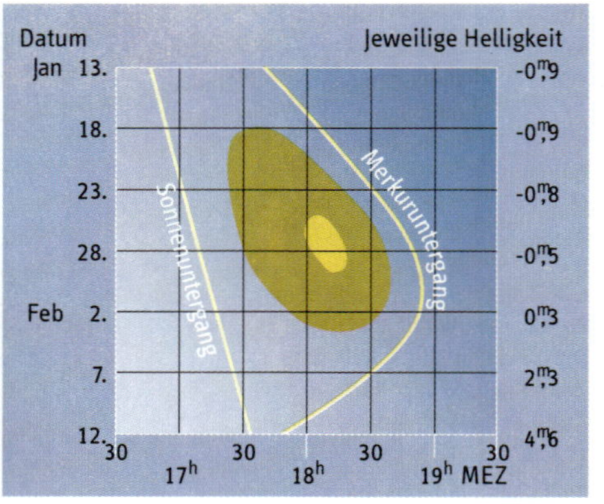

1.4 Stellungen von Merkur über dem Westhorizont zu den angegebenen Daten jeweils eine Stunde nach Sonnenuntergang. Die Pfeile deuten die Bewegungen von Sonne und Merkur während der letzten halben Stunde an.

1.5 Sichtbarkeitsdiagramm für Merkur. Es gilt genau für 50° nördlicher Breite und 10° östlicher Länge. Blaue Fläche: Merkur unsichtbar; dunkelgelbe Fläche: Merkur ist unter günstigen Bedingungen zu sehen; hellgelbe Fläche: Merkur ist gut sichtbar.

20^h33^m zu Monatsanfang auf 21^h06^m am 15. und auf 21^h34^m am 31. Im Fernrohr zeigt sich das 25″ große Venusscheibchen am 19. zur Hälfte beleuchtet, die Phase Halbvenus oder die Dichotomie tritt ein. Nach der Dichotomie wächst der scheinbare Durchmesser der Venus weiter an, die Beleuchtungsphase geht zurück, Venus nimmt ab und wird zu einer Sichel. Am Tag der größten östlichen Elongation ist Venus 103 Millionen Kilometer (= 0,689 A. E.) von der Erde entfernt.

Mars kann zu Jahresbeginn am Morgenhimmel aufgefunden werden. Der rote Planet strebt den südlicheren Gefilden des Tierkreises zu. Am 5. verlässt er das Sternbild Jungfrau und tritt in das Sternbild Waage. Am 1. geht der $1{,}^m4$ helle Mars um 2^h44^m auf, am 31. bereits um 2^h21^m. Bis Monatsende nimmt die Marshelligkeit auf $1{,}^m0$ deutlich zu. Mitte Juni wird Mars dann in Erdnähe stehen und zu einem auffälligen Gestirn werden. Im Teleskop bietet das nur 6″ große Marsscheibchen wenig – noch ist der rote Planet für Fernrohrbeobachter kein interessantes Objekt. Am 17. zieht

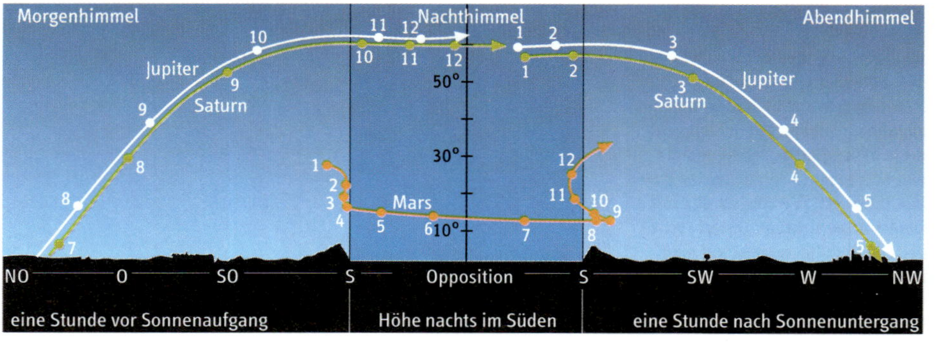

1.6 Stellungen der Planeten Mars, Jupiter und Saturn im Jahr 2001. Im linken Teil sind die Positionen am Morgenhimmel jeweils eine Stunde vor Sonnenaufgang eingetragen, im rechten Teil die Positionen am Abendhimmel eine Stunde nach Sonnenuntergang. Im Mittelteil sind die Stellungen zur Zeit um Mitternacht angegeben sowie die Kulminationshöhe.

der abnehmende Halbmond knapp 4° nördlich an Mars vorbei.

Jupiter ist nach Venus, die relativ bald im Westen versinkt, Glanzpunkt am Abendhimmel. Der $-2^{m}{,}7$ helle Riesenplanet steht abends hoch im Süden, mitten im Goldenen Tor der Ekliptik. So nennt man die beiden offenen Sternhaufen Hyaden und Plejaden im Stier, zwischen denen die scheinbare Sonnenbahn verläuft. Sonne, Mond und Planeten laufen zwischen beiden Sternhaufen von Zeit zu Zeit hindurch. Hyaden und Plejaden bilden gewissermaßen die Torpfosten. Jupiter stand Ende November 2000 in Opposition zur Sonne. Am 25. beendet er seine Rückläufigkeit im Stier und wird stationär. Anschließend bewegt er sich wieder rechtläufig durch den Tierkreis. Damit endet auch seine Oppositionsperiode. Die Jupiterhelligkeit geht im Laufe des Monats um $0^{m}{,}2$ leicht auf $-2^{m}{,}5$ zurück. Damit ist Jupiter nach Mond und Venus immer noch das hellste Gestirn am Nachthimmel. Vom Morgenhimmel beginnt sich der Riesenplanet allmählich zurückzuziehen. Am 1. geht Jupiter um $5^{h}23^{m}$ unter, am 15. um $4^{h}24^{m}$ und am 31. schon um $3^{h}21^{m}$. Im Fernrohr sieht man ein ovales Planetenscheibchen, dessen scheinbarer Äquatordurchmesser während des Januars von 46″,5 auf 42″,4 zurückgeht. Der Mond besucht Jupiter am 6., wobei er in 2° südlichem Abstand an ihm vorbeizieht (siehe auch Abb. 1.1 auf Seite 29).

Am ersten Tag des Jahres ist Jupiter 634 Millionen Kilometer (= 4,238 A. E.) von der Erde und 755 Millionen Kilometer (= 5,047 A. E.) von der Sonne entfernt. Das Sonnenlicht ist somit 42 Minuten zu Jupiter unterwegs.

Saturn im Stier kann nach Einbruch der Dunkelheit hoch am Firmament gesehen werden. Zwar ist er nicht so leuchtkräftig wie Jupiter, aber mit $0^{m}{,}0$ Helligkeit ist der Ringplanet allemal ein auffälliges Objekt. Am 25. beendet Saturn seine Rückläufigkeit und wird stationär. Anschließend wandert der Ringplanet wieder rechtläufig durch den Tierkreis (siehe Abb. 12.2 auf Seite 205). Damit ist die Oppositionsperiode abgeschlossen. Vom Morgenhimmel zieht sich Saturn zurück. Am ersten Tag des Jahres geht der Ringplanet um $4^{h}36^{m}$ unter und zur Monatsmitte um $3^{h}39^{m}$. Am Monatsletzten sinkt Saturn bereits um $2^{h}36^{m}$ unter die Horizontlinie. Am 6. erhält der Ringplanet Besuch vom zunehmenden Mond (siehe Abb. 1.1 auf Seite 29).

Im Fernrohr zeigt sich der Saturnring relativ weit geöffnet. Man sieht unter einem Winkel von 23° auf die Südseite des Ringsystems. Zu Jahresanfang zeigt sich der Ring unter einem scheinbaren Längsdurchmesser von 44″,9, während der Querdurchmesser 17″,6 aufweist. Die stark abgeplattete Saturnkugel hat einen scheinbaren Äquatordurchmesser von 19″,8, der Poldurchmesser liegt bei 18″,0. Der Ringplanet bietet zur Zeit einen eindrucksvollen Anblick.

Uranus im Steinbock nähert sich seiner Konjunktion mit der Sonne, die er im ersten Drittel des nächsten Monats erreichen wird. Der grünliche, lichtschwache Planet hat sich vom Abendhimmel zurückgezogen und bleibt unbeobachtbar. Auch die Begegnung mit Merkur am 22. entgeht uns.

Konstellationen und Ereignisse

Datum	MEZ	Ereignis
4.	10^{h}	Erde im Perihel (Sonnennähe), Abstand Erde – Sonne 147,105 Millionen Kilometer
6.	2	**Mond bei Saturn**, Mond 2°,0 südlich, **Abstand 2°,6 um 4^{h}**
6.	15	**Mond bei Jupiter**, Mond 3°,0 südlich, **Abstand 3°,8 um 17^{h}**
9.	21	**Totale Mondfinsternis** – von Deutschland aus beobachtbar (siehe Seite 26)
13.	18	Merkur bei Neptun, Merkur 2°,2 südlich
17.	7	Venus in größter östlicher Elongation (47°)
17.	21	**Mond bei Mars**, Mond 3°,6 nördlich, **Abstand 3°,8 um 3^{h}** am 18.
22.	19	Merkur bei Uranus, Merkur 0°,4 südlich
24.	16	Mond bei Neptun, Mond 2°,1 südlich
25.	16	Jupiter im Stillstand, anschließend rechtläufig
25.	17	Saturn im Stillstand, anschließend rechtläufig
25.	20	Mond bei Uranus, Mond 2°,4 südlich
26.	4	**Mond bei Merkur**, Mond 3°,0 südlich, **Abstand 5°,9 um 18^{h}**
26.	5	Neptun in Konjunktion mit der Sonne
28.	14	Merkur in größter östlicher Elongation (18°)
28.	15	Mond bei Venus, Mond 6°,4 südlich

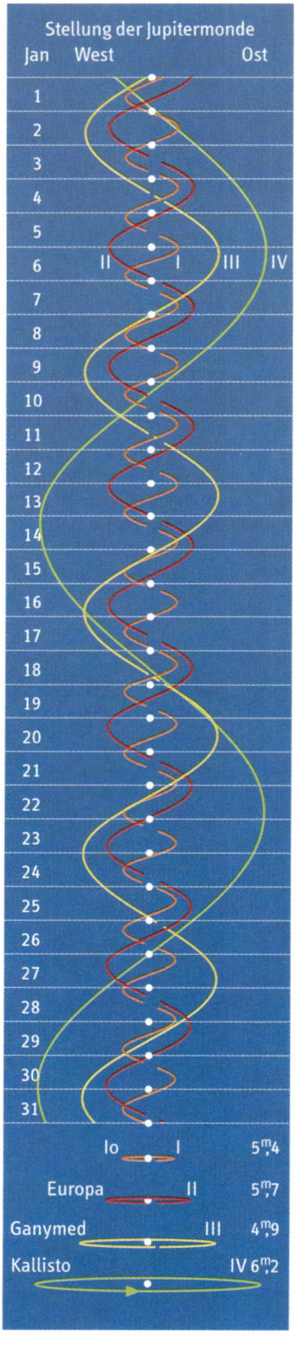

Jupitermond-Erscheinungen

Tag	MEZ		Vorgang	
	h	m		
1.	1	29	I	DA
	1	42	III	SE
	2	17	I	SA
	3	39	I	DE
	4	28	I	SE
	18	15	II	SE
	22	48	I	BA
2.	1	49	I	VE
	19	55	I	DA
	20	46	I	SA
	22	05	I	DE
	22	57	I	SE
3.	17	15	I	BA
	20	18	I	VE
4.	17	26	I	SE
5.	3	11	II	DA
6.	21	16	II	BA
7.	1	46	II	VE
	23	48	III	DA
8.	1	50	III	DE
	3	16	I	DA
	3	35	III	SA
	4	13	I	SA
	18	15	II	SA
	18	56	II	DE
	20	51	II	SE
9.	0	35	I	BA
	3	44	I	VE
	21	43	I	DA
	22	42	I	SA
	23	53	I	DE
10.	0	52	I	SE
	19	02	I	BA
	22	13	I	VE
11.	17	11	I	SA
	17	34	III	VA
	18	21	I	DE
	19	21	I	SE
	19	45	III	VE
13.	23	39	II	BA
15.	3	20	III	DA

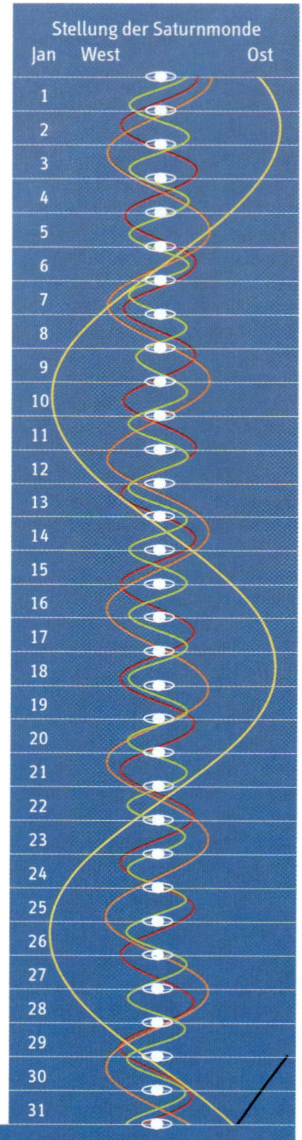

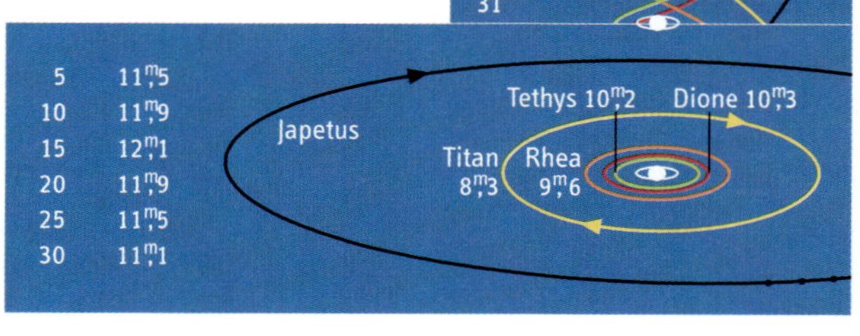

	18 45	II	DA
	20 52	II	SA
	21 19	II	DE
	23 27	II	SE
16.	2 24	I	BA
	23 32	I	DA
17.	0 37	I	SA
	1 42	I	DE
	2 48	I	SE
	17 43	II	VE
	20 51	I	BA
18.	0 08	I	VE
	17 04	III	BA
	18 00	I	DA
	19 06	I	SA
	19 12	III	BE
	20 10	I	DE
	21 17	I	SE
	21 34	III	VA
	23 46	III	VE
19.	18 37	I	VE
21.	2 05	II	BA
22.	21 10	II	DA
	23 28	II	SA
	23 45	II	DE
23.	2 03	II	SE
24.	1 23	I	DA
	2 33	I	SA
	3 33	I	DE
	20 22	II	VE
	22 42	I	BA
25.	2 04	I	VE
	19 51	I	DA
	20 44	III	BA
	21 02	I	SA
	22 01	I	DE
	22 54	III	BE
	23 12	I	SE
26.	1 35	III	VA
	20 32	I	VE
27.	17 41	I	SE
29.	17 50	III	SE
	23 38	II	DA
30.	2 04	II	SA
	2 13	II	DE
31.	17 49	II	BA
	23 00	II	VE
	0 33	I	BA

Neptun kommt am 22. in Konjunktion mit der Sonne und kann nicht gesehen werden. Gegenwärtig hält sich Neptun mitten im Steinbock auf, westlich von Uranus (Abb. 7.8 auf Seite 126). Zur Konjunktion wird Neptun von der Sonne bedeckt. Die Begegnung mit Merkur am 13. bleibt unbeobachtbar. Am Tag der Konjunktion ist Neptun 4651 Millionen Kilometer (= 31,09 A. E.) von der Erde entfernt.

Pluto siehe „Planetenlauf" im März, Juni, August und Dezember.

Periodische Sternschnuppenströme

Vom 1. bis 6. Januar sind die **Quadrantiden** (Ausstrahlungspunkt oder Radiant im Sternbild Bootes) in der zweiten Nachthälfte zu erwarten. In der Nacht vom 3. auf 4. Januar ist das spitze Maximum zu erwarten. Bis zu hundert Objekte pro Stunde sind im Maximum zu registrieren. In manchen Jahren wurden sogar über zweihundert pro Stunde beobachtet. Helle Sternschnuppen kommen dabei nur selten vor. Ein Erzeugerkomet ist nicht bekannt. Die einzelnen Meteoroide haben mittlere Geschwindigkeiten um 40 Kilometer pro Sekunde. Da der Radiant im Sternbild Bootes liegt, wird dieser Strom auch **Bootiden** genannt.

Der Fixsternhimmel

Zu keiner anderen Jahreszeit bietet der abendliche Sternenhimmel einen so schönen Anblick wie im Winter auf der Nordhalbkugel der Erde. Denn der abendliche Winterhimmel ist besonders reich an hellen Sternen. Zu seinem Schmuck trägt auch die Milchstraße bei. Ihr zartschimmerndes Lichtband ist im Januar zur Standardbeobachtungszeit um 22^h MEZ gut zu sehen. Es steigt im Südosten empor, geht durch den Zenit (Scheitelpunkt) und sinkt zum Nordwesthorizont hinab. Leider hat in unseren Städten und Gemeinden inzwischen die künstliche Lichtflut derart zugenommen, dass es kaum mehr möglich ist, das Band der Milchstraße mit bloßen Augen zu erkennen. Selbst wenn man einen einsamen Platz weit außerhalb einer Stadt aufsucht, kann man die Milchstraße kaum sehen, da das durch die verschmutzte Atmosphäre hervorgerufene Streulicht den Nachthimmel fast überall in Mitteleuropa zu sehr aufhellt. So ist der heutige Zivilisationsmensch auf die helleren Sterne angewiesen, die sich am milchig-trüben Nachthimmel noch durchsetzen können. Sie am Himmel benennen zu können, sollte eigentlich zur Allgemeinbildung gehören. Damit das Auffinden und Erkennen der Sterne und Sternbilder leichter fällt, gibt es im vorliegenden Jahrbuch für jeden Monat eine Übersichtssternkarte. Diese Monatssternkarte zeigt den zur Standardbeobachtungszeit sichtbaren Teil des Sternenhimmels in unseren Breiten (50° Nord). Als Standardbeobachtungszeit gilt für die Monatsmitte (15.) 22^h MEZ. Wer zu Monatsbeginn beobachtet, sollte die Sternkarte eine Stunde später benutzen, also 23^h MEZ. Zu Monatsende zeigt die Sternkarte den sichtbaren Himmelsausschnitt bereits um 21^h MEZ. Man kann die Sternkarten auch für andere Nachtstunden verwenden. So zeigt die Januar-Sternkarte auch den Himmelsanblick, wie er dem Betrachter am 1. November um 3^h MEZ erscheint. Für welche Daten und Uhrzeiten die jeweilige Monatssternkarte genutzt werden kann, ist in der Bildlegende knapp neben der Sternkarte vermerkt. Zu beachten ist allerdings, dass die eingetragenen Planetenpositionen nur für den aktuellen Monat zutreffen. Die aktuellen Planetenpositionen entnehme man

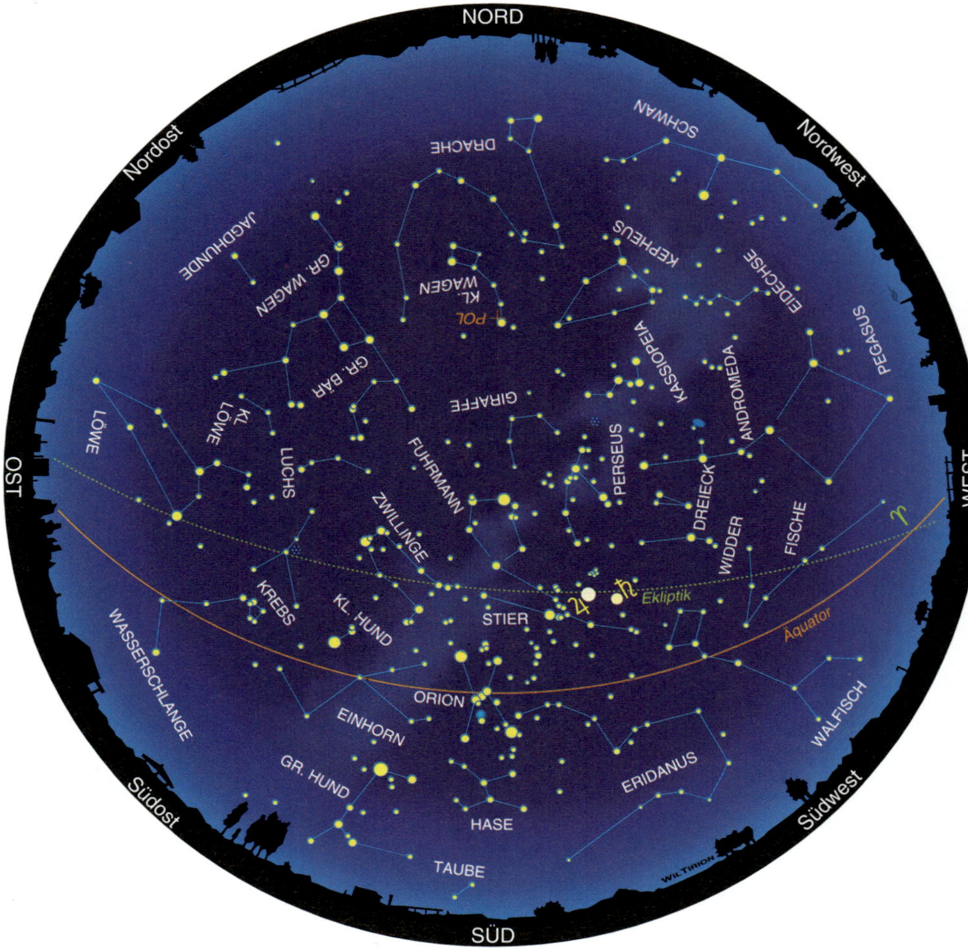

Sternenhimmel am 15. Januar um 22h MEZ.

Fixsternhimmel auch gültig für:

	MEZ	MESZ
1.10.	5h	6h
15.10.	4	5
1.11.	3	
15.11.	2	
1.12.	1	
15.12.	0	
1. 1.	**23**	
15. 1.	**22**	
31. 1.	**21**	
15. 2.	20	

der jeweiligen Graphik vor der Rubrik „Planetenlauf". In der Monatssternkarte markiert die ausgezogene, rote Linie den Himmelsäquator, die gestrichelte, grüne Linie die Ekliptik (scheinbare Sonnenbahn), die zum Himmelsäquator um 23°,4 geneigt ist. In der Nähe der Ekliptik sind die Planeten zu finden. Die hellen, mit freiem Auge sichtbaren Planeten sind mit ihren Symbolen in der Sternkarte eingetragen, wenn sie zur Standardbeobachtungszeit über dem Horizont stehen. Die Planetensymbole sind in der Umschlagklappe und aus Abb. E.13 auf Seite 21 zu ersehen. Auf diese Weise kann man schnell feststellen, ob in einem Tierkreissternbild eventuell gerade ein Planet steht, was den angehenden Sternfreund gegebenenfalls etwas verwirren kann. Die eingetragenen Planetenpositionen gelten exakt jeweils für die Monatsmitte.

Nach dem Großen Wagen gehört der Orion zu den bekanntesten Sternbildern. Orion ist *das* Wintersternbild schlechthin. Der Sage nach ist Orion ein mächtiger Jäger und Krieger. Seine einprägsame Sternenfigur steht im Januar zur Standardbeobachtungszeit halbhoch im Süden. Der Himmelsjäger durchschreitet gerade den Meridian. Ein heller, rötlicher Stern markiert die eine Schulter. Er heißt Beteigeuze (α Orionis). Ein zweiter Stern erster Größe, der den einen Fuß des Jägers darstellen soll, funkelt in bläulich-weißem Licht. Er heißt Rigel (β Orionis), was arabisch „Fuß" bedeutet. Zwischen Beteigeuze und Rigel stehen drei Sterne in einer Reihe, die den Gürtel des Orion darstellen. Der westliche Gürtelstern Mintaka (δ Orionis) sitzt dabei ziemlich genau auf dem Himmelsäquator, wie man sich durch einen Blick auf die Sternkarte schnell überzeugen kann. Da man am natürlichen Firmament keine Hilfslinien aufleuchten lassen kann (wie dies in einem Planetarium möglich ist), kann δ Orionis die Orientierung erleichtern, wenn man weiß, dass er fast 0° Deklination hat. Ein wichtiger Hinweis für den Einsteiger in die Himmelskunde, der noch keine Erfahrung im Aufsuchen von Sternbildern hat: Am natürlichen Sternenhimmel erscheinen die Sternbilder viel größer als man erwartet, wenn man sie sich in der Monatssternkarte eingeprägt hat. Am leichtesten wird dies beim markanten Sternbild Orion deutlich: Man vergleiche seine Darstellung in der Sternkarte mit dem Eindruck am Firmament! Hat man sich diese optische Differenz einmal eingeprägt, dann fällt einem die Orientierung am Himmel viel leichter.

Apropos Orientierung: Auch wenn man etliche helle Sterne sofort benennen kann, sollte man die Himmelsbetrachtung mit dem Aufsuchen des Polarsterns beginnen. Er weist uns die Nordrichtung, denn er steht das ganze Jahr über stets an derselben Stelle am Firmament – unabhängig von Datum und Uhrzeit. Der Polarstern nimmt fast den Platz des Himmelsnordpols ein, um den sich das gesamte Himmelsgewölbe scheinbar dreht. Diese scheinbare tägliche Drehung des Himmels ist ein Spiegelbild der Erdrotation. Großer Wagen und Himmels-W helfen, rasch den Polar- oder Nordstern zu finden. Die Stellung des Großen Wagens und des Himmels-Ws relativ zur nördlichen Horizontlinie wird daher in jedem Monat durch eine kleine Graphik am Beginn der Monatsübersicht verdeutlicht. In der Monatssternkarte wird man vergeblich die Bezeichnung „Himmels-W" suchen. So wie auch der Große Wagen kein „offizielles" Sternbild ist, sondern nur den Hinterteil des Großen Bären darstellt, so heisst die Sternenfigur des Himmels-Ws in der Reihe der klassischen Sternbilder „Kassiopeia". Die Sterne der Kassiopeia sind allerdings in Form des Buchstabens „W" angeordnet. Der griechischen Mythologie nach war die Kassiopeia die le-

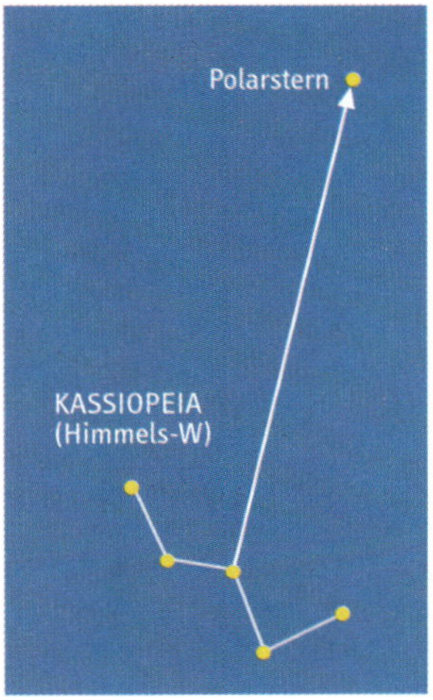

1.7 Das Sternbild Kassiopeia, auch als Himmels-W bekannt, dient als Polweiser.

gendäre Königin von Äthiopien. Ihr Gemahl, der König Kepheus, ist ebenfalls am Sternenhimmel – neben seiner Gemahlin – verewigt. Das Sternbild Kepheus ist allerdings viel schwieriger zu entdecken als die Kassiopeia. Die Sterne des Kepheus sind nämlich erheblich lichtschwächer und seine Figur ist wenig einprägsam.

Blickt man senkrecht nach oben, so sieht man einen hellen, gelblichen Stern erster Größenklasse: die Kapella (α Aurigae), Hauptstern im Fuhrmann. Kapella (lat.) bedeutet soviel wie „kleine Ziege". Das Sternbild Fuhrmann prägt sich leicht ein: ein Fünfeck mit Kapella an der Spitze. Man hat eher den Ein-

Veränderliche Sterne

Algol-Minima	2. 20^h55^m	5. 17^h44^m	17. 5^h01^m	20. 1^h51^m	22. 22^h40^m	25. 19^h29^m
β-Lyrae-Minima	5. 12^h H	11. 23^h N	18. 10^h H	24. 22^h N	31. 9^h H	
δ-Cephei-Maxima	2. 0^h	7. 9^h	12. 18^h	18. 3^h	23. 11^h	28. 20^h
Mira-Helligkeit	1. 6^m	10. 6^m	20. 7^m	31. 7^m		

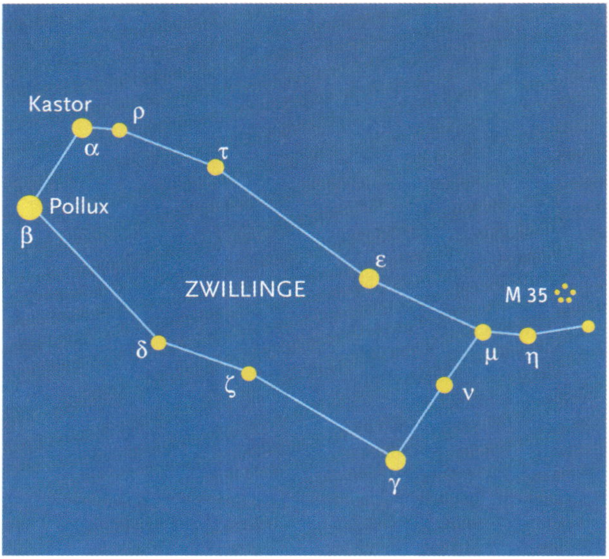

1.8 Skelettkarte des Sternbildes Zwillinge mit dem offenen Sternhaufen M 35.

druck eines Sechseckes, wenn man nämlich β Tauri (Al Nath), den Stern gegenüber von Kapella, hinzunimmt. In manchen alten Sternkarten gehört er zum Fuhrmann und trägt die Bezeichnung γ Aurigae. Al Nath stellt die eine Hornspitze des Stieres dar, der soeben den Meridian durchschritten hat und noch hoch im Süden steht. Sein hellster Stern, der rote Aldebaran, markiert das blutunterlaufene Auge des Stieres.

Dem Stier folgen im Tierkreis die Zwillinge, die im wesentlichen von zwei Sternenketten dargestellt werden. An den Enden dieser Ketten stehen zwei helle Sterne, nämlich Kastor (α Geminorum) und Pollux (β Geminorum). An die Zwillinge schließt sich im Osten der unscheinbare Krebs an, in dem der bekannte offene Sternhaufen Krippe (M 44) beheimatet ist.

Südlich der Zwillinge sind die beiden Himmelshunde, die Begleiter des Himmelsjägers Orion, anzutreffen. Tief im Südosten flackert der blau-weiße Sirius (α Canis Maioris), Hauptstern des Großen Hundes. Mit −1,5 Größenklassen ist Sirius der hellste Fixstern des Himmels. Nur noch Venus und Jupiter sowie gelegentlich Mars übertreffen Sirius an Helligkeit. Ein wenig höher als Sirius ist der gelbliche Stern Prokyon (α Canis Minoris) im Kleinen Hund beheimatet. Prokyon bedeutet auf Griechisch soviel wie „Vorhund“. Prokyon geht nämlich in unseren Breiten vor Sirius auf. Er kündigt mit seinem Erscheinen somit den folgenden Siriusaufgang an.

Die hellen Sterne Kapella, Aldebaran, Rigel, Sirius, Prokyon und Pollux bilden das so genannte Wintersechseck. Es ist gewissermaßen das Gegenstück zum Sommerdreieck. Manchmal nennt man dieses Sternensechseck auch Halskette. Die Amerikaner fassen die drei Sterne Beteigeuze, Prokyon und Sirius gelegentlich zum Winter*dreieck* zusammen. Bei uns hat sich der Begriff Winterdreieck nicht durchgesetzt.

In der westlichen Himmelshälfte sind noch etliche Herbstbilder zu finden: Das Pegasusquadrat steht wie eine überdimensionale Vorfahrtstafel tief am Westhorizont. An das Pegasusquadrat schließt sich in Richtung Zenit die Sternenkette der Andromeda an. Die Prinzessin Andromeda ist die Tochter des Königspaares Kassiopeia und Kepheus. Zu dieser Königsfamilie gesellt sich noch der Retter der Andromeda, der heldenhafte Perseus. Das Sternbild Perseus ist hoch im Westen, fast im Zenit zu sehen. Im Perseus findet sich der berühmte Bedeckungsveränderliche Algol (β Persei). Seine Minimumszeiten sind in diesem Jahrbuch in der Rubrik „Veränderliche Sterne“ vermerkt. Algol ist der Prototyp einer ganzen Klasse von Veränderlichen Sternen, den Algol-Typen (Kurzbezeichung: EA).

Noch relativ hoch im Westen ist der Widder zu erkennen, ein kleines Sternbild, dessen hellster Stern, α Arietis, Hamal getauft wurde. Den Südwesten bevölkern zwei ausgedehnte, aber lichtschwache Sternbilder: Walfisch (lat.: Cetus) und Fluss Eridanus.

Tief am Nordwesthorizont sieht man noch einen hellen Stern: Deneb, Hauptstern des Schwans (α Cygni), ein Relikt des Sommerhimmels. Wegen seiner nördlichen Position ist Deneb ($\delta = +45\overset{\circ}{.}3$) in unseren Breiten (50° Nord) zirkumpolar und somit das ganze Jahr über in jeder klaren Nacht sichtbar.

Tief am Osthimmel macht sich ein Vorbote des kommenden Frühlings bemerkbar: der mächtige Löwe mit seinem Hauptstern Regulus (α Leonis).

Das kosmische Schattenspiel vom 9. Januar 2001

Gleich zu Jahresbeginn beschert uns der Himmel ein interessantes Schauspiel: Unser Nachbar im Weltall, der gute, alte Mond, wird vom Schatten der Erde getroffen und verfinstert sich. Genauer: Der Erdtrabant wandert durch den Kernschatten unseres Heimatplaneten, auf dem wir leben. Dabei taucht der Mond vollständig in den Kernschatten der Erde ein, es kommt zu einer totalen Mondfinsternis. Totale Mondfinsternisse sind für eine bestimmte Weltgegend, zum Beispiel Mitteleuropa, längst nicht so seltene Ereignisse wie eine totale Sonnenfinsternis. Dennoch sind sie nicht allzu häufig und wenn man bedenkt, dass so manche Finsternis aus Witterungsgründen sich dem neugierigen Publikum durch eine dichte Wolkendecke entzieht, so muss man manchmal jahrelang ausharren, bis man wieder ein solches kosmisches Schattenspiel beobachten kann. Am 9. Januar dieses Jahres ist es wieder einmal so weit, eine totale Mondfinsternis steht ins Haus. Die letzte von Mitteleuropa aus beobachtbare totale Mondfinsternis fand am 21. Januar 2000 statt. Sie war etwas für Frühaufsteher, denn die totale Phase fiel in die frühen Morgenstunden, nämlich von 5^h05^m bis 6^h22^m. Morgenmuffel haben sie sicher verschlafen. Diesmal macht uns der Mond die Freude und versteckt sich zu bequemer Abendstunde im Erdschatten. Der genaue zeitliche Verlauf ist auf Seite 26 im Kapitel „Sonnen- und Mondfinsternisse 2001“ aufgelistet.

Der Mond wird immer dann verfinstert, wenn er vom Erdschatten getroffen wird. Dies kann nur dann eintreten, wenn er – von der Erde aus betrachtet – der Sonne genau gegenüber steht, also in Vollmondposition. Niemals kann beispielsweise der Halbmond in den Erdschatten treten. Aber auch der Vollmond tritt nicht jedesmal in den Erdschatten. Dies liegt an der leichten Neigung der Mondbahn zur Ekliptik. Die Mondbahn ist nämlich um etwa 5° zur Erdbahnebene gekippt. Deshalb steht der Vollmond meistens etwas nördlich oder südlich der Erdbahnebene und wird nicht vom Erdschatten getroffen. Der Vollmond zieht gewissermaßen oberhalb oder unterhalb am Schattenkegel der Erde vorbei. Nur wenn der Mond gerade die Ekliptik kreuzt und gleichzeitig in Opposition zur Sonne kommt (= Vollmondphase), dann wird er vom Erdschatten getroffen. Die beiden Schnittpunkte der Mondbahn mit der Ekliptik werden Knoten- oder Drachenpunkte genannt. Die Bezeichnung „Drachenpunkte“ geht auf die Vorstellung der alten Chinesen zurück, bei einer Mondfinsternis würde ein Drache den Mond verschlingen und wieder ausspeien, wenn man ihn mit großem Lärm erschrecke.

Es gilt, zwischen drei Typen von Mondfinsternissen zu unterscheiden: Halbschatten-, partielle und totale Mondfinsternisse. Bei einer Halbschattenfinsternis steht der Vollmond nicht nahe genug der Ekliptik (Erdbahnebene), um vom Kernschattenkegel der Erde berührt zu werden. Er taucht lediglich in den Halbschatten der Erde ein. Für keinen Punkt auf dem Mond wird die Sonne von der Erde vollständig abgedeckt. Halbschattenfinsternisse fallen kaum auf, und das breite Publikum bemerkt normalerweise eine solche auch nicht. Deshalb sind Halbschattenfinsternisse in vielen Kalendern, Jahrbüchern und Tabellen auch nicht aufgeführt. Je nach Eindringtiefe des Mondes in den Halbschatten ist an einer Kalotte eine etwas

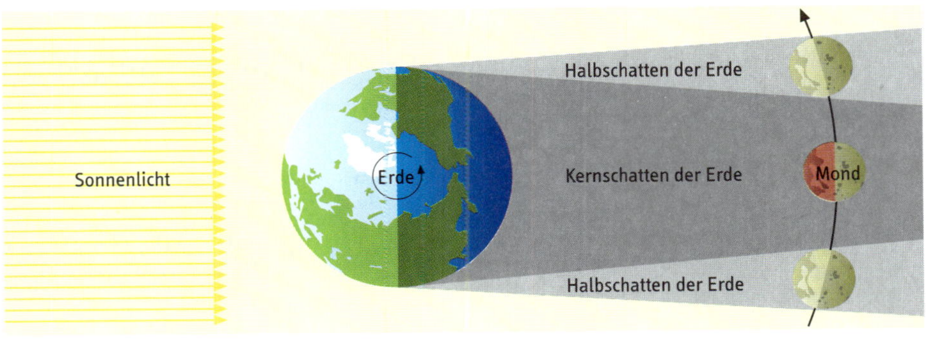

1.9 Eine Mondfinsternis findet immer dann statt, wenn der Mond durch den Kernschatten der Erde wandert.

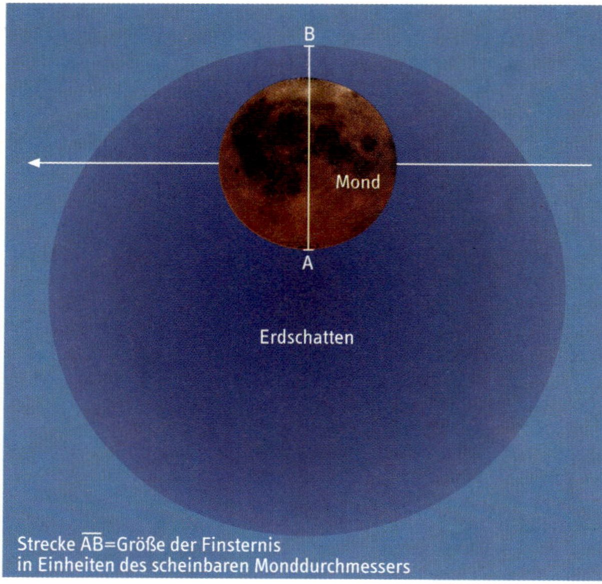

Strecke $\overline{AB}$=Größe der Finsternis in Einheiten des scheinbaren Monddurchmessers

1.10 Die „Größe" einer Mondfinsternis gibt die maximale Eindringtiefe der Mondscheibe in den Kernschatten der Erde an (Strecke AB). Sie wird in Einheiten des Mondscheibendurchmessers angegeben.

dunklere Färbung, eine Art Grauschleier auszumachen. Als Faustregel gilt: Eine Halbschattenfinsternis ist nur erkennbar, wenn ihre Größe mindestens 0,7 beträgt, das heißt, wenn die Mondscheibe mindestens zu 70% ihres scheinbaren Durchmessers im Halbschatten steht. Bei einer partiellen Mondfinsternis wird ein Teil der Mondscheibe vom Kernschattenkegel der Erde getroffen, bei einer totalen tritt der Mond vollständig in den Kernschatten ein.
Wie läuft nun eine totale Mondfinsternis ab? Der Mond bewegt sich unter den Sternen von West nach Ost, da er die Erde in der gleichen Richtung umkreist, wie diese rotiert (Diese Mondwanderung unter den Sternen ist nicht zu verwechseln mit der täglichen Himmelsdrehung: Natürlich geht der Mond im Osten auf und im Westen unter. Das ist aber die spiegelbildliche Bewegung der Erdrotation). Der Mond schiebt sich also vom Westen her kommend durch den Erdschatten (siehe auch Abb. F.1 auf Seite 26). Zunächst taucht er dabei in den Halbschatten ein, man spricht auch vom „1. Kontakt"; ein Ereignis, das unbeobachtbar bleibt, weil es völlig unauffällig ist. Dann erfolgt der Eintritt in den Kernschatten (2. Kontakt), was gut zu erkennen ist. Allerdings ist wegen der Unschärfe des Erdschattens die Kontaktzeit nicht so exakt zu registrieren wie bei einer Sonnenfinsternis, wo der atmosphärelose Mondrand gestochen scharf erscheint. Wenn der Mond schließlich vollständig in den Kernschatten eingedrungen ist, beginnt die Phase der Totalität (3. Kontakt). Die Totalität endet, wenn der Mond wieder aus dem Kernschatten zu wandern beginnt (4. Kontakt). Schließlich verlässt er den Kernschatten ganz (5. Kontakt). Für die Beobachter ist damit die Finsternis optisch beendet – der Mond strahlt wieder am Himmel. Astronomisch korrekt ist die Finsternis jedoch erst beendet, wenn der Mond auch den Halbschatten wieder verlassen hat (6. Kontakt). Wie der Eintritt, so bleibt auch der Austritt des Mondes aus dem Halbschatten der Erde unbeobachtbar.
Da Ein- und Austritt aus dem Halbschatten unbeobachtbar bleiben, werden diese Zeitpunkte manchmal nicht als „Kontakte" bezeichnet. Der „1. Kontakt" bezieht sich dann auf den Eintritt in den Kernschatten, der „2. Kontakt" auf den Beginn der Totalität usw.
Außer den Kontaktzeiten wird bei Mondfinsternissen auch die Zeit der Mitte der Finsternis und die Größe angegeben. Die Größe einer Mondfinsternis gibt an, wie weit der Mond in den Kernschatten eindringt. Die Größe wird in Einheiten des Monddurchmessers angegeben. Ist die Größe kleiner als 1, so tritt die Mondscheibe nicht völlig in den Kernschatten der Erde, es kommt zu einer partiellen und nicht zu einer totalen Finsternis. Ist die Größe der Finsternis gleich 1 oder größer, dann ist die Finsternis total, weil der Mond zumindest für einen Augenblick völlig in den Kernschatten der Erde eintaucht. Die Finsternis vom 9. Januar dieses Jahres hat die Größe 1,195. Der Vollmond dringt also nicht besonders tief in den Kernschatten ein, nämlich nur um rund das 1,2fache seines Durchmessers. Die Totalität dauert dabei eine Stunde und zwei Minuten. Die maximale Größe einer Mondfinsternis beträgt 1,888. Sie wird erreicht, wenn der Mond zentral

durch den Kernschattenkegel der Erde wandert, also wenn zur Finsternismitte die Kernschattenachse die Scheibenmitte des Mondes trifft. Außerdem muss sich der Mond im Perigäum (Erdnähe) befinden und die Erde gleichzeitig ihr Aphel (sonnenfernster Punkt) passieren. In Erdnähe ist nämlich der Weg des Mondes durch den Schatten der Erde länger. Und hält sich die Erde in Sonnenferne auf, so ist ihr Kernschattenkegel länger und breiter als in Sonnennähe. Zwar läuft der Mond im Perigäum schneller als im Apogäum (Erdferne), aber im Perigäum ist sein Weg durch den Erdschatten deutlich länger. Bei einer zentralen Finsternis, also bei maximaler Größe, dauert die Totalität $1^3/_4$ Stunden, mit den partiellen Phasen (2. bis 5. Kontakt) dreieinhalb Stunden und einschließlich der Halbschattenphasen (1. bis 6. Kontakt) rund sechs Stunden.

Internationales System von Mondformationen zur Messung von Kernschattenein- und -austritten

Formation	Selenographische Länge	Selenographische Breite
1. Aristarch	47°,4 W	+23°,7
2. Aristoteles	17,4 O	+50,2
3. Billy	50,1 W	−13,8
4. Campanus	27,8 W	−28,0
5. Dionysius	17,3 O	+ 2,8
6. Eudoxus	16,3 O	+44,3
7. Goclenius	45,0 O	−10,0
8. Grimaldi	68,6 W	− 5,2
9. Kepler	38,0 W	+ 8,1
10. Kopernikus	20,0 W	+ 9,7
11. Langrenus	60,9 W	− 8,9
12. Manilius	9,1 O	+14,5
13. Menelaus	16,0 O	+16,3
14. Plato	9,3 W	+51,6
15. Plinius	23,7 O	+15,4
16. Proclus	46,8 O	+16,1
17. Pytheas	20,6 W	+20,5
18. Taruntius	46,5 O	+ 5,6
19. Timocharis	13,1 W	+26,7

Global gesehen (also auf die gesamte Erde bezogen) finden Mondfinsternisse (ohne reine Halbschattenfinsternisse) seltener statt als Sonnenfinsternisse. So ereigneten sich im soeben zu Ende gegangenen 20. Jahrhundert 228 Sonnenfinsternisse, aber nur 147 Mondfinsternisse. Für einen bestimmten Ort auf der Erde sind Mondfinsternisse jedoch häufiger zu beobachten als Sonnenfinsternisse. Denn das Schauspiel einer Mondfinsternis kann von der gesamten, dem Mond zugekehrten Erdhälfte gleichzeitig beobachtet werden, während eine Sonnenfinsternis immer nur in einem begrenzten Gebiet zu beobachten ist. Noch viel seltener erlebt man an einem vorgegebenen Ort eine totale Sonnenfinsternis. Die Kernschattenspitze des Mondes überstreicht zwar eine meist tausende Kilometer lange, aber bestenfalls nur rund 100 bis 300 Kilometer breite Zone auf der Erde. Nur in diesem schmalen Streifen erlebt man eine totale Sonnenfinsternis. Im letzten Jahrhundert fand nur eine einzige Sonnenfinsternis statt, die von Deutschland aus als totale zu erleben war: Am 11. August 1999 lief der Kernschattenkegel des Mondes über Süddeutschland und Österreich. In diesem Jahrhundert gibt es für das deutsche Sprachgebiet ebenfalls nur eine einzige totale Sonnenfinsternis zu beobachten. Sie wird am 3. September 2081 im Bodenseegebiet stattfinden. Dies führt uns zur Frage: Wieviele Mondfinsternisse ereignen sich pro Jahr? Nimmt man die Halbschattenfinsternisse mit dazu, so gibt es mindestens zwei, höchstens aber fünf Mondfinsternisse in einem Jahr. Maximal drei totale Mondfinsternisse können sich in einem Jahr ereignen. Davon ist rund die Hälfte von einem bestimmten Ort der Erde aus beobachtbar.

Wie schon erwähnt, tritt eine Mondfinsternis dann ein, wenn der Erdtrabant in Vollmondposition in oder nahe einem der beiden Bahnknoten (Drachenpunkte) steht. Mondfinsternisse wiederholen sich für etwa die gleiche geographische Länge nach einer Periode von 54 Jahren und 33 Tagen. Man nennt diesen Zeitraum eine **Exeligmos-Periode**. Sie kommt folgendermaßen zustande: Da die Mondbahnellipse sich in 18,61 Jahren einmal rückläufig dreht, so kommen die Mondbahnknoten bei jedem Umlauf des Mondes um die Erde diesem ein wenig entgegen. Andererseits wandert die Sonne in der Ekliptik stets ein erhebliches Stück weiter in der Zeit, in der der Mond einmal um die Erde läuft. Um wieder in Neumond- bzw.

Vollmondposition zu kommen, muss der Erdtrabant diesen Vorsprung der Sonne wieder einholen. Man nennt daher die Zeitspanne zwischen zwei aufeinander folgenden Neu- oder Vollmondterminen einen *synodischen* Monat. Er dauert im Mittel 29,5306 mittlere Sonnentage. Bis der Mond wieder den gleichen Bahnknoten (aufsteigender oder absteigender) passiert, vergehen 27,2122 Tage. Dieser Zeitraum heißt *drakonitischer* Monat. Da ein drakonitischer Monat erheblich kürzer ist als ein synodischer, verschieben sich die Vollmondpositionen und die Lage der Mondbahnknoten von Monat zu Monat.
Nach 223 synodischen Monaten fallen Neu- oder Vollmondphase wieder mit dem gleichen Knoten zusammen. Denn 223 synodische Monate (= 6585,32 mittlere Sonnentage) sind fast gleich lang wie 242 drakonitische Monate (= 6585,35 mittlere Sonnentage). Dies entspricht 18 Jahren und $10^1/_3$ Tagen beziehungsweise $11^1/_3$ (je nach dem, ob fünf oder nur vier Schaltjahre in diesen Zeitraum fallen). Nach dieser Zeit wiederholt sich eine Mondfinsternis des gleichen Typs. Diese Zeitspanne wird Saros-Periode oder kurz Saros genannt. Nach einer Saros-Periode verschiebt sich allerdings der Ort des Geschehens (Mitte der Mondfinsternis im Meridian) um etwa 120° westwärts. Erst nach drei Saros-Perioden findet eine Mondfinsternis wieder etwa bei der gleichen geographischen Länge statt. Drei Saros-Perioden dauern aber 54 Jahre und 33 Tage, dies ist die oben erwähnte Exeligmos-Periode.
Was kann man als Sternfreund bei einer Mondfinsternis beobachten? Im Prinzip bieten sich drei Beobachtungsaufgaben an: Registrierung von Aussehen, Farbe und Helligkeit des Mondes im Erdschatten, Messung der Kontaktzeiten und Schattenein- und -austrittszeiten ausgewählter Mondformationen sowie Erstellung einer Helligkeitskurve über den Gesamtverlauf der Finsternis.
Das Aussehen des Mondes während einer Finsternis kann von Mal zu Mal sehr unterschiedlich ausfallen. Manchmal erscheint der Mond in einem dunklen Grau-braun, dann wieder in einem tiefen Rot-Ton, ein anderes Mal wieder leuchtet er in hellem Kupferrot. Das Aussehen des Mondes während der Finsternis hängt direkt vom Zustand der Erdatmosphäre ab.
Die Erdatmosphäre bricht das Sonnenlicht und leitet so einen Teil in den Kernschattenbereich. Dabei wird es auch wellenlängenabhängig gestreut: Mehr rotes als blaues Licht fällt auf den Mond im Kernschatten. Maßgebend für die Färbung und Dunkelheit des Mondes während der Totalität ist der Zustand der Erdatmosphäre in der Zone, in der der Mond gerade auf- oder untergeht. Wasserdampf, Nebel, Wolkenbänke, Regen und Schnee sowie Staub, Vulkanasche, Abgase, Ruß und sonstige Aerosole filtern und streuen das Sonnenlicht mehr oder minder stark. Große oder häufige Vulkaneruptionen sorgen oft für dunkle Mondfinsternisse – teils auch noch Jahre nach den Ausbrüchen.
Nach dem französischen Astronomen André Danjon (1890–1967) klassifiziert man Färbung und Helligkeit in fünf Stufen:
L0: Sehr dunkle Finsternis, Mondscheibe erscheint grauschwarz, zur Finsternismitte ist der Mond kaum zu sehen.
L1: Dunkle Finsternis, Mondscheibe grau oder bräunlich, Oberflächendetails nur schwer erkennbar.
L2: Mond leuchtet dunkelrot, manchmal rostrot, Zentralbereich des Kernschattens (also zur Mitte hin) recht dunkel, Aufhellung zum Rand des Kernschattens hin.
L3: Mond leuchtet ziegelrot, Kernschatten in den Randzonen gelblich aufgehellt.
L4: Mond zeigt eine helle, kupferrote Färbung, manchmal orange. Der Kernschatten hat oft einen hellen, bläulichen Saum; gut sind alle Oberflächeneinzelheiten erkennbar (vor allem im Fernglas).
Um die Danjonsche Stufe L zu bestimmen, beobachte man mit freien Augen ohne Instrument den Mond zur Mitte der Finsternis. Man nehme den Mond aber auch zu Beginn und am Ende der totalen Phase in Augenschein. Der Mond befindet sich dann am Kernschattenrand und man gewinnt zusätzliche Kriterien zur Abschätzung von L. Auch die Schärfe und Deutlichkeit des Kernschattenrandes sollte beurteilt werden. Denn auch sie variiert von Finsternis zu Finsternis.
Schon zu Beginn des 18. Jahrhunderts machte man die Entdeckung, dass der wahre Kernschattendurchmesser offenbar größer ist als der aus den geometrischen Verhältnissen kalkulierte. Der Radius des Kernschattens scheint rund eine Bogenminute größer zu sein als der berechnete. Dieser Effekt wird durch die Erdatmosphäre bewirkt und ist ebenfalls von Finsternis zu Finsternis verschieden stark. Die Kernschattenvergrößerung kann man durch sorgfältige Registrierung der Kontaktzeiten und der Schatteneintrittszeiten markanter Mondformationen ermitteln. Durch den diffusen Rand ist es nicht leicht, Kontakte sowie Ein- bzw. Austrittszeiten der Mond-

KREMER FÖRSTER HINTZE
Überirdisch fernsehen.
Die Spezialgläser von Fujinon.
7x50 FMT-SX
10x70 FMT-SX
25x/40x150 MT/ED
16x70 FMT-SX
25x150 EM
Die Astronomie-Ferngläser von Fujinon holen Ihnen die Sterne vom Himmel. So nah, bestechend und brillant, daß Sie noch lange davon träumen werden. Denn das „Fernseh"-Programm von Fujinon überzeugt durch die gelungene Verbindung von hochwertiger Spitzentechnik und enorm robuster Konstruktion. Aufwendige Elektronenstrahl-Vergütungsprozesse führen bei den Astronomie-Ferngläsern von Fujinon zu einer überragenden Lichtdurchlässigkeit. Durch spezielle Herstellungsverfahren sind sie außerdem resistent gegen Salzwasser und Feuchtigkeit durch Taubeschlag oder Regen. Aber sehen Sie selbst! Nähere Informationen erhalten Sie bei Fujinon.
Fujinon. Mehr sehen. Mehr wissen.
FUJINON
JINON (EUROPE) GmbH, Halskestraße 4, 47877 Willich, Germany, Tel.: +49/(0) 21 54/9 24-0, Fax: +49/(0) 21 54/9 24-2 90, E-Mail: Fujinon@fujinon.de
JI PHOTO OPTICAL CO., LTD. 1-324 UETAKE, OMIYA CITY, SAITAMA 330-8624, JAPAN, TEL.: +81/(0)48/668/2153, FAX: +81/(0)48/651/8517, http://www.fujinon.co.jp/
NERALVERTRETUNG:
ERCON SPACETEC, Gablinger Weg 9d, 86154 Augsburg, Germany, Tel.: +49/(0) 8 21/41 40 81, Fax: +49/(0) 8 21/41 40 85, http://www.intercon-spacetec.com/

1.11 Aufnahme der totalen Mondfinsternis vom 16. September 1997, gewonnen von Martin Gertz, Beobachtergruppe Planetarium Stuttgart.

formationen zu bestimmen. Man notiert pro Ereignis drei Zeiten: t_1 – der Eintritt ist vermutlich soeben erfolgt, t_2 – der Eintritt ist höchst wahrscheinlich erfolgt und t_3 – der Eintritt ist absolut sicher erfolgt. Durch Mittelung erhält man die wahrscheinlichste Eintrittszeit:

$$t = (t_1 + 2 \cdot t_2 + t_3)/4.$$

Man wählt für die Beobachtung von Eintrittszeiten die Formationen, die leicht auch bei Vollmond erkennbar sind. Es gibt dabei ein internationales Standardsystem von 20 Mondkratern, deren selenographische Koordinaten in nebenstehender Tabelle vermerkt sind. Diese Formationen sollte man sich rechtzeitig einprägen. Am besten übe man bei Vollmond ein oder mehrere Monate im voraus. Bei größeren Mondkratern sind jeweils für beide Ränder die Ein- und Austrittszeiten zu vermerken.
Ein klassisches Verfahren ist die Silberkugelphotometrie, um den Helligkeitsverlauf einer Mondfinsternis zu bestimmen. Man beobachtet dabei das Spiegelbild des Mondes an einer konvexen Fläche (z. B. silberne Christbaumkugel). Ein solches Spiegelbild des Mondes in einer Christbaumkugel erscheint nahezu punktförmig. Somit kann man die Mondhelligkeit mit Fixsternen und hellen Planeten vergleichen. Wichtig ist dabei, die Entfernung Augen – Silberkugel solange *messbar* zu variieren, bis man die Mondbildhelligkeit in der Silberkugel mit der eines Vergleichssternes zur Koinzidenz bringt. Es ist besonders darauf zu achten, dass sich keine Straßenlampen oder andere irdische Lichtquellen in der Silberkugel spiegeln. Es empfiehlt sich, schon Wochen vorher zu üben und die Helligkeit des Mondes in verschiedenen Phasen (Halbmond, Vollmond etc). zu messen. Wesentlich eleganter und moderner lässt sich die Integralhelligkeit sowie die Helligkeit einzelner Mondformationen (z. B. Aristarch) mit Hilfe elektronischer CCD-Kameras ermitteln. Über das genaue Beobachtungs- und Auswerteverfahren geben Sternwarten gerne Auskunft.
Aber auch ohne fachspezifische Beobachtungen wird der Naturfreund und interessierte Laie immer wieder gerne das kosmische Schattenspiel einer Mondfinsternis erleben. Um wieviel eindrucksvoller ist es doch, ein solches Naturschauspiel zu genießen, als einen langweiligen Fernsehabend zu erdulden.

Februar 2001

Venus bleibt noch Abendstern. Am 22. strahlt sie in größtem Glanz. Die Riesenplaneten Jupiter und Saturn sind Glanzpunkte des Abendhimmels. Sie stehen vor dem Goldenen Tor der Ekliptik im Stier. Zu Monatsbeginn wandert der zunehmende Mond an Jupiter und Saturn vorbei.

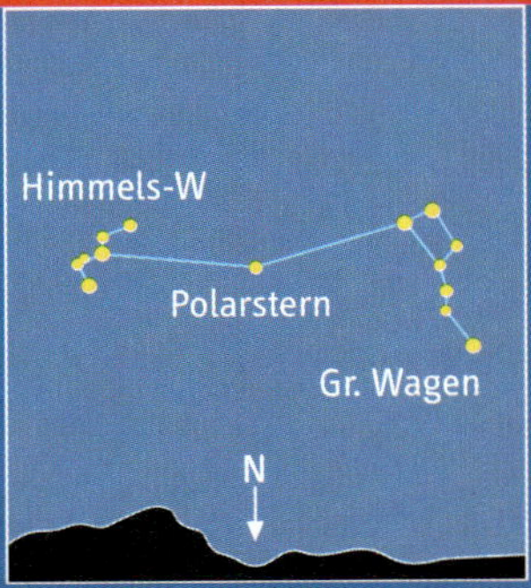

Großer Wagen und Himmels-W Anfang Februar um 22ʰ

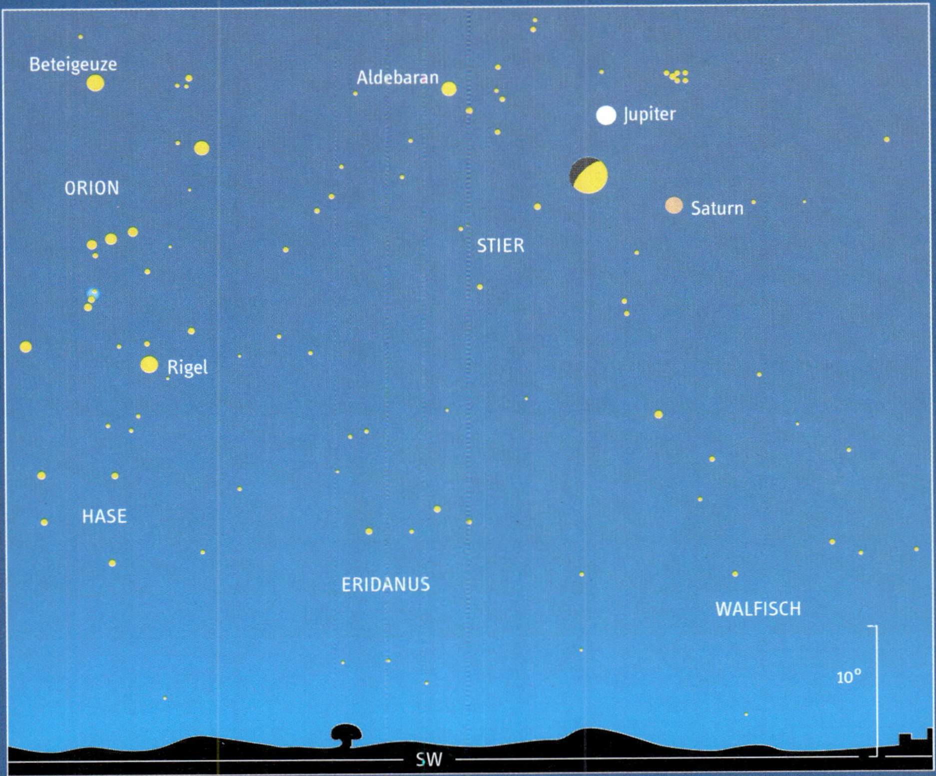

2.1 Himmelsanblick am 2. Februar gegen 22ʰ MEZ. In südwestlicher Richtung erkennt man den Jupiter sowie den etwas lichtschwächeren Saturn im Sternbild Stier. Der zunehmende Halbmond passiert gerade das Planetenduo.

Sonnenlauf

16.2. 4h
Sonne tritt in das Sternbild Wassermann
18.2. 15h
Sonne tritt in das Tierkreiszeichen Fische

Julianisches Datum am
1. Februar, 1h MEZ: 2 451 941,5

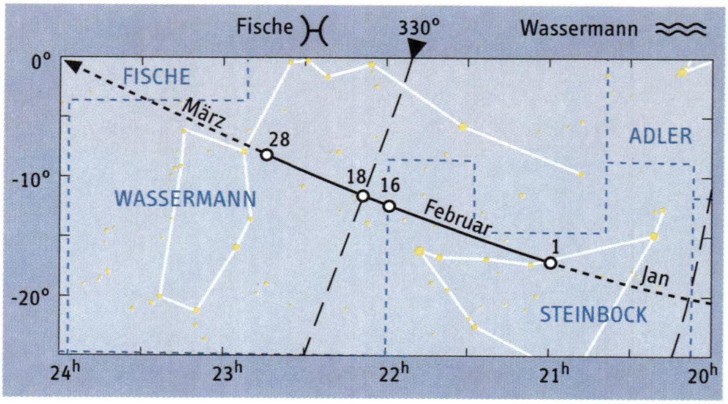

Tag	Dämmerg. Anfang	Aufgang MEZ	Kulmination	Untergang MEZ	Dämmerg. Ende	Mittagshöhe	Zeitgleichg.	Rektaszension	Deklination
	h m	h m	h m	h m	h m	°	m	h m	°
1.	6 40	7 54	12 34	17 14	18 28	23,0	−14	20 59	−17,1
5.	6 35	7 48	12 34	17 21	18 34	24,2	−14	21 15	−16,0
10.	6 27	7 39	12 34	17 30	18 42	25,8	−14	21 35	−14,4
15.	6 19	7 31	12 34	17 38	18 50	27,4	−14	21 54	−12,7
20.	6 11	7 21	12 34	17 47	18 58	29,2	−14	22 14	−11,0
25.	6 02	7 12	12 33	17 55	19 06	31,0	−13	22 33	− 9,2
28.	5 56	7 05	12 33	18 00	19 10	32,2	−13	22 44	− 8,0

Tages- und Nachtstunden

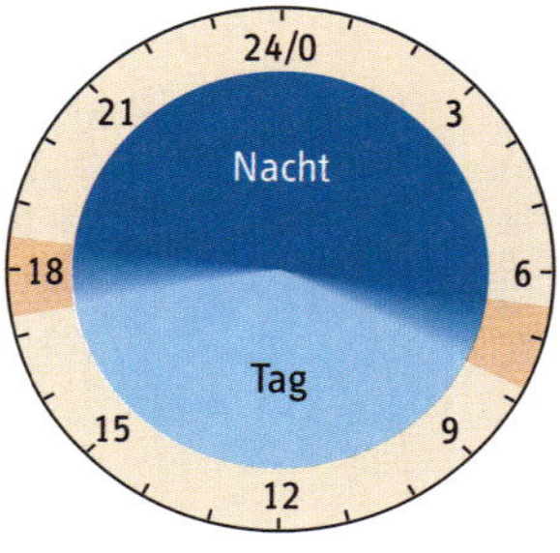

5. Februar

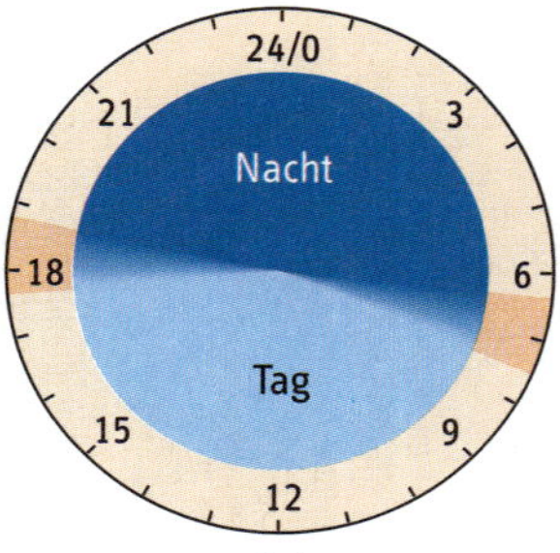

15. Februar

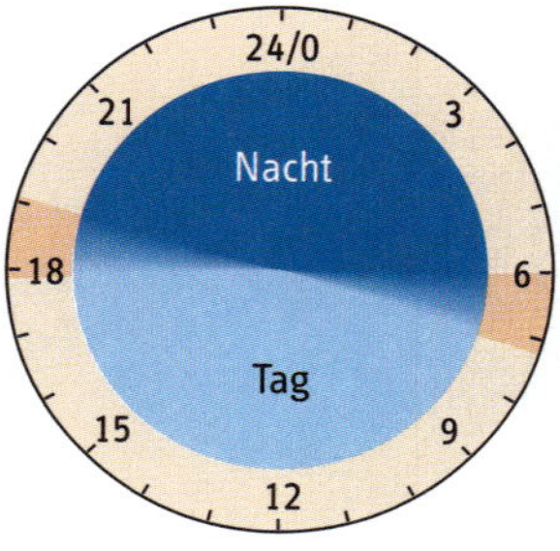

25. Februar

Mondlauf

Datum		Aufg. MEZ	Kulmination	Unterg. MEZ	Rektaszension	Deklination	Sterne und Sternbilder	Phase	MEZ
		h m	h m	h m	h m	°			
Do	1.	11 22	18 26	0 32	2 18	+ 8,6	Walfisch	**Erstes Viertel** Libration Ost	**15^h02^m**
Fr	2.	11 48	19 16	1 45	3 08	+13,0	Widder		
Sa	3.	12 20	20 11	2 59	4 02	+17,0	* Stier, Hyaden		
So	4.	13 01	21 10	4 14	4 59	+20,1	Aldebaran		
Mo	5.	13 54	22 12	5 26	6 00	+22,1	Orion		
Di	6.	15 00	23 16	6 30	7 04	+22,6	Zwillinge	Aufsteigender Knoten	
Mi	7.	16 18	–	7 24	8 09	+21,5	Krebs, Krippe	Erdnähe 357/33,′5	23^h
Do	8.	17 41	0 19	8 06	9 13	+18,8	Krebs	**Vollmond**	**8^h12^m**
Fr	9.	19 06	1 19	8 40	10 15	+14,8	Löwe, Regulus		
Sa	10.	20 29	2 15	9 08	11 13	+ 9,9	Löwe		
So	11.	21 48	3 08	9 33	12 08	+ 4,5	Jungfrau		
Mo	12.	23 05	3 59	9 56	13 01	– 0,9	Jungfrau	Größte Nordbreite	
Di	13.	–	4 48	10 18	13 53	– 6,2	Spica	Libration West	
Mi	14.	0 19	5 36	10 42	14 43	–11,0	Waage		
Do	15.	1 30	6 24	11 09	15 33	–15,1	Waage	**Letztes Viertel**	**4^h23^m**
Fr	16.	2 38	7 12	11 39	16 24	–18,4	Antares		
Sa	17.	3 42	8 01	12 16	17 15	–20,8	Schlangenträger		
So	18.	4 40	8 50	12 59	18 06	–22,2	Schütze		
Mo	19.	5 31	9 39	13 49	18 58	–22,6	Schütze, Nunki	Absteigender Knoten	
Di	20.	6 13	10 27	14 45	19 49	–22,0	Schütze	Erdferne 406/29,′4	23^h
Mi	21.	6 49	11 15	15 46	20 39	–20,4	Steinbock		
Do	22.	7 19	12 01	16 50	21 28	–18,0	Steinbock		
Fr	23.	7 44	12 45	17 55	22 16	–14,7	Wassermann	**Neumond**	**9^h21^m**
Sa	24.	8 06	13 29	19 01	23 03	–10,8	Wassermann		
So	25.	8 26	14 11	20 07	23 48	– 6,5	Wassermann		
Mo	26.	8 46	14 54	21 15	0 34	– 1,9	Walfisch	Größte Südbreite	
Di	27.	9 05	15 38	22 24	1 19	+ 2,9	Fische		
Mi	28.	9 26	16 23	23 34	2 06	+ 7,6	* Fische		

8. Feb. 19^h MEZ

9. Feb. 6^h MEZ

Planetenlauf

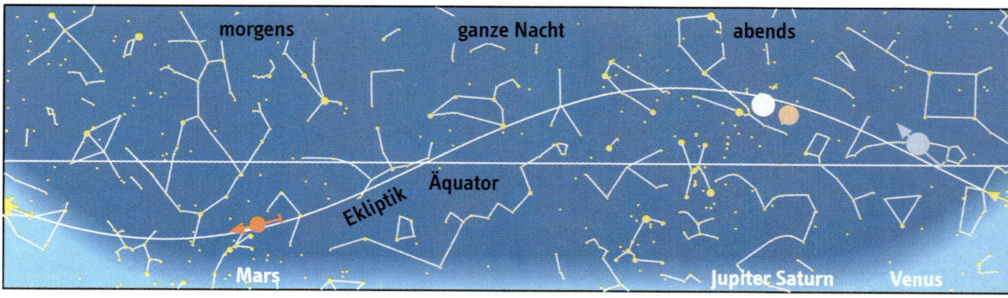

Merkur hat seine größte östliche Elongation gerade hinter sich und verabschiedet sich vom Abendhimmel. Erfahrene Sternfreunde, mit lichtstarken Ferngläsern ausgerüstet, mögen den sonnennahen Planeten zu Monatsanfang noch am Westhorizont aufstöbern (siehe auch Abb. 1.4 und Abb. 1.5 auf Seite 34). Am 1. geht der $0^{m},1$ helle Merkur um $18^{h}53^{m}$ unter. Zwei Tage später ist seine Helligkeit auf $0^{m},6$ abgesunken, Merkur wird unbeobachtbar. An diesem Tag wird Merkur rückläufig und eilt auf die Sonne zu, mit der er bereits am 13. zusammentrifft. Der flinke Planet kommt in untere Konjunktion mit dem Tagesgestirn. Danach wachsen seine westlichen Winkelabstände von der Sonne wieder an. Bereits am 25. beendet Merkur seine Rückläufigkeit und bewegt sich wieder rechtläufig durch den Tierkreis. Die Merkurschleife liegt im Gebiet der Sternbilder Steinbock und Wassermann (siehe Abb. 2.2 unten). Sein Perihel durchläuft Merkur zu Monatsanfang: Am 1. trennen ihn nur 46 Millionen Kilometer (= 0,307 A. E.) von der Sonne, dies entspricht einer Lichtlaufzeit von zwei Minuten und 33 Sekunden.

Venus spielt nach wie vor ihre Rolle als Abendstern. Sie nähert sich der Erde und im Fernrohr bemerkt man, wie ihre Sichel größer und schlanker wird. Am 24. ist das inzwischen mit 41″ beachtlich große Planetenscheibchen zu 25% beleuchtet. Für die Beobachter mit bloßen Augen sei angemerkt, dass unser innerer Nachbarplanet am 22. in maximalem Glanz strahlt ($-4^{m},6$). Die Venusuntergänge verändern sich im Laufe des Februar nur unwesentlich. Am 1. geht Venus um $21^{h}35^{m}$ unter und am 15. um $21^{h}46^{m}$. Am letzten Tag des Monats sinkt Venus um $21^{h}38^{m}$ unter die Horizontlinie. Da die Sonnenuntergänge immer später erfolgen, verkürzt sich die Sichtbarkeitszeit von Venus um etwa eine dreiviertel Stunde während des Monats (siehe auch Abb. 2.3 und 2.4 rechts). Am 22. läuft Venus durch das Perihel ihrer fast kreisförmigen Bahn, wobei sie 107 Millionen Kilometer (= 0,715 A. E.) von der Sonne entfernt ist.

Mars ist Planet am Morgenhimmel und verfrüht seine Aufgänge um rund eine halbe Stunde. Außerdem steigt seine Helligkeit um eine halbe Größenklasse deutlich an.
Der rote Planet wandert durch die Waage und wechselt am 19. in das Sternbild Skorpion. Am 21. passiert er um 2^{h} morgens Acrab im Skorpion in nur 3′ südlichem Abstand (siehe Abb. 2.5 rechts). Acrab (β Scorpii) ist $2^{m},4$ hell, also deutlich lichtschwächer als Mars, der bei der Passage $0^{m},7$ hell ist. Acrab ist ein Doppelstern, dessen Komponenten 14″ voneinander getrennt sind. Am 1. erfolgt der

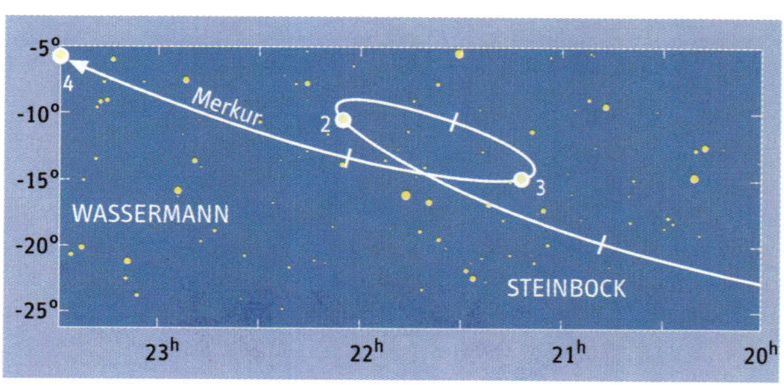

2.2 Merkurschleife im Gebiet der Sternbilder Steinbock und Wassermann. Die Zahlen geben die Merkurpositionen zum jeweiligen Monatsersten an.

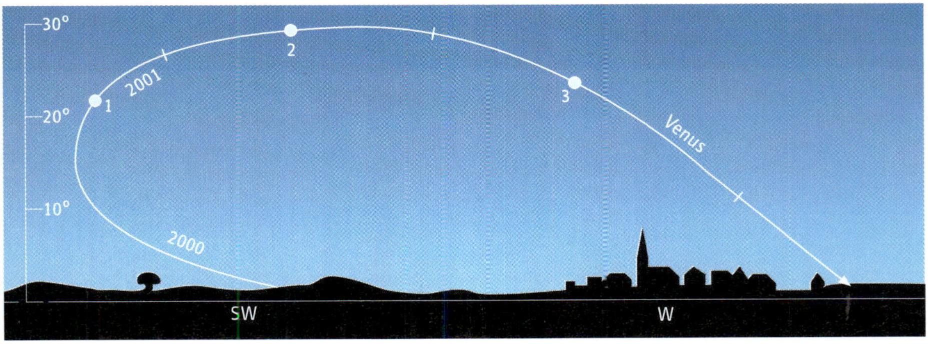

2.3 Stellung der Venus über dem Westhorizont jeweils eine Stunde nach Sonnenuntergang. Die Zahlen geben die Venusposition zum jeweiligen Monatsersten an (z. B.: 1 = Venusposition am 1. Jan. 2001).

Marsaufgang um 2^h20^m. Zu Monatsende am 28. geht der inzwischen $0{,}^m5$ helle Mars um 1^h51^m auf.

Jupiter ist nach Venus Glanzpunkt am Abendhimmel. Der Riesenplanet wandert wieder rechtläufig durch den Stier (siehe Abb. 12.2 auf Seite 205). Nach Einbruch der Dunkelheit strahlt Jupiter unübersehbar hoch am Südhimmel. Gleich zu Monatsbeginn erhält der Riesenplanet Besuch vom zunehmenden Mond (siehe Abb. 2.1 auf Seite 47). Die Jupiterhelligkeit nimmt weiter leicht um $0{,}^m2$ auf $-2{,}^m3$ ab. Aus der zweiten Nachthälfte zieht sich der Riesenplanet zurück. Geht Jupiter am 1. noch um 3^h17^m unter und am 15. um 2^h26^m, so erfolgt der Untergang am 28. um 1^h41^m.

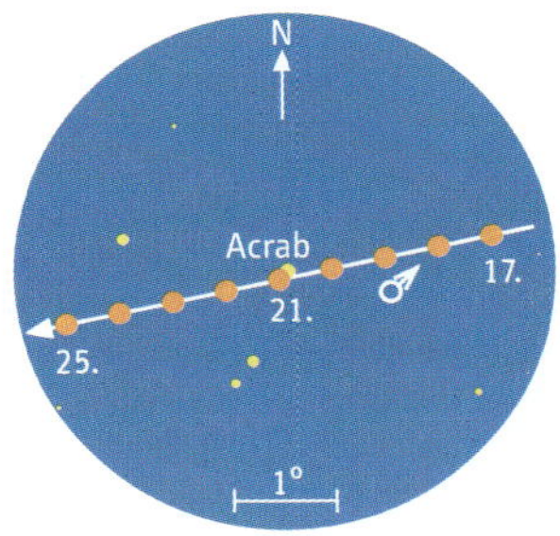

2.5 Mars zieht am 21. an Acrab (β Scorpii) vorbei. Anblick im Fernglas bei 5° Gesichtsfelddurchm.

Saturn, wieder rechtläufig im Stier, zieht sich aus der zweiten Nachthälfte zurück. Seine Hel-

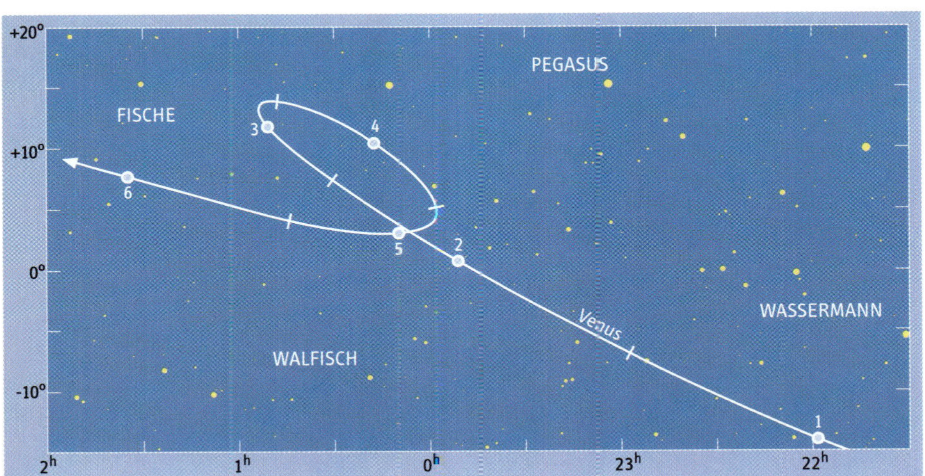

2.4 Venusschleife im Gebiet der Sternbilder Wassermann und Fische. Die Zahlen markieren die Venusposition am jeweiligen Monatsersten.

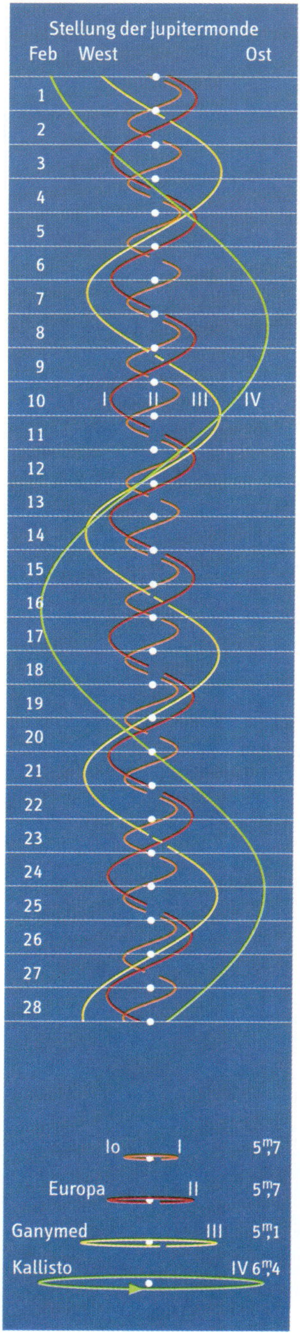

Jupitermond-Erscheinungen

Tag	MEZ		Vorgang	
	h	m		
1.	21	43	I	DA
	22	57	I	SA
	23	53	I	DE
2.	0	29	III	BA
	1	08	I	SE
	17	57	II	SE
	19	01	I	BA
	22	28	I	VE
3.	18	21	I	DE
	19	37	I	SE
5.	19	40	III	SA
	21	52	III	SE
7.	20	21	II	BA
8.	1	39	II	VE
	23	36	I	DA
9.	0	53	I	SA
	1	46	I	DE
	17	58	II	SA
	18	00	II	DE
	20	33	II	SE
	20	54	I	BA
10.	0	23	I	VE
	18	04	I	DA
	19	22	I	SA
	20	15	I	DE
	21	33	I	SE
11.	18	52	I	VE
12.	18	22	III	DA
	20	36	III	DE
	23	41	III	SA
13.	1	54	III	SE
14.	22	56	II	BA
16.	20	33	II	DE
	20	34	II	SA
	22	48	I	BA
	23	09	II	SE
17.	19	59	I	DA
	21	18	I	SA
	22	10	I	DE
	23	29	I	SE

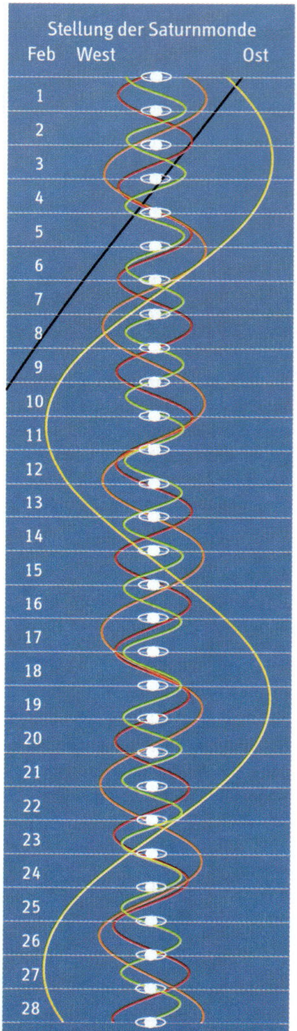

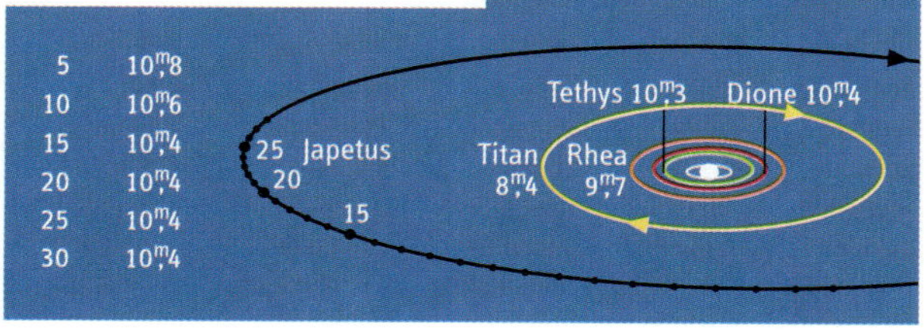

18.	20 47	I	VE
19.	22 19	III	DA
20.	0 35	III	DE
23.	19 56	III	VE
	20 34	II	DA
	23 09	II	DE
	23 10	II	SA
24.	0 43	I	BA
	21 55	I	DA
	23 14	I	SA
25.	0 05	I	DE
	19 12	I	BA
	20 15	II	VE
	22 42	I	VE
26.	18 35	I	DE
	19 54	I	SE

ligkeit geht leicht auf $0{,}^{m}2$ zurück. Noch bewegt er sich recht zögerlich südlich der Plejaden auf das Goldene Tor der Ekliptik zu (siehe Abb. 12.2 auf Seite 205). Am 1. geht der Ringplanet um $2^{h}32^{m}$ unter, am 15. um $1^{h}39^{m}$ und am 28. bereits um $0^{h}52^{m}$. Der Mond zieht mittags am 2. rund 2° südlich an Saturn vorbei. Am frühen Abend gegen 18^{h} beträgt der Abstand Saturn-Mond schon $4{,}^{\circ}4$ (siehe Abb. 2.1 auf Seite 47).

Uranus kommt am 9. im Sternbild Steinbock in Konjunktion mit der Sonne. Der grünliche Planet hält sich mit ihr am Taghimmel auf und bleibt nachts unter dem Horizont. Auch die Begegnung mit Merkur am 14. bleibt unbeobachtbar. Am Tag der Konjunktion ist Uranus 3134 Millionen Kilometer (= 20,95 A. E.) von der Erde entfernt.

Neptun im Steinbock stand im letzten Drittel des Vormonats in Konjunktion mit der Sonne und bleibt weiterhin unbeobachtbar.

Periodische Sternschnuppenströme

Zwischen 6. und 9. Februar sind die **Alpha-Aurigiden** zu erwarten. Ihr Maximum ist nicht sehr ausgeprägt. Der Ausstrahlungspunkt liegt in der Nähe von Kapella. Nur wenige, aber helle und langsame Meteore tauchen auf. Die beste Beobachtungszeit ist um Mitternacht.

Die **Delta-Leoniden** erreichen ihr Maximum um den 26. Februar. Sie sind ein schwacher Strom, der sich zwischen dem 15. Februar und dem 10. März bemerkbar macht, wobei es sich um langsame Objekte handelt (um 25 Kilometer pro Sekunde). Zu Monatsende erscheinen die ersten **Virginiden** am Morgenhimmel.

Der Fixsternhimmel

Wer zum abendlichen Sternenhimmel blickt, erkennt schnell: Noch beherrschen die Winterbilder eindeutig die Szene. Sirius im Großen Hund kulminiert eben (kulminieren = höchste Stellung im Süden einnehmen). Dagegen hat der Himmelsjäger Orion seinen Meridiandurchgang zur Standardbeobachtungszeit (22^{h} MEZ zur Monatsmitte) schon hinter sich. Gegenüber dem Vormonat hat sich der Schwerpunkt des Wintersechsecks (siehe „Fixsternhimmel im Januar") schon ein wenig nach Westen verlagert.

Von den Herbstbildern sind nur noch Andromeda und Perseus erwähnenswert. Die anderen sind inzwischen ganz oder teilweise unter dem Horizont verschwunden. Im Nordosten schiebt sich der Große Wagen langsam höher, wobei der Wagenkasten vorangeht und die Deichsel folgt. Der Wagen wird also nicht gezogen, sondern geschoben. Die Kassiopeia, das Himmels-W, sinkt langsam zum Horizont hinab, erreicht ihn aber als Zirkumpolarbild nicht. Zirkumpolarbilder gehen nämlich nie unter. Welche Sterne zirkumpolar sind, bestimmt die geographische Breite φ des Beobachters. Sterne, die nicht wei-

Konstellationen und Ereignisse

Datum	MEZ	Ereignis
1.	16^{h}	Merkur im Perihel
2.	11	**Mond bei Saturn,** Mond $2{,}^{\circ}1$ südlich, **Abstand $4{,}^{\circ}4$ um 18^{h}**
2.	23	**Mond bei Jupiter,** Mond $3{,}^{\circ}1$ südlich, **Abstand $3{,}^{\circ}6$ um 24^{h}**
3.	13	Merkur im Stillstand, anschließend rückläufig
9.	13	Uranus in Konjunktion mit der Sonne
13.	1	Merkur in unterer Konjunktion mit der Sonne
14.	14	Merkur bei Uranus, Merkur $4{,}^{\circ}6$ nördlich
15.	11	**Mond bei Mars,** Mond $2{,}^{\circ}7$ nördlich, **Abstand $3{,}^{\circ}0$ um 7^{h}**
21.	0	Mond bei Neptun, Mond $2{,}^{\circ}2$ südlich
21.	17	Mond bei Merkur, Mond $5{,}^{\circ}7$ südlich
22.	2	**Venus in größtem Glanz ($-4{,}^{m}6$)**
22.	5	Mond bei Uranus, Mond $2{,}^{\circ}5$ südlich
22.	13	Venus im Perihel
25.	3	Merkur im Stillstand, anschließend rechtläufig
26.	9	Mond bei Venus, Mond $11{,}^{\circ}3$ südlich

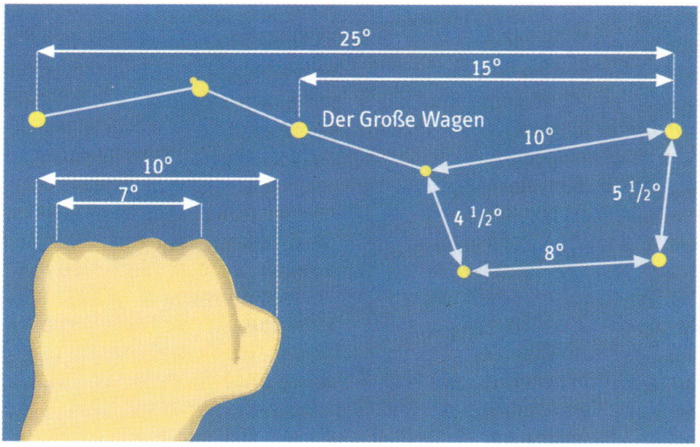

2.6 Der Große Wagen dient als universelle Himmelselle. Mit ihr lässt sich leicht das Abschätzen von Sterndistanzen am Firmament üben. Zum Vergleich ist eine ausgestrecke Durchschnittsfaust eingetragen.

ter als φ vom Himmelspol entfernt sind, kreisen 24 Stunden lang um den Pol ohne unterzugehen. Sie sind daher in jeder klaren Nacht des Jahres zu sehen. Die Poldistanz p eines Sternes ist aber der Komplementärwinkel zu seiner Deklination δ, also $p = 90° - \delta$. Sterne, bei denen $p \leq \varphi$ ist, sind daher in der geographischen Breite φ zirkumpolar. Auf den Polen der Erde sind alle Sterne zirkumpolar, am Erdäquator gibt es keine Zirkumpolarsterne.

Im Osten ist bereits der Löwe vollständig aufgegangen. Sein Hauptstern Regulus steht als einzelner Stern erster Größenklasse einsam in dieser Region. Für die alten Griechen handelte es sich hier um den fürchterlichen Löwen von Nemea, der von Herkules mit bloßen Händen erwürgt wurde. Es war dies die erste seiner zwölf Heldentaten. Der Löwe wurde auch als Nemeisches Monster bezeichnet, denn er war keine gewöhnliche Raubkatze: Geboren von der Mondgöttin Selene, war sein Fell unverwundbar. Weder Steine noch Eisen- oder Bronzespeere konnten es verletzen. Von göttlicher Abstammung, kehrte der Löwe nach seinem irdischen Ende wieder an den Himmel zurück.

Zwischen dem Löwen und den Zwillingen, die hoch im Süden stehen, findet sich der Krebs. Dem Namen nach kennt ihn jeder, gehört er doch zum Tierkreis und wird daher in Horoskopen stets erwähnt. Ihn aber am Himmel zu entdecken, ist nicht leicht. Denn der Krebs wird nur von lichtschwachen Sternen angedeutet, helle fehlen vollkommen. Trotzdem sollte man versuchen, einmal auch dieses unauffällige Sternbild am nächtlichen Firmament aufzuspüren. In mondloser Nacht und ungestört von irdischen Lichtquellen kann man schon mit bloßen Augen im Krebs den offenen Sternhaufen Praesepe (lat., Krippe) sehen. Die Amerikaner sehen in diesem Sternengewimmel einen Schwarm von Bienen und nennen den Haufen „beehive“ (engl., Bienenkorb). Im Fernglas ist die Krippe (Katalogbezeichnung: M 44) leicht zu finden. Sie steht eingerahmt zwischen zwei Sternchen, die Asellus Borealis und Asellus Australis, also nördliches und südliches Eselchen heißen.

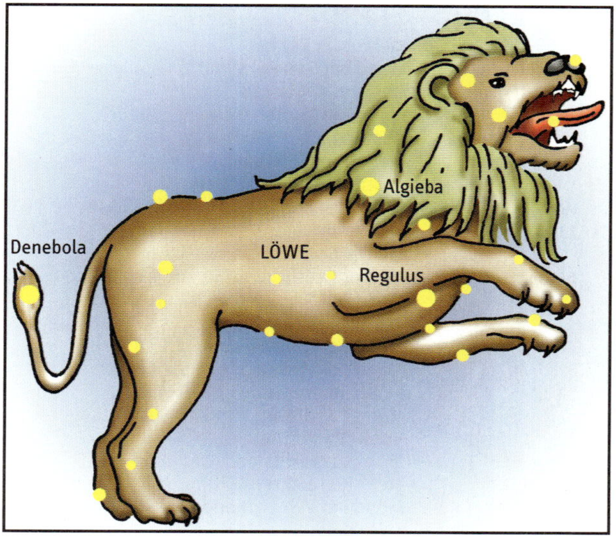

2.7 Figürliche Darstellung des Sternbildes Löwe nach Gerhard Weiland.

Sternenhimmel am 15. Februar um 22h MEZ.

Fixsternhimmel auch gültig für:

	MEZ
1.11.	5h
15.11.	4
1.12.	3
15.12.	2
1. 1.	1
15. 1.	0
1. 2.	**23**
15. 2.	**22**
28. 2.	**21**
15. 3.	20

Objekte für Feldstecher und Fernrohr

Hoch am Südhimmel steht zur Zeit der offene Sternhaufen M 44, besser bekannt unter der Bezeichnung Krippe (lat.: Praesepe) im Krebs. Die Krippe ist ein sehr schönes Fernglasobjekt, wenn sie auch nicht so hell und auffällig ist wie die Hyaden und Plejaden im Stier, die beiden Paradehaufen des Winterhimmels. Für das bloße Auge ist M 44 nicht leicht zu erspähen, vor allem nicht in unseren lichtüberfluteten Siedlungen.

Im Feldstecher erkennt man jedoch M 44 einwandfrei als offenen Sternhaufen. So richtig eindrucksvoll wirkt aber Praesepe erst im Teleskop bei geringer Vergrößerung (etwa 30fach). Zwei Sterne, einer nördlich, der andere südlich der Krippe, nämlich γ und δ Cancri, rahmen den Haufen gewissermaßen ein. Sie werden Asellus Borealis und Asellus Australis genannt, was nördliches und südliches Eselchen heißt.

Ein weiterer offener Sternhaufen, der leicht im Fernglas ent-

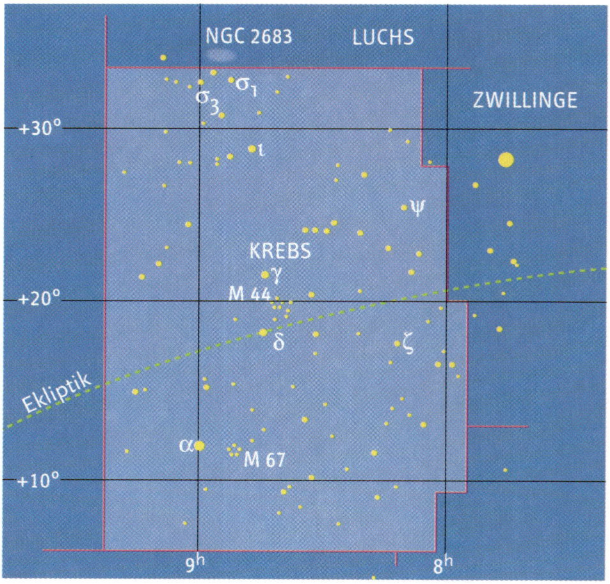

2.8 Das Sternbild Krebs mit den beiden offenen Sternhaufen M 44 (Krippe) und M 67, dem Doppelstern Tegmeni (ζ Cancri) und der Galaxie NGC 2683 im Luchs.

deckt werden kann, ist M 50 im Einhorn. M 50 steht in einer relativ sternarmen Gegend, auf der Linie Sirius-Prokyon, etwa 10° nördlich von Sirius. Mit $6\overset{m}{,}3$ ist er ein typisches Feldstecherobjekt, das sich im Gesichtsfeld mit etwa einem Drittel des Vollmonddurchmessers zeigt.
Als dritter im Bunde der offenen Sternhaufen sei M 41 im Großen Hund genannt. Für Kenner ist dieser offene Haufen ein echter astronomischer Leckerbissen. Man findet M 41 rund 4° südlich von Sirius. Trotz seiner südlichen Position kann man ihn in einem guten Fernglas ohne Schwierigkeiten sehen. Im Teleskop überrascht M 41 ob seiner Sternenfülle. Die Entfernung von M 41 beträgt rund 2500 Lichtjahre.
Doppelsternjäger sollten einmal den Polarstern aufs Korn nehmen: Neben dem $2\overset{m}{,}0$ hellen Hauptstern bemerkt man in $18\overset{\prime\prime}{,}5$ Distanz einen schwachen Begleiter mit 9^m scheinbarer Helligkeit. Ferner sei für den Doppelsternbeobachter Kastor (α Geminorum) erwähnt. Die beiden Komponenten ($1\overset{m}{,}9$ und $2\overset{m}{,}9$) stehen $4\overset{\prime\prime}{,}0$ auseinander. Mit Instrumenten ab sieben Zentimeter Öffnung und ab fünfzigfacher Vergrößerung ist Kastor mühelos zu trennen. Ein schwieriges Objekt ist der Dreifachstern Tegmeni im Krebs, ζ Cancri. Tobias Mayer aus Marbach am Neckar fand 1756 in 6″ Distanz einen $6\overset{m}{,}1$ hellen Begleiter. Wilhelm Herschel schließlich löste im Jahre 1781 die Hauptkomponente auf: Zwei gelbe Sterne, die mit $5\overset{m}{,}7$ und $6\overset{m}{,}0$ fast gleich hell sind, stehen in nur $0\overset{\prime\prime}{,}9$ Abstand beieinander. ζ Cancri wird zunehmend leichter zu trennen. Im Jahre 1960 betrug die Distanz noch $1\overset{\prime\prime}{,}2$. Bis 2020 wird sie wieder auf $1\overset{\prime\prime}{,}2$ anwachsen. Die Umlaufszeit des Systems beträgt 60 Jahre, die Entfernung 84 Lichtjahre. Beide Sterne sind somit 20 Astronomische Einheiten voneinander entfernt, dies entspricht etwa der Strecke Sonne-Uranus.
Für besser ausgerüstete Amateurastronomen, die über einen Refraktor von mindestens 10 cm Öffnung, besser noch 15 cm oder über ein Spiegelteleskop von 20 cm aufwärts verfügen, sei ein anspruchsvolles Objekt genannt: die Galaxie NGC 2683 im Sternbild Luchs. Sie liegt an der Grenze zum Krebs. Man findet diese 10^m helle, in der Form dem Andromedanebel ähnliche Galaxie, wenn man von σ_3 Cancri etwa 2° nach Norden geht (siehe Abb. 2.8). Man achte darauf, nicht zu stark zu vergrößern! NGC 2683 zeigt sich als ein länglicher Lichtfleck mit einer Größe von 1′ × 3′. Aufnahmen mit Großteleskopen lassen erkennen, dass NGC 2683 ein

Veränderliche Sterne

Algol-Minima	9. 3^h36^m	12. 0^h25^m	14. 21^h14^m	17. 18^h03^m	
β-Lyrae-Minima	6. 20^h N	13. 7^h H	19. 19^h N	26. 6^h H	
δ-Cephei-Maxima	3. 5^h	8. 14^h	13. 23^h	19. 7^h	24. 16^h
Mira-Helligkeit	1. 7^m	10. 8^m	20. 8^m	28. 9^m	

Spiralnebel vom Typ Sb ist. Zu guter Letzt sei noch auf M 67 hingewiesen, ein offener Sternhaufen, ebenfalls wie M 44 im Krebs gelegen. M 67 zeigt sich im Fernglas als Nebelfleck (zwei Drittel des Vollmonddurchmessers groß). Im Teleskop kann man ihn gut auflösen. Seine Entfernung misst rund 2500 Lichtjahre. Manche meinen, in M 67 ein Übergangsstadium von einem offenen zu einem kugelförmigen Sternhaufen zu sehen.

Wo verbirgt sich die dunkle Materie?

Im Universum verbergen sich riesige Mengen an Materie, die sich einer direkten Beobachtung bisher entzogen haben und von denen niemand weiß, woraus sie eigentlich bestehen. Die vermissten Materiemengen sind wirklich gewaltig. Denn rund neunzig Prozent der Gesamtmasse des Universums scheint aus dieser mysteriösen, unsichtbaren Materie zu bestehen. Damit wissen wir eigentlich gar nicht, woraus sich das Weltall größtenteils zusammensetzt. Die Masse aller leuchtenden Sterne einschließlich der interstellaren Materie nimmt sich relativ bescheiden aus gegenüber der dunklen Materie, die sich bisher lediglich durch ihre Schwerkraftwirkung bemerkbar macht, von der man aber nicht weiß, was sie wirklich ist, wo und wie sie entstand und wo sie zu finden ist. Ausgelöst hat die Suche nach der ominösen dunklen Materie das Problem der fehlenden Masse (Missing-Mass-Problem). Dem holländischen Astronom Jan Hendrik Oort fiel bei der Untersuchung der Milchstraßenrotation auf, dass die äußersten Sterne am Rande unserer Galaxis viel zu schnell laufen. Auf Grund ihrer Geschwindigkeit müssten sie eigentlich unser Milchstraßensystem verlassen. Danach hätte sich die Galaxis schon längst auflösen müssen. Geht man aber davon aus, dass sie in einer Kreisbahn um das Milchstraßenzentrum wandern, dann lässt sich gemäß dem dritten Kepler-Gesetz auf die innerhalb der Kreisbahn liegende Masse schließen. Und da fand Oort, dass unsere Milchstraße erheblich mehr Materie beinhalten muss, als wir in Form von Sternen und interstellaren Gas- und Staubwolken beobachten. Der Schweizer Astronom Fritz Zwicky, der lange Zeit in den USA arbeitete, bemerkte, als er die Bewegungen der Galaxien in großen Haufen untersuchte, dass die Galaxienhaufen sich längst aufgelöst haben müssten, es sei denn, dass das Hundertfache an Masse vorhanden ist, als in Form von leuchtender Materie beobachtbar ist. Gibt es sie überhaupt, diese fehlende Materie? Zahlreiche Untersuchungen haben gezeigt, dass die Pekuliargeschwindigkeiten der Galaxien in großen Milchstraßenhaufen eigentlich dazu führen müssten, dass die Milchstraßen ihren Haufen davonlaufen. Der Sachverhalt, wann ein Stern- oder Galaxienhaufen stabil bleibt bzw. wann er sich aufzulösen beginnt, wird durch das sogenannte Virialtheorem beschrieben. Je größer die Geschwindigkeiten von Sternen oder Galaxien in einem Haufen sind, desto größer muss die Gesamtmasse des Haufens sein, um ein Auseinanderdriften zu verhindern.

Oorts Ergebnisse sind allerdings nicht zutreffend, wie sich inzwischen herausstellte. Die Hauptscheibe unserer Milchstraße enthält kaum dunkle Materie (nicht zu verwechseln mit dem interstellaren Staub in der Hauptebene der Milchstraße, der reichlich vorhanden ist und sich durch Absorption des Sternenlichtes und teilweise als Dunkelwolken bemerkbar macht). Es scheint vielmehr so, dass die dunkle Materie eher in einem Halo um die Galaxien sitzt. Zwickys Verdacht hat sich jedoch bestätigt. Die Galaxienhaufen enthalten erheblich mehr Masse als durch optische Beobachtungsverfahren zu ermitteln ist. Unabhängig vom Virialtheorem lässt sich die Masse eines Galaxienhaufens auch durch den Gravitationslinseneffekt abschätzen. Nach Einsteins Allgemeiner Relativitätstheorie ändern Massen die Geometrie des Raumes – er wird in einer für uns nicht anschaulichen Weise gekrümmt. Lichtstrahlen folgen diesen Krümmungen. Dies lässt sich auch bei totalen Sonnenfinsternissen beobachten: Das Licht eines fernen Sternes, das knapp an der Sonne vorbeiläuft, wird durch die Raumkrümmung ein wenig abgelenkt. Dies gilt nicht nur für sichtbares Licht, sondern für elektromagnetische Strahlung jeder Frequenz. Auch die Radiowellen eines Quasars werden abgelenkt, wenn sie an der Sonne vorbeiwandern. Bei der Beobachtung von Radioquellen in der Nähe der Sonne muss man nicht auf eine totale Sonnenfinsternis warten – man kann den Ablenkungseffekt somit öfters und auch genauer

prüfen. Einstein hat auch das Gravitationslinsenphänomen richtig vorhergesagt. Licht kann durch Massen ebenso gebündelt werden wie durch optische Linsen. Solche Gravitationslinsen können das Licht punktförmiger Quellen verstärken, Doppel- oder Mehrfachbilder und auch Ringe (so genannte Einstein-Ringe) entstehen lassen (siehe auch *Himmelsjahr 1995*, Seite 54, Monatsthema: Gravitationslinsen).
Inzwischen wurden etliche der von Einstein vorhergesagten Gravitationslinsenphänomene tatsächlich beobachtet. Dabei lässt sich aus der Stärke der Ablenkung von Lichtstrahlen auf die als Linse wirkende Masse schließen. Aus den Beobachtungen einiger Galaxienhaufen, die als Gravitationslinsen wirken, ist ebenfalls zu schließen, dass die Haufen weit mehr Masse, nämlich rund neunmal soviel Masse besitzen müssen, als in Form von leuchtender Materie zu erkennen ist.
Die Frage ist: Wo sitzt diese dunkle Materie? Mit wem oder womit tritt sie in Wechselwirkung? Untersuchungen in den letzten Jahren haben zu dem überraschenden Ergebnis geführt, dass die dunkle Materie zu einem erheblichen Teil in Zwerggalaxien anzutreffen ist. Je kleiner die Galaxie ist, desto mehr dunkle Materie enthält sie – so scheint die simple Formel zu lauten. Möglicherweise gibt es Galaxien, die keine oder fast keine Sterne enthalten und fast ausschließlich aus dunkler Materie bestehen. Für die Astronomen ist dies ein recht peinliches Problem: Von mindestens 90% der Materie weiß man nicht, wo sie sich verbirgt und woraus (aus welchen Elementarteilchen) sie sich zusammensetzt. Wie häufig, versucht man das Problem durch Ad-Hoc-Hypothesen beiseite zu schieben. Vielleicht gilt in großen Distanzen das Newtonsche Gravitationsgesetz nicht mehr exakt, so dass man zu fehlerhaften Massenbestimmungen kommt.
Diese Spekulationen sind unter der Bezeichnung MOND-Theorie (**Mo**dified **N**ewton **D**ynamic) in die Diskussion geworfen worden. Doch mit solchen aus dem Hut gezauberten Hypothesen hat man schon oft eine Bauchlandung erlebt. Als man von dem neu entdeckten Uranus Bahnabweichungen registrierte, meinten einige auch, in solch „kosmischen Entfernungen", nämlich 19 A. E., wirke die Massenanziehung etwas anders als nach der klassischen Theorie von Isaac Newton. Andere hatten die bessere Idee: Ein noch unbekannter Planet störe die Uranusbahn – was sich bald durch die Entdeckung des Neptun als richtig erwies. Als Hubble und Humason in den 1920er Jahren die Fluchtbewegung der Galaxien entdeckten, wollten einige nicht an die allgemeine Expansion des Universums glauben. Sie meinten, die mit zunehmender Entfernung immer größer werdenden Rotverschiebungen in den Galaxienspektren dürfe nicht als Doppler-Effekt und damit als Fluchtgeschwindigkeit interpretiert werden, sondern seien eine „Ermüdungserscheinung" der Photonen. Heute hängt niemand mehr dieser kuriosen Vorstellung an. So sollte man auch die mehr als spekulative MOND-Hypothese bald in Vergessenheit geraten lassen.
Neuere Beobachtungen lassen hingegen inzwischen erahnen, wo sich die ominöse dunkle Materie zu verbergen scheint. Eine wichtige Rolle spielen dabei die Zwerggalaxien. Neben großen Galaxien wie unserer Milchstraße oder dem Andromeda-Nebel tummeln sich zahlreiche kleine Milchstraßensysteme im Universum – beispielsweise die beiden Begleiter unserer Milchstraße, die Große und die Kleine Magellansche Wolke. Während die großen Galaxien meist Spiralen, Balkenspiralen oder elliptische Systeme sind, zeigen die Zwerggalaxien keine besonderen Formen – man spricht daher von irregulären Systemen.
Die Zwerggalaxien sind offensichtlich viel zahlreicher als die Riesengalaxien. Während zum lokalen Milchstraßenhaufen nur vier große Galaxien gehören – unsere Milchstraße, die Andromedagalaxie (M 31), die Triangulum-Galaxie (M 33) und die im Optischen nicht sichtbare Galaxie Maffei 1 – beherbergt sie mehr als zwei Dutzend Zwerggalaxien. Wegen ihrer geringen Leuchtkräfte sind Zwerggalaxien aber schwierig aufzuspüren und nur in relativ geringen Distanzen beobachtbar.
Bei den Zwerggalaxien unterscheidet man zwischen zwei Gruppen: Den irregulären Typen mit mehr oder minder verstreuten Sterngruppierungen, die relativ viel interstellare Materie besitzen und heute noch neue Sterne hervorbringen, und den elliptischen Miniaturgalaxien, allgemein als sphärische Zwerggalaxien bezeichnet. Egal um welchen Typ von Zwerggalaxien es sich handelt, alle scheinen eine Menge an dunkler Materie zu beherbergen. Die leuchtenden Sterne tragen nur zu einem geringen Bruchteil zur Gesamtmasse einer Zwerggalaxie bei. Nur etwa ein Hundertstel der Masse einer Zwerggalaxie entfällt auf Sterne, der Rest ist dunkle Materie.
Dabei ist es offensichtlich so, dass der Anteil der dunklen Materie einer Zwerggalaxie umso größer ist, je kleiner das System ist. Die kleinsten Zwerggalaxien

sind so winzig und unscheinbar, dass sie auf photographischen Aufnahmen gar nicht entdeckt werden. Spezielle Beobachtungsverfahren sind erforderlich, um solch winzige Milchstraßensysteme aufzuspüren. Man findet sie auch nur in der Nähe unserer Milchstraße. Wegen ihrer geringen Entfernungen ist es jedoch möglich, einzelne Sterne in den Miniaturgalaxien zu beobachten. So hat man in den Miniaturgalaxien mit Glasfaseroptik jeweils zwischen einhundert und einhundertfünfzig Sterne gleichzeitig spektroskopiert. Für jeden einzelnen Stern wurde dabei je ein Glasfaserkabel eingesetzt. Von 43 Galaxien konnten dabei die beiden australischen Astronomen Ken Freeman und John Kormandy mit dem 3,6 m kanadisch-französischen Spiegelteleskop auf dem Vulkan Mauna Kea (Hawaii, USA) aus der Geschwindigkeitsverteilung der einzelnen Sterne die Massen bestimmen. Dabei wurde der Verdacht bestätigt: Je kleiner die Galaxie, desto größer ihr relativer Anteil an dunkler Materie. Galaxien von der Größe unserer

2.9 Das Milchstraßensystem NGC 4394 in einer Entfernung von rund 60 Millionen Lichtjahren (Aufnahme Hale-Observatories, Pasadena, California). Große Galaxien enthalten im Vergleich weniger dunkle Materie als Zwerggalaxien, deren Masse zu über 90 Prozent aus noch rätselhafter, unsichtbarer Materie besteht.

Milchstraße haben einen etwa fünfzigprozentigen Anteil an dunkler Materie. Milchstraßensysteme mit nur einem Hundertstel der Leuchtkraft unserer

2.10 Die irreguläre Galaxie NGC 55 (Hale-Observatories, Pasadena)

Galaxis weisen einen neunzigprozentigen Anteil an dunkler Materie auf. Die allerkleinsten aufgespürten Galaxien dagegen bestehen zu 99% und mehr aus dunkler Materie. Die Dichte der dunklen Materie beträgt dabei eine Sonnenmasse pro dreißig Kubiklichtjahren. Dies ist hundertmal größer als die mittlere Dichte in großen Galaxien wie unserer Milchstraße oder dem Andromeda-Nebel. Die lichtschwächsten Galaxien erscheinen wie dünne Schleier aus Sternen, haben aber Massen wie kosmische Kanonenkugeln. Wieso haben die kleinsten und lichtschwächsten Galaxien einen so hohen Anteil an dunkler Materie? Die Antwort liegt wohl im Entstehungsprozess der Galaxien verborgen. Die winzigen Zwerggalaxien sind gewissermaßen die Überbleibsel aus einer sehr frühen Phase des Universums, als das Weltall nur ein Dreitausendstel so alt war wie heute. In jener weit zurückliegenden Zeit war die Materiedichte noch wesentlich höher als heute. Damals begann die Bildung der ersten Sterne und Galaxien. In dem einsetzenden Klumpungsprozess der Materie entstanden zunächst nur sehr kleine Sternsysteme. Erst nach und nach verschmolzen diese Fragmente zu immer größeren Galaxien. Bei diesem Prozess wurde ein Teil der kinetischen Energie dazu verwendet, den größer werdenden Galaxien zu entfliehen. Mit größer werdenden Sternsystemen verminderte sich dabei ihre mittlere Materiedichte. Nicht alle Zwerggalaxien wurden somit von großen Sterngesellschaften aufgesogen, sondern konnten ihnen entfliehen – zumindest bisher.

Eine besondere Rolle spielen die Kugelsternhaufen. Ihrer Masse nach sind sie mit Zwerggalaxien vergleichbar, ihre Durchmesser sind aber im Mittel zehnmal kleiner. Sie enthalten aber so gut wie keine dunkle Materie. Kugelsternhaufen schwimmen gewissermaßen durch den Milchstraßenhalo aus dunkler Materie, aber niemand weiß so recht, warum sie selbst kaum dunkle Materie enthalten. Das Verhältnis von leuchtender zu dunkler Materie in Zwerggalaxien wird noch verstärkt zu Gunsten letzterer, weil kleine Galaxien absolut gesehen massearm sind. Die frühen Supernovadetonationen haben einen Teil der sichtbaren Materie aus den Zwerggalaxien hinauskatapultiert. Sowohl interstellare Materie als auch einzelne Sterne entflohen im Laufe der Zeit in den intergalaktischen Raum, wodurch der relative Anteil der dunklen Materie anstieg.

Schon lange ist bekannt, dass die Zahl der Zwerggalaxien wesentlich höher ist als die der großen Welteninseln, wie Immanuel Kant einst die mächtigen Milchstraßensysteme bezeichnet hat. Riesengalaxien sind eher die Ausnahme. Man sieht sie bis in sehr große Entfernungen, während Zwerggalaxien nur in unserer kosmischen Nachbarschaft beobachtbar sind. Und auch hier gilt: Je kleiner die Zwerggalaxien sind, desto zahlreicher sind sie und desto schwerer sind sie auch aufzuspüren. Nach den echten Minigalaxien wird daher eifrig gesucht. Mit Auge und Fotoplatte sind sie nicht zu finden, denn die kleinsten Galaxien haben so wenige Sterne, dass sie nicht durch eine höhere Flächendichte als System auffallen. Eine Zusammengehörigkeit ist nur durch aufwendige Computeranalysen einer gigantischen Zahl von Sternpositionen möglich, wobei die Helligkeiten der zu untersuchenden Sterne fast ausschließlich weit unter 20^m liegen.

Inzwischen weiß man ziemlich sicher, dass mindestens neunzig Prozent der Masse des Universums aus dunkler Materie besteht, die sich in Zwerggalaxien und in den Halos großer Milchstraßensysteme verbirgt. Noch weitgehend unbekannt ist aber die Konsistenz der dunklen Materie. Zu erforschen, woraus diese ominöse dunkle Materie besteht, ist eine der größten Herausforderungen der modernen Astronomie.

März 2001

Die Sonne passiert am 20. um 14^h31^m MEZ den Widderpunkt im Sternbild Fische – der astronomische Frühling beginnt zu diesem Zeitpunkt. Venus beendet ihre Abendsternperiode. Jupiter und Saturn stehen abends am Westhimmel.

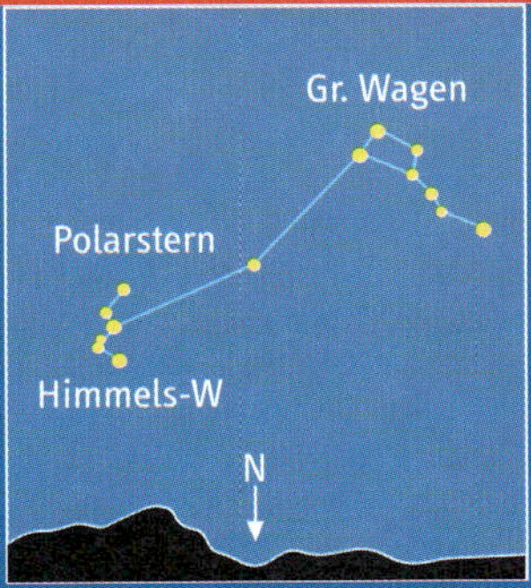

Großer Wagen und Himmels-W Anfang März um 22^h

3.1 Anblick des abendlichen Westhimmels gegen Ende März. Jupiter, Saturn und Aldebaran sind tief am Westhorizont auszumachen. Am 29. März wandert die zunehmende Mondsichel südlich an Jupiter vorbei.

Sonnenlauf

12.3. 6^h^
Sonne tritt in das Sternbild Fische
20.3. 14^h^31^m^
Sonne tritt in das Tierkreiszeichen Widder

Julianisches Datum am 1. März, 1^h^ MEZ: 2 451 969,5

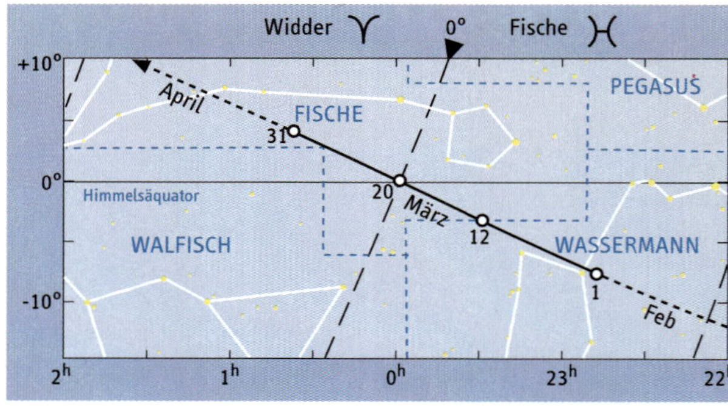

Tag	Dämmerg. Anfang	Aufgang MEZ	Kulmination	Untergang MEZ	Dämmerg. Ende	Mittagshöhe	Zeitgleichg.	Rektaszension	Deklination
	h m	h m	h m	h m	h m	°	m	h m	°
1.	5 54	7 03	12 32	18 02	19 12	32,5	−12	22 48	−7,6
5.	5 46	6 55	12 31	18 09	19 18	34,1	−11	23 03	−6,1
10.	5 35	6 45	12 30	18 17	19 27	36,0	−10	23 21	−4,2
15.	5 24	6 34	12 29	18 25	19 35	38,0	− 9	23 40	−2,2
20.	5 13	6 23	12 27	18 33	19 43	40,0	− 7	23 58	−0,2
25.	5 01	6 12	12 26	18 41	19 52	41,9	− 6	0 16	+1,7
31.	4 47	5 59	12 24	18 50	20 02	44,3	− 4	0 38	+4,1

Achtung: Ab Sonntag, 25. März, gilt die Sommerzeit. Zu allen Zeiten 1^h^ addieren!

Tages- und Nachtstunden

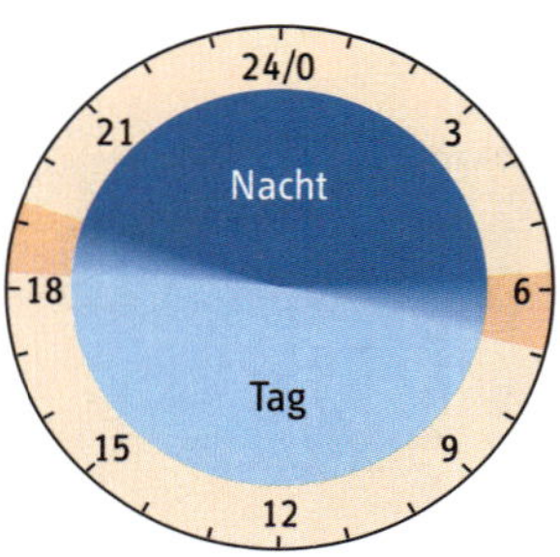

5. März

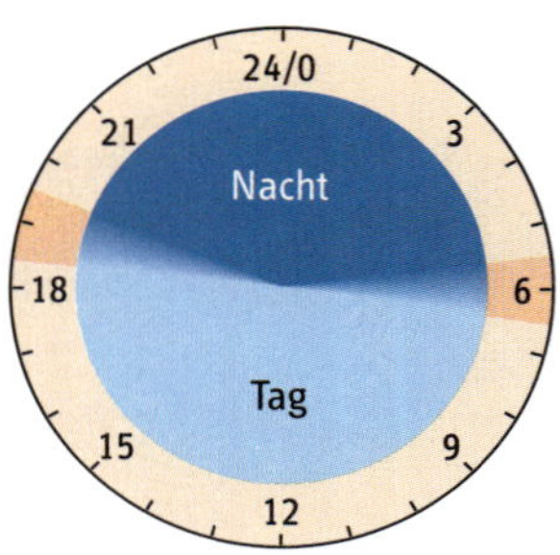

15. März

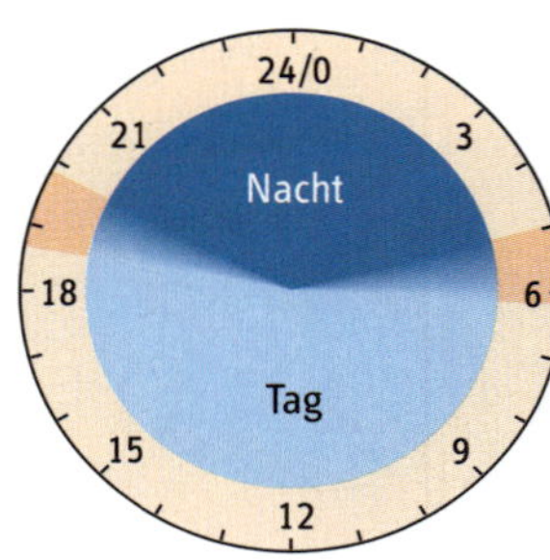

25. März

Mondlauf

Datum		Aufg. MEZ	Kulmination	Unterg. MEZ	Rektaszension	Deklination	Sterne und Sternbilder	Phase	MEZ
		h m	h m	h m	h m	°			
Do	1.	9 50	17 11	–	2 55	+12,1	Widder	Libration Ost	
Fr	2.	10 19	18 03	0 46	3 46	+16,2	Stier		
Sa	3.	10 54	18 58	1 59	4 41	+19,5	Aldebaran	**Erstes Viertel**	**3^h03^m**
So	4.	11 40	19 56	3 10	5 39	+21,7	* Stier		
Mo	5.	12 39	20 57	4 15	6 40	+22,7	Alhena	Aufsteigender Knoten	
Di	6.	13 49	21 59	5 12	7 42	+22,3	* Pollux		
Mi	7.	15 08	22 59	5 58	8 45	+20,3	Krebs, Krippe		
Do	8.	16 32	23 57	6 35	9 47	+16,8	Löwe, Regulus	Erdnähe 360/33′,2	10^h
Fr	9.	17 56	–	7 05	10 46	+12,3	Löwe	**Vollmond**	**18^h23^m**
Sa	10.	19 19	0 52	7 31	11 43	+ 7,0	Jungfrau		
So	11.	20 39	1 44	7 55	12 38	+ 1,4	Jungfrau	Größte Nordbreite	
Mo	12.	21 57	2 35	8 18	13 31	– 4,1	Spica		
Di	13.	23 12	3 25	8 42	14 23	– 9,3	Waage		
Mi	14.	–	4 14	9 08	15 15	–13,9	Waage	Libration West	
Do	15.	0 24	5 04	9 37	16 07	–17,6	Skorpion		
Fr	16.	1 32	5 54	10 12	16 59	–20,4	Schlangenträger	**Letztes Viertel**	**21^h45^m**
Sa	17.	2 33	6 44	10 53	17 51	–22,2	Schütze		
So	18.	3 27	7 34	11 41	18 43	–22,8	Schütze, Nunki	Absteigender Knoten	
Mo	19.	4 13	8 23	12 36	19 35	–22,5	Schütze		
Di	20.	4 51	9 11	13 35	20 25	–21,1	Steinbock	Erdferne 405/29′,5	12^h
Mi	21.	5 22	9 57	14 39	21 15	–18,8	Steinbock		
Do	22.	5 49	10 42	15 44	22 03	–15,8	Wassermann		
Fr	23.	6 12	11 26	16 50	22 50	–12,0	Wassermann		
Sa	24.	6 32	12 09	17 57	23 36	– 7,7	Wassermann		
So	25.	6 51	12 52	19 05	0 22	– 3,1	Fische	**Neumond** Größte Südbreite	**2^h21^m**
Mo	26.	7 11	13 36	20 15	1 08	+ 1,8	Walfisch		
Di	27.	7 31	14 21	21 26	1 55	+ 6,7	Fische		
Mi	28.	7 54	15 09	22 38	2 43	+11,3	Widder	Libration Ost	
Do	29.	8 21	15 59	23 51	3 34	+15,5	Stier		
Fr	30.	8 54	16 53	–	4 28	+19,0	Stier, Hyaden		
Sa	31.	9 35	17 50	1 02	5 25	+21,6	* Stier, Al Nath		

Planetenlauf

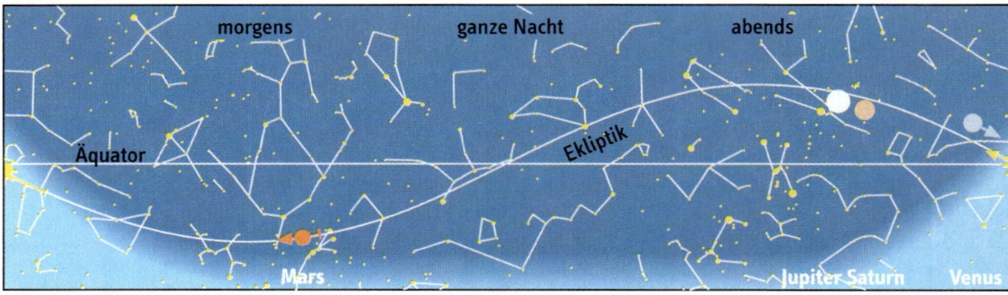

Merkur stand Mitte des Vormonats in unterer Konjunktion mit der Sonne. Seine westlichen Winkelabstände wachsen weiter an, trotz seiner Rechtläufigkeit. Aber er bleibt noch hinter der Sonne im Tierkreis zurück. Am 11. kommt er mit 27°28′ Winkelabstand in größte westliche Elongation. Trotz des respektablen Winkelabstandes, der fast der maximal mögliche ist (bedingt durch die nahe Aphelposition von Merkur), kommt es nicht zu einer Morgensichtbarkeit. Merkur bleibt im März in unseren Breiten unsichtbar. Auch die nahe Begegnung mit Uranus am 10. entgeht uns. Die Dichotomie (Halbmerkur) tritt bereits am 7. spät abends ein.
Am 17. passiert Merkur seinen sonnenfernsten Bahnpunkt, das Aphel. An diesem Tag trennen ihn 70 Millionen Kilometer (= 0,468 A. E.) von der Sonne, deren Licht dann drei Minuten und 53 Sekunden zu Merkur unterwegs ist.

3.2 Heliozentrische Bewegungen von Merkur und Venus relativ zur Erde. In den dicker ausgezogenen Bahnteilen sind die Planeten beobachtbar. Die Zahlen markieren die Positionen jeweils zum Monatsersten. Östlicher Winkelabstand bedeutet Abendsichtbarkeit, westliche Elongation: Planet steht am Morgenhimmel.

Venus gibt ihre Abschiedsvorstellung am Abendhimmel. Am 7. wird sie stationär und bewegt sich anschließend rasch rückläufig auf die Sonne zu, die ihr im Tierkreis entgegenkommt. Einen Tag vor Monatsende, nämlich am 30., steht sie in unterer Konjunktion mit ihr. Bereits am Vorabend erreicht Venus mit 42 Millionen Kilometer (= 0,281 A. E.) ihre geringste Entfernung von der Erde.
Im letzten Monatsdrittel zieht sich Venus vom Abendhimmel zurück. Am 25. geht der $-4^{m}{,}1$ helle Nachbarplanet um $19^{h}43^{m}$ (= $20^{h}43^{m}$ Sommerzeit) unter. Danach ist es empfehlenswert ein Fernglas zu benutzen, um Venus in den horizontnahen Dunstschichten aufzuspüren. Erfahrene Beobachter können unter günstigen Sichtbedingungen Venus am 27./28. sowohl als Morgen- als auch als Abendstern sehen. Am 16. erreicht sie mit $3^{\circ}{,}4$ ihre größte heliozentrische ekliptikale Nordbreite. Für den irdischen Beobachter steht Venus im Tierkreis erheblich nördlich der Sonne. Am 30. geht die $-4^{m}{,}0$ helle Venus um $5^{h}14^{m}$ (= $6^{h}14^{m}$ Sommerzeit) auf und um $19^{h}05^{m}$ unter.

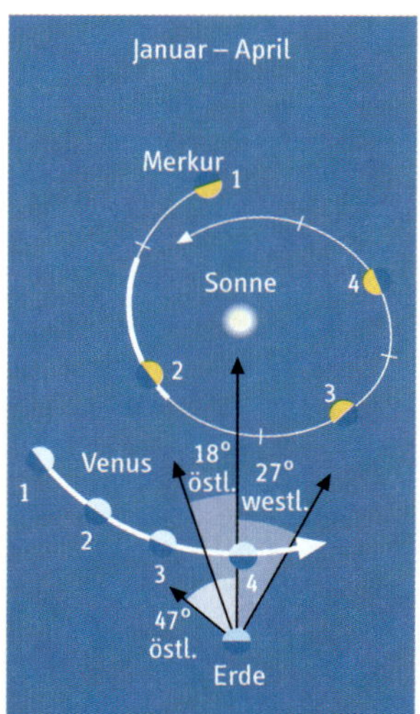

Das Venusscheibchen erreicht zur unteren Konjunktion knapp 60″ scheinbaren Durchmesser. Im Teleskop zeigt sich eine extrem schmale Sichel, die auch zur unteren Konjunktion nicht völlig verschwindet. Jetzt kann man gut das Übergreifen der Hörnerspitzen infolge der beleuchteten Venusatmosphäre beobachten.
Ihre Konjunktionsschleife zieht Venus im Sternbild Fische (siehe Abb. 2.4 auf Seite 51).
Mars wird allmählich auffallendes Gestirn am Morgenhimmel. Der rote Planet steigert seine Helligkeit im Laufe des März auf $-0^{m}{,}2$. Damit ist er heller als alle Fixsterne am Morgenhimmel. Mars verlässt am ersten Tag des

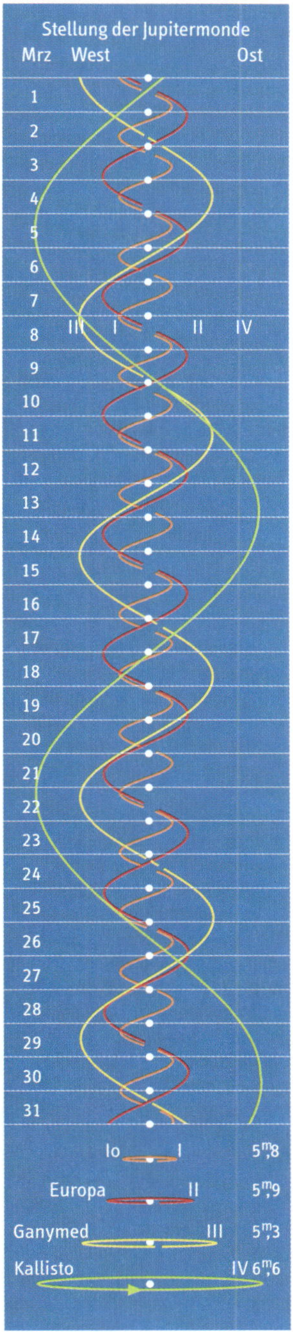

Jupitermond-Erscheinungen

Tag	MEZ h	MEZ m	Vorgang	
2.	21	40	III	VA
	23	11	II	DA
	23	58	III	VE
3.	23	51	I	DA
4.	20	13	II	BE
	20	14	II	VA
	21	08	I	BA
	22	54	II	VE
5.	19	39	I	SA
	20	32	I	DE
	21	50	I	SE
6.	19	06	I	VE
9.	20	25	III	BA
	22	47	III	BE
11.	20	16	II	BA
	23	05	I	BA
12.	20	19	I	DA
	21	34	I	SA
	22	30	I	DE
	23	46	I	SE
13.	20	15	II	SE
	21	02	I	VE
18.	23	00	II	BA
19.	22	17	I	DA
20.	19	33	I	BA
	19	47	III	SA
	20	14	II	SA
	20	29	II	DE
	22	05	III	SE
	22	51	II	SE
21.	20	10	I	SE
27.	19	07	III	DA
	20	34	II	DA
	21	30	III	DE
	21	32	I	BA
	22	50	II	SA
	23	48	III	SA
28.	19	55	I	SA
	20	58	I	DE
	22	06	I	SE
29.	20	11	II	VE

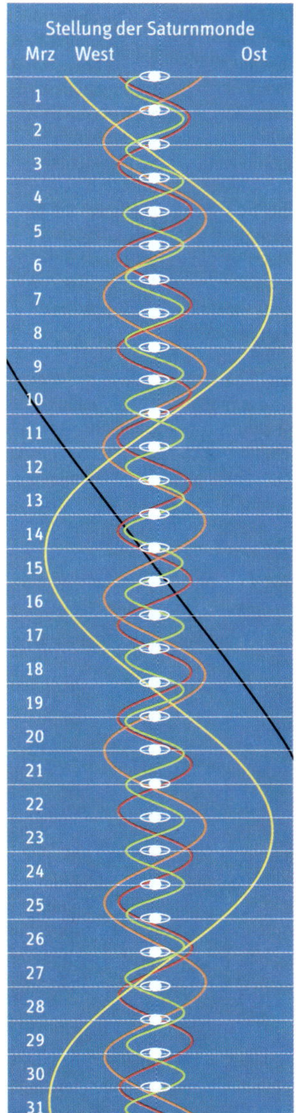

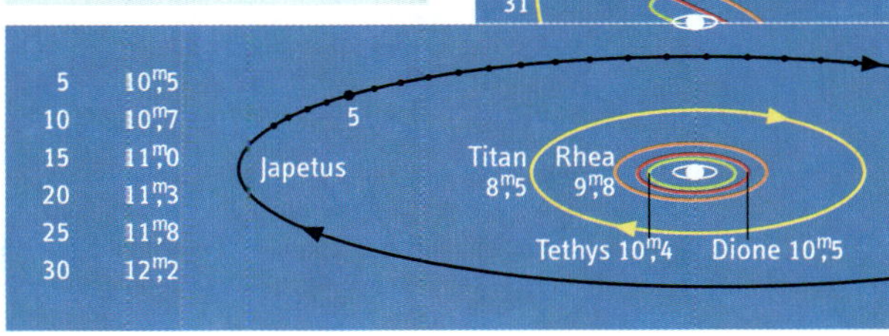

Monats das Sternbild Skorpion und tritt in den Schlangenträger. Am 4. passiert er 5° nördlich Antares, den Hauptstern im Skorpion. Antares heisst soviel wie „marsähnlicher Stern", weil er in einem ähnlich rötlichen Licht leuchtet und nahe der Ekliptik steht, so dass er schon gelegentlich mit dem Planeten Mars selbst verwechselt wurde. Jetzt kann man beide Gestirne am Himmel gut miteinander vergleichen.
Am 1. überschreitet Mars die östliche Horizontlinie um 1^h49^m und am 15. um 1^h29^m. Am 31. geht der rote Planet bereits um 1^h00^m (= 2^h00^m Sommerzeit) auf. Der abnehmende Halbmond stattet Mars am 16. einen Besuch ab, wobei der Erdtrabant 2°7 nordöstlich steht.

Jupiter ist Planet der ersten Nachthälfte. Nach Mond und Venus, die sich jetzt immer früher vom Abendhimmel zurückzieht, ist der Riesenplanet das auffälligste Gestirn am Sternenhimmel. Langsam wandert Jupiter rechtläufig aus dem Goldenen Tor der Ekliptik auf Aldebaran im Stier zu, der sich gut als Markierung für die Beobachtung der Jupiterbewegung eignet. Von Woche zu Woche kommt der Riesenplanet dem roten Stierauge näher. Mitte April wird er an ihm 5° nördlich, das sind zehn Vollmondbreiten, vorbeiziehen.
Am 1. erfolgt der Jupiteruntergang um 1^h38^m und am 15. um 0^h52^m. Am letzten Tag des Monats sinkt der inzwischen nur noch -2^m1 helle Jupiter schon um 0^h03^m (= 1^h03^m Sommerzeit) unter die Horizontlinie. Der zunehmende Halbmond wandert rund 3° südlich am 2. an Jupiter vorbei (siehe Abb. 3.1 auf Seite 61). Für Fernrohrbeobachter sei angemerkt, dass der scheinbare Durchmesser des Jupiterscheibchens am Äquator auf 35″5 und am Pol auf 33″2 schrumpft.
Saturn beschleunigt seine rechtläufige Bewegung im Stier und steuert auf das Goldene Tor der Sonnenbahn zu, das von den beiden offenen Sternhaufen Hyaden und Plejaden gebildet wird (siehe Abb. 12.2 auf Seite 205). Seine Untergänge verlagert der Ringplanet in die Zeit vor Mitternacht. Am 1. geht Saturn um 0^h48^m unter, am 25. um 23^h56^m und am 31. bereits um 23^h01^m (= 0^h01^m Sommerzeit am 1. April). Die Saturnhelligkeit bleibt konstant bei 0^m2. Damit gehört Saturn zu den auffälligen und hellen Gestirnen des Nachthimmels.
Am Abendhimmel des 29. bilden Saturn, Jupiter und die zunehmende Mondsichel ein nettes Dreigestirn (siehe Abb. 3.1 auf Seite 61).
Uranus, rechtläufig im Steinbock, stand im letzten Monat in Konjunktion mit der Sonne. Der grünliche Planet bleibt auch im März unsichtbar. Auch die enge Begegnung mit Merkur am 10., bei der der flinke Planet nur 0°1 nördlich an Uranus vorbeieilt, bleibt mit den üblichen Mitteln des Amateurastronomen unbeobachtbar.
Neptun, rechtläufig im Steinbock, kann sich noch nicht aus den Strahlen der Sonne befreien. Der mit 8^m recht lichtschwache, sonnenferne Planet bleibt unsichtbar.
Pluto wird am 18. stationär, was seine Bewegung in Rektaszension betrifft. Danach bewegt er sich rückläufig im Schlangenträger (siehe Abb. 6.5 auf Seite

Konstellationen und Ereignisse

Datum	MEZ	Ereignis
1.	19^h	**Mond bei Saturn,** Mond 2°0 südlich, **Abstand 2°3 um 21^h**
2.	10	**Mond bei Jupiter,** Mond 2°8 südlich, **Abstand 5°0 um 18^h**
7.	12	Venus im Stillstand, anschließend rückläufig
10.	12	Merkur bei Uranus, Merkur 0°1 nördlich
11.	7	Merkur in größter westlicher Elongation (27°)
15.	22	**Mond bei Mars,** Mond 1°8 nördlich, **Abstand 2°7 um 2^h am 16.**
17.	16	Merkur im Aphel
18.	23	Pluto im Stillstand, anschließend rückläufig
20.	9	Mond bei Neptun, Mond 2°4 südlich
20.	$14^h\,31^m$	**Sonne im Frühlingspunkt, Tagundnachtgleiche**
21.	15	Mond bei Uranus, Mond 2°7 südlich
22.	19	Mond bei Merkur, Mond 2°2 südlich
25.	7	Mond bei Venus, Mond 15°5 südlich
29.	5	**Mond bei Saturn,** Mond 1°7 südlich, **Abstand 5°4 um 22^h am 28.**
29.	22	**Mond bei Jupiter,** Mond 2°4 südlich, **Abstand 3°0 um 23^h**
30.	11	Mond bei Neptun, Mond 0°7 südlich
30.	5	Venus in unterer Konjunktion mit der Sonne

108). Die Plutoopposition ist am 4. Juni zu erwarten (siehe „Planetenlauf" im Juni).

Planetoiden

Vesta – Planetoid Nr. 4 – steht am 27. in Konjunktion mit der Sonne. Von der Erde ist Vesta zur Konjunktion 512 Millionen Kilometer (= 3,42 A. E.) und von der Sonne 363 Millionen Kilometer (= 2,43 A. E.) entfernt. Ende November wird Vesta in Opposition stehen und ein leichtes Fernglasobjekt sein.

Periodische Sternschnuppenströme

In der Zeit um Mitternacht sind während des ganzen Monats die **Virginiden** zu beobachten. Ihr Radiant (Ausstrahlungspunkt) liegt in der Jungfrau. Die Häufigkeit ist nicht besonders groß. Das Maximum der Virginidenaktivität ist erst Anfang April zu erwarten.
Ein schwacher Strom sind die **Hydraïden**, die zwischen Mitte März und Anfang April auftauchen. Ihr Maximum ist wenig ausgeprägt – es sind nur einige wenige Sternschnuppen pro Stunde zu erwarten, die außerdem noch recht langsam sind. Der Radiant liegt im Sternbild Wasserschlange. Vermutlich sind die Hydraïden ein Zweigstrom der Virginiden.
Gegen Ende des Monats tauchen die ersten Exemplare der **Sigma-Leoniden** auf, ein schwacher, breit gestreuter Strom.

Der Fixsternhimmel

Noch ziehen die hellen und auffälligen Wintersternbilder die Blicke auf sich. Sie stehen allesamt in der westlichen Hemisphäre (= Himmelshälfte). Orion, der gewaltige Himmelsjäger, neigt sich schon zum Westhorizont. Im Südwesten funkelt noch Sirius im Großen Hund, ein wenig höher steht Prokyon im Kleinen Hund. Der Stier im Westen schickt sich eben an unterzugehen. Aldebaran steht schon recht tief. Höher noch sind die Zwillinge mit Kastor und Pollux und der Fuhrmann mit Kapella zu finden.
Die Kassiopeia, das Himmels-W, ist herabgesunken, während hoch im Nordosten, fast schon im Zenit, der Große Wagen Anfängern hilft, den Polarstern zu finden.
Der Krebs hat den Gipfel erklommen und wandert eben durch den Meridian. Jetzt ist die günstigste Zeit, dieses lichtschwache Sternbild einmal auszumachen. Denn der Krebs ist die unscheinbarste Figur des gesamten Zodiak (Tierkreis), vielleicht ein Hinweis darauf, dass der Krebs von Herkules zerschmettert wurde, als er ihn während seines Kampfes mit der schrecklichen Hydra in die große Zehe zwickte. Juno erbarmte sich seiner und versetzte den Krebs zur ewigen Erinnerung an diesen ungleichen Kampf unter die Sterne.
Einer anderen Version nach hält der Krebs eine hübsche Nymphe so lange mit seinen Scheren fest, bis der liebestolle Zeus sie zu packen bekommt. Zeus revanchiert sich und macht den Krebs unsterblich, in dem er ihn unter die Sterne versetzt. Für die alten Ägypter verkörperte dieses Sternbild die Macht der Finsternis. Die Sonne wandert vom 20. Juli bis zum 10. August durch den Krebs. In vergangenen Jahrhunderten lag das Sommersolstitium (Sommerpunkt) noch im Krebs (zur Zeit der babylonischen Astronomie, der wir unseren heute noch benutzten Tierkreis verdanken). Deshalb spricht man heute noch vom Wendekreis des Krebses.
Als Tierkreisbild der Sommersonnenwende wurde der Krebs bei den Akkadiern als „nördliches Tor der Sonnenbahn" bezeichnet.
Mitten im Krebs liegt der wunderschöne offene Sternhaufen Praesepe oder Krippe. In unse-

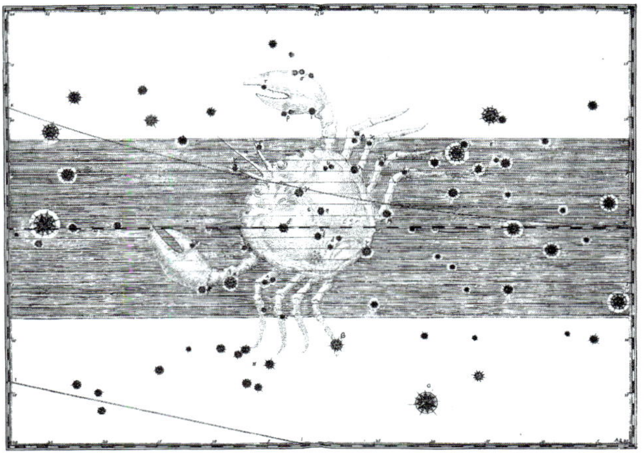

3.3 Figürliche Darstellung des Sternbildes Krebs im Sternatlas *Uranometria* von Johannes Bayer aus dem Jahre 1603.

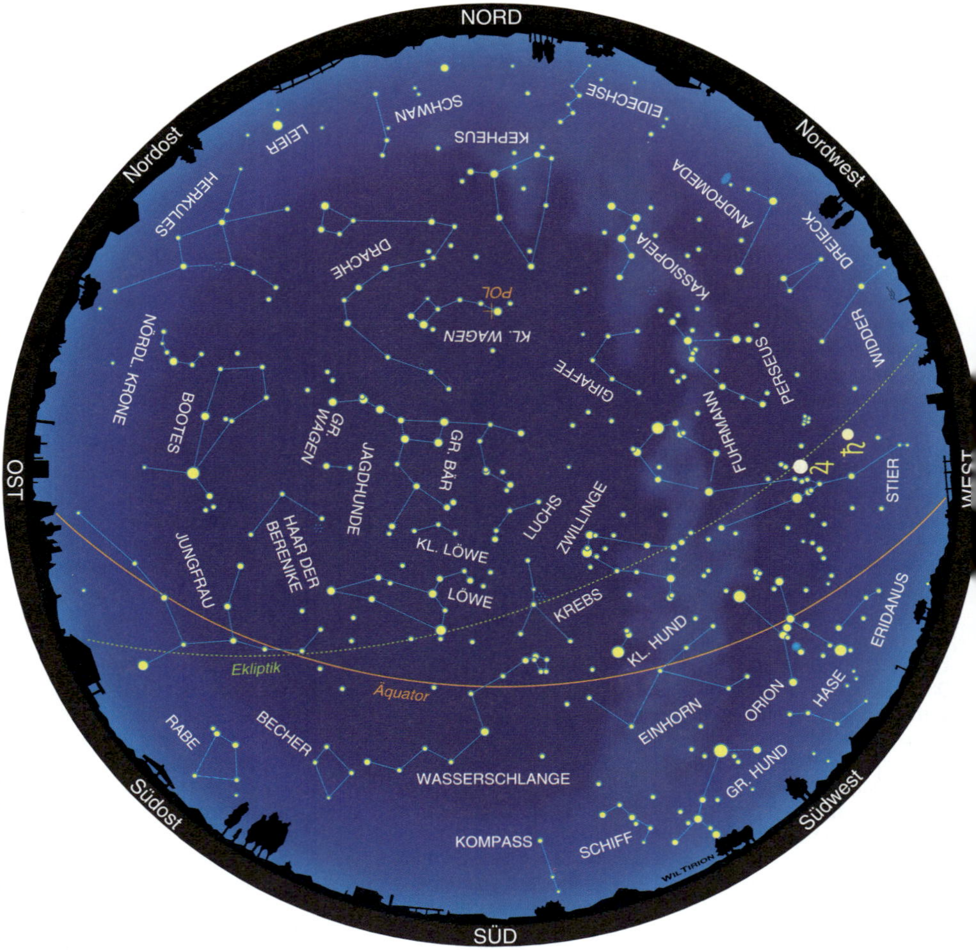

Sternenhimmel am 15. März um 22^h MEZ.

Fixsternhimmel auch gültig für:

	MEZ	MESZ
15.11.	6^h	
1.12.	5	
15.12.	4	
1. 1.	3	
15. 1.	2	
1. 2.	1	
15. 2.	0	
1. 3.	**23**	
15. 3.	**22**	
31. 3.	**21**	**22^h**

ren lichtüberfluteten Städten ist er immer schwerer mit bloßen Augen zu erkennen. Aber im Fernglas wirkt er außerordentlich beeindruckend.

Dem Krebs folgt im Tierkreis der Löwe mit seinem Hauptstern Regulus, der die Ekliptik markiert. Leicht ist das mächtige Sternentrapez des Löwenrumpfes mit dem hellen Regulus an der Spitze zu erkennen. Auch die Jungfrau ist schon im Südosten aufgegangen, wenn auch ihr Hauptstern Spica noch so horizontnah ist, dass er kaum zur Geltung kommt. Tief im Osten leuchtet ein heller, orange-rötlicher Stern: Arktur im Bild des Rinderhirt (lat.: Bootes).

Die Wasserschlange (lat.: Hydra), deren Kopf südlich des Krebses liegt und die so ausgedehnt ist, dass sie bis zur Waage reicht, schlängelt sich eben durch den Meridian. Genauer: Alphard, das Herz der Wasserschlange, passiert gerade den Meridian, während das Schwanzende noch gar nicht aufgegangen ist.

Zwischen dem Großen und dem Kleinen Hund ist das Einhorn beheimatet. Das Einhorn gehört zu den unauffälligen und daher weniger bekannten Sternbildern. Es setzt sich nur aus Sternen vierter Größe und darunter zusammen. Der hellste Stern im Einhorn, α Monocerotis, wird Lucida genannt und ist $3^m_{,}6$ hell. Die übrigen Sterne des Einhorns haben keine Eigennamen erhalten. Das Einhorn liegt in einer sternreichen Gegend der winterlichen Milchstraße. Im Westen wird es vom Orion und im Osten vom Kopf der Wasserschlange begrenzt. Das Einhorn ist ein neuzeitliches Sternbild und hat keinen mythologischen Hintergrund aus der klassischen Sagenwelt der Antike.

Nordöstlich des Löwen stößt man auf das unscheinbare Bild der Jagdhunde. Es liegt zwischen den Sternbildern Großer Bär, Bootes und Löwe. Die Jagdhunde sind ein neuzeitliches Sternbild, genau wie das Einhorn. Erstmals werden sie bei Johannes Hevelius (1611–1687), Ratsherr und Amateurastronom aus Danzig, in seinem Werk *Prodromus Astronomiae* erwähnt. Nach Hevelius sind 23 Sterne mit bloßen Augen sichtbar, die zu den Jagdhunden gehören. In vielen Darstellungen findet man zwei Hunde, die von Bootes als Jäger geführt werden und den Großen Bären um den Pol treiben.

Südlich der Deichsel des Großen Wagens steht der Hauptstern der Jagdhunde, α Canum Venaticorum. Mit $2^m_{,}9$ Helligkeit kann man ihn leicht mit bloßen Augen erkennen. Edmond Halley (1656–1742) hat ihn nach König Karl II. von England so getauft.

Den Südosten hält die Jungfrau besetzt. Ihr bläulich-weißer Hauptstern Spica (α Virginis) gehört zu den Sternen erster Größe. Spica kommt aus dem Lateinischen und heisst soviel wie Kornähre. Eine Kornähre hält die Jungfrau als Symbol der Fruchtbarkeit in einer Hand. Die drei hellen Sterne Regulus, Spica und Arktur bilden das Frühlingsdreieck, das eben im Osten hochkommt.

Auch das markante Sternenviereck des Raben ist tief im Südosten schon aufgegangen. Westlich vom Raben ist das unscheinbare Sternbild Becher kaum im Horizontdunst auszumachen.

Veränderliche Sterne

Algol-Minima	4.	2^h10^m	6.	22^h59^m	9.	19^h48^m	21.	7^h05^m	27.	0^h44^m	29.	21^h33^m
β-Lyrae-Minima	4.	17^h N	11.	4^h H	17.	16^h N	24.	3^h H	30.	14^h N		
δ-Cephei-Maxima	2.	1^h	7.	10^h	12.	19^h	18.	3^h	23.	12^h	28.	21^h
Mira-Helligkeit	1.	9^m	10.	9^m	20.	9^m	31.	9^m				

Quasare – Leuchtfeuer am Rande des Weltalls

Reisen wir in Gedanken zehn Milliarden, also zehntausend Millionen Jahre, in die Vergangenheit. Nicht nur keine Menschheit gibt es in jener fernen, weit zurückliegenden Zeit, selbst die Erde und die Sonne existieren noch nicht. Sie werden erst in fünf Milliarden Jahren aus einer interstellaren Gas- und Staubwolke entstehen. Der Himmel ist voller Sterne der ersten Generation, darunter auch viele helle Exemplare. Außer Sternen leuchten zahlreiche Galaxien, gut erkennbar mit bloßen Augen. Denn sie sind alle wesentlich näher beieinander als in der noch fernen Zeit der Menschheit, wo sie die Raumausdehnung des Weltalls in große Distanzen getragen haben wird. Bei etlichen näheren Galaxien leuchten in deren Zentren helle, punktförmige Lichtquellen in einem seltsam bläulichen Licht. Einige dieser Lichtpunkte übertreffen dabei sogar die hellsten Sterne der Milchstraße, die einmal die Heimat für die Menschheit auf einem Planeten namens Erde sein wird. Diese bläulichen Lichtpunkte in der Mitte großer Galaxien flackern – sie ändern in wenigen Tagen und Wochen ihre Helligkeit. Zehn Milliarden Jahre später wird man diese seltsamen, bläulichen Strahler als „Quasare" bezeichnen und feststellen, dass sie gigantische Energiemengen ins Weltall senden und heller leuchten als Billionen Sterne zusammengenommen.

Die Bezeichnung „Quasar" wurde von dem aus Formosa stammenden und in Amerika forschenden Astronom Hong-Yee Chiu eingeführt. Sie ist eine Abkürzung von **Qua**si-**Stellar** Radio Sources, was soviel wie „sternähnliche Radioquellen" heißt. Entdeckt wurden die Quasare um 1960, als die Fort-

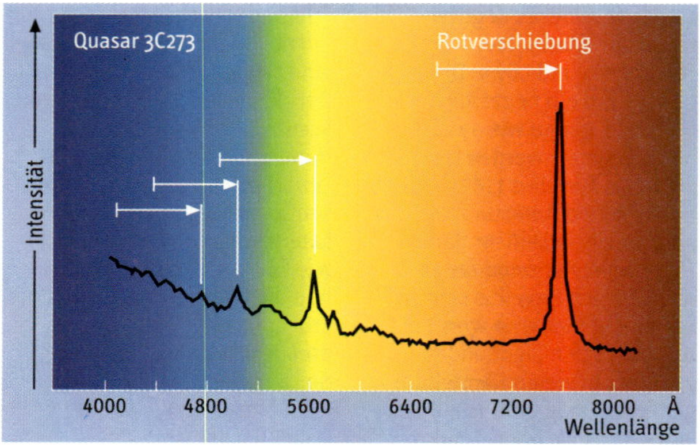

3.4 Im Spektrum des Quasars 3C 273 erscheinen vier Emissionslinien des Wasserstoffs erheblich nach dem roten Ende verschoben, ein Hinweis auf seine große Entfernung.

schritte der radioastronomischen Beobachtungstechnik es erlaubten, die Position punktförmiger Radioquellen mit recht hoher Genauigkeit zu ermitteln und sie dadurch mit im sichtbaren Licht leuchtenden Objekten zu identifizieren. Im Astronomenjargon spricht man von „optical counterparts", also von optischen Gegenstücken zu den radioastronomisch georteten Himmelsobjekten. Die genaue Positionsbestimmung von punktförmigen Radioquellen wurde durch das Verfahren der interkontinentalen Radiointerferometrie möglich, einer Art virtueller Zusammenschaltung weltweiter Radioteleskope.
Die Radioquelle 3C 48 (so benannt nach dem damals eben fertiggestellten dritten Cambridger Katalog der Radioquellen) wurde im Jahre 1960 erstmals mit einem Stern auf einer fotografischen Himmelsaufnahme identifiziert. Der Stern machte zunächst einen ganz normalen Eindruck wie Millionen anderer Lichtpünktchen auch. Ungewöhnlich war eben nur seine extrem intensive Radiostrahlung. Mehrere Stunden lang richtete man deshalb das 5-Meter-Spiegelteleskop vom Palomar-Mountain-Observatorium auf 3C 48, um ein optisches Spektrum zu erhalten. Dieses Spektrum erschien rätselhaft – um einen normalen Stern konnte es sich bei 3C 48 nicht handeln. Bald darauf zeigte eine andere Radioquelle, nämlich 3C 273, ähnliche Eigenschaften. Bei der Bedeckung von 3C 273 durch den Mond fand man noch einen kleinen Strahl, einen sogenannten Jet, von wenigen Bogensekunden Länge. Inzwischen hat man sehr gute Aufnahmen mit Hilfe des Hubble-Space-Telescope (HST) von diesem Jet gewonnen. Schließlich fand der amerikanische Astronom Maarten Schmidt eine Erklärung für die seltsamen Spektren: Sie weisen eine enorme Rotverschiebung

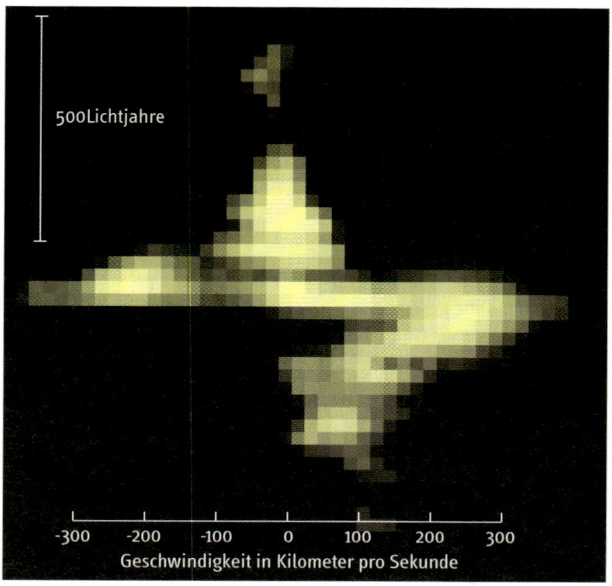

3.5 Geschwindigkeitsprofil des Zentralbereichs der Galaxie M 84, gewonnen mit dem „New Imaging Spectrograph" des Hubble Space Telescope (HST = Weltraumteleskop). Eine heiße Scheibe ionisierten Gases umkreist ein zentrales, supermassereiches Schwarzes Loch (siehe auch Abb. 3.6). Im linken Teil nähern sich die Gasmassen, im rechten entfernen sie sich von uns.

auf. Linien, die normalerweise im Ultravioletten liegen und unsichtbar bleiben, rücken in den sichtbaren Teil des Spektrums. Immer mehr Quasare wurden in den 60er Jahren des 20. Jahrhunderts entdeckt. Bis 1971 waren 200 dieser rätselhaften Objekte aufgespürt. In einem 1998 erschienenen Katalog sind bereits 11 000 Quasare verzeichnet. Bald fand man Objekte, deren Spektren denen von Quasaren gleichen, die aber keine merkbare Radiostrahlung aussenden. Man bezeichnete sie als QSS – Quasi-Stellar-Sources. Heute zählt man sie zu den „radioruhigen" Quasaren. Neunzig Prozent aller Quasare sind radioruhig. Inzwischen hat sich auch gezeigt, daß die Quasare intensive Röntgenstrahler sind und etliche von ihnen auch im ganz kurzwelligen, nämlich im Gammastrahlenbereich, recht kräftig leuchten.

Im Laufe der Jahre wurden Quasare mit immer größeren Rotverschiebungen (z) in ihren Spektren entdeckt. Inzwischen wurden Quasare mit z > 5 aufgespürt! Um sie zu finden, sucht man im Infraroten. Eine große Rotverschiebung bedeutet aber nach dem Dopplerprinzip eine hohe Geschwindigkeit, mit der sich die Quasare von uns entfernen. Solch hohe Geschwindigkeiten zeigen aber nicht Objekte in unserer Milchstraße. Sie sind

3.6 Modell eines Quasars: Eine Scheibe heißen, ionisierten Gases umkreist ein zentrales, superdichtes Objekt, das vermutlich ein massereiches Schwarzes Loch ist. Nach Nord und Süd schießt je ein heißer Gasstrahl (Jet) entlang der Magnetfeldlinien heraus.

3.7 Die Galaxie M 101 im Sternbild Großer Bär, in deren Zentrum ein massereiches Schwarzes Loch vermutet wird (Aufnahme Palomar Mountain Observatory).

lediglich kosmologisch zu erklären, das heißt, Quasare nehmen wie die Galaxien an der Expansion des Weltalls teil. Dabei erfolgt die Fluchtbewegung umso schneller, je weiter ein Milchstraßensystem oder ein Quasar entfernt ist (Hubble-Humason-Relation). Die Quasare mit den größten Rotverschiebungen, die bisher gefunden wurden, fliehen dabei schon mit über 95% der Lichtgeschwindigkeit von uns. Dies bedeutet aber, dass sich die Quasare in großen Distanzen befinden, nämlich in mehreren Milliarden Lichtjahren Entfernung. Die Quasare mit den größten Rotverschiebungen befinden sich dabei schon fast am Rande des beobachtbaren Universums. Sie sind die fernsten Objekte im Weltall, die unsere Teleskope erspähen und unsere Detektoren erfassen können.

Wenn sich die Quasare in so enormen Distanzen aufhalten, dann geben sie ein ernstes Rätsel auf. Selbst 3C 273, mit grob zwei Milliarden Lichtjahren Entfernung einer der nächsten Quasare, erscheint als Stern 13. Größenklasse. Daraus ist zu schließen, dass die wahre Leuchtkraft von 3C 273 enorm sein muß. Er übertrifft an Helligkeit unsere gesamte Milchstraße bei weitem. Im Schnitt leuchtet ein Quasar so hell wie hundert große Galaxien vom Kaliber unseres Milchstraßensystems. Quasare sind damit nicht nur die fernsten, sondern auch die absolut leuchtkräftigsten kosmischen Objekte, die wir kennen. Stünde der Quasar 3C 273 in der Entfernung der Wega, also in 25 Lichtjahren Distanz, so würde er am irdischen Himmel heller als unsere Sonne strahlen, die nur acht Lichtminuten entfernt ist. Die Leuchtkräfte der Quasare liegen im visuellen Bereich zwischen einer Billion (10^{12}) und hundert Billionen (10^{14}) Sonnenleuchtkräften. Ihre totale Energieabstrahlung ist aber noch um den Faktor 100 größer. Denn die meiste Energie senden die Quasare nicht im sichtbaren, sondern im kurzwelligen Teil des elektromagnetischen Spektrums aus: im Ultraviolett-, im Röntgenlicht und im Bereich der Gammastrahlen.

Damit aber stellen die Quasare die Astronomen vor ein großes Problem: Wie decken sie ihre gewaltige Energieabstrahlung, welcher Mechanismus setzt derartige Energiemengen frei? Hinzu kommt, daß Quasare punktförmig erscheinen und nicht ausgedehnt wie Galaxien. Außerdem variieren viele von ihnen ihre Helligkeit in wenigen Monaten um ein bis zwei Größenklassen, manchmal nur in Wochen oder Tagen. Quasare müssen somit klein sein im Verhältnis zu einer ganzen Galaxie. Entsprechend der Lichtlaufzeit sind Quasare nur einige Lichttage bis einige Lichtwochen im Durchmesser groß und nicht zigtausende Lichtjahre wie ein Milchstraßensystem. Ein anschaulicher Vergleich: Wäre eine Galaxie wie der Andromeda-Nebel nur so groß wie eine respektable Stadt, dann hätte der zugehörige Quasar im Zentrum der Stadt nur Erbsendurchmesser!

Da die Strahlungsleistung eines durchschnittlichen Quasars rund 10^{40} Watt, das sind hundert Billionen Sonnenleuchtkräfte, beträgt, war zunächst völlig rätselhaft, wie diese ungeheure Energiemenge auf so kleinem Raum freigesetzt werden kann. Und so meinten manche Sternforscher, Quasare müßten wohl doch Objekte in unserer Milchstraße sein. Aber bei dem Versuch, ihre Spektren und ihre Verteilung am Himmel mit einer „lokalen Hypothese" zu erklären, tauchten noch viel größere Schwierigkeiten und Ungereimtheiten auf. Bald entdeckte man weitere Hinweise auf die extragalaktische Natur und damit die großen Distanzen der Quasare. Quasare zeigen nicht nur eine große Rotverschiebung. In ihren Spektren findet man zahlreiche Absorptionslinien intergalaktischer Wasserstoffwolken (den sogenannten Lyman-Alpha-Wald), die auf große Lichtlaufdistanzen hinweisen. Hinzu kommt, dass – vor allem mit dem HST – um etliche Quasare schwach leuchtende Hüllen gesehen wurden, nämlich die Muttergalaxien, in deren Zentren die leuchtkräftigen Quasare sitzen.

Die Frage nach der zentralen Energiequelle der Quasare wurde vor allem von zwei Theoretikern gelöst: Edwin E. Salpeter und Jakob B. Zel'dowich. Beide arbeiteten unabhängig voneinander. Das Standard-Modell der Quasare geht davon aus, dass im Zentrum ein supermassereiches Schwarzes Loch von etlichen Millionen Sonnenmassen sitzt. Freilich, Schwarze Löcher verschlucken Materie und Strahlung und geben nichts ab. Sie sind – wie ihr Name sagt – absolut schwarz. Jedoch wird aus der Umgebung interstellare Materie in das Schwarze Loch hineingesaugt. Die Gaswolken schießen dabei in einer wirbelnden, um das Schwarze Loch kreisenden Scheibe spiralförmig in den Schlund des Schwarzen Loches. Die Gasmassen werden bis nahe an die Lichtgeschwindigkeit beschleunigt. Dabei erhitzt sich diese Akkretionsscheibe auf viele Millionen, teilweise Milliarden Grad.

Während das supermassereiche Schwarze Loch selbst unsichtbar bleibt, leuchtet die heiße Gasscheibe in einer verschwenderischen Lichtfülle auf, wobei die meiste Energie im kurzwelligen Teil des elektromagnetischen Spektrums (Gamma-, Röntgen- und UV-Strahlung) ausgesandt wird. Deshalb leuchten Quasare für unsere Augen intensiv blau – es sei denn, die große Rotverschiebung sehr ferner Quasare läßt sie rötlich erscheinen.

Natürlich müssen die Beobachter prüfen, ob das Modell der Theoretiker richtig ist. Das Schwarze Loch lässt sich nicht direkt beobachten. Aber man kann den Durchmesser und die Rotationsgeschwindigkeit der Akkretionsscheibe messen. Aus der Umlaufgeschwindigkeit der heißen Gasströme lässt sich auf die Masse des zentralen Objektes schließen. Dies ist einfacher gesagt als getan. Doch die Beobachtungstechnik schreitet fort. Seit 1997 besitzt das Hubble-Weltraumteleskop ein spezielles Instrument, um die Rotationsgeschwindigkeit einer Akkretionsscheibe um das kompakte Zentrum einer Galaxie zu messen. Es nennt sich **S**pace **T**elescope **I**maging **S**pectrograph (STIS). Außerhalb der Erdatmosphäre läßt sich mit dem STIS sehr genau die Umlaufgeschwindigkeit von Sternen und Gasmassen um das innerste Zentrum einer Galaxie messen. Vorläufig gelingt dies nur bei den näheren Galaxien, aber bei ihnen mit hoher Genauigkeit. So wurde ermittelt, daß im Kern der Galaxie M 106 ein zentrales, dichtes Objekt von 36 Millionen Sonnenmassen sitzt (!). Die Masse ergibt sich gemäß dem 3. Kepler-Gesetz aus Umlaufgeschwindigkeit und Bahnradius. M 106 im Sternbild Jagdhunde ist zwar kein Quasar, aber eine so genannte aktive Galaxie mit intensiver Radioemission und Röntgenstrahlung. Auch mit Radioteleskopen wurde die riesige, zentrale Masse festgestellt. Die in den

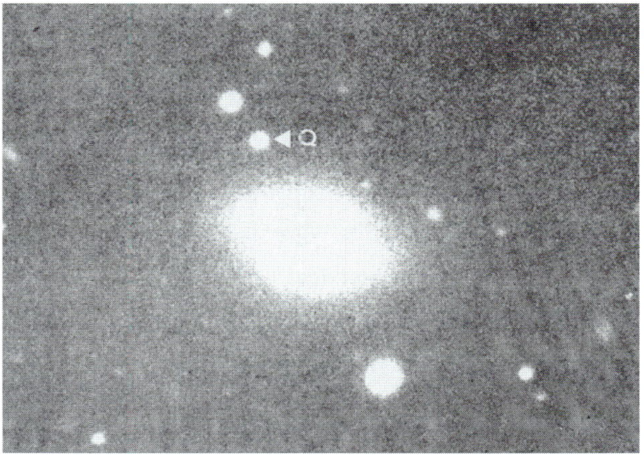

3.8 Der Quasar PHL 1226 sieht wie alle Quasare im optischen Bereich wie ein gewöhnlicher, punktförmiger Stern aus

Gasmassen vorhandenen Wassermoleküle werden durch die intensive Röntgenstrahlung zur Aussendung von Mikrowellen stimuliert, die gleich einem Laserstrahl scharf gebündelt ins Weltall schießen. Mit weltweiter Zusammenschaltung leistungsfähiger Radioteleskope (interkontinentale Radiointerferometrie) konnte ermittelt werden, dass sich innerhalb eines Bereiches von nur 0,0003 Bogensekunden ein Objekt mit 36 Millionen Sonnenmassen verbirgt. Hier kann man nur auf ein gewaltiges Schwarzes Loch schließen – es sei denn, man spekuliert über ein noch viel exotischeres Objekt, dass jenseits unseres bisherigen Vorstellungsvermögens liegt.

Auch im Zentrum unserer Milchstraße lauert ein supermassereiches Black Hole von etwa drei Millionen Sonnenmassen. Man vermutet, dass im Zentrum jeder großen Milchstraße ein supermassereiches Schwarzes Loch lauert. Doch der Materievorrat der Akkretionsscheibe ist oft schon verbraucht – der Quasar ist verhungert. Wahrscheinlich haben fast alle großen Galaxien einmal das Stadium eines Quasars durchgemacht – bis der Nachschub an Materie versiegte. Das lässt sich auch daraus schließen, dass die Zahl der Quasare mit zunehmender Entfernung überproportional anwächst. In der Vergangenheit gab es pro Volumeneinheit mehr Quasare als heute. Zwischen zwei und vier Milliarden Jahre nach dem Urknall herrschte das „Goldene Zeitalter der Quasare“. Inzwischen sind viele von ihnen eingeschlafen – nur die zentralen, supermassereichen Schwarzen Löcher existieren noch. Sie können nicht kleiner werden, sondern nur durch Massenakkretion weiter wachsen. Wenn neue Gasmassen und Sterne ins Zentrum einer Galaxie driften, mag der eine oder andere Quasar wieder zu neuer Aktivität erwachen.

Neuere Untersuchungen lassen vermuten, dass die Bildung von zentralen, supermassereichen Schwarzen Löchern in den Zentren der Galaxien eine notwendige Konsequenz bei der Geburt von Milchstraßensystemen darstellt: Die Größe des zentralen Black Hole ist offenbar proportional zur Gesamtgröße einer Milchstraße. In Spiralgalaxien ist die Black-Hole-Masse proportional zur Zahl der Sterne der ältesten Sternpopulation im zentralen Bereich, dem sogenannten „bulge“. In elliptischen Galaxien hingegen ist die Größe des zentralen Black Hole offensichtlich proportional zur Gesamtmasse der Galaxie. Die meisten Sterne im Universum wurden zwischen drei und sieben Milliarden Jahre nach dem Urknall geboren. Dies überlappt sich teilweise mit dem goldenen Zeitalter der Quasare.

Man hat auch vermutet, dass Kollisionen von großen Galaxien, wie sie in der Frühphase des Universums häufiger vorkamen, zur Entstehung von Quasaren führt. Solche Zusammenstöße erhöhen auch schlagartig die Sternentstehungsrate (starburst). Allerdings dürften Verschmelzungsprozesse von Milchstraßensystemen nicht die einzigen Mechanismen zur Erzeugung von Quasaren sein.

April 2001

In der Abenddämmerung sind noch die Riesenplaneten Jupiter und Saturn tief am Westhorizont auszumachen. Die strahlende Venus taucht am Morgenhimmel auf, Mars ist in der zweiten Nachthälfte gut beobachtbar.

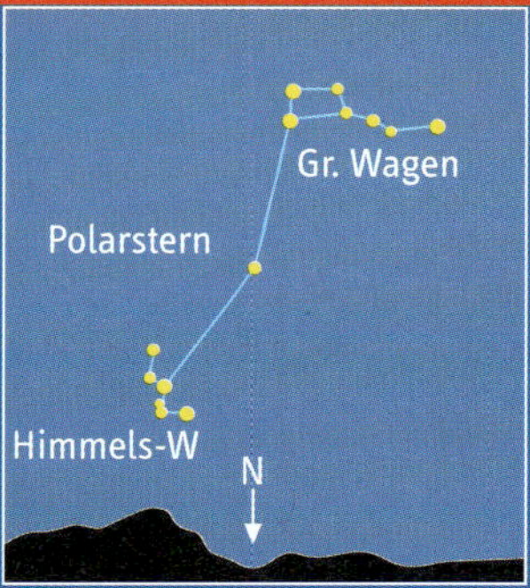

Großer Wagen und Himmels-W Anfang April um 22ʰ

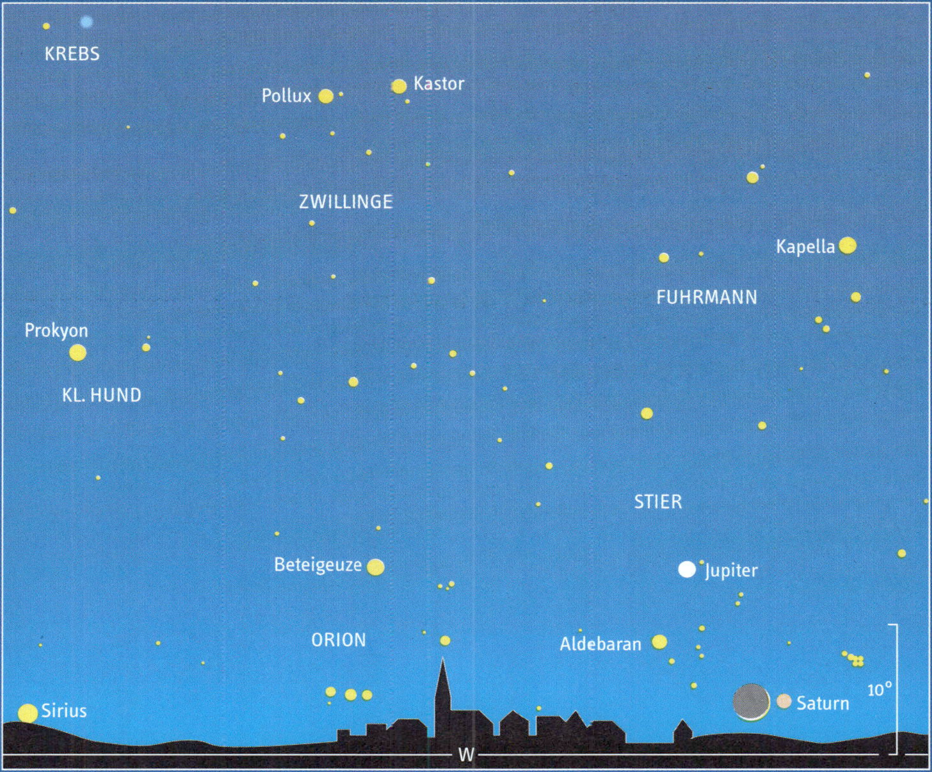

4.1 Himmelsanblick am 25. April gegen 21ʰ MEZ (= 22ʰ MESZ): Knapp über dem Westhorizont sind Jupiter und Saturn zu erspähen. Der Ringplanet erhält gerade Besuch von der schmalen Sichel des zunehmenden Mondes.

Sonnenlauf

18.4. 18^h
Sonne tritt in das Sternbild Widder
20.4. 1^h
Sonne tritt in das Tierkreiszeichen Stier

Julianisches Datum am 1. April, 1^h MEZ: 2 452 000,5

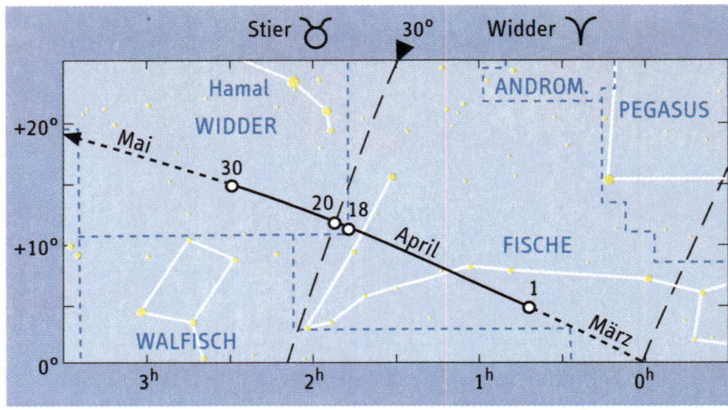

Tag	Dämmerg. Anfang	Aufgang MEZ	Kulmination	Untergang MEZ	Dämmerg. Ende	Mittagshöhe	Zeitgleichg.	Rektaszension	Deklination
	h m	h m	h m	h m	h m	°	m	h m	°
1.	4 45	5 57	12 24	18 52	20 04	44,7	−4	0 42	+ 4,5
5.	4 35	5 48	12 23	18 58	20 11	46,2	−3	0 56	+ 6,0
10.	4 23	5 38	12 21	19 06	20 21	48,1	−1	1 15	+ 7,9
15.	4 11	5 27	12 20	19 14	20 30	49,9	0	1 33	+ 9,7
20.	3 59	5 17	12 19	19 22	20 40	51,6	+1	1 52	+11,5
25.	3 47	5 08	12 18	19 29	20 50	53,3	+2	2 10	+13,1
30.	3 36	4 58	12 17	19 37	21 00	54,9	+3	2 29	+14,7

Tages- und Nachtstunden

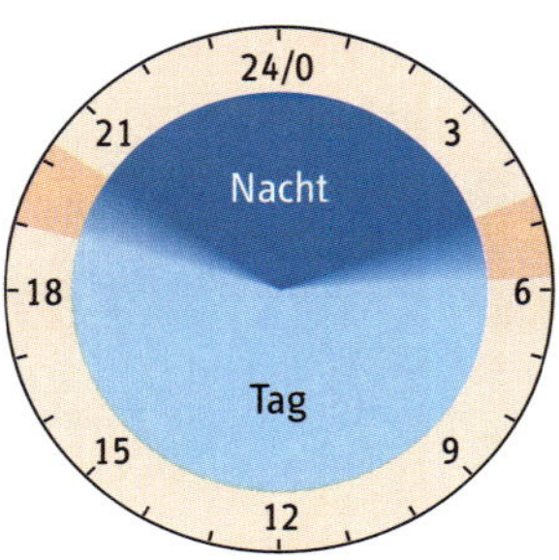

5. April

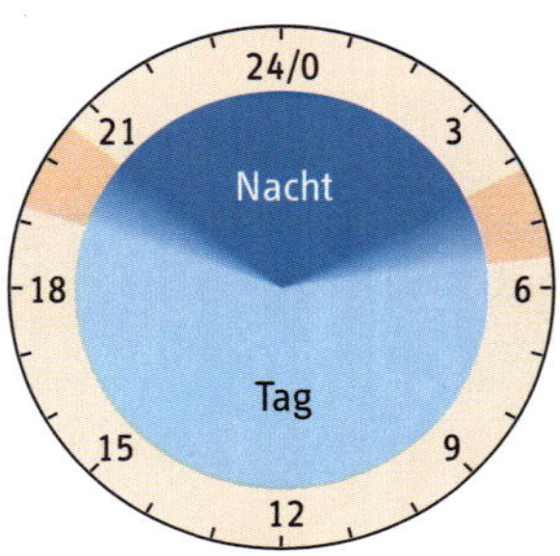

15. April

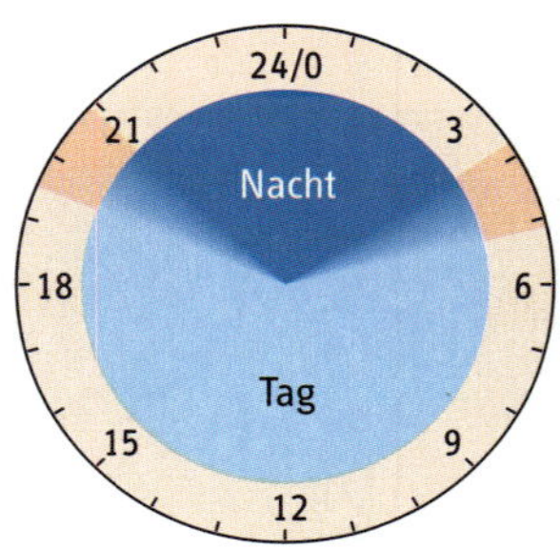

25. April

Mondlauf

Datum		Aufg. MEZ	Kulmination	Unterg. MEZ	Rektaszension	Deklination	Sterne und Sternbilder	Phase	MEZ
		h m	h m	h m	h m	°			
So	1.	10 28	18 48	2 09	6 24	+22,9	* Alhena	**Erstes Viertel** Aufsteigender Knoten	**11h49m**
Mo	2.	11 32	19 48	3 07	7 25	+22,8	* Pollux		
Di	3.	12 46	20 46	3 55	8 26	+21,3	Krebs, Krippe		
Mi	4.	14 06	21 43	4 33	9 26	+18,4	Löwe		
Do	5.	15 28	22 38	5 05	10 24	+14,3	Löwe, Regulus	Erdnähe 365/32,'8	11h
Fr	6.	16 50	23 30	5 31	11 20	+ 9,3	Löwe		
Sa	7.	18 11	–	5 55	12 15	+ 3,8	Jungfrau	Größte Nordbreite	
So	8.	19 30	0 21	6 18	13 08	– 1,8	Jungfrau	**Vollmond**	**4h22m**
Mo	9.	20 48	1 12	6 41	14 00	– 7,3	Jungfrau		
Di	10.	22 03	2 02	7 05	14 53	–12,2	Waage		
Mi	11.	23 15	2 52	7 33	15 46	–16,4	Waage	Libration West	
Do	12.	–	3 44	8 06	16 39	–19,7	Antares		
Fr	13.	0 21	4 35	8 45	17 32	–21,9	Schlangenträger		
Sa	14.	1 20	5 26	9 31	18 26	–23,0	Schütze, Nunki	Absteigender Knoten	
So	15.	2 10	6 16	10 24	19 18	–23,0	Schütze, Nunki	**Letztes Viertel**	**16h31m**
Mo	16.	2 51	7 05	11 23	20 10	–21,9	Steinbock		
Di	17.	3 25	7 52	12 25	21 00	–19,9	Steinbock	Erdferne 405/29,'5	7h
Mi	18.	3 53	8 37	13 30	21 48	–17,0	Steinbock		
Do	19.	4 16	9 22	14 36	22 35	–13,4	Wassermann		
Fr	20.	4 37	10 05	15 43	23 22	– 9,2	Wassermann		
Sa	21.	4 57	10 48	16 51	0 07	– 4,6	Fische	Größte Südbreite	
So	22.	5 16	11 32	18 01	0 53	+ 0,2	Walfisch		
Mo	23.	5 35	12 17	19 12	1 40	+ 5,2	Fische	**Neumond**	**16h26m**
Di	24.	5 57	13 04	20 26	2 29	+10,1	Walfisch	Libration Ost	
Mi	25.	6 23	13 54	21 40	3 20	+14,6	Widder		
Do	26.	6 54	14 48	22 54	4 14	+18,4	Stier, Hyaden		
Fr	27.	7 33	15 45	–	5 11	+21,3	Stier		
Sa	28.	8 22	16 43	0 04	6 10	+22,9	* Zwillinge	Aufsteigender Knoten	
So	29.	9 23	17 43	1 05	7 11	+23,2	Zwillinge		
Mo	30.	10 34	18 41	1 55	8 12	+22,0	Krebs, Krippe	**Erstes Viertel**	**18h08m**

Planetenlauf

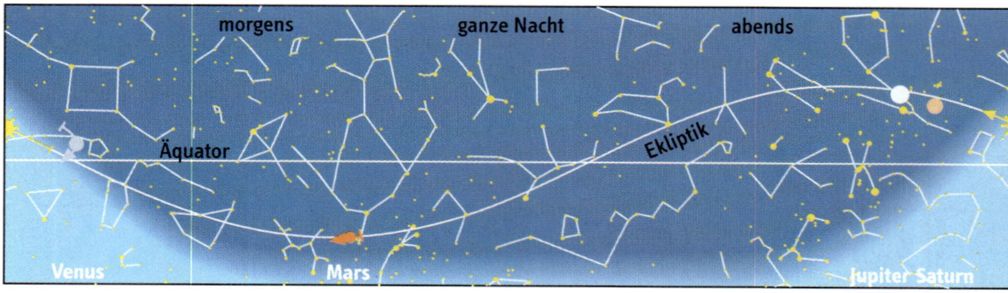

Merkur eilt der Sonne nach, die ihm im Tierkreis davonläuft. Am 23. schließlich holt der flinke Planet das Tagesgestirn ein – er kommt in obere Konjunktion mit der Sonne. Von der Erde aus betrachtet steht Merkur hinter der Sonne. Wegen der um 7° zur Erdbahnebene geneigten Merkurbahn verschwindet Merkur in oberer Konjunktion nicht genau hinter dem Sonnenball, sondern zieht nördlich an ihm vorbei. Merkur hält sich am Taghimmel auf und bleibt den ganzen Monat über unbeobachtbar.
Am Tag der oberen Konjunktion erreicht er mit 199 Millionen Kilometer (= 1,330 A. E.) seine größte Entfernung von der Erde. Am letzten Tag des Monats rast Merkur mit 59 Kilometer pro Sekunde durch das Perihel seiner sonnennahen Bahn. Dies ist die höchste Bahngeschwindigkeit eines Planeten.
Venus hat ihre untere Konjunktion mit der Sonne gerade hinter sich. Schon im ersten Monatsdrittel taucht sie als Morgenstern auf. Während des Monats steigt ihre Helligkeit von $-4\overset{m}{,}0$ auf $-4\overset{m}{,}5$ an. Der Morgenstern geht am 1. um 5^h05^m (= 6^h05^m Sommerzeit) auf, am 15. um 4^h16^m und am 30. schon um 3^h39^m.
Am 17. beendet Venus ihre rückläufige Bewegung und wird wieder rechtläufig (siehe auch Abb. 2.4 auf Seite 51).
Im Fernrohr zeigt sich zunächst eine extrem schmale Sichel, die im Laufe des April kleiner und dicker wird. Der scheinbare Durchmesser des Planetenscheibchens geht von knapp 60″ auf 41″ deutlich zurück. Venus entfernt sich von der Erde. Zu Monatsende trennen uns 61 Millionen Kilometer (= 0,408 A. E.) von unserem inneren Nachbarplaneten.
Mars ist Planet der zweiten Nachthälfte. Er nimmt an Helligkeit um fast eine ganze Größenklasse zu und wird zu einem auffälligen Objekt am Morgenhimmel. Nach Mond und Venus ist Mars das hellste Gestirn in der zweiten Nachthälfte. Die kräftige Helligkeitszunahme deutet dem erfahrenen Beobachter an: Die Marsopposition ist nicht mehr fern! Dies merkt man auch an der deutlich langsameren Bewegung: Mars bremst seinen Lauf im Tierkreis ab, zum Stillstand kommt er aber erst im nächsten Monat. Am 19. wechselt er aus dem Schlangenträger in das Sternbild Schütze (siehe auch Abb. 6.4 auf Seite 107).
Am 1. geht Mars um 0^h58^m (= 1^h58^m Sommerzeit) auf. Am 30. steigt der inzwischen $-1\overset{m}{,}1$ helle Planet bereits um 23^h42^m über die Horizontlinie. Am 13. erhält Mars Besuch vom abnehmenden Mond.
Für Fernrohrbeobachter sei angemerkt, dass der scheinbare Marsdurchmesser im Laufe des April von $10\overset{''}{,}4$ auf $14\overset{''}{,}3$ deutlich anwächst. Jetzt wird es langsam interessant, nach Oberflächendetails wie der Großen Syrte Ausschau zu halten und zu versuchen, die Marsrotationsdauer zu bestimmen. Den absteigenden Knoten seiner um rund $1\overset{\circ}{,}9$ zur Ekliptik geneigten Bahn passiert Mars am 12.
Jupiter, rechtläufig im Stier, wird von der Sonne im Tierkreis verfolgt. Seine Abendsichtbarkeit verkürzt sich dementsprechend. Am 1. geht der Riesenplanet um 23^h57^m unter, am 15. um 23^h16^m und am 30. bereits um 22^h33^m (= 23^h33^m Sommerzeit). Durch die nun immer später einsetzende Dunkelheit ist der Riesenplanet zu Monatsende etwa $3^1/_2$ Stunden am Abendhimmel vertreten. Wenn Jupiter in der Abenddämmerung aufleuchtet, dann steht er schon weit im Westen. Mit $-2\overset{m}{,}0$ Helligkeit ist er als erstes Gestirn in der hereinbrechenden Abenddämmerung erkennbar.
Bei seinem monatlichen Turnus kommt der Erdtrabant am 26. bei Jupiter vorbei (siehe Abb. 4.1 auf Seite 75, in der die schmale Sichel des zunehmenden Mondes für den 25. eingetragen ist).
Am 16. wandert Jupiter 5° nördlich an Aldebaran vorbei. Der

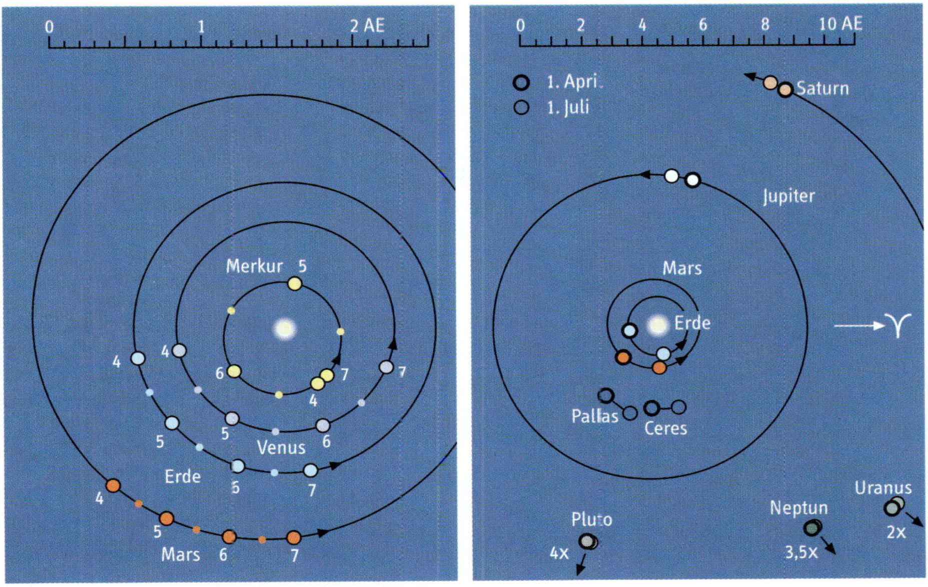

aufmerksame Beobachter registriert auch, dass der Riesenplanet sich immer mehr von Saturn entfernt, der ihm zwar im Tierkreis nachläuft, aber viel langsamer ist als Jupiter.
Saturn ist Planet am Abendhimmel. Durch die nun immer später einsetzende Dunkelheit und die immer früheren Saturnuntergänge verkürzt sich die Sichtbarkeitsdauer bis Monatsende auf eine knappe Stunde. Am 1. geht der 0,ᵐ2 helle Ringplanet noch um 22^h58^m unter, am 15. um 22^h11^m und am 30. bereits um 21^h22^m (= 22^h22^m Sommerzeit). Der Ringplanet hält sich im Stier auf und wandert durch das Goldene Tor der Ekliptik, was nur alle dreißig Jahre der Fall ist (siehe Abb. 12.2 auf Seite 205).
Am 25. ergibt sich wieder ein hübscher Anblick am Abendhimmel: Die schmale Sichel des zunehmenden Mondes steht rund 2° südöstlich des Ringplaneten. Ein wenig höher sieht man Jupiter, der Ende Mai letzten Jahres den Ringplaneten

4.2 Heliozentrischer Anblick des Planetensystems im zweiten Jahresviertel 2001. Eingetragen sind links die Positionen der inneren Planeten für den 1. April (4), 1. Mai (5), 1. Juni (6) und 1. Juli (7). Der rechte Teil zeigt das äußere Planetensystem samt einiger Planetoiden zu Anfang und Ende des zweiten Jahresviertels. Die Pfeile deuten die Richtungen zu den ferneren Planeten sowie zum Frühlingspunkt an.

Konstellationen und Ereignisse

Datum	MEZ	Ereignis
6.	22^h	Merkur bei Venus, Merkur 10,°0 südlich
13.	3	**Mond bei Mars,** Mond 1,°3 nördlich, **Abstand 0,°5 um 2^h**
16.	17	Mond bei Neptun, Mond 2,°7 südlich
17.	18	Venus im Stillstand, anschließend rechtläufig
18.	0	Mond bei Uranus, Mond 3,°0 südlich
20.	21	Mond bei Venus, Mond 9,°5 südlich
23.	10	Merkur in oberer Konjunktion mit der Sonne
23.	14	Mond bei Merkur, Mond 4,°5 südlich
25.	17	**Mond bei Saturn,** Mond 1,°4 südlich, **Abstand 2,°3 um 21^h**
26.	14	**Mond bei Jupiter,** Mond 1,°8 südlich, **Abstand 3,°2 um 20^h**
30.	15	Merkur im Perihel

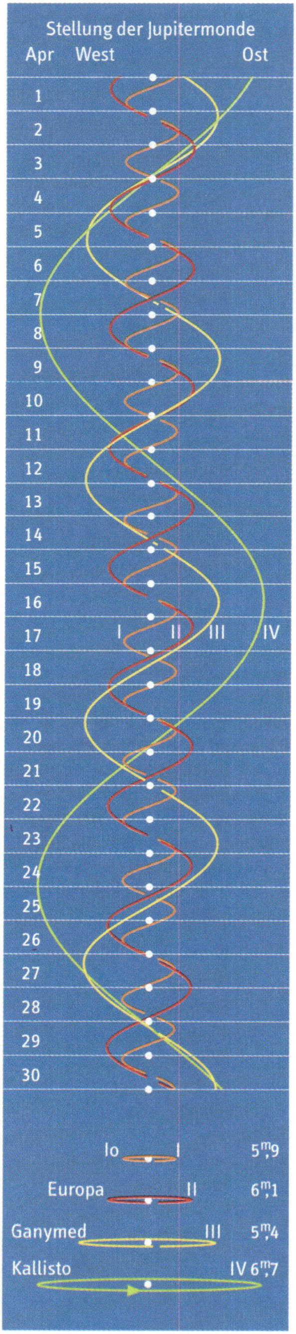

überholt hat. Jetzt läuft ihm der Riesenplanet allmählich davon. **Uranus** im Steinbock kann sich aus den Strahlen der Sonne noch nicht befreien und bleibt weiterhin unsichtbar.
Neptun im Steinbock entzieht sich nach wie vor den Sternfreunden. Bevor er im Südosten einigermaßen über den Horizontdunst gestiegen ist, hat die Morgendämmerung eingesetzt und verhindert ein Auffinden.

Planetoiden

Pallas – Planetoid Nr. 2 – eilt rasch nördlich durch den Herkules. Am 10. wird sie stationär, was sich ausschließlich auf ihre Bewegung in Rektaszension bezieht. Danach bewegt sie sich in Rektaszension rückläufig und strebt ihrer Opposition entgegen, die sie Ende nächsten Monats erreichen wird (siehe auch Abb. 5.5 auf Seite 94). Mit $9^{m}{,}3$ ist Pallas noch recht schwierig zu finden. Am 1. kulminiert Pallas um 4^h56^m (= 5^h56^m Sommerzeit) und am 30. schon um 2^h58^m.
Juno – Planetoid Nr. 3 – kommt

Jupitermond-Erscheinungen

Tag	MEZ h	MEZ m	Vorgang	
3.	23	18	II	DA
	23	25	III	DA
4.	20	46	I	DA
	21	51	I	SA
	22	58	I	DE
5.	21	16	I	VE
	22	49	II	VE
7.	20	06	III	VE
11.	22	47	I	DA
12.	20	01	I	BA
	20	46	II	BA
13.	20	27	I	SE
14.	19	56	II	SE
	20	17	III	BE
	21	44	III	VA
19.	22	01	I	BA
20.	20	11	I	SA
	21	31	I	DE
	22	23	I	SE
21.	20	51	II	DE
	22	14	III	BA
	22	32	II	SE
27.	21	20	I	DA
	22	06	I	SA
28.	20	59	II	DA
	21	30	I	VE

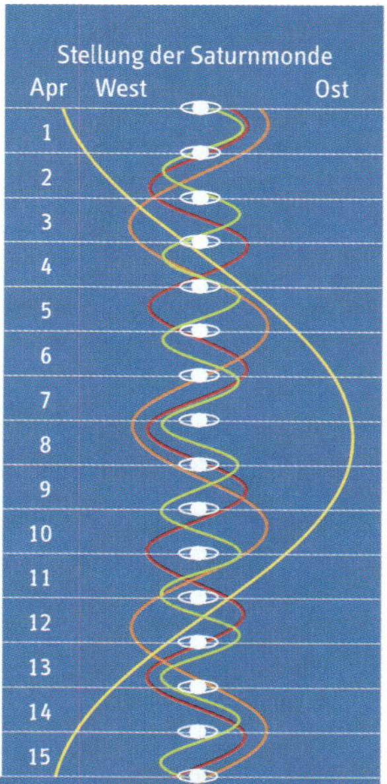

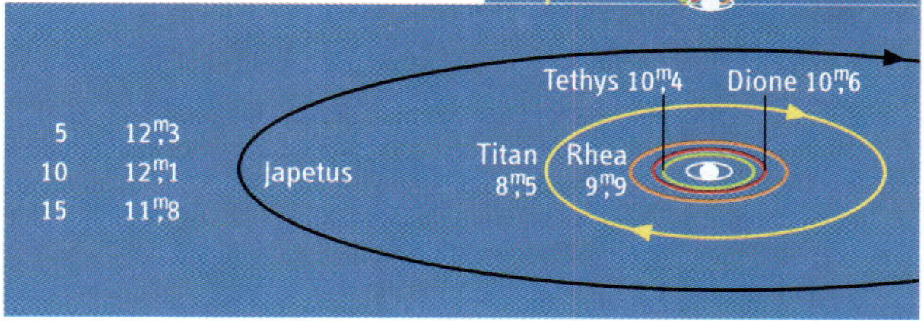

am 30. in Konjunktion mit der Sonne. Von der Erde trennen sie an diesem Tag 448 Millionen Kilometer (= 2,99 A. E.), von der Sonne 299 Millionen Kilometer (= 2,0 A. E.).

Periodische Sternschnuppenströme

Um den 2. April erreichen die **Virginiden** ihr wenig ausgeprägtes Maximum. Einzelne Virginiden-Meteore sind bis ins erste Maidrittel zu verfolgen.
In der Zeit vom 12. bis 24. April werden die **Lyriden** aktiv. Ihr Ausstrahlungspunkt liegt in der Leier, etwa 7° südwestlich von Wega. Manche Beobachter vermuten mehrere Radianten.
Die Lyriden-Objekte sind schnell – im Mittel liegt die Geschwindigkeit um 50 Kilometer pro Sekunde. Günstigste Beobachtungszeit: 22^h bis 4^h. Das Maximum am 22. April ist nicht sehr ausgeprägt. Rund zehn bis zwanzig Meteore, darunter einige helle Exemplare, leuchten dann pro Stunde auf. In seltenen Fällen sind bis zu neunzig Sternschnuppen pro Stunde zu registrieren.
Um den 17. April erreichen die **Sigma-Leoniden** ihr Maximum. Vereinzelte Objekte dieses schwachen Stromes sind noch bis Mitte Mai nachweisbar.

Der Fixsternhimmel

Nun hat der Wintersternhimmel endgültig Abschied genommen und den Frühlingsbildern Platz gemacht. Zwar sind im Westen noch die Zwillinge und der Kleine Hund zu finden, doch den Schwerpunkt der Himmelsszene bilden sie nicht mehr. Blickt man fast senkrecht empor, so erkennt man den Himmelswagen, der fast im Zenit

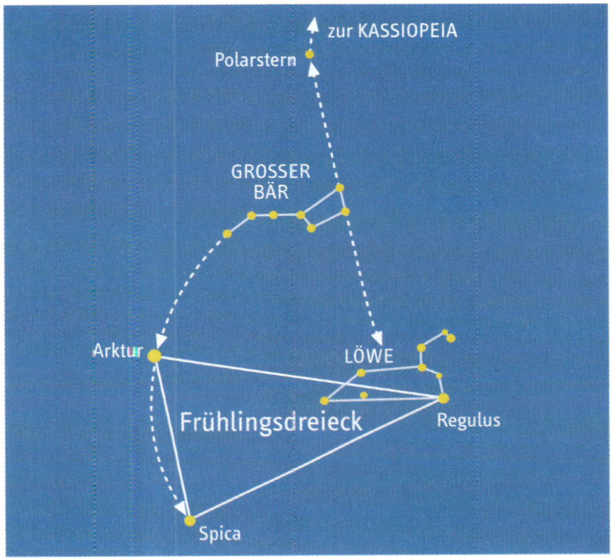

4.3 Das Frühlingsdreieck setzt sich aus den Sternen Arktur im Bootes, Regulus im Löwen und Spica in der Jungfrau zusammen.

(= Scheitelpunkt) steht. Folgt man mit den Augen dem Schwung der Wagendeichsel, so trifft man hoch im Osten auf den orange-roten Arktur, den Hauptstern des Bootes. Das Sternbild Bootes ist recht markant und lässt sich leicht einprägen. Es hat die Form eines Papierdrachens, den man an windigen Frühlingstagen gerne steigen lässt. Die Amerikaner sehen im Bootes eine Eistüte. Arktur selbst gehört zu den sechs hellsten Fixsternen des irdischen Firmaments (neben Sirius, Kanopus, Toliman, Wega und Kapella). Der Name Arktur stammt aus dem Griechischen und bedeutet Bärenhüter oder -wächter. Diese Benennung deutet darauf hin, dass Arktur dem Großen Bären bei seinem Lauf um den Polarstern ständig folgt, ähnlich einem Wärter. Bootes wieder bedeutet soviel wie Rinderhirt. Nach der römischen Mythologie sind die sieben Wagensterne sieben Dreschochsen (Septemtriones), die von Bootes ständig angetrieben werden.
Die sieben Wagensterne gehören zu dem viel umfangreicheren Sternbild Großer Bär (Ursa Maior, abgekürzt: UMa). Die drei Deichselsterne markieren dabei den Schwanz und die vier Kastensterne den Schinken des Bären. Der Kopf und die Tatzen des Bären werden von recht lichtschwachen Sternen angedeutet, die bei uns nur selten zu beobachten sind.
Der klassischen Sage nach handelt es sich um eine Bärin, und zwar um die unter die Sterne versetzte Geliebte des Göttervaters Zeus. Im Bergland von Arkadien verehrte man einst Artemis, die Göttin der Jagd. Sie galt als die Schönste, Kalliste (griech.). Davon abgeleitet fiel der Name Kallisto auf ein wunderschönes, aber sterbliches Mädchen, nämlich die Prinzessin von Arkadien, Tochter des

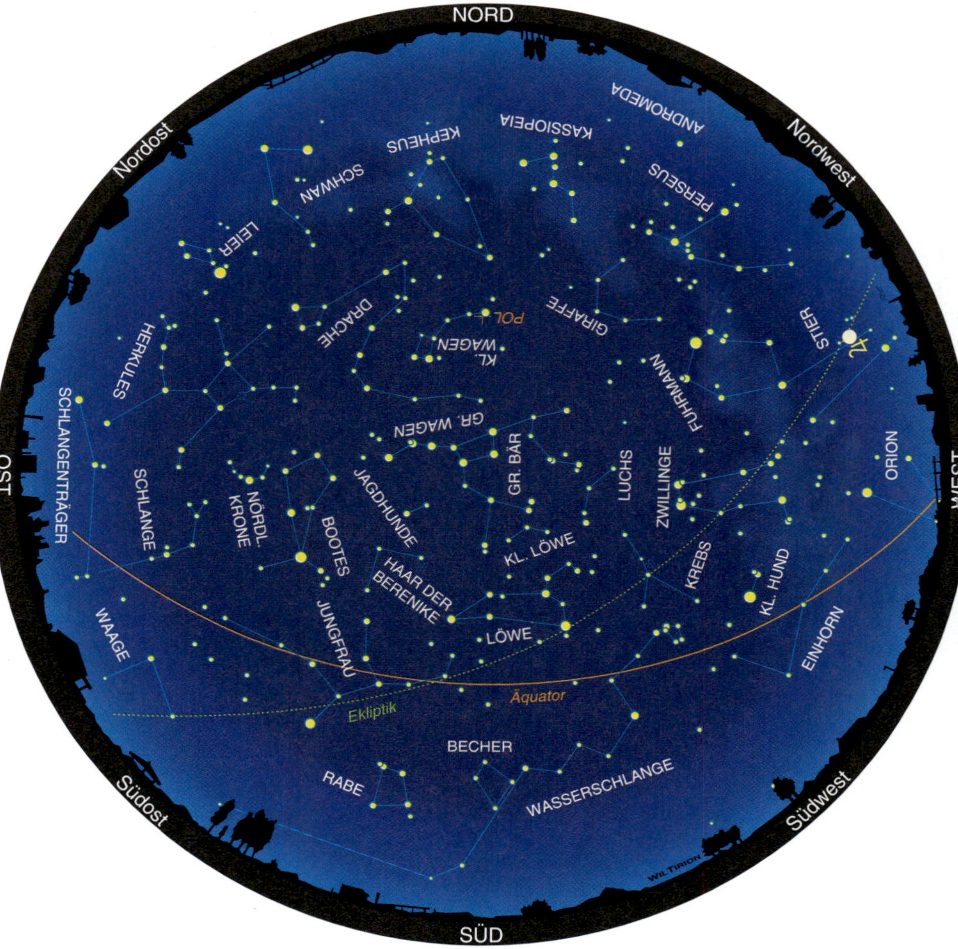

Sternenhimmel am 15. April um 22ʰ MEZ (23ʰ MESZ).

Fixsternhimmel auch gültig für:

	MEZ	MESZ
15.12.	6ʰ	
1. 1.	5	
15. 1.	4	
1. 2.	3	
15. 2.	2	
1. 3.	1	
15. 3.	0	
1. 4.	**23**	**24ʰ**
15. 4.	**22**	**23**
30. 4.	**21**	**22**

Königs Lykaon. Um sie vor seiner eifersüchtigen Gattin Hera zu verbergen, verwandelte Zeus seine Geliebte Kallisto in eine Bärin und versetzte sie an den Sternenhimmel, wo sie ihm ganzjährig zur Verfügung steht, denn als zirkumpolares Bild geht die Bärin bei uns nie unter. Schon der griechische Dichter Homer beschreibt die Bärin als Zirkumpolarbild: „... allein nicht teil hat am Bad im Okeanos". Kallistos kleiner Sohn Arkas, der verzweifelt seine Mutter sucht, wird als Kleiner Bär (lat.: Ursa Minor, abgekürzt: UMi) ebenfalls unter die Sterne versetzt. Der Hauptstern des Kleinen Bären, α UMi, sitzt an der Spitze des Schwanzes und ist der berühmte Polar- oder Nordstern. Nur noch zwei weitere Sterne im Kleinen Bären sind ähnlich hell wie der Nordstern. Alle übrigen sind deutlich lichtschwächer, so dass man den Kleinen Bären viel schwieriger erkennen kann als den Großen. Zoologisch gesehen ist der Bärenschwanz eigentlich viel zu lang. Bären haben kurze Stum-

melschwänze. Auch dafür hat die Mythologie eine plausible Erklärung. Als Zeus Kallisto unter die Sterne versetzt, packt er sie am Schwanz und schleudert sie gen Himmel. Durch die Fliehkräfte wird der Bärenschwanz in die Länge gezogen. Ein Blick nach Süden lässt den frühlingshaften Charakter des Sternenhimmels schnell erkennen. Der Löwe, das Frühlingssternbild schlechthin, passiert gerade den Meridian. Die Basislinie des Löwentrapezes verläuft nun fast parallel zum Südhorizont. Die beiden Sterne an den Enden der Basis heißen Regulus und Denebola (arab. Schwänzchen – nämlich des Löwen). Regulus, der westliche und hellere der beiden, steht fast genau auf der Ekliptik, also der scheinbaren Sonnenbahn. Mond und Planeten bedecken gelegentlich Regulus.
Im Südosten findet man die Jungfrau (lat.: Virgo), die wie der Löwe Mitglied des Tierkreises ist. Tierkreissternbild bedeutet, dann und wann von Sonne, Mond und Planeten besucht zu werden. Als hellster Stern in der Jungfrau (α Virginis) funkelt bläulich die Spica (lat., Kornähre).
Südlich der Jungfrau entdeckt man ein auffälliges Sternentrapez. Es bildet im wesentlichen den Raben (lat.: Corvus). Die Sterne des Raben sind zwar nicht übermäßig hell und er erreicht in unseren Breiten nur geringe Höhen über dem Horizont, aber seine markante Form ist sehr einprägsam, wenn man ihn einmal gefunden hat.
Tief im Nordosten flackert die Wega im Horizontdunst. Die Wega im Sternbild Leier kündet den kommenden Sommer an. Zieht man in Gedanken von der Wega bis zu Arktur eine Linie, so schneidet diese zwei Sternbilder: Herkules und Nördliche Krone. Die Krone liegt näher bei Bootes und ist leicht zu entdecken, da ihr Sternenhalbkreis schnell auffällt. Ein einzelner Stern in diesem Halbkreis fällt auf, weil er deutlich heller ist als die übrigen. Er wurde Gemma benannt, was soviel wie Edelstein oder Juwel bedeutet. Die recht lichtschwache Figur des Herkules ist viel schwieriger auszumachen als der markante Sternenhalbkreis der Krone. Gute Sichtverhältnisse und etwas Geduld sind erforderlich, um die Gestalt des sagenumwobenen Herkules zu erkennen.

Veränderliche Sterne

Algol-Minima	1.	18^h22^m	13.	5^h39^m	18.	23^h17^m	21.	20^h06^m				
β-Lyrae-Minima	6.	2^h H	12.	13^h N	19.	0^h H	25.	11^h N				
δ-Cephei-Maxima	3.	6^h	8.	14^h	13.	23^h	19.	8^h	24.	17^h	30.	2^h

Die Sonne im Visier

Die Sonne ist der Stern des Lebens. Ohne das Licht und die Wärme unseres Sternes, von dem uns nur $8^1/_3$ Lichtminuten trennen, könnten wir nicht existieren, ja wäre auf der Erde Leben erst gar nicht entstanden. Mit 109fachem Erddurchmesser, dies sind 1 392 520 Kilometer, ist die Sonne der größte Körper unseres Sonnensystems. 1,4 Trillionen Kubikkilometer oder 1 302 000 Erdvolumina umfasst dieser Glutball, dessen Masse 333 000 Erdmassen entspricht. Damit ist die Sonne auch der bei weitem massereichste Himmelskörper in unserem Sonnensystem. Alle Planeten, deren Monde, Planetoiden, Kometen und interplanetare Materie haben zusammengenommen nicht einmal zwei Tausendstel der Sonnenmasse.
Vor knapp fünf Milliarden Jahren entstand unsere Sonne und das Planetensystem aus einer interstellaren Gas- und Staubwolke. Seitdem strahlt die Sonne mit unverminderter Leistung ihr Licht und ihre Wärme ins All. Ihren gewaltigen Energiebedarf von rund 10^{26} Watt deckt die Sonne durch Kernfusionsprozesse. In ihrem Zentralbereich verwandelt sie bei Temperaturen von 15 Millionen Grad und einer Dichte 160mal höher als die des Wassers in jeder Sekunde vier Millionen Tonnen Wasserstoff in pure Energie gemäß der Einsteinformel $E = mc^2$. Wasserstoff wird dabei zu Helium fusioniert. Helium ist gewissermaßen die Asche des Wasserstoffbrennens. Durch die Wasserstofffusion und Energieabstrahlung wird die Sonne in jeder Sekunde vier Millionen Tonnen leichter.
Doch die Sonne wird nicht ewig leuchten, ihr nuklearer Brennstoff verbraucht sich. Ewigkeit ist allerdings ein relativer Begriff. Der Wasserstoffvorrat der Sonne reicht noch gut fünf Milliarden, also 5000 Millionen

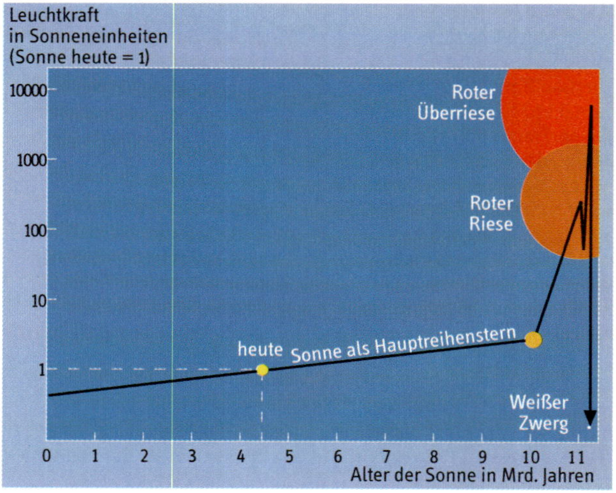

4.4 Die Entwicklung unserer Sonne vom Hauptreihenstern über das Riesenstadium zum Weißen Zwerg.

Jahre. Für menschliche Begriffe dauert es ewig, bis sich die Sonne zu einem gewaltigen, roten Riesenstern aufblähen wird. Doch für die Zukunft des Lebens auf unserer Erde ist die Zeitspanne, in der es noch existieren wird, erheblich kürzer. Bereits in einer Milliarde Jahren, wahrscheinlich aber schon in 500 Millionen Jahren, möglicherweise in „nur" 200 Millionen Jahren wird die Sonne unsere Erde in eine verschmachtende Gluthölle verwandeln, in ein Fegefeuer tauchen, in dem niemand und nichts überleben kann.

Die Entwicklung der Sonne lässt sich in leistungsfähigen Computern modellmäßig berechnen. Und da zeigt sich, dass die Sonnenleuchtkraft bis zum Roten-Riesen-Stadium langsam aber sicher ansteigen wird. In einer Milliarde Jahren wird die Sonne etwa zehn Prozent heller leuchten als heute, die Sonnenleuchtkraft wird also ein wenig ansteigen. Die Oberflächentemperatur der Sonne wird von heute 5500 °C auf 5560 °C zunehmen, der Sonnendurchmesser um rund drei Prozent anwachsen. Astrophysikalisch gesehen ist dies eine kaum beachtenswerte Änderung der Zustandsgrößen des Sterns namens Sonne. Aber für das Klima auf unserem Planeten hat diese geringfügige Zunahme der Oberflächentemperatur und des Sonnenradius dramatische Auswirkungen.

Denn weit geringfügigere Änderungen in der Strahlungsleistung unserer Sonne beeinflussen signifikant unser Klima. Schon jetzt zeigt die Sonne Schwankungen in ihrer Strahlung. Alle elf Jahre tauchen zahlreiche Sonnenflecken auf, man spricht von erhöhter Sonnenaktivität. Zwar sind die Sonnenflecken kühlere Gebiete als die restliche Sonnenoberfläche, doch sind sie nur eine der vielen Erscheinungsformen der Sonnenaktivität. Oberhalb der Sonnenflecken kommt es zu gewaltigen, explosionsartigen Vorgängen. Sogenannte Sonnenfackeln oder Flares erhitzen die Sonnenmaterie in den höheren Atmosphäreschichten – vornehmlich an der Grenze von Photosphäre und Chromosphäre – innerhalb von Minuten auf Millionen Grad. Die Strahlungsleistung der aktiven Sonne ist bis zu einem Viertelprozent höher als die der ruhigen Sonne. Was geringfügige Schwankungen in der Intensität der Sonnenstrahlung bewirken können, zeigte sich in der zweiten Hälfte des 17. Jahrhunderts. Von etwa 1645 bis 1715 blieb aus ungeklärten Gründen die Sonne fleckenlos – der Aktivitätszyklus der Sonne schien eine Pause zu machen. Als Folge davon stellte sich eine kleine Eiszeit ein – es war die kälteste Periode seit der letzten, echten Eiszeit vor rund zehntausend Jahren. In Skandinavien und der Schweiz erreichten die Gletscher die Gebirgstäler, die Themse bei London fror in den Wintern für zwei Monate zu, aus alten Steuerlisten ist zu entnehmen, dass die Bevölkerung in England dramatisch abnahm, die Ernteerträge gingen weit zurück, die Kornpreise explodierten.

Wenn schon solch kleine Änderungen in der Sonneneinstrahlung einschneidende Klimaveränderungen bewirken, dann erst recht eine zehnprozentige Zunahme der Sonnenleuchtkraft. In den nächsten 500 Millionen Jahren werden die Pole der Erde abschmelzen, der Wasserspiegel der Ozeane wird ansteigen und weite Teile des Festlandes, vor allem die Küstengebiete, überfluten. Bei steigender mittlerer Jahrestemperatur wird die Erde zu einem dampfenden Treibhaus. Unser Planet wird dann eingehüllt sein in eine undurchdringliche Wolkenschicht. Der Wasserdampf wird bis in die Stratosphäre aufsteigen, wo ihn das energiereiche UV-Licht der Sonne in die Bestandteile Wasserstoff und Sauerstoff zerlegt. Bald entweicht der freigesetzte Wasserstoff in den Weltraum. Die Verdunstungsrate wird ansteigen und das Klima wird immer ungemütlicher werden. Immer mehr Arten werden aussterben, Lebensformen werden immer seltener. Noch am längsten mögen Mikroben im Untergrund der Erde ausharren. Doch wenn schließlich die Ozeane ausgetrocknet sind und die Erde zu einer glühend heißen Gesteinskugel wird, endet alles Leben auf diesem Planeten.

Nun, auch fünfhundert Millionen Jahre, ja selbst 200 Millionen Jahre sind für uns Menschen fast so lange wie die Ewigkeit. Doch schon lange vorher könnte die Sonne für dramatische Veränderungen des Erdklimas sorgen, wenn nämlich die Sonnenaktivität sich verstärkt. Seit rund vierhundert Jahren beobachten die Astronomen Sonnenflecken und haben daraus einen elfjährigen Aktivitätszyklus der Sonne abgeleitet. Vierhundert Jahre sind aber eine winzige Zeitspanne im Leben der Sonne, das fast fünf Milliarden Jahre währt. Wie war ihr Aktivitätszyklus in der Vergangenheit, wie wird er in der Zukunft sein? Darüber kann man nur spekulieren. Inzwischen ist es jedoch gelungen nachzuweisen, dass auch andere Sonnen Aktivitäten ähnlich unserer Sonne zeigen. Bei manchen treten erheblich größere Flecken und weit heftigere Detonationen an ihren Oberflächen auf. Es kann daher durchaus sein, dass sich in den nächsten Jahrhunderten die Intensität der Aktivitäten unserer Sonne in erheblichem Maße verstärkt. Eine globale Erwärmung unseres Planeten wäre die Folge. Deshalb ist eine regelmäßige Überwachung der Sonne von großem Interesse. Nicht nur die professionellen Sonnenforscher, sondern auch die Amateurastronomen können durch systematische Beobachtungen die Sonnenaktivität genau registrieren. Zur Zeit sind besonders viele Flecken zu beobachten, befindet sich doch unsere Sonne gerade in der Phase eines Aktivitätsmaximums. Das letzte Maximum liegt nur einige Monate zurück. Es gehört zum 23. Zyklus. Die Nummerierung der Aktivitätszyklen geht auf den Züricher Astronomen Rudolf Wolf (1816–1893) zurück, der den Beginn eines Zyklus jeweils auf ein Minimum legte. So begann nach Wolf der Zyklus Nr. 1 im Jahre 1755 und dauerte bis 1766. Mit dem Minimum von 1766 begann Zyklus Nr. 2.

Auch für Besitzer kleinerer Fernrohre ist es oft reizvoll, Sonnenflecken zu beobachten. Manche werden zu leidenschaftlichen Sonnenbeobachtern, die Zahl und Positionen der Sonnenflecken systematisch festhalten. Bei der Sonnenbeobachtung muss man keine Nachtstunden opfern. Meist genügt eine viertel bis eine halbe Stunde Beobachtungszeit, um die sogenannte Relativzahl zu bestimmen und die Positionen der Einzelflecken und Gruppen zu registrieren.

Zunächst ein wichtiger Hinweis: Während die Himmels- und Gestirnsbeobachtung eine in der Regel recht harmlose und ungefährliche Tätigkeit ist, muss man immer wieder vor leichtfertigen Sonnenbeobachtungen warnen: **Niemals mit einem Feldstecher oder Teleskop direkt und ungeschützt die Sonne ins Visier nehmen!** In Sekundenbruchteilen wird das Auge geschädigt, eine Erblindung ist dann kaum zu vermeiden. Wer sich von der Gefährlichkeit der gebündelten Sonnenstrahlen überzeugen will, halte einmal die Hand ans Okular, wenn die Sonne eingestellt ist. Brandblasen sind allemal leichter zu verschmerzen als ein kaputtes Auge. Im übrigen kann auch das Okular durch die Sonnenhitze beschädigt werden.

Für eine sachgerechte Sonnenbeobachtung muss man daher entsprechende Vorkehrungen treffen. Für handelsübliche Teleskope werden auch Okularfilter angeboten, mit denen man angeblich gefahrlos die Sonne beobachten kann. Hier ist jedoch Vorsicht geboten. Okularfilter heizen sich auf und können platzen oder springen. So schnell kann man gar nicht reagieren, wie das vom gleißenden Sonnenlicht getroffene Auge geschädigt wird. Bevor man noch das Auge vom Okular wegwenden kann, ist es schon passiert. Als Sicherheitsregel kann man empfehlen: Okularfilter nur bis maximal 6 cm freier Fernrohröffnung (also Objektivdurchmesser) verwenden und nicht länger als etwa zwei Minuten beobachten. Außerdem benütze man nur verspiegelte Filter, die über 90% des Lichtes wieder in das Fernrohr reflektieren und sich deshalb nicht so stark aufheizen. Farbfilter, speziell Rotfilter, sind ungeeignet. Lediglich Neutralfilter schützen ausreichend. Viel sicherer sind Objektivfilter. Wenn sie auf Glasträger aufgedampfte Metallschichten enthalten, sind sie allerdings nicht ganz billig. Die Glasplatten müssen absolut planparallel sein und dürfen keine Schlieren enthalten. Die preisgünstigere Lösung sind Mylarfolien, die vor das Teleskopobjektiv gespannt werden. Sie sind über den Fachhandel zu beziehen. Wenn man nicht spezielle Sonnenbeobachtungs-

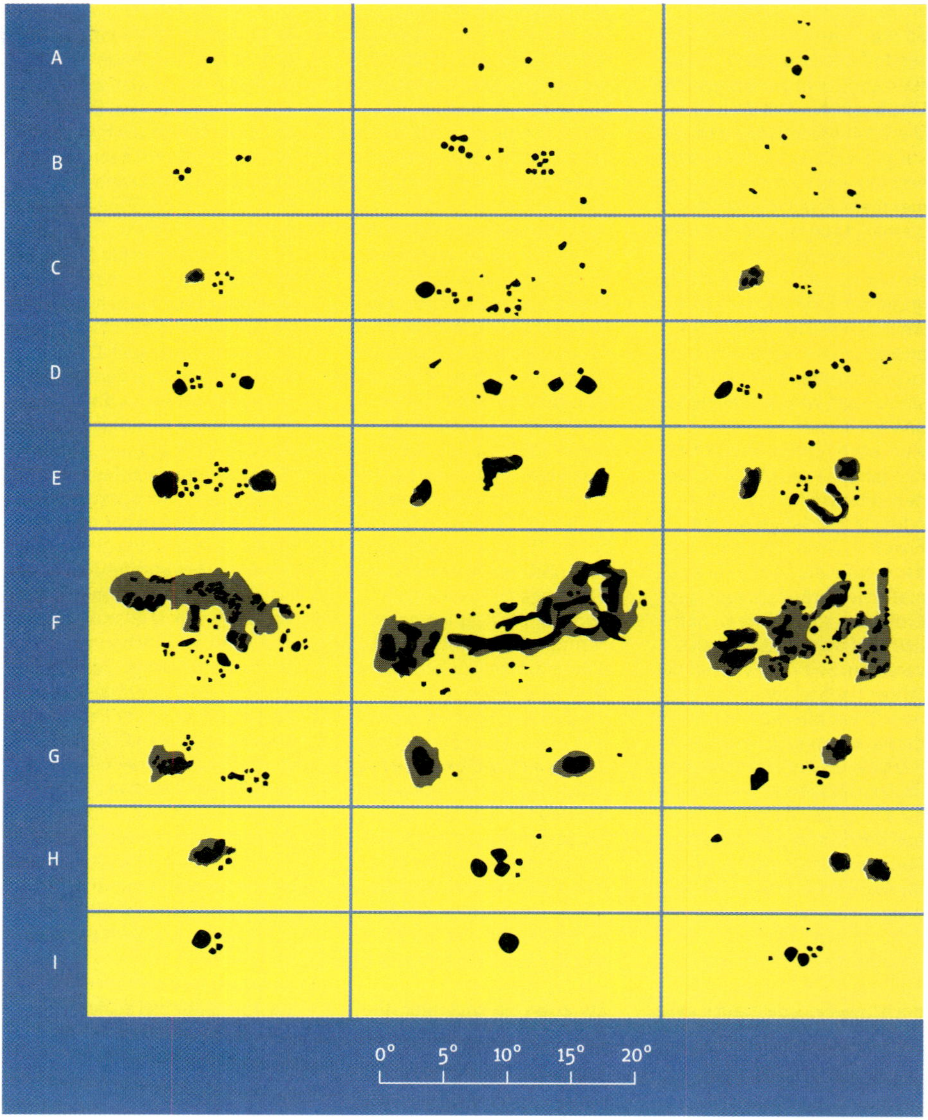

4.5 Tafel zur Klassifizierung der Sonnenflecken.

geräte (spezielle Sonnenokulare, Herschel-Prisma, Helioskop) verwendet, so ist die sicherste Beobachtungsmethode die Okularprojektion. Man bringt hinter dem Fernrohrokular einen weißen Schirm (Karton, Blech etc.) an, auf den das Sonnenbild projiziert wird. Dadurch vermeidet man, direkt ins Fernrohr zu sehen. Ein weiterer Vorteil der Projektionsmethode: Mehrere Beobachter können gleichzeitig die Sonne sehen, was vor allem bei Führungen auf einer Sternwarte sehr nützlich ist. Oberflächendetails auf der Sonne wie Flecken können leicht gezeichnet werden, indem man mit einem Stift die Kontu-

ren nachfährt. Auch professionelle Sonnenbeobachter nutzen heute noch die Projektionsmethode.
Wer sich Einzelheiten auf der Sonne ansieht, sollte immer bedenken, welch gigantisch großer Gasball unsere Sonne ist. Ihr linearer Durchmesser beträgt fast 1,4 Millionen Kilometer. Wir sehen die Sonne in einer Entfernung von rund 150 Millionen Kilometer unter einem Winkel von etwa einem halben Grad am Himmel. Beobachtet man in der Scheibenmitte der Sonne ein Detail von einer Bogensekunde Ausdehnung, so entspricht dies einer linearen Größe von 725 Kilometer auf der Sonnenoberfläche.
Beobachtet man einige Tage hintereinander eine Gruppe von Sonnenflecken, so wird man ihre Wanderung über die Sonnenscheibe registrieren. Die Sonne dreht sich nämlich wie alle Himmelskörper um ihre eigene Achse. Auf die Erde bezogen dauert eine Sonnenrotation rund 27 Tage (synodische Sonnenrotation). Dabei rotiert die Sonne nicht wie ein starrer Körper, sondern differenziell. Am Äquator ist die Umlaufgeschwindigkeit am größten, zu den Polen hin nimmt sie mit wachsender heliographischer Breite ab. Seit Richard Christopher Carrington zählt man die Rotation fortlaufend, um auch den Zentralmeridian bestimmen zu können. Nach Carrington begann die Rotation Nr. 1 am 9. November 1853. Im Tabellenteil sind die Startzeiten der jeweiligen Rotationen vermerkt (siehe Seite 224). Beginn der Rotation Nr. X bedeutet, dass zu dem angegebenen Zeitpunkt (Datum und Uhrzeit) der Nullmeridian der heliographischen Länge mit dem Zentralmeridian zusammenfällt. Der Zentralmeridian ist jener, der stets durch den Mittelpunkt der Sonnenscheibe geht.
Die Rotationsachse der Sonne ist zur Senkrechten auf der Ekliptik (Erdbahnebene) um etwas mehr als 7° geneigt. Hinzu kommt noch die Neigung des Himmelsäquators zur Ekliptik. Der Positionswinkel des Sonnennordpols schwankt daher im Laufe des Jahres um ± 26°23′. Deshalb geht auch der Sonnenäquator nicht immer durch den Scheibenmittelpunkt (siehe auch Abb. T.5 auf Seite 224). So ist uns beispielsweise Anfang Januar die Südhalbkugel der Sonne zugekehrt, Anfang Juli jedoch die Nordhalbkugel.
Ein Maß für die Sonnenaktivität stellt die sogenannte Fleckenrelativzahl dar. Sie wurde von dem bereits erwähnten Züricher Sonnenforscher Wolf eingeführt. Die Sonnenfleckenrelativzahl ist recht einfach zu ermitteln: Man bestimmt die Zahl der Fleckengruppen (g) und die Zahl der Einzelflecken (f). Die Gruppen erhalten ein zehnmal höheres Gewicht als die Einzelflecken. Somit ergibt sich die Relativzahl (R) zu: $R = 10\,g + f$.
Um die Relativzahl zu ermitteln, zählt man zuerst alle Flecken einzeln ab und erhält den Wert f. Dann bestimmt man die Anzahl der Gruppen (g), wobei man zwischen großen und kleinen Gruppen nicht unterscheidet. Hat man beispielsweise zwei ausgedehnte große Gruppen mit mehr als zehn Flecken, drei mittlere mit fünf bis zehn sowie vier vereinzelt stehenden Flecken, so ergibt sich daraus als Gruppenzahl $g = 9$, da ein einzeln stehender Fleck auch als Gruppe gezählt wird.
Freilich hängt die Zahl der beobachtbaren Flecken vom verwendeten Instrumentarium ab. Mit größeren Instrumenten kann man mehr, vor allem auch kleinere Flecken ausmachen. Auch hängt die Ermittlung der Fleckenzahl vom Beobachter ab. Erfahrene Sonnenbeobachter werden mehr erkennen als Erstlinge. Deshalb müssen die individuell bestimmten Relativzahlen noch mit einem Korrektionsfaktor k versehen werden, um auf eine international einheitliche Skala normiert zu werden. Man schreibt: $R = k \cdot (10\,g + f)$. Der Faktor k wird erst im Nachhinein bestimmt; jeder Beobachter mit seinen speziellen Instrumenten erhält zunächst eine individuelle Relativzahl. Nach mehrjähriger, systematischer Ermittlung der individuellen Relativzahlen werden diese mit den internationalen Relativzahlen verglichen und daraus ergibt sich der Faktor k als Korrektionswert.
Außer der Ermittlung der Relativzahlen kann man auch die Position der Sonnenflecken bestimmen sowie sie klassifizieren (siehe auch Abb. 4.5). Es ist sehr reizvoll, die vielfältigen Strukturen der Sonnenflecken zu studieren und ihre Entwicklung zu verfolgen. Geschickte Zeichner können in der Regel mit Bleistift und Zeichenblock beeindruckende Skizzen von Fleckengruppen erstellen, die viel mehr Details enthalten als fotografische Aufnahmen mit dem gleichen Teleskop. Während die zentralen Gebiete der Sonnenflecken tiefschwarz erscheinen (im Bereich der sogenannten Umbra), sind in den Randzonen zahlreiche filamentartige Strukturen zu erkennen (Penumbra). Sonnenflecken sind in der Regel kurzlebig. Innerhalb von zwei Wochen verschwinden die meisten wieder (rund 90%). Gelegentlich tauchen jedoch Gruppen auf, die sich monatelang, also mehrere Sonnenrotationen, hartnäckig halten. Regelmäßige Sonnenbeobachtung kann recht spannend sein.

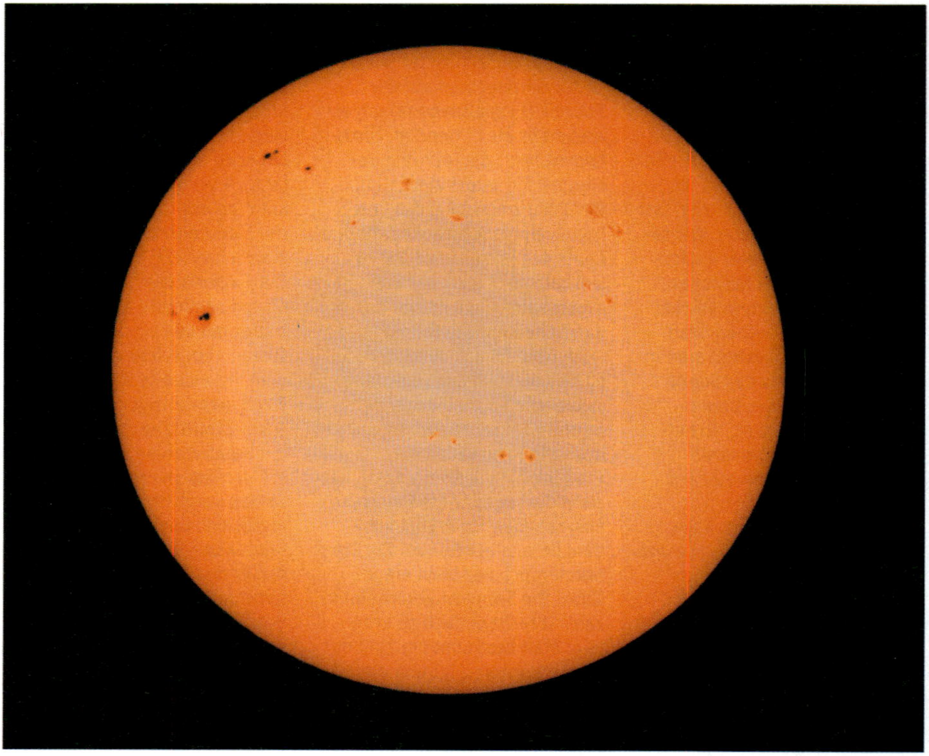

Wer die Sonne fotografieren will, sollte bedenken, wie groß die Sonnenscheibe auf dem Film abgebildet wird. Viele, die mit ihrem Teleobjektiv die Sonne aufnehmen, sind nachher über das kleine Sonnenbild enttäuscht. Am Himmel hat die Sonne einen scheinbaren Durchmesser von einem halben Grad. Es gilt für den Abbildungsmaßstab eines Teleskops: Objektivbrennweite (F) geteilt durch 109 ergibt den linearen Durchmesser (d) des Sonnenbildes: $d = F/109$.

Nimmt man die Sonne mit einem Teleobjektiv $F = 250$ mm auf, so wird die Sonne auf dem Film mit einer Größe von $d = 2{,}3$ mm abgebildet. Auf so einem winzigen Scheibchen sind natürlich keine Flecken auszumachen. Ein Fernrohr mit zwei Meter Brennweite liefert dann schon ein Sonnenbild von zwei Zentimeter Durchmesser. Wer außer einem gelegentlichem Blick zur Sonne sich der systematischen Sonnenbeobachtung widmen möchte, der sollte sich von erfahrenen Sonnenbeobachtern beraten lassen. Man findet sie häufig in der nächstgelegenen Sternwarte oder Astro-Verein (siehe Verzeichnis „Amateurastronomische Vereinigungen, Beobachtungsstationen und Privatsternwarten“ auf Seite 242 ff).

4.6 Unsere Sonne mit Flecken (Aufnahme vom 23.4.2000, gewonnen von Martin Gertz auf der Sternwarte Welzheim).

Mai 2001

Merkur bietet ab Mitte Mai die günstigste Abendsichtbarkeit des ganzen Jahres. Jupiter und Saturn haben sich vom Abendhimmel zurückgezogen. Venus leuchtet zu Monatsanfang in größtem Glanz am Morgenhimmel. Mars wird zu einem auffallenden Gestirn der gesamten Nacht.

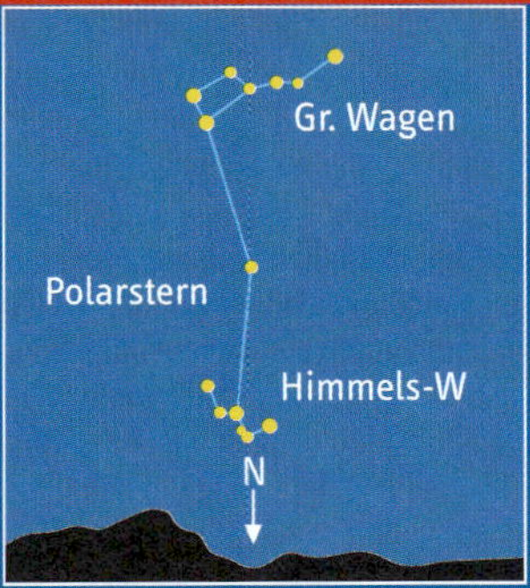

Großer Wagen und Himmels-W Anfang Mai um 22ʰ

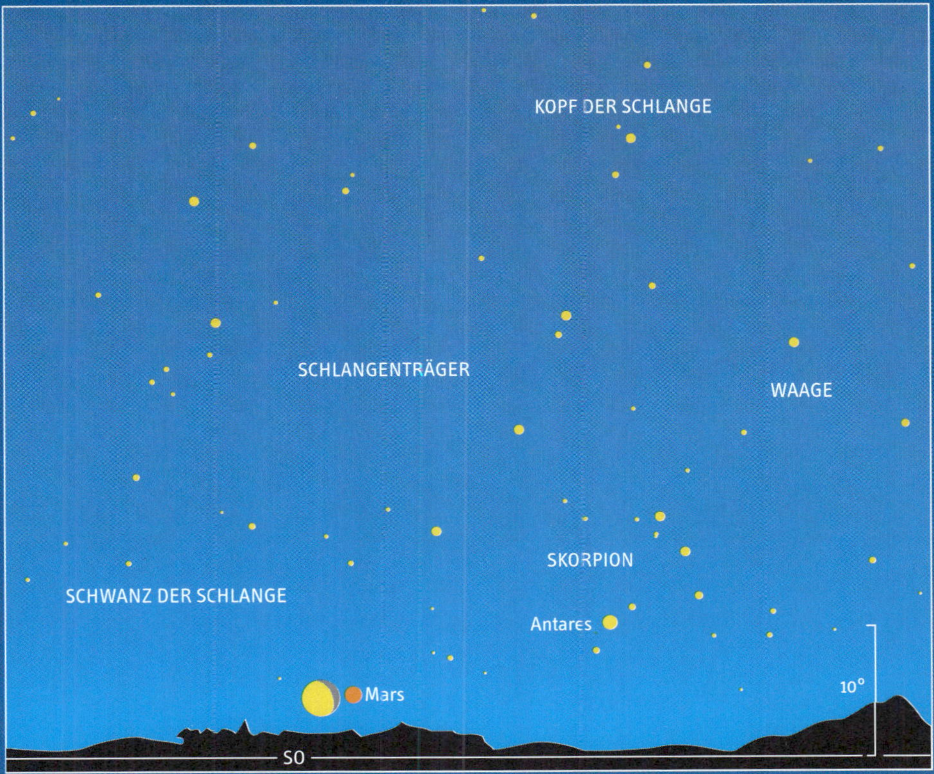

5.1 Himmelsanblick am 10. Mai gegen Mitternacht (24ʰ MEZ = 1ʰ MESZ am 11.): Tief im Südosten ist gerade Mars mit dem abnehmenden Mond aufgegangen.

Sonnenlauf

14.5. 5h
Sonne tritt in das Sternbild Stier
21.5. 13h
Sonne tritt in das Tierkreiszeichen Zwillinge

Julianisches Datum am
1. Mai, 1h MEZ: 2 452 030,5

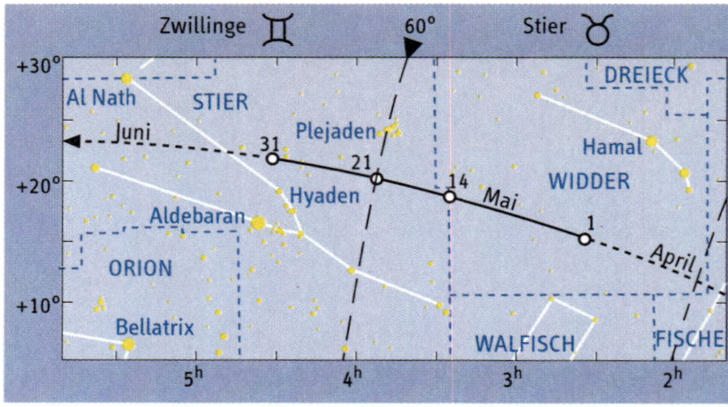

Tag	Dämmerg. Anfang	Aufgang MEZ	Kulmination	Untergang MEZ	Dämmerg. Ende	Mittagshöhe	Zeitgleichg.	Rektaszension	Deklination
	h m	h m	h m	h m	h m	°	m	h m	°
1.	3 33	4 57	12 17	19 39	21 03	55,2	+3	2 33	+15,0
5.	3 24	4 50	12 17	19 45	21 11	56,3	+3	2 48	+16,2
10.	3 13	4 42	12 16	19 52	21 21	57,7	+4	3 08	+17,6
15.	3 02	4 34	12 16	19 59	21 32	58,9	+4	3 27	+18,8
20.	2 53	4 28	12 17	20 06	21 42	60,0	+3	3 47	+19,9
25.	2 43	4 22	12 17	20 13	21 52	61,0	+3	4 07	+20,9
31.	2 34	4 17	12 18	20 19	22 02	62,0	+2	4 32	+21,9

Tages- und Nachtstunden

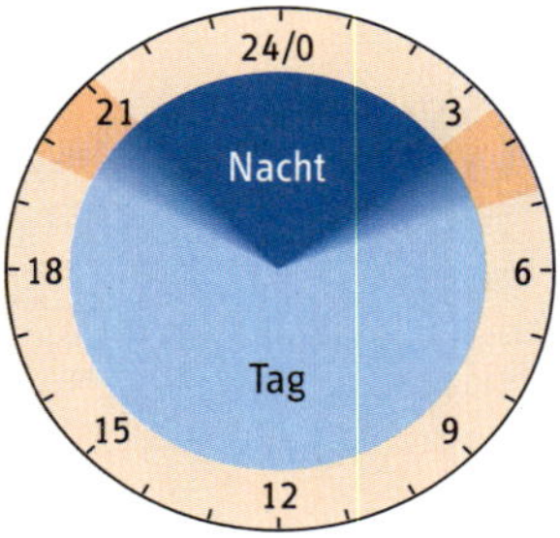

5. Mai

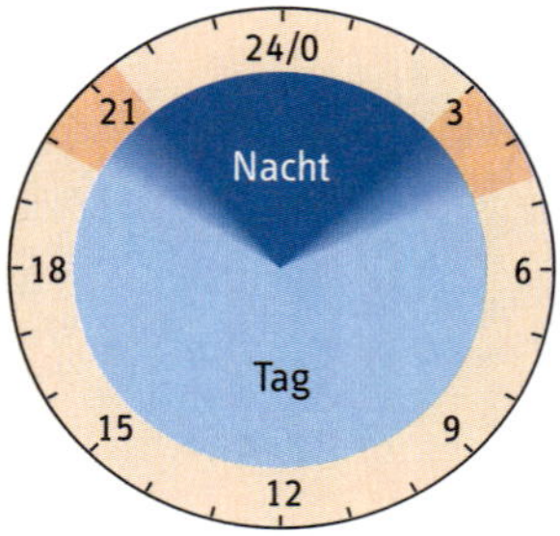

15. Mai

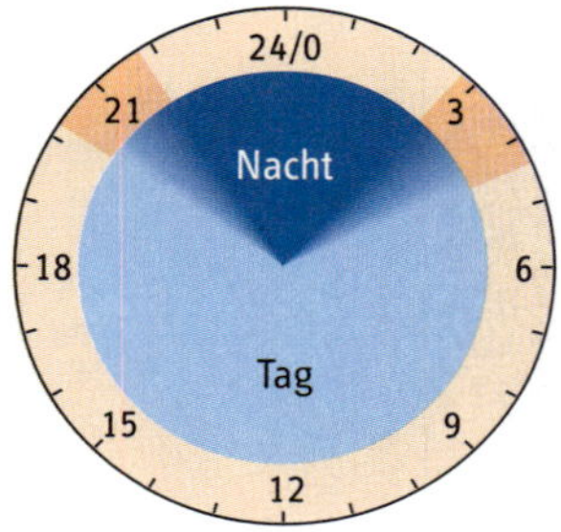

25. Mai

Mondlauf

Datum		Aufg. MEZ	Kulmination	Unterg. MEZ	Rektaszension	Deklination	Sterne und Sternbilder	Phase	MEZ
		h m	h m	h m	h m	°			
Di	1.	11 51	19 37	2 36	9 11	+19,4	Krebs, Krippe		
Mi	2.	13 10	20 31	3 08	10 09	+15,7	Löwe, Regulus	Erdnähe 369/32,′3	4^h
Do	3.	14 30	21 22	3 35	11 04	+11,0	Löwe		
Fr	4.	15 49	22 12	3 59	11 57	+ 5,7	Jungfrau	Größte Nordbreite	
Sa	5.	17 07	23 01	4 21	12 49	+ 0,2	Jungfrau		
So	6.	18 25	23 51	4 43	13 41	− 5,3	Spica		
Mo	7.	19 41	–	5 06	14 33	−10,4	Waage	**Vollmond**	14^h52^m
Di	8.	20 55	0 41	5 31	15 25	−15,0	Waage	Libration West	
Mi	9.	22 05	1 32	6 01	16 18	−18,7	Antares		
Do	10.	23 08	2 24	6 38	17 12	−21,4	Schlangenträger		
Fr	11.	–	3 16	7 21	18 06	−22,9	* Schütze	Absteigender Knoten	
Sa	12.	0 03	4 07	8 12	19 00	−23,3	Schütze, Nunki		
So	13.	0 49	4 57	9 09	19 53	−22,6	Schütze		
Mo	14.	1 26	5 45	10 11	20 44	−20,9	Steinbock		
Di	15.	1 56	6 32	11 15	21 33	−18,3	Steinbock	**Letztes Viertel**	11^h11^m
								Erdferne 404/29,′6	2^h
Mi	16.	2 21	7 16	12 20	22 20	−14,9	Wassermann		
Do	17.	2 42	7 59	13 27	23 06	−10,9	Wassermann		
Fr	18.	3 02	8 42	14 34	23 52	− 6,4	Wassermann	Größte Südbreite	
Sa	19.	3 20	9 25	15 42	0 37	− 1,6	Walfisch		
So	20.	3 39	10 09	16 53	1 23	+ 3,4	Fische		
Mo	21.	4 00	10 56	18 06	2 11	+ 8,3	Walfisch	Libration Ost	
Di	22.	4 24	11 45	19 22	3 02	+13,0	Widder		
Mi	23.	4 52	12 39	20 38	3 56	+17,2	Stier, Hyaden	**Neumond**	3^h46^m
Do	24.	5 28	13 35	21 52	4 53	+20,6	Aldebaran		
Fr	25.	6 15	14 35	22 58	5 53	+22,7	Orion	Aufsteigender Knoten	
Sa	26.	7 13	15 36	23 54	6 55	+23,4	Alhena		
So	27.	8 23	16 36	–	7 57	+22,6	Pollux	Erdnähe 368/32,′5	8^h
Mo	28.	9 39	17 34	0 38	8 58	+20,3	Krebs, Krippe		
Di	29.	10 59	18 28	1 13	9 56	+16,7	Löwe, Regulus	**Erstes Viertel**	23^h09^m
Mi	30.	12 18	19 20	1 42	10 52	+12,3	Löwe		
Do	31.	13 36	20 09	2 05	11 45	+ 7,2	Jungfrau	Größte Nordbreite	

1. Mai 21^h MEZ

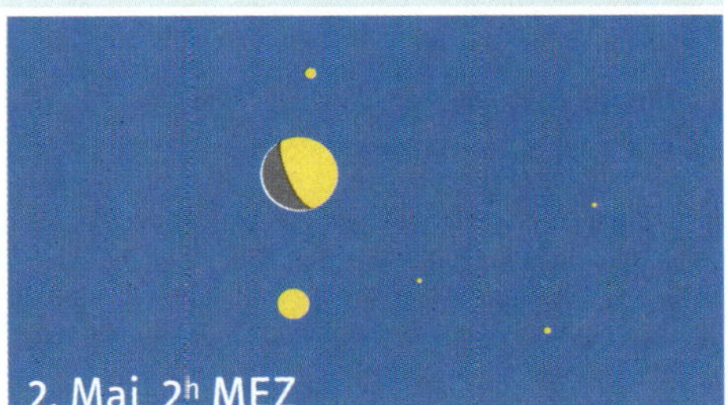
2. Mai 2^h MEZ

Planetenlauf

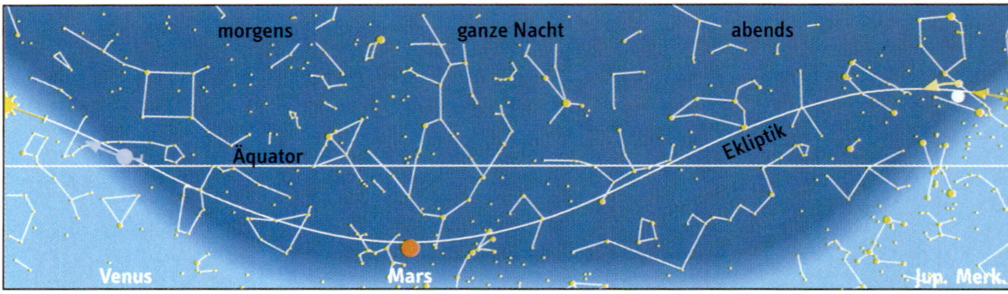

Merkur stand im letzten Drittel des Vormonats in oberer Konjunktion mit der Sonne. Er eilt der Sonne davon, die ihm im Tierkreis folgt. Bis 22. wächst sein östlicher Winkelvorsprung auf 22°27′ an – die größte östliche Elongation ist erreicht. Da die abendliche Ekliptik steil zum Westhorizont steht und Merkur nördlichere Deklinationen als die Sonne aufweist, zeigt sich der schwierig zu beobachtende Planet am Abendhimmel. Dies ist die günstigste Abendsichtbarkeit des ganzen Jahres.

Gute Sichtverhältnisse vorausgesetzt, kann man Merkur bereits ab dem 6. am Abendhimmel tief am Nordwesthorizont entdecken. Am 6. wird der $-1{,}^{m}0$ helle Planet gegen $20^{h}15^{m}$ (= $21^{h}15^{m}$ Sommerzeit) in der Abenddämmerung erkennbar. Um $21^{h}16^{m}$ (= $22^{h}16^{m}$ Sommerzeit) sinkt Merkur unter die Horizontlinie, wobei er etwa zwanzig Minuten vorher unsichtbar wird.

Die günstigste Sichtbarkeitszeit liegt um den 15., also noch eine Woche vor der maximalen Elongation Ost, was an der danach rapide sinkenden Merkurhelligkeit liegt. Am 15. geht der noch $-0{,}^{m}1$ helle Merkur um $22^{h}04^{m}$ (= $23^{h}04^{m}$ Sommerzeit) unter. Bis zum 22., dem Tag der größten östlichen Elongation, sinkt die Merkurhelligkeit auf $0{,}^{m}6$ ab, die Untergangszeit verspätet sich leicht auf $22^{h}14^{m}$. Bald darauf wird Merkur unbeobachtbar (siehe auch Abb. 5.2 und 5.3 unten).

Letztmals am 26. dürften erfahrene Beobachter den inzwischen $1{,}^{m}0$ hellen Merkur auffinden. An diesem Tag erfolgt sein Untergang um $22^{h}10^{m}$.

5.2 Stellung von Merkur über dem Nordwesthorizont zu den angegebenen Daten jeweils eine Stunde nach Sonnenuntergang. Die Pfeile geben die Bewegung von Merkur und Sonne während der letzten halben Stunde an.

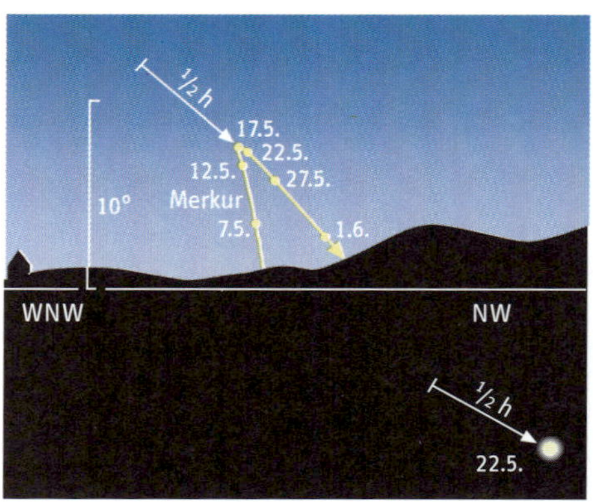

5.3 Sichtbarkeitsdiagramm für Merkur. Es gilt genau für 50° nördlicher Breite und 10° östlicher Länge. Dunkelgelbe Fläche: Unter günstigen Sichtbedingungen kann man Merkur mit bloßen Augen erkennen. Hellgelbe Fläche: Merkur ist leicht zu sehen.

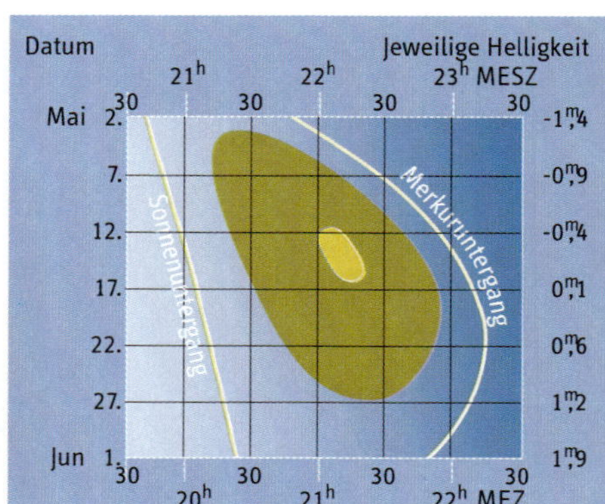

Die Begegnung mit Saturn am 7. kann höchstens in einem guten Fernglas beobachtet werden. Merkur steht dabei 3°,6 nördlich des Ringplaneten. Leichter lässt sich die Konjunktion mit Jupiter am 16. verfolgen (siehe auch Abb. 5.4 rechts). Die extrem schmale Mondsichel zieht am Abend des 24. etwa 3° südlich an Merkur vorbei.
Für Fernrohrbeobachter sei angemerkt, dass die Dichotomie am 16. abends eintritt – das 7″,1 große Merkurscheibchen zeigt sich dann halb beleuchtet.
Venus baut ihre Rolle als Morgenstern weiter aus. Schon am 4. leuchtet sie in größtem Glanz ($-4^m{,}5$) tief am östlichen Morgenhimmel (siehe auch Abb. 7.1 auf Seite 121). Die Venusaufgänge verfrühen sich fast um eine Stunde, allerdings geht jetzt auch die Sonne immer früher auf. Am 1. erfolgt der Venusaufgang um 3^h37^m (= 4^h37^m Sommerzeit), am 31. bereits um 2^h38^m.
Im Fernrohr zeigt Venus eine schöne Sichel, die im Laufe des Monats kleiner und dicker wird. Am 3. erscheint das knapp 40″ große Venusscheibchen zu 25 Prozent beleuchtet. Bis Monatsende schrumpft der scheinbare Venusdurchmesser auf 26″.
Mars strebt seiner Opposition entgegen und wird allmählich zum Planeten der gesamten Nacht. Seine Helligkeit steigert er nochmals kräftig um fast eine Größenklasse und zieht damit an Glanz mit dem Riesenplaneten Jupiter gleich, der sich jedoch noch vor Marsaufgang vom Abendhimmel zurückzieht. Erst am Morgenhimmel übertrifft Venus mit ihrer Strahlkraft den roten Planeten.
Am 11. wird Mars stationär und setzt zu seiner Oppositionsschleife an. Von da an bewegt er sich rückläufig im Schützen und steuert auf Antares zu. Erst im

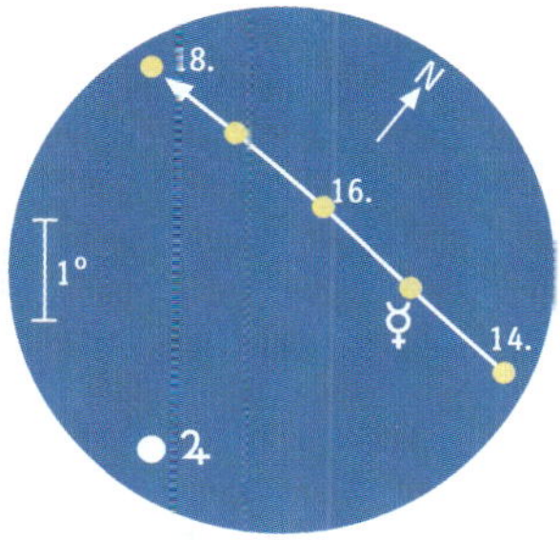

5.4 Begegnung von Merkur und Jupiter am 16. im Fernglas bei 5° Gesichtsfelddurchmesser.

nächsten Monat wird seine rückläufige Bewegung deutlicher erkennbar (siehe Abb. 6.4 auf Seite 107).
Mars erscheint am 1. um 23^h39^m über der Horizontlinie und am 15. um 22^h50^m. Am Monatsletzten geht der bis dahin $-2^m{,}0$ helle Mars schon um 21^h43^m (= 22^h43^m Sommerzeit) auf. In der Nacht vom 10. auf 11. zieht der Mond in 1°,9 nördlichem Abstand am roten Planeten vorbei (siehe Abb. 5.1 auf Seite 89). Das Marsscheibchen wächst auf beachtliche 19″,3 scheinbaren Durchmesser an, der Marsglobus zeigt sich fast voll beleuchtet.
Jupiter im Stier gibt seine Abschiedsvorstellung und zieht sich vom Abendhimmel zurück. Im letzten Monatsdrittel wird der Riesenplanet unsichtbar, die Strahlen der Sonne lassen ihn nicht mehr richtig zur Geltung kommen.
Am 1. geht der Riesenplanet um 22^h30^m (= 23^h30^m Sommerzeit) unter. Letztmals am 20. dürfte man Jupiter tief am Nordwesthorizont noch erkennen können. An diesem Tag erfolgt der Untergang des $-1^m{,}9$ hellen Riesenplaneten um 21^h36^m (= 22^h36^m Sommerzeit). Dies ist

Konstellationen und Ereignisse

Datum	MEZ	Ereignis
4.	19	**Venus in größtem Glanz ($-4^m{,}5$)**
7.	18	**Merkur bei Saturn,** Merkur 3°,7 nördlich, **Abstand 3°,6 um 20^h am 6.**
10.	20	**Mond bei Mars,** Mond 1°,9 nördlich, **Abstand 2°,5 um 24^h**
11.	3	Neptun im Stillstand, anschließend rückläufig
11.	16	Mars im Stillstand, anschließend rückläufig
14.	1	Mond bei Neptun, Mond 2°,9 südlich
15.	9	Mond bei Uranus, Mond 3°,2 südlich
16.	18	**Merkur bei Jupiter,** Merkur 2°,8 nördlich, **Abstand 2°,8 um 21^h**
19.	10	Mond bei Venus, Mond 4°,5 südlich
22.	5	Merkur in größter östlicher Elongation (22°)
23.	7	Mond bei Saturn, Mond 1°,1 südlich
24.	8	Mond bei Jupiter, Mond 1°,3 südlich
24.	20	**Mond bei Merkur,** Mond 2°,8 südlich, **Abstand 3°,6 um 21^h**
25.	14	Saturn in Konjunktion mit der Sonne
29.	23	Uranus im Stillstand, anschließend rückläufig

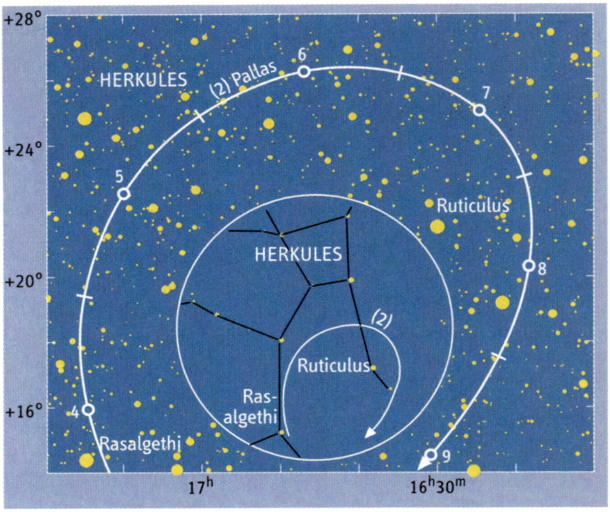

5.5 Scheinbare Bahn des Kleinplaneten Pallas (2) von April bis August 2001 im Gebiet des Sternbildes Herkules. Die Zahlen geben die jeweilige Position von Pallas zum Monatsersten an.

bereits vor Ende der nautischen Dämmerung. Somit bleibt höchstens eine Viertelstunde, in der Jupiter in der Abenddämmerung erkannt werden kann, bis er in den horizontnahen Dunstschichten unsichtbar wird.
Die Sonne eilt Jupiter im Tierkreis nach und wird ihn Mitte nächsten Monats einholen, wo beide in Konjunktion miteinander stehen.
Saturn hat sich vom Abendhimmel zurückgezogen und bleibt unsichtbar. Spezialisten mögen den Ringplaneten noch mit Ferngläsern zu Monatsanfang tief am Nordwesthorizont ausmachen und die Begegnung mit Merkur am 7. verfolgen (siehe auch unter „Merkur"). Am 1. geht Saturn um 21^h19^m (= 22^h19^m Sommerzeit) unter und am 10. schon um 20^h49^m.
Die Sonne holt den Ringplaneten am 25. im Stier ein – er steht in Konjunktion mit ihr. Am Tag der Konjunktion ist Saturn 1511 Millionen Kilometer (= 10,10 A. E.) von der Erde entfernt.
Uranus, der rechtläufig durch den Steinbock wandert, kann unter guten Sichtbedingungen gegen Monatsende am Morgenhimmel aufgespürt werden – lichtstarke Optik vorausgesetzt. Am 31. geht Uranus um 0^h40^m (= 1^h40^m Sommerzeit) auf. Etwa eine Stunde später kann man mit Aussicht auf Erfolg nach dem $5^m_{,}8$ hellen Planeten Ausschau halten. Gegen 3^h verblasst er in der beginnenden Morgendämmerung (siehe auch Aufsuchkärtchen Abb. 7.8 auf Seite 126).
Am 29. stoppt Uranus seine ohnehin langsame Bewegung ab und setzt zur Oppositionsschleife an.
Neptun kann von versierten Sternfreunden gegen Monatsende am Morgenhimmel im Südosten aufgespürt werden. Um den $7^m_{,}9$ lichtschwachen, bläulichen Planeten zu entdecken, bedarf es schon eines lichtstarken Fernglases oder eines Teleskops.
Neptun hält sich im Zentralbereich des Steinbocks auf. Am 11. wird er stationär und setzt zu seiner Oppositionsschleife an (siehe Abb. 7.8 auf Seite 126).
Die Bewegung dieses sonnenfernen Planeten erfolgt nur zögerlich. In der Umkehrphase ist kaum eine Ortsveränderung feststellbar. Erst im Laufe des Juni bemerkt man seine rückläufige Wanderung.
Am 15. geht Neptun um 1^h00^m (= 2^h00^m Sommerzeit) auf und kulminiert um 5^h33^m. Am Monatsletzten erfolgt der Neptunaufgang um 23^h53^m und die Kulmination um 4^h29^m (= 5^h29^m Sommerzeit).

Planetoiden

Ceres – Planetoid Nr. 1 – wandert durch den Schützen. Am 18. kehrt sie ihre Bewegungsrich-

Veränderliche Sterne

Algol-Minima	6.	4^h11^m	11.	21^h49^m	26.	5^h54^m	29.	2^h43^m		
β-Lyrae-Minima	1.	23^h H	8.	10^h N	14.	21^h H	21.	9^h N	27.	20^h H
δ-Cephei-Maxima	5.	10^h	10.	19^h	16.	4^h	21.	13^h	26.	22^h

tung in Rektaszension um und wird rückläufig (siehe Abb. 6.4 auf Seite 107 und Abb. 6.6 auf Seite 109). Damit leitet Ceres ihre Oppositionsperiode ein. Während des Monats steigert sich ihre Helligkeit von $8^{m}{,}5$ auf $8^{m}{,}0$. Die Cereskulminationen erfolgen am 1. um $5^{h}21^{m}$ (= $6^{h}21^{m}$ Sommerzeit), am 15. um $4^{h}29^{m}$ und am 31. schon um $3^{h}25^{m}$.
Pallas (2) kommt im Herkules am 27. in Opposition zur Sonne. Leider beträgt diesmal ihre Oppositionshelligkeit nur $9^{m}{,}2$, was es nicht leicht macht, sie aufzustöbern. Immerhin erreicht sie zur Kulmination eine Höhe von 66° über dem Südpunkt am Horizont. Das Aufsuchkärtchen Abb. 5.5 auf Seite 94 soll es ermöglichen, Pallas zu finden. Am 1. passiert Pallas um $2^{h}54^{m}$ den Meridian, zur Opposition kulminiert sie schon um $0^{h}53^{m}$ (= $1^{h}53^{m}$ Sommerzeit). Ihre Oppositionsdistanz von der Erde beträgt diesmal 338 Millionen Kilometer (= 2,26 A. E.).

Periodische Sternschnuppenströme

Die **Eta-Aquariden**, auch **Mai-Aquariden** genannt, tauchen vom 1. bis 8. Mai auf. Ihr Radiant liegt bei η Aquarii. Das ausgeprägte Maximum wird am 5. Mai erreicht. Im Durchschnitt sind etwa zwanzig Sternschnuppen pro Stunde zu registrieren, um die Zeit des Maximums sogar bis zu sechzig. Wegen des horizontnah liegenden Radianten sind die Mai-Aquariden in unseren Breiten kaum zu beobachten. Aber in südlichen Gegenden sind sie ein auffälliger Strom. Es handelt sich bei diesem Meteorstrom um schnelle Objekte (um 65 Kilometer pro Sekunde), die auffallend lange Leuchtspuren hinterlassen. Die beste Beobachtungszeit ist ab etwa 3^{h} am Morgenhimmel in den Tropen. Vereinzelte Mai-Aquariden führen ihren Ursprung auf den Kometen 1P/Halley zurück.
Ferner sind noch die **Scorpius-Sagittarius**-Meteore zu erwarten, die von Mitternacht bis 4^{h} morgens günstig zu beobachten sind. Ihr Ausstrahlungspunkt liegt rund 1° nördlich von β Scorpii.

Der Fixsternhimmel

Hoch über unseren Köpfen kulminiert gerade der Große Wagen, dessen sieben Sterne bekanntlich nur einen Teil des viel umfangreicheren Bildes Großer Bär ausmachen.
Der Löwe hat seinen Meridiandurchgang schon hinter sich. Das große Löwentrapez neigt sich leicht zum Horizont. Zwischen dem Löwen und dem Großen Bären liegt das weniger bekannte Bild des kleinen Löwen (lat.: Leo Minor).
Die östliche Himmelshälfte wird nun von Bootes mit dem hellen Arktur, der den Meridian fast erreicht hat, der Nördlichen Krone, Herkules und der noch horizontnahen Wega in der Leier beherrscht. Auch Deneb im Schwan ist im Nordosten schon auszumachen.
Im Süden schreitet die Jungfrau durch die Mittagslinie. Südlich der Jungfrau steht der Rabe, der eben den Meridian passiert hat. Tief im Westen sind noch der Kleine Hund mit Prokyon und die Zwillinge mit Kastor und Pollux zu erspähen, gewissermaßen die letzten Relikte des Winterhimmels. Die Wasserschlange (lat.: Hydra), deren Kopf südlich des Krebses liegt, schlängelt sich den Südwesthorizont entlang über Süd bis fast zur Waage im Südosten. Im Nordwesten funkelt die Kapella

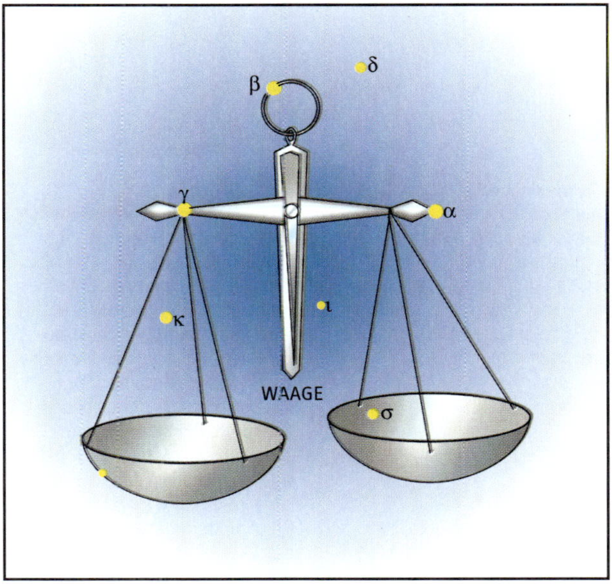

5.6 Figürliche Darstellung des Sternbildes Waage nach Gerhard Weiland.

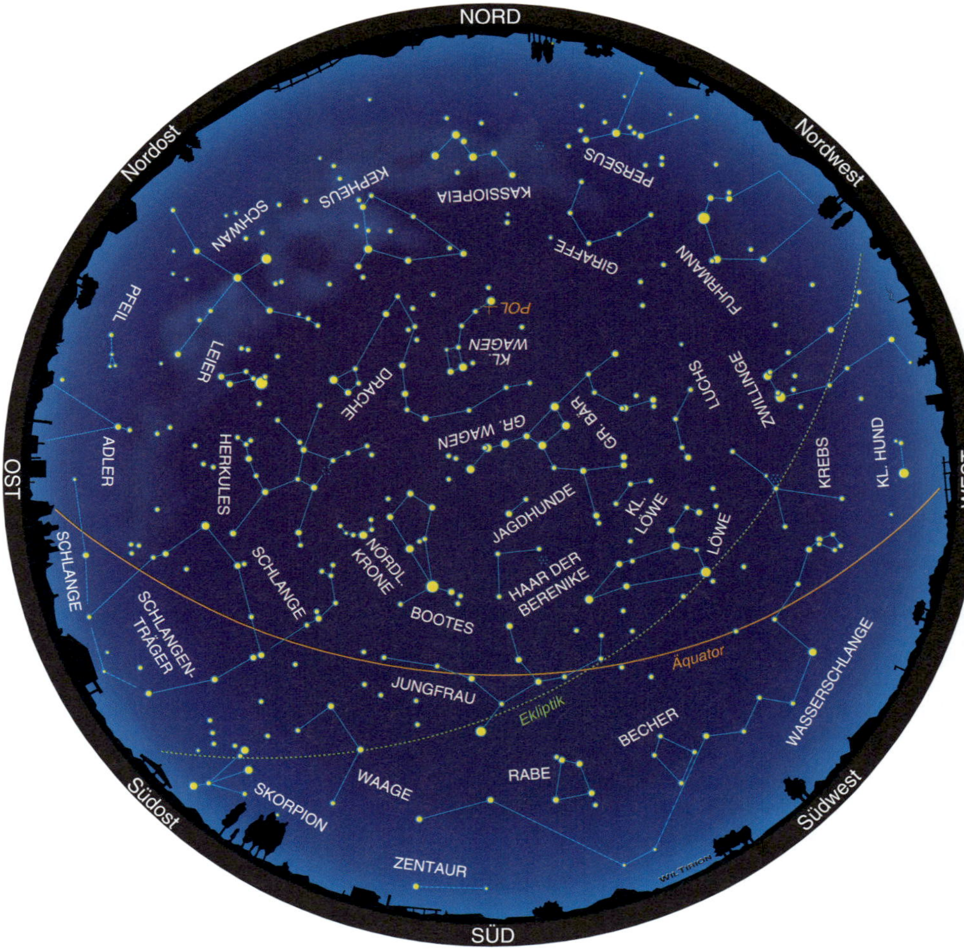

Sternenhimmel
am 15. Mai
um 22h MEZ (23h MESZ).

Fixsternhimmel auch gültig für:

	MEZ	MESZ
1. 1.	7h	
15. 1.	6	
1. 2.	5	
15. 2.	4	
1. 3.	3	
15. 3.	2	
1. 4.	1	2h
15. 4.	0	1
1. 5.	**23**	**24**
15. 5.	**22**	**23**

im Fuhrmann. Sie ist der hellste Stern, der in unseren Breiten zirkumpolar ist.

Der Südosthimmel macht einen recht sternarmen Eindruck. Das Sternbild Waage ist nicht besonders auffällig, man muss es schon bewusst suchen. Der Waage folgt im Tierkreis der Skorpion, der sich eben anschickt, aufzugehen. Sein heller, roter Hauptstern Antares passiert gerade die Horizontlinie. In der Antike deuteten die Sterne der Waage noch die Scheren des Skorpions an. Aus dieser Zeit leiten sich auch die arabischen Namen für die beiden hellsten Sterne α und β Librae ab, nämlich Zuben el Genubi und Zuben el Chamali, was südliche und nördliche Schere bedeutet. Auf alten Sternkarten tauchen geflügelte Wesen, vermutlich Engel, auf, die eine kleine Waage halten. In den Totenbüchern der alten Ägypter, die den Verstorbenen beigelegt wurden, taucht der Waagemann als Symbol der Gerechtigkeit auf. Er soll das Gleichgewicht zwischen dem Reich der Toten

und dem der Lebenden herstellen. Die kosmische Waage wurde vom ägyptischen Gott Anubis eingesetzt. Das Herz eines eben Verstorbenen wurde in eine Waagschale gelegt, in die andere eine Pfauenfeder, das Symbol der Wahrheitsgöttin Maat. Anubis wog das Herz. War der Verstorbene in seinem Leben ein aufrichtiger Mensch, so bestand das Herz die Prüfung und er wurde in eine höhere Lebensstufe aufgenommen.
Im Osten steigt der Schlangenträger (lat.: Ophiuchus) mit der Schlange empor. Von der Schlange, deren Kopf bis an die Nördliche Krone heranreicht, ist allerdings nur der Vorderteil (lat.: Serpens Caput) schon über dem Horizont. Der Schlangenträger ist ein ausgedehntes, lichtschwaches und nur schwierig zu erkennendes Sternbild. Der Einsteiger in die Astronomie sollte, wenn er schon die helleren und bekannteren Bilder am Himmel selbst findet, dann und wann auch nach lichtschwächeren Sternenfiguren Ausschau halten. Im Mai bietet sich für solch eine Übung das Sternbild Haar der Berenike an. Es liegt zwischen dem Löwen und dem südlichen Teil des Bootes mit Arktur. Zur Standardbeobachtungszeit kulminiert dieses lichtschwache Sternbild eben, das lateinisch Coma Berenices heißt und häufig nur als Coma bezeichnet wird. Benannt ist das Sternbild nach der Königin Berenike von Ägypten, die keine Sagengestalt ist, sondern tatsächlich gelebt hat. Sie war die Gattin von König Ptolemaios III., Euergetes, der im Jahre 238 vor Chr. im Edikt von Kanopus den ägyptischen Sonnenkalender reformierte, indem er den Einschub eines Schalttages alle vier Jahre befahl. Berenike selbst hatte ihr schönes, langes Haupthaar den Göttern geopfert, zum Dank für die glückliche Heimkehr ihres Gemahls aus der Schlacht mit den Seleukiden.
In einem lichtstarken Fernglas mit großem Gesichtsfeld wirken die Sterne der Berenike recht eindrucksvoll im Gegensatz zur Beobachtung mit bloßen Augen. Die Sterne glitzern im Fernglas wie Edelsteine auf dunklem Samt. So jedenfalls lauten die Schilderungen begeisterter Sternfreunde. Voraussetzung für ein solches ästhetisches Erlebnis ist ein dunkler Himmelshintergrund, den wir leider immer seltener vorfinden. Meist sieht unser Nachthimmel milchig-grau aufgehellt aus.

Objekte für Feldstecher und Fernrohr

Wer jetzt zur abendlichen Beobachtungsstunde steil nach oben blickt, sieht direkt über sich den Großen Wagen stehen.
Neben dem mittleren Deichselstern, Mizar oder ζ Ursae Maioris genannt, erkennt man ein „kleines“ Sternchen, Alkor oder das Reiterlein. Alkor gilt bekanntlich als Augenprüfer. Mizar und Alkor bilden ein Sternpärchen, einen so genannten Doppelstern. Dieser ist schon mit bloßen Augen als Doppelstern auszumachen. Die meisten Doppelsterne sind aber nur in Teleskopen als zwei getrennte Lichtpünktchen zu sehen. Mit bloßen Augen oder auch im Fernglas zeigen sie sich nur als ein Lichtpunkt. Mizar selbst entpuppt sich im Teleskop ab etwa 5 cm freier Öffnung bereits als Doppelstern. Neben dem $2\overset{m}{,}1$ hellen Hauptstern (auch Hauptkomponente genannt) steht in $14\overset{\prime\prime}{,}4$ Distanz ein $3\overset{m}{,}9$ heller Begleiter. Falls man nicht zu stark vergrößert, kann man im Gesichtsfeld des Fernrohres noch Alkor, das Reiterlein sehen sowie zwischen Mizar und Alkor einen einsamen Stern 9. Größenklasse. Mizar ist 80 Lichtjahre von der Erde entfernt.

5.7 Das Gebiet Bootes – Nördliche Krone. Doppelsterne sind mit einem Pfeil markiert.

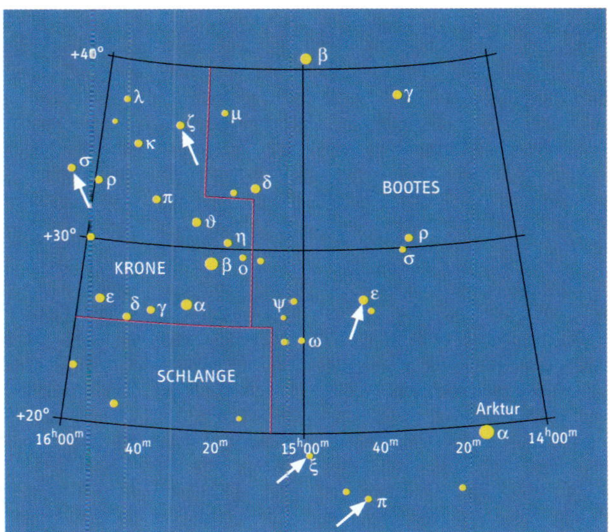

Ein weiterer empfehlenswerter Doppelstern ist Porrima, γ Virginis. Zwei weiße, etwa jeweils $3\overset{m}{.}5$ helle Sterne stehen in $1\overset{''}{.}3$ Abstand. Die Distanz nimmt gegenwärtig ab. Noch vor wenigen Jahren waren beide Komponenten über 3″ auseinander. Im Jahre 2007 wird mit nur noch $0\overset{''}{.}3$ der geringste Abstand erreicht sein. Bis zum Jahre 2020 wird Porrima mit 3″ Distanz wieder leicht zu trennen sein. Auf jeden Fall sollte im Frühjahr bei keiner Sternführung einer Sternwarte Porrima fehlen.
Ein beeindruckendes Objekt, das schon im Fernglas leicht gefunden werden kann, ist der prächtige Kugelsternhaufen M 13 im Herkules. Unter günstigen Verhältnissen ist er schon mit bloßen Augen zu erkennen. Seine volle Pracht wird aber erst im Teleskop sichtbar, wenn die Randpartien sich in hunderte Lichtpünktchen auflösen. Als weitere Kugelhaufen seien M 3 in den Jagdhunden an der Grenze zum Bootes und M 53 im Sternbild Haar der Berenike genannt. Die Entfernung von M 3 beträgt 32 000 Lichtjahre. Schwieriger als M 3 ist der Kugelhaufen M 53 zu finden. Er liegt südwestlich von M 3 und bildet mit ihm und dem hellen Arktur ein gleichseitiges Dreieck. M 53 ist etwa doppelt so weit entfernt wie M 3, hat aber einen nur wenig kleineren scheinbaren Durchmesser. Daraus ist zu schließen, dass M 53 doppelt so groß ist beziehungsweise einen achtmal größeren Raumbereich ausfüllt als M 3. Weniger bekannt ist M 68, ein Kugelhaufen in der Wasserschlange knapp südlich von β im Raben.
Wer fremde, also extragalaktische Milchstraßensysteme ansehen will, findet ein wenig nordwestlich vom Kugelhaufen M 53 die Galaxie M 64 im Haar der Berenike (Coma Berenices). Sie ist rund 25 Millionen Lichtjahre von uns entfernt. Um M 64 zu finden, bediene man sich am besten der Sternkarte E13 im *Atlas für Himmelsbeobachter* von Erich Karkoschka. Ein schöner Spiralnebel ist M 51 in den Jagdhunden, dessen Spiralstruktur allerdings erst in größeren Teleskopen richtig deutlich wird. M 51 ist leicht zu finden: Er liegt ein wenig südwestlich des letzten Deichselsterns im Großen Wagen. Eine letzte Galaxie sei noch empfohlen: M 101 im Großen Bären. Man findet sie ebenfalls in der Nähe des letzten Deichselsterns des Großen Wagens (η UMa = Benetnasch). Die Lage von M 101 ist in der Karte N10 im Atlas von Karkoschka eingetragen. Bei M 101 fällt unser Blick fast senkrecht auf die Hauptebene dieses Milchstraßensystems. M 101 ist eine der schönsten und beeindruckendsten Spiralen die man kennt. Davon zeugen Aufnahmen, die mit Großteleskopen gewonnen wurden.
Doppelsternbeobachter können noch Jagd auf folgende Kandidaten machen: Izar, ε Bootis, zeigt einen Farbkontrast und ist mit $2\overset{''}{.}9$ schon mit einem Dreizöller gut zu trennen. Die mit $2\overset{m}{.}5$ hellere Komponente leuchtet orange-gelb, der $4\overset{m}{.}9$ helle Begleiter erscheint weiß. Noch leichter ist π Bootis aufzulösen: Zwei weiße Sterne, $4\overset{m}{.}9$ und $5\overset{m}{.}8$ hell, stehen in $5\overset{''}{.}5$ Distanz.
In der Nördlichen Krone finden sich zwei weitere, interessante Doppelsterne: ζ CrB und σ CrB. Man findet sie mit Hilfe der Aufsuchkarte N14 im Atlas für Himmelsbeobachter von Erich Karkoschka. Die Daten bei den Sternpärchen lauten: ζ CrB A = $5\overset{m}{.}1$ und B = $6\overset{m}{.}0$, Distanz = $6\overset{''}{.}3$ sowie σ CrB A = $5\overset{m}{.}7$ und B = $6\overset{m}{.}7$ in einem Abstand von $7\overset{''}{.}1$.

Das Pluto-Dilemma

Pluto ist ins Gerede gekommen. Ist er überhaupt ein richtiger Planet? Mehr als sechzig Jahre nach seiner Entdeckung droht dem neunten und sonnenfernsten Planeten ein empfindlicher Statusverlust. Man will ihn zu einem Kleinkörper im Sonnensystem zurückstufen und ihm die Planetoidennummer 10 000 verpassen. Die versuchte Degradierung zu einem Kleinplaneten geht auf den Leiter des Kleinplanetenzentrums der Internationalen Astronomischen Union, Brian G. Marsden, zurück. Das Kleinplanetenzentrum, das in Cambridge im US-Bundesstaat Massachusetts liegt, sammelt alle Daten von Planetoiden, registriert Neuentdeckungen und kalkuliert deren Bahnen. Und dort ist man der Meinung, sowohl die Bahn als auch Masse und Durchmesser von Pluto entsprechen mehr einem Planetoiden denn einem richtigen Planeten, vor allem, nachdem in den letzten Jahren zahlreiche Objekte entdeckt wurden, die knapp jenseits der Plutobahn die Sonne umrunden. Sie wurden Plutinos getauft und sind von ihrem Status her Planetoiden. Hinzu kommt, dass Masse und Größe von Pluto seit seiner Entdeckung im Jahre 1930 beständig abnahmen. Nicht in der Realität, sondern von Mal zu Mal mußten die ermittelten Werte nach unten korrigiert werden. Ursprünglich schien Pluto ein respektabler Planet zu sein, größer als die Erde und etwa zehn Prozent massereicher als unser Heimatplanet. Heute weiß man, dass Pluto kleiner als unser Erdmond und kleiner als etliche andere Planetenmonde ist und seine Masse nicht einmal ein Hundertstel der Erdmasse beträgt. Wie kam es zu diesem Schrumpfungsprozess

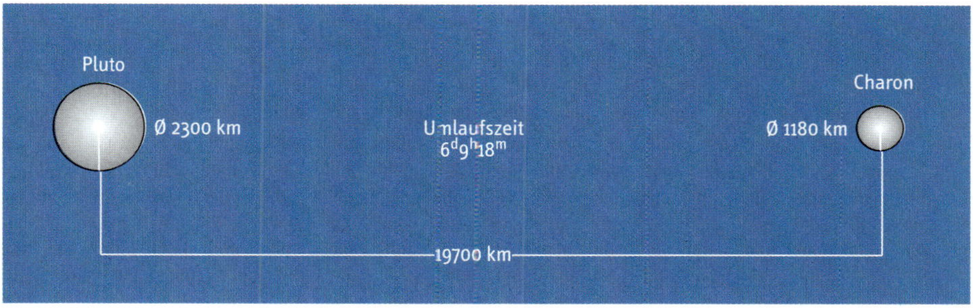

5.8 Größenverhältnisse von Pluto und seinem Mond Charon.

und Gewichtsverlust? Doch der Reihe nach:
Bis weit in die Neuzeit kannte man nur fünf helle Planeten: Merkur, Venus, Mars, Jupiter und Saturn. Nach Kopernikus und Kepler war die Erde ebenfalls zu den Planeten zu zählen. Rein zufällig entdeckte Wilhelm Herschel im März 1781 im Sternbild Zwillinge den siebenten Planeten, der Uranus getauft wurde. Die Bahnbewegungen von Uranus zeigten bald Abweichungen, die auf eine störende, noch unbekannte Masse hindeuteten. Auf Grund dieser Uranusbahnstörungen berechneten John C. Adams und Urbain J. J. Leverrier unabhängig voneinander den Ort eines hypothetischen Planeten, der dann im September 1846 von Johann G. Galle und Heinrich d'Arrest auf der Berliner Sternwarte nahe dem vorausberechneten Ort gefunden wurde. Er erhielt den Namen Neptun. Doch mit der Entdeckung des achten Planeten waren noch nicht alle Uranusstörungen restlos aufgeklärt. Und so machte man sich auf die Suche nach einem neunten Planeten, allen voran Percival Lowell, der berühmte Gründer der gleichnamigen Sternwarte in Flagstaff, Arizona. Lowell selbst war an den Marskanälen interessiert und glaubte an die Existenz von Marsbewohnern. Aber auch an der Suche nach einem transneptunischen Planeten war Lowell interessiert. Im Jahre 1929 stellte das Lowell-Observatorium den damals 23 Jahre alten Clyde W. Tombaugh, Sohn einer Farmer-Familie und begeisterter Amateurastronom, als Assistenten ein. Lowell selbst starb bereits 1916 ohne den neunten Planeten gefunden zu haben. Im Frühjahr 1930 fand Tombaugh auf fotografischen Aufnahmen im Sternengewimmel der Zwillinge ein Objekt 15. Größe, das sich langsam weiterbewegt hatte. Es war der lange gesuchte Planet Nummer 9. Am 13. März 1930, dem 75. Geburtstag des inzwischen verstorbenen Observatoriumsgründers Percival Lowell, wurde die Entdeckung von Pluto, nach dem man so lange gesucht hatte, öffentlich bekannt gegeben. Bald erhielt er den Namen Pluto, auch weil die ersten beiden Buchstaben identisch sind mit den Initialien von Percival Lowell und somit an ihn erinnern sollen.
Man war auf der Suche nach einem sonnenfernen Planeten und so war man auch überzeugt davon, in Pluto den neunten Planeten unseres Sonnensystems gefunden zu haben. Schnell stellte sich jedoch heraus, dass Pluto eine für einen Planeten recht ungewöhnliche Bahn besitzt: Mit 17° Neigung zur Ekliptik weicht sie am stärksten von der Erdbahnebene ab. Ferner weist sie die größte numerische Exzentrizität (e = 0,246) von allen Planetenbahnen auf, sie ist also die am wenigsten kreisförmige Bahn. In Sonnennähe kommt Pluto bis auf 4425 Millionen Kilometer an das Zentralgestirn heran und im Aphel trennen ihn 7375 Millionen Kilometer von der Sonne. Wegen seiner stark elliptischen Bahn war Pluto von Januar 1979 bis Februar 1999 der Sonne sogar näher als Neptun. So große Bahnneigungen und so starke Abweichungen von einer Kreisbahn findet man sonst nur bei Planetoidenbahnen. Der erste Kleinplanet, die Ceres, wurde bereits in der Neujahrsnacht von 1800 auf 1801 von Guiseppe Piazzi in Palermo entdeckt. Bis zur Plutoentdeckung waren bereits weit über tausend Planetoiden und ihre Bahnen bekannt. Dennoch dachte niemand daran, Pluto zu den Kleinplaneten zu zählen. Im Gegenteil: Er erschien als respektabler Planet. Man vermutete einen Plutodurchmesser von rund 14 000 Kilometer und eine mindestens siebenfache Erdmasse. Für einen so großen Planeten schien er trotz seiner großen Distanz dennoch etwas zu lichtschwach. Kurz nach Inbetriebnahme des 5-Meter-Spiegelteleskops auf

5.9 Pluto wird als kleinster Planet von zahlreichen Monden an Durchmesser übertroffen. Er ist aber immer noch mehr als doppelt so groß wie Ceres, der größte Planetoid.

Palomar Mountain – für viele Jahre das größte Teleskop der Erde – nahm der renommierte Planetenforscher Gerard Kuiper im Jahre 1950 Pluto ins Visier. Dabei bestimmte er den scheinbaren Durchmesser des Plutoscheibchens zu 0,″23, dies entspricht einem wahren Durchmesser der Planetenkugel von 5900 Kilometer. Somit hätte Pluto nur ein Zehntel Erdvolumen, aber siebenfache Erdmasse! Das ergibt eine mittlere Dichte von 400 Gramm pro Kubikzentimeter – eine für einen Planeten unglaublich hohe Dichte! Nicht einmal im Zentrum der Sonne herrscht eine derart hohe Dichte, man findet sie nur in Weißen Zwergen. Deshalb vermutete man, dass Kuiper gar nicht den gesamten Durchmesser der Plutokugel erfaßt hat, sondern nur den Reflex der sich an einer Methaneisoberfläche spiegelnden Sonne – ähnlich wie Kerzenlichter sich in Christbaumkugeln spiegeln. Aus diesem Grund hielten etliche Astronomen an dem alten Schätzwert von 14 000 Kilometer fest, bis ein knapper Vorübergang Plutos am 28. April 1965 an einem Fixstern eine Obergrenze von 5500 Kilometer für den Plutodurchmesser ergab. Der Stern wäre nämlich sonst vom Plutoglobus bedeckt worden, wäre dessen Durchmesser größer.
Wegen seiner ungewöhnlichen Bahn spekulierten manche Sternforscher, Pluto sei vielleicht ein entsprungener Mond des achten Planeten Neptun. Erstmals wurde damit Plutos Planetenstatus angegriffen. Mit 5500 Kilometer Durchmesser wäre er der größte (ehemalige) Mond im Sonnensystem. Himmelsmechanische Untersuchungen mit leistungsfähigen Rechnern zeigten aber, dass in den letzten hundert Millionen Jahren die Entfernung zwischen Pluto und Neptun nie kleiner als 2500 Millionen Kilometer war. Schließlich wurde 1965 die 3 : 2 Umlaufsresonanz entdeckt: Drei Neptunumläufe entsprechen zwei Plutoumrundungen der Sonne. Beide Planeten kommen somit einander kaum nahe. Endgültig ad acta gelegt werden konnte die Hypothese, Pluto sei ein ehemaliger Neptunmond, mit der sensationellen Entdeckung eines Plutomondes. James W. Christy vom US Naval

5.10 Pluto und sein Mond Charon, aufgenommen vom Hubble-Space-Telescope (NASA/ STScI, Baltimore).

Observatory in Washington D. C. fand im Jahre 1978 auf zahlreichen langbrennweitigen Aufnahmen Ausbuchtungen, also Abweichungen von der Kreisform des Plutoscheibchens. Andere Astronomen hatten diese Unregelmäßigkeiten weiter nicht beachtet, weil man an Plattenfehler oder unkorrekte Nachführung des Teleskops dachte. Christy wies aber nach, dass diese Ausbuchtungen mit einer Periode von 6,39 Tagen auftreten. Er schloss daraus auf einen zweiten Himmelskörper, der gravitativ an Pluto gebunden ist, also auf einen Mond des Pluto. Der neugefundene Plutotrabant wurde Charon getauft, passend zu Pluto, dem Herrscher der Unterwelt. Charon ist bekanntlich der Fährmann, der die Seelen der Toten über den Fluss Styx setzt. Die Entdeckung von Charon beendete schlagartig die Diskussion, ob Pluto ein entsprungener Neptunmond sei. Er ist es nicht. Doch noch mehr Erkenntnisse lieferte diese sensationelle Entdeckung: Aus der Umlaufszeit des Systems Pluto-Charon konnte die Plutomasse ermittelt werden. Sie beträgt nur 1/380 der Erdmasse oder ein Fünftel der Masse des Erdmondes, also keineswegs die einst vermuteten sieben Erdmassen. Damit ist Pluto der bei weitem masseärmste aller neun Planeten. Die große Masse von Pluto war eigentlich nur angenommen worden, um die restlichen Bahnabweichungen von Uranus zu erklären. Doch Pluto beeinflusst mit seiner verschwindend geringen Masse die Bewegungen von Uranus und Neptun kaum. Insofern konnte Lowell auch nicht die Position des gesuchten Planeten X vorausberechnen.

Die Bahnebene von Charon ist ebenso wie die Rotationsachse von Pluto um 118° zur Plutobahnebene geneigt. Sie steht damit fast senkrecht auf der Umlaufbahn – vergleichbar mit den Uranusmondbahnen. Da der Rotationslichtwechsel von Pluto mit 6 Tagen 9 Stunden und 18 Minuten auch der Umlaufszeit von Charon um Pluto entspricht, so ergibt sich, dass das Pluto-Charon-System eine doppelt gebundene Rotation aufweist: Pluto und Charon wenden einander stets die gleichen Seiten zu.

Von 1985 bis 1990 war die Charonbahnebene auf Sonne und Erde ausgerichtet. Dabei kam es zu gegenseitigen Bedeckungen: Mal verschwand Charon hinter Pluto, dann zog er wieder vor der Plutoscheibe vorbei. Aus diesen Bedeckungen ließen sich recht genau die Durchmesser bestimmen: Für Pluto ergab sich ein Wert von 2300 Kilometer und für Charon 1180 Kilometer. Damit ist Charon im Verhältnis zu seinem Mutterplaneten der weitaus größte Mond im Sonnensystem. Das Verhältnis Mond zu Planet beträgt hier 1 : 2, beim Erde-Mond-System 1 : 4, beim Jupitermond Ganymed, dem absolut gesehen größten Mond im Sonnensystem, etwa 1 : 30. Deshalb nennt man das Pluto-Charon-Gebilde auch „Doppelplanet".

Mit nur 2300 km Durchmesser ist Pluto nicht nur erheblich kleiner als die übrigen acht Planeten – er ist nicht einmal halb so groß wie Merkur, der zweitkleinste Planet – sondern auch kleiner als unser Erdmond, kleiner als die vier hellen Jupitermonde, kleiner als der Saturnmond Titan und selbst kleiner als der Neptunmond Triton. Andererseits ist Pluto mehr als doppelt so groß wie Ceres, der mit knapp tausend Kilometer Durchmesser größte Planetoid.

Neues Licht in die Debatte über Plutos Rolle im Sonnensystem brachten die Entdeckungen von Kleinplaneten im sogenannten Kuiper-Gürtel. Bereits 1950 hat Jan Hendrik Oort (1900–1992) vermutet, dass viele Milliarden Kometenkerne in einer zirkumsolaren Wolke vorhanden sind. Der mittlere Radius dieser kugelschalenförmigen Wolke soll rund 50 000 Astronomische Einheiten (A. E.) betragen. Näher vorbeiziehende Sterne sollen die Objekte in der Oortschen Wolke so stören, dass sie in Richtung Sonne driften und im inneren Sonnensystem als Ko-

5.11 Clyde William Tombaugh (1906–1997), der Entdecker des Planeten Pluto.

meten mit ihren Schweifen auftreten. Nur ein Jahr danach hat Gerard P. Kuiper die Hypothese aufgestellt, knapp außerhalb der Neptunbahn gäbe es eine Zone, in der Planetoiden und Kometenkerne die Sonne rechtläufig umkreisen, wobei ihre Bahnen nur relativ geringe Neigungen zur Ekliptik haben.
Nach Kuiper endet das Sonnensystem nicht abrupt mit den Bahnen von Neptun und Pluto. Lange blieb der Kuiper-Gürtel rein hypothetisch. Die Entdeckung von Chiron, Planetoid Nr. 2060, der im Bereich der Saturn- und Uranusbahn die Sonne umkreist, war ein erster Hinweis, dass es außerhalb des schon lange bekannten Planetoidengürtels zwischen der Mars- und der Jupiterbahn auch Kleinplaneten gibt.
Im August 1992 gelang es erstmals einen Planetoiden zu finden, dessen Bahn weit außerhalb der Neptunbahn liegt. Er erhielt die vorläufige Bezeichnung 1992 QB1. Diese Entdeckung blieb nicht lange eine Sensation. Bald wurden weitere Objekte außerhalb der Neptunbahn gefunden. Inzwischen (April 2000) sind rund 150 „planetarische Körper" bekannt, die außerhalb der Neptunbahn die Sonne umkreisen, womit die Existenz des Kuiper-Gürtels nachgewiesen ist. Die bisher entdeckten Objekte im Kuiper-Gürtel weisen Durchmesser von hundert bis vierhundert Kilometer auf, wobei einige fast kreisförmige Bahnen beschreiben, andere sich dagegen auf relativ exzentrischen Bahnen (numerische Exzentrizitäten um $e = 0{,}3$) bewegen. Die meisten großen Halbachsen liegen bei 40 A. E. Damit laufen sie wie Pluto auch in einer 2 : 3 Resonanz zur Umlaufsperiode von Neptun. Daher liegt der Verdacht nahe, dass Pluto das größte Mitglied des Kuipergürtels ist und Charon das zweitgrößte. Pluto und Charon gehörten damit zu den Planetoiden des Kuiper-Gürtels, deren übrige Mitglieder, die in der 2 : 3 Resonanz bezüglich Neptun laufen, dann als „Plutinos" zu bezeichnen sind. Pluto ist somit in Verdacht geraten, eben kein „richtiger" Planet zu sein. Möglicherweise gehörte auch der Mond Triton zu den Plutinos, nur wurde er von Neptun eingefangen und hat nun den Status eines Mondes. Triton ist mit 2705 Kilometer Durchmesser deutlich größer als Pluto. Vor seinem Einfang durch Neptun war er also der größte Plutino. Wirklich? Man vermutet viele tausend Plutinos im Kuiper-Gürtel. Bisher wurden nur wenige gefunden. Was ist, wenn man einen weiteren Plutino findet, der größer als Pluto und Triton ist? Dann wäre dies ein Planetoid, der größer ist als „Planet Pluto". Kleinplaneten dürfen aber nicht größer sein als Planeten, sonst verliert der Begriff seinen Sinn. Deshalb hat Astronom Marsden vorgeschlagen, Pluto als Kleinplaneten mit der Ordnungsnummer 10 000 (die inzwischen vergeben ist) zu führen. Er hat damit die Proteste zahlreicher Astronomen hervorgerufen. Manche sehen diese Diskussionen gelassener und sprechen von einem „Sturm im Wasserglas".
Andere schlugen einen Kompromiss vor: Man solle von „planetarischen Körpern" oder von „Kuiper-Belt-Objekten" sprechen. Pluto wäre dann „Objekt K-1". Doch Pluto seiner „Planetenwürde" zu berauben, ging den konservativen Astronomen dann doch zu weit. Der jetzige Direktor des Lowell-Observatoriums in Flagstaff, Robert Millis, konterte: „Marsdens Vorschlag ergibt keinen Sinn!" Was ein Wunder, wurde doch Pluto am Lowell-Observatorium entdeckt. Einen Planeten zu entdecken ist wesentlich prestigeträchtiger als einen Kleinplaneten zu finden, von denen schon Tausende aufgespürt wurden. „Wenn Pluto demontiert wird", so Millis, „warum dann nicht auch Merkur? Er ist ebenfalls kleiner als manche Planetenmonde, er hat keine Atmosphäre und keinen Mond, er ist schlicht ein totes Stück Felsen". Inzwischen ist die Debatte ruhiger geworden. Die Planetary Systems Sciences Division der IAU (International Astronomical Union) folgte nicht dem Vorschlag von Marsden. Pluto bleibt ein Planet – zumindest vorläufig. Eine scharfe Trennlinie zwischen einem „echten" Planeten und einem Planetoiden (auch Asteroiden genannt) kann aber nicht gezogen werden. Jeder „planetarische Körper" ist eine Besonderheit und ein Individuum für sich.

Juni 2001

Mars steht am 13. in Opposition zur Sonne. Am 22. erreicht er mit 67 Millionen Kilometern den geringsten Abstand von der Erde. Die Sonne passiert am 21. um 9^h38^m Sommerzeit den Gipfel ihrer Bahn im Sternbild Stier – der astronomische Sommer beginnt.

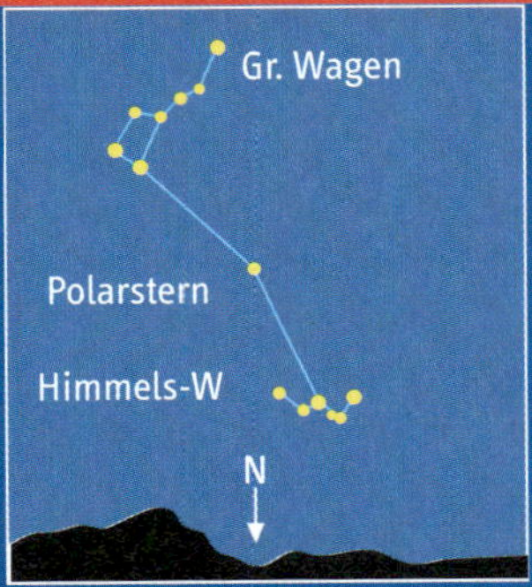

Großer Wagen und Himmels-W Anfang Juni um 22^h

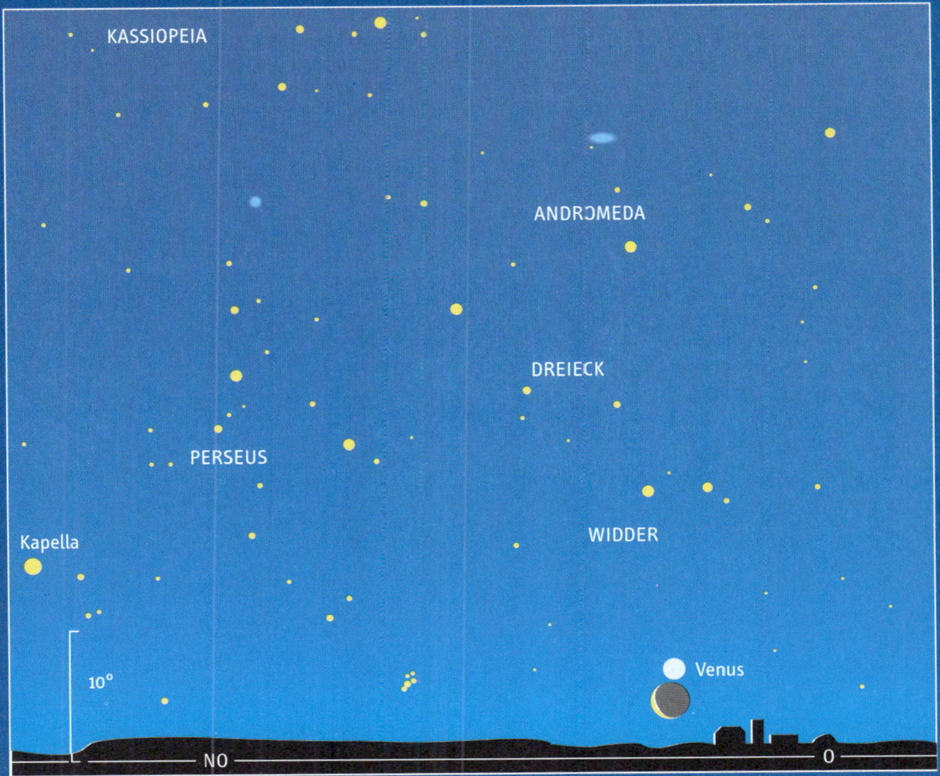

6.1 Anblick des Sternenhimmels am 18. Juni gegen 3^h MEZ (= 4^h MESZ). Tief am Osthimmel ist die Venus als Morgenstern erschienen. Zu ihr gesellt sich die Sichel des abnehmenden Mondes.

Sonnenlauf

21.6. 8^h38^m
Sonne tritt in das Tierkreiszeichen Krebs
21.6. 13^h
Sonne tritt in das Sternbild Zwillinge

Julianisches Datum am
1. Juni, 1^h MEZ: 2 452 061,5

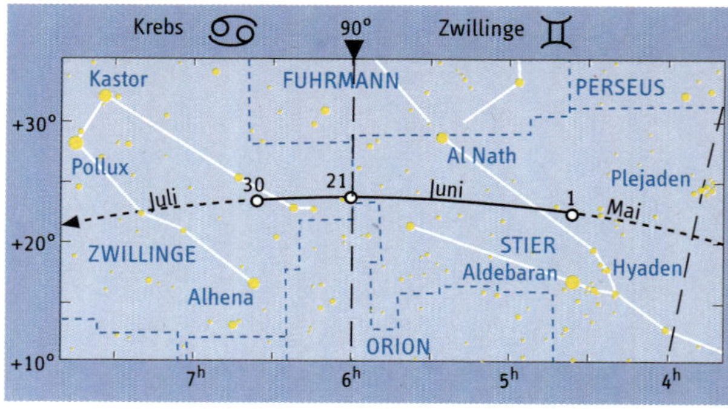

Tag	Dämmerg. Anfang	Aufgang MEZ	Kulmination	Untergang MEZ	Dämmerg. Ende	Mittagshöhe	Zeitgleichg.	Rektaszension	Deklination
	h m	h m	h m	h m	h m	°	m	h m	°
1.	2 33	4 16	12 18	20 20	22 04	62,1	+2	4 36	+22,0
5.	2 28	4 13	12 18	20 24	22 10	62,6	+2	4 52	+22,5
10.	2 23	4 11	12 19	20 28	22 16	63,0	+1	5 13	+23,0
15.	2 21	4 10	12 20	20 31	22 21	63,3	0	5 34	+23,3
20.	2 20	4 10	12 22	20 33	22 23	63,4	−2	5 54	+23,4
25.	2 22	4 12	12 23	20 33	22 23	63,4	−3	6 15	+23,4
30.	2 25	4 14	12 24	20 33	22 21	63,2	−4	6 36	+23,2

Tages- und Nachtstunden

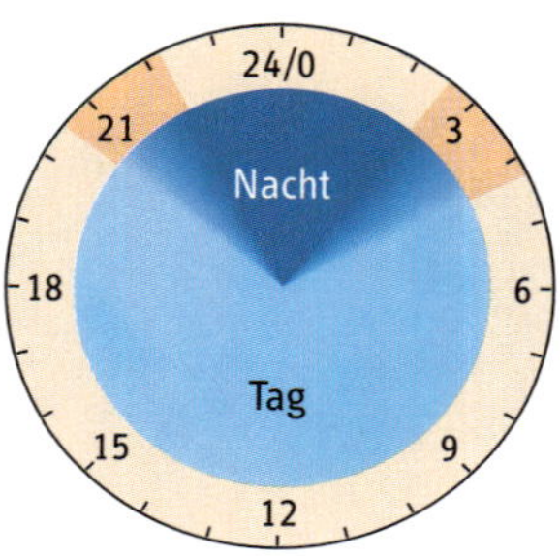

5. Juni

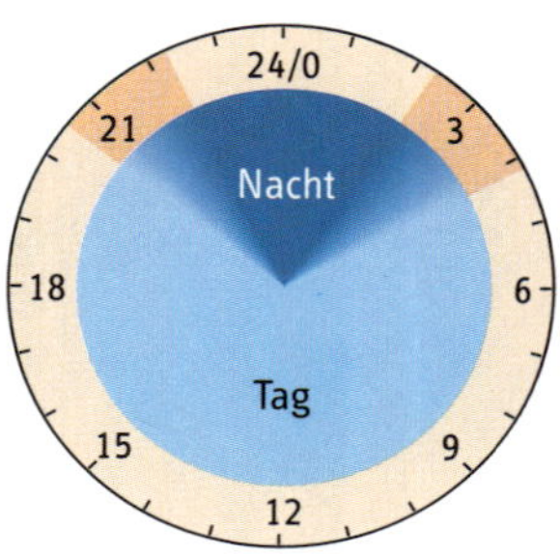

15. Juni

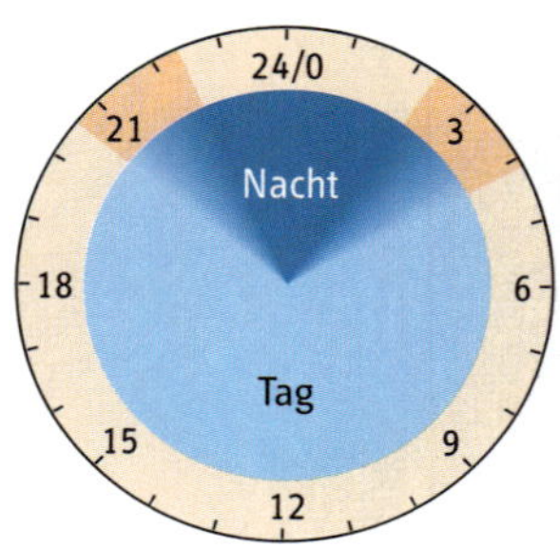

25. Juni

Mondlauf

Datum		Aufg. MEZ	Kulmination	Unterg. MEZ	Rektaszension	Deklination	Sterne und Sternbilder	Phase	MEZ
		h m	h m	h m	h m	°			
Fr	1.	14 53	20 57	2 27	12 37	+ 1,7	Jungfrau		
Sa	2.	16 09	21 45	2 48	13 27	− 3,7	Spica		
So	3.	17 24	22 34	3 10	14 17	− 8,9	Jungfrau		
Mo	4.	18 38	23 23	3 33	15 08	−13,6	Waage	Libration West	
Di	5.	19 49	–	4 01	16 01	−17,6	Waage		
Mi	6.	20 55	0 14	4 34	16 54	−20,6	Antares	**Vollmond**	**2^h39^m**
Do	7.	21 54	1 06	5 14	17 48	−22,6	Schütze	Absteigender Knoten	
Fr	8.	22 44	1 58	6 01	18 42	−23,4	Schütze, Nunki		
Sa	9.	23 25	2 49	6 56	19 35	−23,1	Schütze		
So	10.	23 57	3 39	7 57	20 27	−21,7	Steinbock		
Mo	11.	–	4 26	9 00	21 17	−19,3	Steinbock	Erdferne 405/29,′5	21^h
Di	12.	0 24	5 11	10 06	22 05	−16,2	Wassermann		
Mi	13.	0 47	5 54	11 11	22 51	−12,4	Wassermann		
Do	14.	1 07	6 37	12 17	23 36	− 8,1	Wassermann	**Letztes Viertel**	**4^h28^m**
Fr	15.	1 25	7 19	13 24	0 21	− 3,4	Fische	Größte Südbreite	
Sa	16.	1 44	8 02	14 33	1 06	+ 1,4	Walfisch		
So	17.	2 03	8 46	15 44	1 53	+ 6,4	Fische	Libration Ost	
Mo	18.	2 24	9 34	16 58	2 42	+11,2	Widder		
Di	19.	2 50	10 25	18 14	3 34	+15,6	Stier		
Mi	20.	3 23	11 21	19 31	4 30	+19,4	Stier, Hyaden		
Do	21.	4 04	12 20	20 42	5 30	+22,0	Stier, Al Nath	**Neumond**	**12^h58^m**
								Aufsteigender Knoten	
Fr	22.	4 58	13 22	21 45	6 32	+23,3	Alhena		
Sa	23.	6 05	14 25	22 35	7 36	+23,1	Pollux	Erdnähe 363/32,′9	18^h
So	24.	7 22	15 25	23 15	8 40	+21,2	Krebs, Krippe		
Mo	25.	8 43	16 23	23 46	9 40	+17,9	Löwe		
Di	26.	10 05	17 16	–	10 38	+13,5	Löwe, Regulus		
Mi	27.	11 25	18 07	0 11	11 33	+ 8,5	Löwe		
Do	28.	12 43	18 55	0 34	12 25	+ 3,0	Jungfrau	**Erstes Viertel**	**4^h19^m**
								Größte Nordbreite	
Fr	29.	13 58	19 43	0 55	13 16	− 2,4	Jungfrau		
Sa	30.	15 13	20 31	1 16	14 06	− 7,7	* Jungfrau	Libration West	

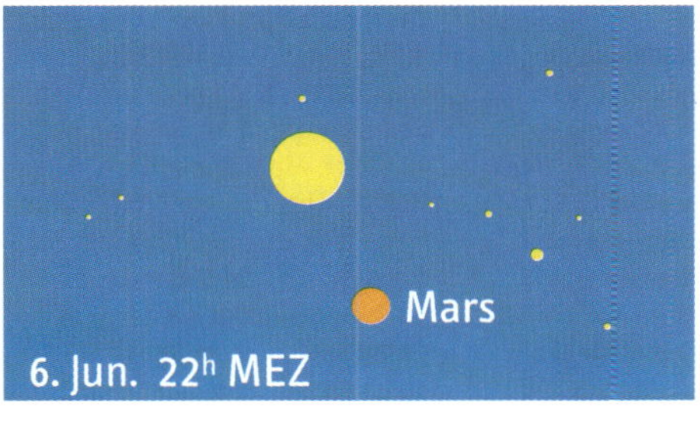

6. Jun. 22^h MEZ

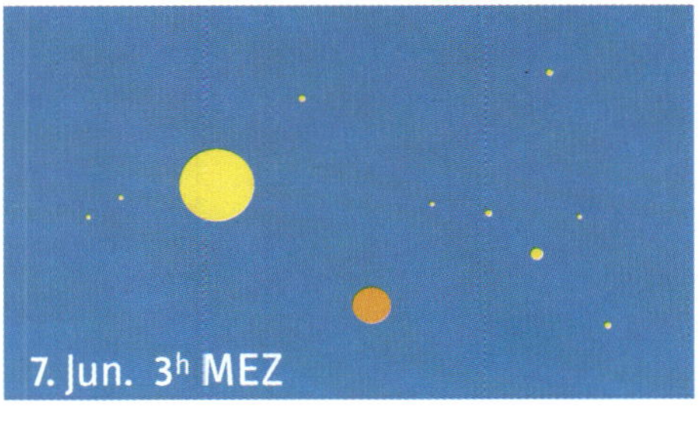
7. Jun. 3^h MEZ

Planetenlauf

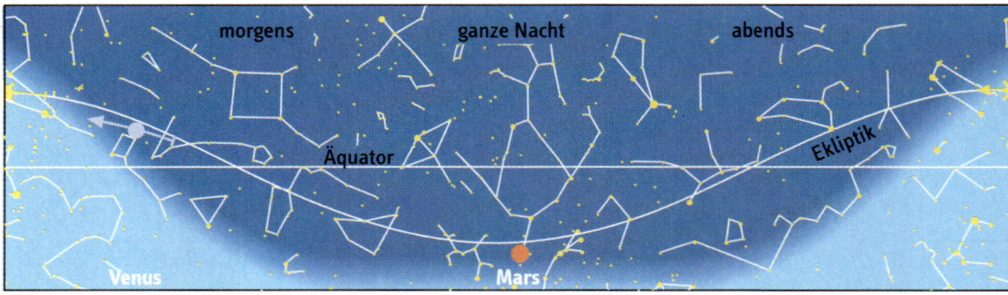

Merkur hat seine günstigste Abendsichtbarkeit des ganzen Jahres hinter sich – sie bot sich Mitte des Vormonats.
Am 4. wird Merkur stationär und setzt zu seiner Konjunktionsschleife an, die er im Gebiet der Sternbilder Stier und Zwillinge beschreibt (siehe Abb. 6.3 rechts oben). Anschließend eilt der flinke Planet rasch auf die Sonne zu, mit der er sich am 16. trifft: Merkur kommt an diesem Tag in untere Konjunktion mit ihr. Von der Erde aus gesehen, hält sich Merkur zwischen Sonne und Erde auf. Er ist allerdings nicht als dunkler Punkt vor der Sonnenscheibe erkennbar. Wegen der starken Neigung der Merkurbahn zur Ekliptik kommt es nur selten zu einem Merkurtransit. Diesmal wandert Merkur in unterer Konjunktion erheblich südlich an der Sonnenscheibe vorbei. Zur unteren Konjunktion erreicht Merkur mit 83 Millionen Kilometer (= 0,555 A. E.) seinen Minimalabstand von der Erde. Ein Funksignal eines Astronauten auf der Nachtseite des Merkurglobus bräuchte dann vier Minuten und 37 Sekunden, um zur Erde zu gelangen.
Merkur hält sich mit der Sonne am Taghimmel auf und bleibt im Juni unbeobachtbar. Auch die Begegnung mit Jupiter am 18. entgeht uns.
Am 13. läuft der sonnennahe Planet durch sein Aphel. Wieder rechtläufig wird Merkur am 28., womit er seine Konjunktionsschleife beendet.
Venus ist Morgenstern und erreicht am 8. mit 45°50′ Winkelabstand ihre größte westliche Elongation von der Sonne. Die Venusaufgänge verfrühen sich weiter, der Morgenstern wandert durch immer nördlichere Bezirke des Tierkreises. Am 28. tritt Venus in das Sternbild Stier. Zu Monatsanfang geht Venus um 2^h37^m auf, am Monatsende überschreitet sie bereits um 1^h52^m (= 2^h52^m Sommerzeit) die östliche Horizontlinie.
Am 9. zeigt sich das knapp 24″ große Venusscheibchen halb beleuchtet. Die Phase „Halbvenus" wird auch Dichotomie genannt. Am Tag der Dichotomie ist Venus 106 Millionen Kilometer (= 0,709 A. E.) von der Erde entfernt. Bis Monatsende schrumpft das Venusscheibchen auf 19″, der Beleuchtungsgrad nimmt auf 61 Prozent zu.
Ihr Aphel passiert Venus am 14., wobei sie 109 Millionen Kilometer (= 0,729 A. E.) von der Sonne entfernt ist.
Mars wird zum Glanzpunkt der gesamten Nacht: Am 13. kommt der rote Planet im Sternbild Schlangenträger, in das er bei seiner rückläufigen Bewegung am 1. Juni wieder eintritt, in **Opposition** zur Sonne. Es handelt sich diesmal um eine recht günstige Marsopposition. Am Tag der Opposition strahlt Mars mit $-2^m\!,4$ unübersehbar am Firmament. Er übertrifft dabei noch bei weitem Antares, in dessen Nähe er seine Oppositionsschleife zieht (siehe Abb. 6.4

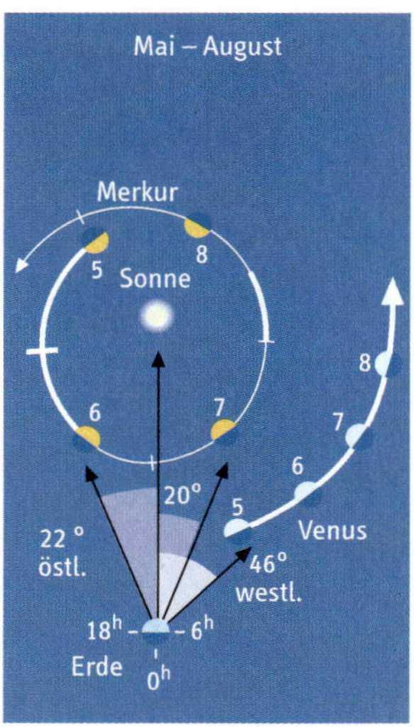

6.2 Heliozentrische Bewegungen von Merkur und Venus relativ zur Erde. In den dick ausgezogenen Bahnteilen sind die Planeten beobachtbar. Die Zahlen markieren die Positionen jeweils zum Monatsersten. Östlicher Winkelabstand bedeutet Abendsichtbarkeit, westliche Elongation: Planet steht am Morgenhimmel.

6.3 Merkurschleife im Gebiet Stier / Zwillinge.

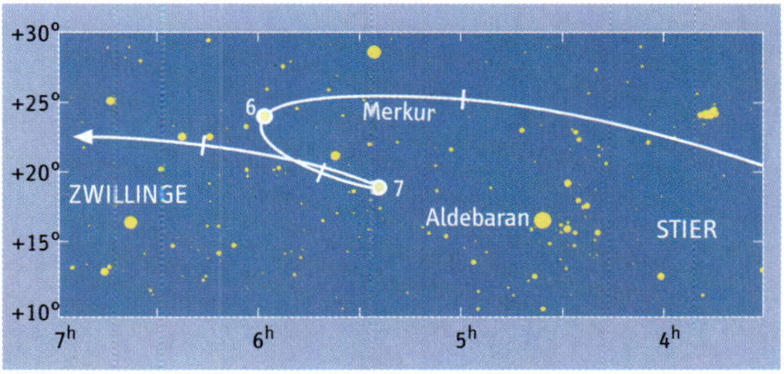

unten). Während des Monats steuert Mars rückläufig auf Antares zu. Das Marsscheibchen erreicht zur Opposition knapp 21″ scheinbaren Durchmesser, was den roten Planeten zu einem Leckerbissen für Fernrohrbeobachter werden lässt. Allerdings steht Mars diesmal mit fast −27° Deklination recht tief im Tierkreis, was der Beobachtung nicht förderlich ist.
Am Tag der Opposition geht Mars um 20^h40^m (= 21^h40^m Sommerzeit) auf, kulminiert um 0^h23^m und geht um 4^h02^m unter. Bis Monatsende verfrüht sich der Marsaufgang auf 19^h12^m und der Untergang auf 2^h29^m (= 3^h29^m Sommerzeit). Die Marshelligkeit geht leicht auf $-2\overset{m}{,}2$ zurück.
Seine geringste Entfernung von der Erde erreicht Mars nicht am Tag der Opposition, sondern wegen seiner stark elliptischen Bahn erst am 21. gegen Mitternacht. Zu diesem Zeitpunkt trennen uns 67,34 Millionen Kilometer (= 0,4502 A. E.) vom roten Planeten. Das Licht ist dann vom Mars drei Minuten und 45 Sekunden zur Erde unterwegs. Noch näher, nämlich bis auf 55,8 Millionen Kilometer (= 0,373 A. E.), wird Mars bei seiner nächsten Opposition Ende August 2003 an die Erde herankommen.
Jupiter wird im Stier am 14. von der Sonne eingeholt und steht in Konjunktion mit ihr. Der Riesenplanet hält sich somit am Taghimmel auf und bleibt nachts unsichtbar. Am Tag der Konjunktion ist Jupiter 915 Millionen Kilometer (= 6,12 A. E.) von der Erde und 763 Millionen Kilometer (= 5,10 A. E.) von der Sonne entfernt.
Saturn im Stier stand im letzten Drittel des Vormonats in Konjunktion mit der Sonne. Er hält sich mit der Sonne am Taghimmel auf und bleibt nachts unbeobachtbar. Erfahrene Beobachter können den Ringplaneten zu Monatsende bei guten Sichtbedingungen tief am Nordosthorizont ausmachen. Der $0\overset{m}{,}2$ helle Planet geht am 30. um 2^h29^m (= 3^h29^m Sommerzeit) auf.
Uranus wurde Ende des Vormonats stationär und wandert nun rückläufig durch den Steinbock. Seine Bewegung erfolgt allerdings so langsam, dass sie kaum auffällt (siehe Abb. 7.8 auf Seite

6.4 Scheinbare Bahn des Planeten Mars von März bis Oktober 2001. Der rote Planet zieht seine Oppositionsschleife im Gebiet der Sternbilder Skorpion, Schlangenträger und Schütze. Rechts oben ist die Lage der Plutooppositionsschleife (siehe auch Abb. 6.5) und links unten ein Stück der Ceres-Bahn (siehe auch Abb. 6.6) eingetragen.

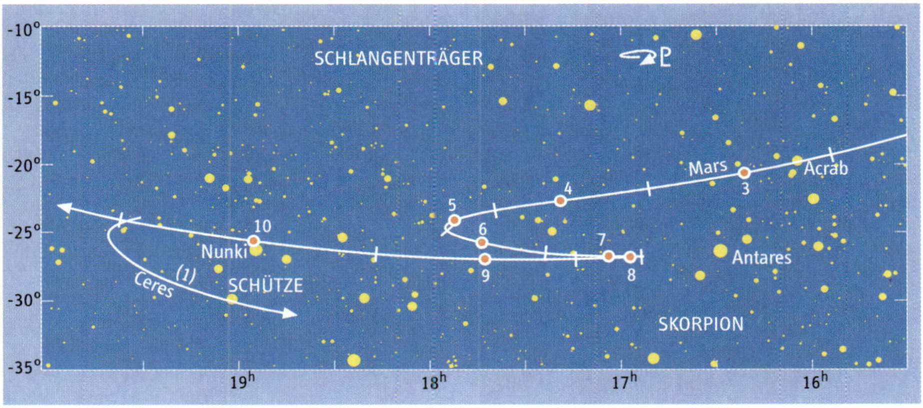

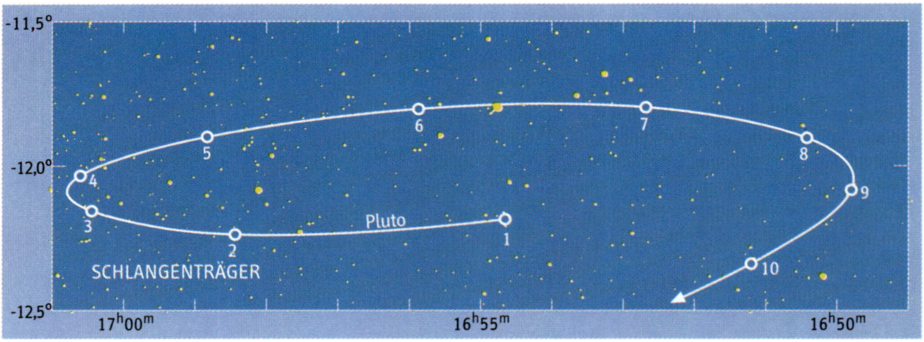

6.5 Scheinbare Bahn des Planeten Pluto im Jahre 2001.

126). Der grünliche Planet kann in der zweiten Nachthälfte aufgespürt werden. Seine Aufgänge verlagert er in die Zeit vor Mitternacht. Am 1. geht Uranus um 0^h36^m auf und am 15. um 23^h37^m. Am 30. erfolgt der Aufgang des $5{,}^m7$ hellen Uranus bereits um 22^h38^m (= 23^h38^m Sommerzeit).

Neptun, rückläufig im Steinbock, kann in der zweiten Hälfte der nunmehr sehr kurzen Nächte aufgefunden werden – lichtstarke Optik vorausgesetzt. Am 1. geht der $7{,}^m9$ helle Neptun um 23^h49^m auf, am 15. um 22^h54^m (= 23^h54^m Sommerzeit) und am 30. schon um 21^h54^m. Die Neptunkulmination erfolgt am 30. um 2^h29^m (= 3^h29^m Sommerzeit). Zu dieser Zeit setzt gerade die nautische Dämmerung ein. Die beste Zeit, um Neptun aufzusuchen, sind am Monatsende die beiden ersten Stunden nach Mitternacht. Zu Monatsbeginn stört wieder Mondlicht eine eventuelle Neptunbeobachtung.

Pluto kommt am 4. im Schlangenträger in **Opposition** zur Sonne. Der sonnenfernste und kleinste der neun Planeten unseres Sonnensystems ist auch der lichtschwächste und erreicht darum nur eine Oppositionshelligkeit von $13{,}^m8$. Nur besser ausgerüstete und erfahrene Beobachter können sich auf eine erfolgversprechende Suche nach dem neunten Planeten machen (siehe Abb. 6.4 auf Seite 107 und 6.5 oben).

Zur Opposition trennen Pluto 4397 Millionen Kilometer (= 29,39 A. E.) von der Erde. Dies entspricht einer Lichtlaufzeit von vier Stunden und vier

Konstellationen und Ereignisse

Datum	MEZ	Ereignis
4.	6^h	Merkur im Stillstand, anschließend rückläufig
4.	13	**Pluto in Opposition** zur Sonne
6.	20	**Mond bei Mars,** Mond $3{,}^\circ9$ nördlich, **Abstand $3{,}^\circ3$ um 22^h**
8.	6	Venus in größter westlicher Elongation (46°)
10.	9	Mond bei Neptun, Mond $3{,}^\circ0$ südlich
11.	17	Mond bei Uranus, Mond $3{,}^\circ3$ südlich
13.	15	Merkur im Aphel
13.	19	**Mars in Opposition** zur Sonne
14.	14	Jupiter in Konjunktion mit der Sonne
14.	20	Venus im Aphel
16.	14	Merkur in unterer Konjunktion mit der Sonne
17.	23	**Mond bei Venus,** Mond $1{,}^\circ7$ südlich, **Abstand $2{,}^\circ9$ um 3^h am 18.**
18.	16	Merkur bei Jupiter, Merkur $3{,}^\circ7$ südlich
19.	23	Mond bei Saturn, Mond $0{,}^\circ9$ südlich
21.	1	Mond bei Merkur, Mond $3{,}^\circ1$ nördlich
21.	4	Mond bei Jupiter, Mond $0{,}^\circ7$ südlich
21.	$8^h\ 38^m$	**Sonne im Sommerpunkt, Sommersonnenwende**
21.	13	Totale Sonnenfinsternis – von Mitteleuropa aus unbeobachtbar (siehe Seite 27 und Seite 113)
22.	0	**Mars in geringster Entfernung** von der Erde (67,3 Millionen km)
28.	8	Merkur im Stillstand, anschließend rechtläufig

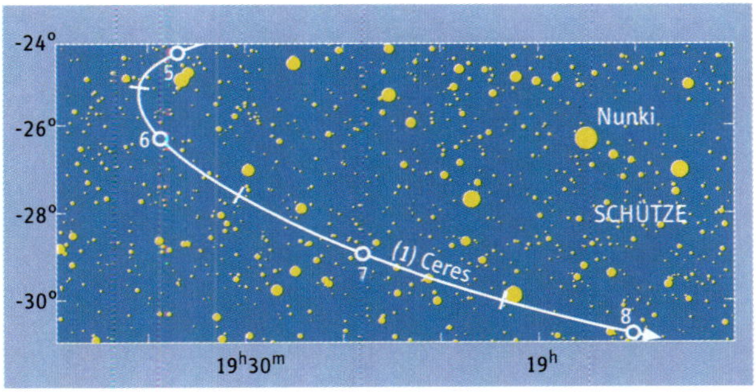

6.6 Scheinbare Bahn des Kleinplaneten Ceres (1) im Schützen von Mai bis Anfang August 2001.

Minuten. Von der Sonne ist Pluto am Oppositionstag 4546 Millionen Kilometer oder 30,39 A. E. entfernt.
Mit nur etwas mehr als $0\overset{''}{,}1$ scheinbarem Durchmesser erscheint Pluto im Teleskop als punktförmiges Sternchen und ist nur aufgrund seiner Position und Bewegung von Fixsternen zu unterscheiden.

Planetoiden

Ceres (1) eilt rasch rückläufig durch den Schützen, wobei sie immer südlicheren Deklinationen zustrebt, was ihr Auffinden nicht erleichtert (siehe Abb. 6.6 oben). Ceres nähert sich ihrer Oppositionsstellung, die sie Anfang nächsten Monats einnehmen wird.
Im Laufe des Monats steigt die Cereshelligkeit von $8\overset{m}{,}0$ auf $7\overset{m}{,}4$ an, was sie zu einem Fernglasobjekt werden lässt.
Am 1. kulminiert Ceres um $3^{h}20^{m}$, am 15. um $2^{h}18^{m}$ und am 30. bereits um $1^{h}07^{m}$ (= $2^{h}07^{m}$ Sommerzeit).
Pallas (2) hat ihre Opposition gerade hinter sich. Sie wandert rückläufig durch den Herkules (siehe Abb. 5.5 auf Seite 94). Die Pallashelligkeit sinkt um $0\overset{m}{,}2$ auf $9\overset{m}{,}4$ ab, was einige Erfahrung erfordert, um den Planetoiden Nr. 2 aufzuspüren.
Pallas passiert am 1. um $0^{h}29^{m}$ den Meridian, am 15. um $23^{h}18^{m}$ und am 30. bereits um $22^{h}09^{m}$ (= $23^{h}09^{m}$ Sommerzeit).

Periodische Sternschnuppenströme

Das schwache Maximum des **Scorpius-Sagittarius**-Stromes ist um den 14. Juni zu erwarten. Der Ausstrahlungspunkt oder Radiant liegt bei γ Sagittarii. Der Strom ist während des ganzen Monats aktiv. Wegen der geringen Höhe des Radianten sind Beobachtungen in unseren Breiten schwierig. Die beste Beobachtungszeit sind die Stunden um Mitternacht. Bei diesem Strom sind langsam fliegende Meteore (um 26 Kilometer pro Sekunde) zu registrieren.
Am 3. Juni erreichen die **Tau-Herkuliden** ihr Maximum. Dieser wenig bekannte und unauffällige Strom ist vom 19. Mai bis 14. Juni aktiv.
Am 8. und 9. Juni kann man nach den **Libriden** Ausschau halten. Der Radiant dieses Stromes liegt in der Waage.
Seit etwa zwanzig Jahren werden die **Juni-Lyriden** in der Zeit vom 10. bis 20. Juni beobachtet. Ihr Ausstrahlungspunkt liegt in der Leier. Ein Ursprungskomet ist noch nicht bekannt.
Zwischen dem 25. Juni und dem 2. Juli tauchen die **Corviden** auf, deren Radiant im Sternbild Rabe liegt. Am 27. Juni erreicht die Corvidenaktivität ihr Maximum.
Um den 28. Juni sind die **Juni-Draconiden** zu erwarten. Der Radiant liegt im Sternbild des Drachen. Die Draconiden sind ein kometarischer Strom, der seinen Ursprung auf den Kometen 7P/Pons-Winnecke zurückführt.

Der Fixsternhimmel

Die Dunkelheit setzt jetzt recht spät ein, – in nördlichen Breiten wird es überhaupt nicht vollständig finster – man erlebt die Zeit der hellen Nächte. Auch muss man die Sommerzeit berücksichtigen. So zeigt die Monatssternkarte die Situation zu Monatsbeginn um 24^{h} MESZ (= Mitteleuropäische Sommerzeit) und zur Monatsmitte um 23^{h} MESZ.
Allmählich macht sich die Umstellung zum Sommerhimmel bemerkbar, wenn auch die Frühlingssternbilder noch den Charakter des Fixsternhimmels

Veränderliche Sterne

Algol-Minima	3.	$20^{h}21^{m}$	18.	$4^{h}24^{m}$	21.	$1^{h}13^{m}$						
β-Lyrae-Minima	7.	7^{h} N	9.	18^{h} H	16.	6^{h} N	22.	17^{h} H	29.	4^{h} N		
δ-Cephei-Maxima	1.	6^{h}	6.	15^{h}	11.	24^{h}	17.	9^{h}	22.	18^{h}	28.	2^{h}

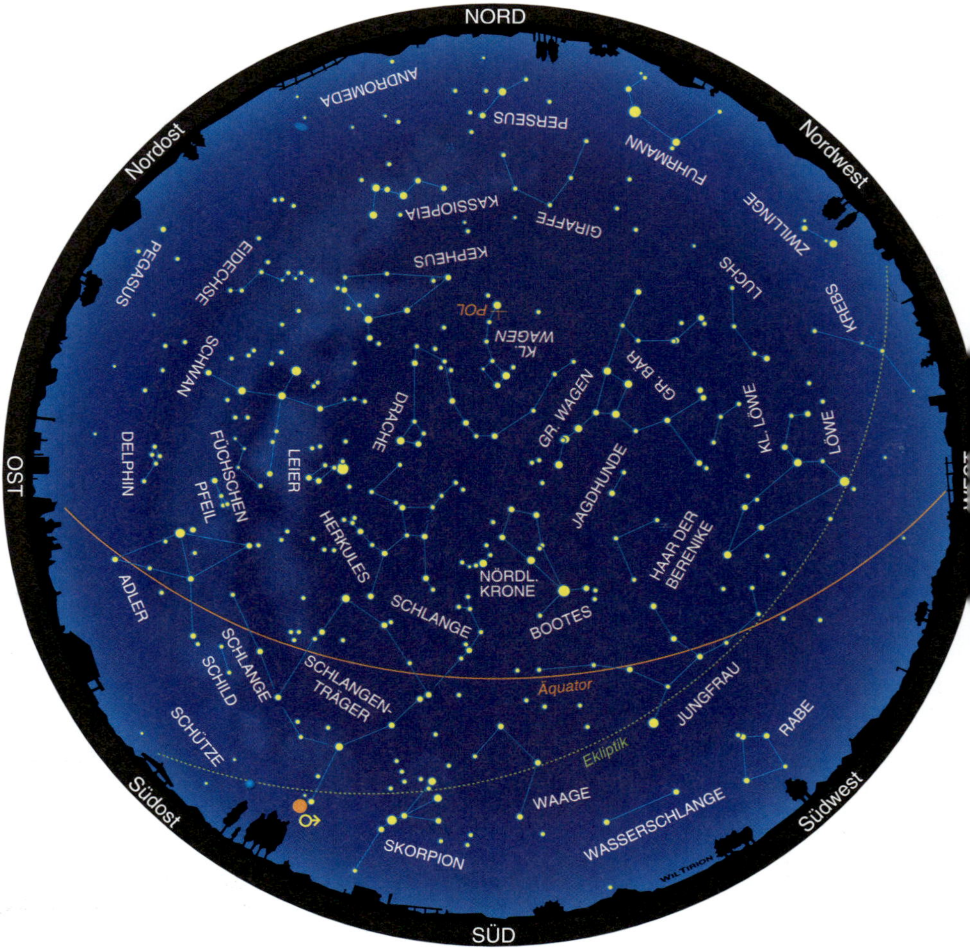

**Sternenhimmel
am 15. Juni
um 22h MEZ (23h MESZ).**

Fixsternhimmel auch gültig für:

	MEZ	MESZ
15. 2.	6h	
1. 3.	5	
15. 3.	4	
1. 4.	3	4h
15. 4.	2	3
1. 5.	1	2
15. 5.	0	1
1. 6.	**23**	**24**
15. 6.	**22**	**23**

bestimmen. Die Wintersternbilder sind jedoch allesamt von der Himmelsbühne verschwunden und im Osten sind die Sommerbilder im Anmarsch.
In der langsam zunehmenden Dunkelheit taucht als einer der ersten Sterne hoch im Süden der orange-rote Arktur auf. Auch die bläulich-weiße Wega wird gleichzeitig mit Arktur sichtbar. Wega steht schon ziemlich hoch im Osten. Bald darauf sieht man tief im Süden Antares im Skorpion – nicht zu verwechseln mit einem weiteren, helleren rötlichen Gestirn, das östlich von Antares auffällig leuchtet. Es ist kein Fixstern, sondern der Planet Mars. Nach und nach machen sich auch die Sterne zweiter und dritter Größe bemerkbar, so dass bekanntere Bilder bequem zu erkennen sind. Gerade in lauen Sommernächten, wo man sich gerne im Freien aufhält, entdeckt mancher sein Interesse am gestirnten Himmel. Es regt sich dann der Wunsch, wenigstens die wichtigsten Sternbilder kennenzulernen und auch selbst zu entdecken.

Als Einsteiger in die Sternenkunde wird man am besten seinen Streifzug am gestirnten Himmel klassisch beginnen, auch wenn man den einen oder anderen hellen Stern schon auf Anhieb identifiziert hat.
Man orientiere sich zunächst nach dem Großen Wagen, der steil über dem Beobachter knapp nordwestlich des Zenits leicht zu entdecken ist. Von ihm ausgehend findet man schnell den Löwen mit Regulus, der den Eindruck erweckt, als möchte er sich auf den Westhorizont stürzen, wo er eine Beute vermutet. Im Osten ist inzwischen das Sommerdreieck vollständig aufgegangen. Am höchsten steht dabei die eben erwähnte Wega in der Leier. In nordöstlicher Richtung findet man Deneb, den hellsten Stern im Schwan, und tief im Osten Atair im Adler. Wega, Deneb und Atair bilden das bekannte Sommerdreieck.
Fortgeschrittene Sternenliebhaber sollten einmal versuchen, den Schlangenträger samt Schlange auszumachen. Diese umfangreiche, aber lichtschwache Sternenfigur nimmt nun das Areal im Südosten ein und liegt auf der Verbindungslinie Wega-Antares.
Auch der Drache (lat.: Draco) ist ein gutes Übungsobjekt. Sein Kopf liegt nördlich der Wega. Er schlängelt sich um den Nordpol der Ekliptik und zwischen Großem und Kleinem Wagen hindurch. Der Drache bildet gewissermaßen eine Trennungslinie zwischen den beiden Sternbildern, also zwischen dem

6.7 Figürliche Darstellung des Sternbildes Drache in dem Sternatlas von Johann Elert Bode aus dem Jahre 1782.

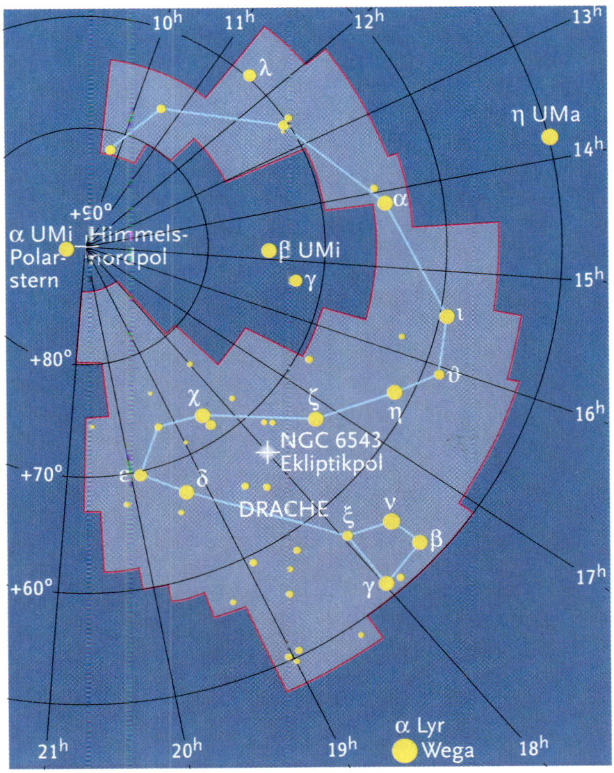

6.8 Skelettkarte des Sternbildes Drache (Draco), das sich über viele Rektaszensionsstunden zieht. Im Drachen liegt auch der Ekliptiknordpol, an dessen Stelle der planetarische Nebel NGC 6543 zu finden ist.

Großen und Kleinen Bär. Der Drache ist ein zirkumpolares Sternbild, das somit bei uns in jeder klaren Nacht zu sehen ist. Allerdings ist der gewundene Drachenleib schwer auszumachen. Im Sternbild Drache liegt auch der Nordpol der Ekliptik. Zwischen den Sternen δ und ζ stößt das nördliche Ende der Erdbahnachse (Senkrechte auf der Ekliptikebene) bei $\alpha = 18^h00^m$ und $\delta = 66°34'$ (bei jedem Äquinoktium) durch die Himmelskugel. Fast genau am Ekliptiknordpol findet man den planetarischen Nebel NGC 6543, ein kleines, grünliches Scheibchen von $0.'3$ Durchmesser und $8.^m8$ Helligkeit. Etwa $1.^\circ5$ östlich vom Ekliptikpol liegt gegenwärtig der Himmelsnordpol des Mondes im Drachen. Alte Darstellungen des Drachens zeigen ihn mit Flügeln, wobei die Flügel von den Sternen des Kleinen Wagens dargestellt werden. Der Drache gehört zur Herkules-Sage. Als hundertköpfiger Drache namens Ladon, der niemals schläft, bewacht er die goldenen Äpfel der Hesperiden. Herkules selbst kulminiert Anfang Juni um Mitternacht. Herkules ist kein leicht zu erkennendes Sternbild, hellere Sterne, nämlich erster und zweiter Größe, gibt es im Herkules keine. Der Hauptstern Ras Algethi (α Herculis) ist ein veränderlicher Stern dritter bis vierter Größenklasse. Im Herkules findet sich der schöne Kugelhaufen M 13, hellster und prominentester Kugelhaufen des nördlichen Himmels. Schon mit bloßen Augen gerade noch erkennbar, ist er ein sehr schönes Fernglasobjekt. Im Teleskop wird er zu einer eindrucksvollen Erscheinung.

Wesentlich leichter zu finden, weil recht markant und leicht einprägsam, ist die Nördliche Krone (lat.: Corona Borealis), die eben zur Standardbeobachtungszeit kulminiert. Ein kleiner, aber auffallender Halbkreis bildet die Krone. Der etwas hellere Stern im Halbkreis heißt Gemma (lat., Edelstein) und ist der Hauptstern der Krone (α Coronae Borealis).

Der klassischen Mythologie nach gehört die Krone zum Sagenkreis um Theseus, den legendären König der Landschaft Attika und der Stadt Athen. Theseus erhält die Krone von der Meeresgöttin Amphitrite. Nach bestandenen Abenteuern auf Kreta schenkt Theseus die Krone der Ariadne, Tochter des Königs Minos von Kreta. Nachdem Theseus Ariadne verlassen hat, erscheint deren eifersüchtiger Verlobter Dionysos, reißt ihr die Krone vom Haupt und schleudert sie gen Himmel, wo sie noch heute unter den Sternen zu sehen ist.

Die totale Sonnenfinsternis vom 21. Juni 2001

Eine totale Sonnenfinsternis gehört wohl zu den beeindruckendsten Naturschauspielen, die Menschen erleben können. Sie prägen sich so nachhaltig ins Gedächtnis ein, dass sie über viele Generationen überliefert werden. Berichte über Sonnenfinsternisbeobachtungen aus ferner Vergangenheit gehören zu den ältesten Dokumenten der Menschheitsgeschichte. Zu allen Zeiten bewegten solch kosmische Schattenspiele die Gemüter der Menschen. Vor allem in alten Zeiten, als die Ursachen und der Verlauf einer totalen Sonnenfinsternis der Bevölkerung weitgehend unbekannt waren, rief das Verschwinden der Sonne mitten am Tag helle Aufregung und tiefe Betroffenheit hervor. Oft fehlte jede Vorwarnung und umso größer war die Bestürzung, wenn scheinbar die Sonne von einem Ungeheuer offensichtlich verschlungen wurde. Doch stets hatten die Gegenmaßnahmen wie Geschrei oder Gebete Erfolg. Die Sonne tauchte jedesmal wieder unversehrt auf und schien wieder für alle – sol omnibus lucet. Heutzutage werden Sonnenfinsternisse in astronomischen Jahrbüchern wie in den Medien rechtzeitig angekündigt. Dennoch sind die Menschen auch heute noch vom Erlebnis einer Sonnenfinsternis fast immer tief beeindruckt und emotional berührt. Nicht anders sind die vielen enthusiastischen Berichte von Sonnenfinsternisbeobachtern zu erklären, die oft weite Reisen um den halben Erdball unternehmen, um die wenigen Augenblicke zu genießen, die der Anblick der vom Neumond vollständig abgedeckten Sonnenscheibe und der sie umgebenden Strahlenfülle der Sonnenkorona bietet. Denn nur wenige Minuten lang verfinstert der Mond die Sonne vollständig. Maximal etwas mehr als sieben Minuten dauert die Totalität bei einer Sonnenfinsternis – und dies nur in seltenen Fällen.

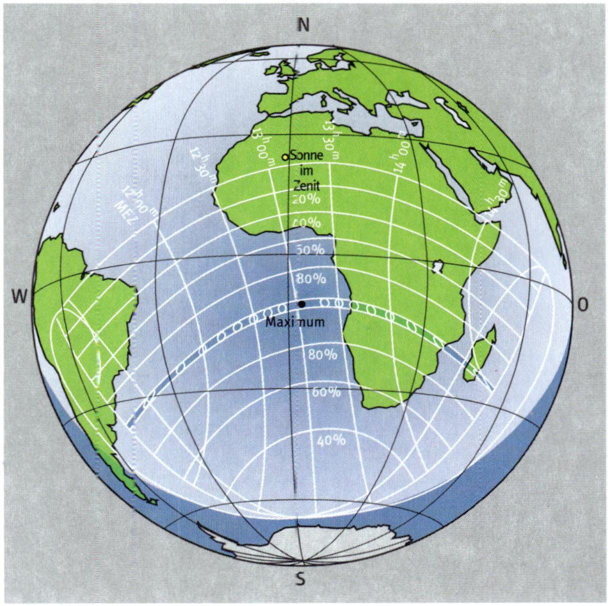

6.9 Globaler Verlauf der totalen Sonnenfinsternis vom 21. Juni 2001. Die Kernschattenzone verläuft vom Südatlantik aus über Afrika und Madagaskar und endet im Indischen Ozean. Das Maximum wird an einem Ort im Südatlantik erreicht.

Nur wenige Menschen kommen in ihrem kurzen Erdendasein in den Genuss, eine totale Sonnenfinsternis verfolgen zu können. Für einen vorgegebenen Ort auf der Erde ereignet sich nämlich nur alle paar hundert Jahre eine totale Sonnenfinsternis. Und wenn sie dann einmal eintritt, dann verhindert ein übelgelaunter Wettergott die Beobachtung, indem er dicke Wolken vor die Sonne schiebt. So fand beispielsweise die vorletzte totale Sonnenfinsternis, die von Stuttgart aus beobachtbar war, am Mittwoch, 12. Mai 1706 statt. Die letzte ereignete sich am Mittwoch, 11. August 1999. Hunderttausende Menschen strömten in die Totalitätszone, um einen Blick auf die verfinsterte Sonne zu werfen. Eine Westwetterlage verhinderte durch Wolken und Regen die Beobachtung dieser totalen Sonnenfinsternis in weiten Teilen Mitteleuropas. Nur hier und da gab es Wolkenlücken, durch die man das phantastische Himmelsschauspiel verfolgen konnte. Die nächste von Stuttgart aus sichtbare totale Sonnenfinsternis findet erst am Montag, 14. Juni 2151, statt. Im Bodenseegebiet wird man „schon“ am Mittwoch, 3. Sep-

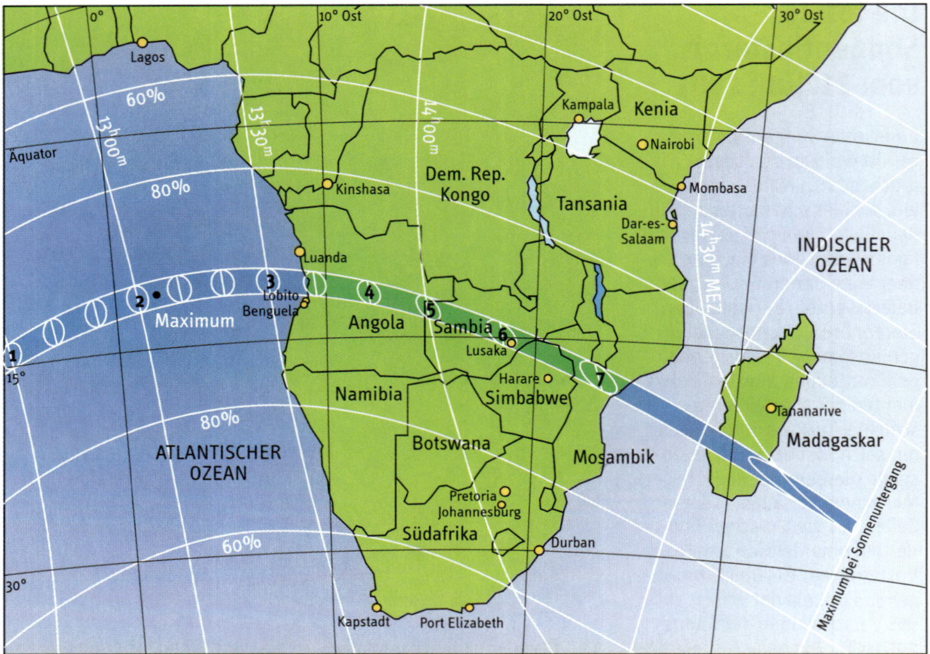

	1	2	3	4	5	6	7
Maximum (MEZ)	12^h30^m	13^h00^m	13^h30^m	13^h50^m	14^h00^m	14^h10^m	14^h20^m
Totalitätsdauer	4^m32^s	4^m56^s	4^m45^s	4^m19^s	4^m01^s	3^m38^s	3^m09^s
Sonnenhöhe	49°	55°	51°	44°	39°	32°	23°

6.10 Verlauf der totalen Sonnenfinsternis im südlichen Afrika. Der Kernschatten des Mondes überstreicht Angola, Simbabwe, Sambia, Mosambik und Madagaskar.

tember 2081, vom Kernschatten des Mondes getroffen.
Wer in seinem Leben wenigstens einmal eine totale Sonnenfinsternis zu Gesicht bekommen möchte, muss sich in den meisten Fällen auf Reisen begeben. Man muss den schmalen Streifen aufsuchen, der vom Kernschatten des Mondes überstrichen wird. Nur für Orte in dieser sogenannten Totalitätszone bedeckt der Mond die Sonne vollständig und man kann all die phantastischen Phänomene beobachten, die so oft von Sonnenfinsternisbeobachtern beschrieben wurden: Die unwirklich anmutende Korona, Sterne und Planeten mitten am Tag, Flammenzungen am Sonnenrand, den Diamantring, den heranrasenden Mondschatten, den kühlen Hauch des Finsterniswindes, fliegende Schatten, die Reaktionen von Tieren und Pflanzen, ein eigentümliches Dämmerungslicht und vieles mehr.
Die nächste totale Sonnenfinsternis findet am Donnerstag, 21. Juni 2001 statt. Sie ist vom Südatlantik, dem südlichen Afrika, Teilen des Indischen Ozeans und von Madagaskar aus beobachtbar. Von Europa aus kann die Finsternis nicht gesehen werden, nicht einmal eine ihrer partiellen Phasen. Alle Gebiete nördlich des Wendekreises des Krebses gehen leer aus.
Die totale Sonnenfinsternis am Tag des Sommerbeginns 2001 ist die erste im dritten Jahrtausend. Sie beginnt um 11^h36^m MEZ, wenn der Kernschatten des Mondes erstmals die Erdoberfläche im Südatlantik etwa 400 Kilometer südöstlich von Uruguay berührt. Am Terminator (Sonnenaufgangslinie) dauert die Totalität im Zentrum der 127 Kilometer breiten Kernschattenzone 2^m06^s.
In den folgenden zwei Stunden überquert der Kernschattenkegel des Mondes den Südatlantik, bis er auf die Südwestküste Afrikas trifft. Noch im Atlantik wird der Höhepunkt der Finsternis um $13^h03^m41^s$ MEZ er-

reicht. Der Höhepunkt einer Sonnenfinsternis tritt immer dann ein, wenn die Achse des Kernschattenkegels den geringsten Abstand vom Erdmittelpunkt erreicht. Die maximale Totalitätsdauer von 4^m57^s stellt sich am Ort 2°45′ östlicher Länge und 11°15′ südlicher Breite ein. Die Sonne steht dabei 55° hoch über dem Nordhorizont. Die Breite der Kernschattenzone misst an diesem Ort 200 Kilometer. Er liegt etwa 1100 Kilometer westlich der afrikanischen Südatlantikküste. An dieser Stelle rast der Mondschatten mit knapp 2000 Kilometer pro Stunde dahin, das ist etwas mehr als ein halber Kilometer pro Sekunde.

Etwa eine halbe Stunde nach dem Höhepunkt trifft der Kernschatten die afrikanische Westküste. Durch die Krümmung der Erdoberfläche wird der auf die Erdoberfläche projizierte Kernschattenpfad nach dem Finsternismaximum wieder schmaler, weil der Kernschatten des Mondes konisch, also kegelförmig ist und die Entfernungen Erdorte – Mond zunehmen.

Die Küste von Angola erreicht der Mondkernschatten um 13^h36^m MEZ bei dem Ort Sumbe, etwa 200 Kilometer südlich der Hauptstadt Luanda. Auf der Zentrallinie nahe Sumbe dauert die Kernschattenphase (also die Totalität) 4^m36^s bei einer Sonnenhöhe von 49° und einer Breite des Schattenpfades von 193 Kilometer.

Weiter eilt der Kernschatten mit rund 2300 Kilometer pro Stunde Geschwindigkeit und überschreitet bereits um 13^h57^m MEZ die Westgrenze von Sambia, wo die Totalität 4^m06^s dauert. Anschließend rast der Mondschatten nach Südosten und streift Sambias Hauptstadt Lusaka, die für 3^m14^s im Kernschatten liegt. Lusaka befindet sich 35 Kilometer südlich der Zentrallinie, wo die Totalität auf gleicher Länge 3^m35^s währt und die Sonne 31° über dem Nordhorizont steht. Kurz darauf überschreitet der Schattenkegel den Sambesi-Fluss und setzt seinen Weg über Simbabwe und Mosambik fort, wobei er einige hundert Kilometer entlang der Grenze beider Staaten verläuft. Die Totalitätszone zieht nur hundert Kilometer nördlich von Harare, dem Regierungssitz von Simbabwe, vorbei, wo um 14^h15^m MEZ knapp 98 % des scheinbaren Sonnendurchmes-

Verlauf der Kernschattenzone der totalen Sonnenfinsternis vom 21. Juni 2001

MEZ	Zentrallinie geogr. Breite	Zentrallinie geogr. Länge	Sonnenhöhe	Breite der Kernschattenzone in km
$11^h\,36^m$	−36° 37′	−50° 02′	0°	127
11 40	−30 39	−37 57	12	140
11 50	−24 25	−26 36	26	155
12 00	−20 48	−20 12	34	165
12 10	−18 09	−15 22	40	173
12 20	−16 05	−11 20	45	180
12 30	−14 27	−07 46	49	187
12 40	−13 10	−04 30	52	192
12 50	−12 11	−01 23	54	196
13 00	−11 27	+01 38	55	199
13 10	−11 00	+04 39	55	200
13 20	−10 47	+07 43	54	200
13 30	−10 52	+10 55	51	197
13 40	−11 13	+14 20	48	193
13 50	−11 56	+18 06	44	186
14 00	−13 05	+22 25	39	179
14 10	−14 50	+27 39	32	170
14 20	−17 40	+34 47	23	158
14 30	−24 54	+51 05	4	136
14 32	−26 45	+55 14	0	131

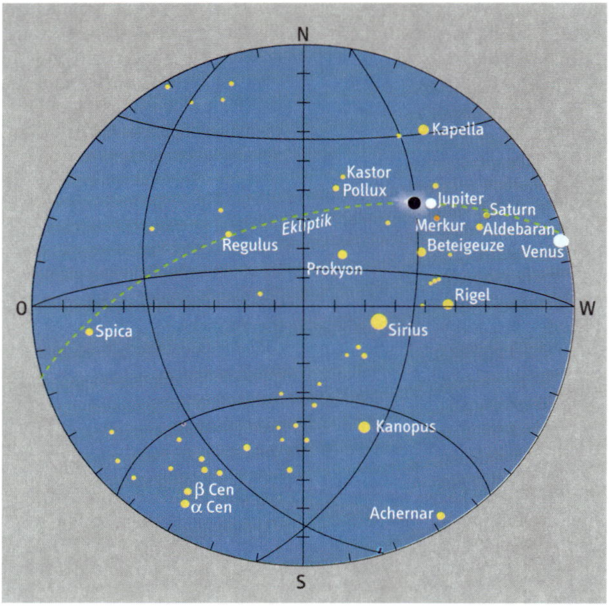

6.11 Der Sternenhimmel um die verfinsterte Sonne am 21. Juni 2001 um 14^{h} MEZ, dies entspricht der Ortszeit für 22° östlicher Länge und 13° südlicher Breite. Neben der Sonne stehen Jupiter und Merkur, weiter westlich Saturn. Venus ist tief am Westhorizont auszumachen.

sers vom Mond bedeckt werden. Der Mondschatten verlässt Simbabwe, eilt weiter durch Mosambik und erreicht um $14^{h}20^{m}$ den Indischen Ozean bei Chinde an der afrikanischen Ostküste. Fast gleichzeitig streift die Nordgrenze des Kernschattens den Staat Malawi. An der Ostküste dauert die Totalität $3^{m}09^{s}$ bei einer Sonnenhöhe von nur noch 23°. Der Mondschatten wird nun zunehmend schneller und rast mit über 6100 Kilometer pro Stunde auf den offenen Ozean hinaus, wo er bald bei Morombe auf die Westküste Madagaskars trifft. An der Westküste dauert die Totalität nur mehr $2^{m}25^{s}$ (um $14^{h}28^{m}$ MEZ), wobei die Sonne nur noch 11° über dem Nordwesthorizont steht. Das Kernschattengebiet ist hier schon eine langgestreckte Ellipse, die Madagaskar in voller Breite überdeckt.
Nach der Überquerung Madagaskars verlässt der Kernschatten die Erdoberfläche im Indischen Ozean um $14^{h}32^{m}$ MEZ bei Sonnenuntergang am Ort 54°57′ östlicher Länge und 26°45′ südlicher Breite. Dann hat er eine ungefähr 12 000 Kilometer lange aber maximal 200 Kilometer breite Spur in nur 2 Stunden und 54 Minuten gezogen. Dabei wurden nur 0,3% der Erdoberfläche vom Kernschatten des Mondes getroffen. Ausschließlich in diesem schmalen Korridor erlebt man eine totale Sonnenfinsternis. Dies macht verständlich, weshalb man an einem bestimmten Ort der Erde so selten vom Kernschatten des Mondes getroffen wird. Es gibt gelegentlich Ausnahmen, wie beispielsweise die angolanische Küste bei Sumbe, wo bereits am 4. Dezember 2002 der Kernschatten abermals über diesen Küstenstreifen gehen wird. Für zwei Minuten wird der Neumond die Sonne dort vollständig bedecken. Es tritt der seltene Fall ein, dass vom gleichen Ort aus zwei aufeinanderfolgende totale Sonnenfinsternisse beobachtet werden können. Zum Zeitpunkt der Sonnenfinsternis im Juni 2001 herrscht im südlichen Afrika die relativ trockene Wintersaison. Häufig ist das Wetter sonnig. Insgesamt sind die Aussichten gut, einen ungetrübten Blick auf die Sonne werfen zu können.
Auf der atlantischen Seite kühlt der Benguela-Strom mit kaltem Wasser von 13 °C die afrikanische Küste und mäßigt die Bewölkung. An der afrikanischen Ostküste trifft der warme Äquatorstrom aus dem Indischen Ozean mit rund 20 °C Wassertemperatur auf Mosambik und Tansania.
In Simbabwe und Mosambik erhebt sich das ostafrikanische Hochland bis 2000 Meter über dem Meeresspiegel. Die Berge blocken die feuchten Ostwinde vom Indischen Ozean ab und sorgen für blauen Himmel. Über den Flusstälern sind dagegen eher Wolken anzutreffen, speziell entlang des Sambesi-Flusses, der teilweise die Grenze zwischen Simbabwe und Mosambik bildet und entlang der auch die Totalitätszone verläuft. An der Westküste Madagaskars sind die Sichtbedingungen kritischer. Abgesehen von der tiefen Stellung der Sonne über dem Westhorizont zur Totalitätszeit steigen hier die Gebirgszüge bis auf über 2500 Meter steil an. Die feuchten Meereswinde werden zum Aufstieg gezwungen, bilden Wolken und regnen ab.

Von den Wetteraussichten ist Angola Favorit. In den meisten Gegenden liegt die Bewölkungswahrscheinlichkeit für Mitte Juni unter 10%, teilweise sogar unter 5%. Allein der angolanische Bürgerkrieg lässt es nicht ratsam erscheinen, diese Gegend aufzusuchen.

Im Sambia ist die Infrastruktur nicht mit der eines üblichen Touristenlandes vergleichbar. Vierradgetriebene Fahrzeuge, weitgehend autonome Versorgung und große Erfahrungen im Reisen durch unwegsames Gelände sowie eine Portion Wagemut und Abenteuerlust sind erforderlich, um hier die Totalitätszone zu erreichen. Simbabwe dagegen hat eine gewisse touristische Infrastruktur und die Totalitätszone ist von der Hauptstadt Harare relativ unproblematisch auf straßenähnlichen Pisten zu erreichen. Auch gibt es etliche Safari-

Verlauf der totalen Sonnenfinsternis vom 21. Juni 2001 für einige Orte in Afrika

Ort	Geographische Breite	Länge	MAXIMUM MEZ	Sonnenhöhe	Größe	Bedeckungsgrad	Totalitätsdauer
ANGOLA:							
Andulo	−11°30′	+16°45′	13^h47^m	46°	1,020	100%	4^m21^s
Calucinga	−11 18	+16 12	13 45	46	1,018	100	4 17
Ebo	−11 02	+14 41	13 41	48	1,018	100	4 23
Gumba	−11 40	+16 34	13 46	46	1,022	100	4 25
Huambo	−12 44	+15 47	13 44	46	0,989	99,2	–
Lobito	−12 20	+13 34	13 37	48	0,991	99,4	–
Luanda	− 8 48	+13 14	13 38	51	0,961	96,1	–
Ngunza	−11 13	+13 50	13 39	49	1,022	100	4 35
Pt. Amboim	−10 44	+13 44	13 38	49	1,013	100	4 06
MADAGASKAR:							
Manja	−21 26	+44 20	14 28	12	1,008	100	2 09
Morombe	−21 45	+43 22	14 27	13	1,010	100	2 22
Tananarive	−18 55	+47 31	14 32	10	0,900	88,2	–
MOSAMBIK:							
Beira	−19 49	+34 52	14 19	22	0,964	96,4	–
Chinde	−18 37	+36 24	14 22	21	1,014	100	2 52
SAMBIA:							
Balovale	−13 33	+23 06	14 01	38	1,016	100	3 46
Lusaka	−15 25	+28 17	14 11	31	1,013	100	3 14
SIMBABWE:							
Harare	−17 50	+31 03	14 15	27	0,976	97,8	–
Rusambo	−16 35	+32 12	14 17	26	1,021	100	3 19
SÜDAFRIKA:							
Durban	−29 55	+30 56	14 06	20	0,677	60,4	–
Johannesburg	−26 15	+28 00	14 04	25	0,735	67,5	–
Kapstadt	−33 55	+18 22	13 37	27	0,513	41,0	–
TANSANIA:							
Daressalaam	− 6 48	+39 17	14 28	23	0,657	57,9	–
Sansibar	− 6 10	+39 11	14 28	24	0,640	55,8	–

6.12 Aufnahme der totalen Sonnenfinsternis vom 11. August 1999. Besonders beeindruckend erscheinen die lachsroten Flammenzungen, die so genannten Protuberanzen am Sonnenrand (Aufnahme von Albert Sciesielski, Privatsternwarte Bittenfeld, 11. 08. 1999, 11^h33^m MEZ).

Camps zum Übernachten. Die Bewölkungswahrscheinlichkeit ist in Simbabwe allerdings ein wenig größer als in Angola. Je weiter östlich man geht, desto eher ist mit Wolken zu rechnen. Außerdem hängt die Bewölkung hier sehr von lokalen Gegebenheiten ab. Der günstigste Ort dürfte noch an der Grenze zu Sambia liegen, wo mit 70% bis 80% Wahrscheinlichkeit Sonnenschein zu erwarten ist. Mosambik ist noch die wolkenreichste Gegend auf dem Weg des Kernschattens über Afrika, obwohl die Aussichten auch hier nicht schlecht sind. Der Juni ist die kühlste und trockenste Zeit des ganzen Jahres.

Zur Beobachtung einer Sonnenfinsternis gehören entsprechende Vorbereitungen. Stets ist der Sicherheitsaspekt zu beachten. Gebetsmühlenartig wird immer wieder davor gewarnt: **Niemals direkt und ungeschützt in die Sonne sehen, schwere Augenschäden bis zu vollkommener Erblindung drohen!** Erst recht darf man **nicht mit einem Fernglas** oder gar **einem Teleskop** ungeschützt **in die Sonne sehen.** Hier wird innerhalb von Sekundenbruchteilen ein Auge ruiniert. Trotz zahlreicher und stets wiederholter Warnungen und trotz in weiten Teilen Mitteleuropas schlechten Wetters gab es zahlreiche Augenschäden, als unvorsichtige Zeitgenossen ohne ausreichenden Schutz die Sonnenfinsternis vom 11. August 1999 beobachten wollten. Wie man eine Sonnenfinsternis sicher und erfolgreich beobachtet, ist im *Himmelsjahr 1999* im Monatsthema Juli: „Wie beobachtet man eine Sonnenfinsternis?“ auf Seite 134 ausführlich beschrieben.

Wer eine Reise zur Beobachtung der totalen Sonnenfinsternis vom 21. Juni 2001 plant, sollte sich am besten erfahrenen Amateurastronomen anschließen oder sich von ihnen rechtzeitig vorher beraten lassen. Auskünfte geben dazu auch Sternwarten, Planetarien und astronomische Vereine (siehe Verzeichnis auf Seite 237).

Während der Totalität kann man bei klarem Himmel die helleren Sterne und Planeten erkennen. Die Abb. 6.11 zeigt den Himmelsanblick während der Totalität um 14^h00^m MEZ von Sambia aus. Knapp neben der Sonne steht der $-1^m{,}5$ helle Jupiter, der seine Konjunktion eben hinter sich hat. Nicht weit davon hält sich Merkur auf, der mit nur $2^m{,}7$ Helligkeit nicht leicht mit bloßen Augen zu erkennen ist – ein gutes Fernglas sollte zur Hand sein. Ein wenig nördlich von Aldebaran stößt man auf Saturn, der mit $0^m{,}3$ auch dem bloßen Auge sofort auffällt. Tief am Westhorizont hält sich Venus ($-3^m{,}3$) auf. Unübersehbar strahlt Sirius – mit $-1^m{,}5$ hellster Fixstern – hoch am Himmel.

Auch der zweithellste Fixstern des Firmaments, Kanopus im Schiffskiel, steht am Finsternishimmel. Um den $-0^m{,}7$ hellen Kanopus zu sehen, muss man sich um 180° drehen, wenn man vorher zur verfinsterten Sonne geblickt hat. Denn die Sonne steht im Nordwesten, Kanopus aber am Südhimmel.

Ein Stück südlich der Sonne ist Orion mit Beteigeuze und Rigel zu finden. Für Europäer sieht der Himmelsjäger seltsam aus. Er scheint umgekippt rechts oberhalb der Sonne zu liegen. Orion sieht eher aus wie ein Schmetterling und nicht wie ein männlicher Krieger.

Tief am Südosthorizont steigen gerade die Hufsterne des Zentauren, α und β Centauri, auf.

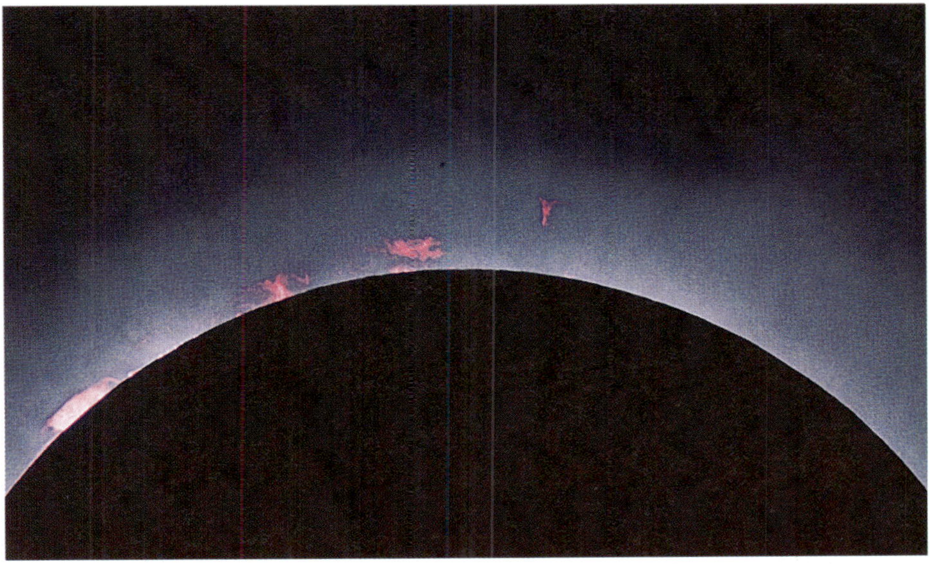

6.13 Protuberanzen am Rande der total verdeckten Sonnenscheibe. Aufnahme mit dem Sonnenteleskop der Sternwarte Welzheim, gewonnen am 11. August 1999 um 11h34m MEZ.

Knapp über dem Südwesthorizont bereitet sich Achernar (α Eridani) auf seinen Untergang vor.
Wer das faszinierende Schauspiel einer totalen Sonnenfinsternis fotografieren will, sollte eine nicht zu kurze Brennweite wählen – es sei denn, er will eine Serienaufnahme vom gesamten Verlauf der Finsternis gewinnen. Selbst ein Teleobjektiv von 200 Millimeter Brennweite bildet die vom Mond verdeckte Sonnenscheibe nur in einer linearen Größe von nicht einmal zwei Millimeter (!) auf dem Film ab! Bei zwei Meter Brennweite (F) wird das Sonnenbild immerhin zwei Zentimeter groß und damit auf einem Kleinbildfilm formatfüllend (siehe auch Tabelle „Sonnengröße und Brennweite“ auf Seite 120). Als Faustformel für den abgebildeten Sonnendurchmesser (D) gilt: D = F/109
Bei längeren Brennweiten sollte man aber dafür sorgen, dass das Instrument der täglichen Himmelsdrehung nachgeführt wird. Dies erfordert eine parallaktische Aufstellung, was eine rechtzeitige Vorbereitung und sorgfältige Justierung voraussetzt.
Die totale Sonnenfinsternis vom Donnerstag, 21. Juni 2001 ist die Nr. 57 im Saros-Zyklus 127. Die Nummerierung der Saros-Zyklen geht auf den holländischen Astronomen G. van den Bergh zurück, der sie 1955 einführte. Die Erkenntnis, dass sich Finsternisse nach 18 Jahren und 11,3 Tagen wiederholen sowie die Bezeichnung „Saros-Periode“ geht auf die chaldäischen Astronomen im alten Babylon (etwa 750 vor Chr.) zurück. Nach 223 Lunationen wiederholt sich eine Finsternis. Denn 223 synodische Monate (= 6585,322 mittlere Sonnentage) entsprechen genau 242 drakonitischen Monaten (= 6585,357 mittlere Sonnentage). Nach dieser Zeitspanne wiederholen sich die relativen Positionen der Syzygien (Neu- und Vollmondphasen) zu den Mondbahnknoten. Man spricht von einem „Saros“ oder einer „Saros-Periode“. Nicht berücksichtigt ist dabei die Erdrotation. Die nächste Finsternis einer Saros-Periode ist daher in einer anderen Weltgegend zu beobachten. Hinzu kommt, dass durch die nicht exakte Koinzidenz von 223 synodischen Monaten mit 242 drakonitischen Monaten die Saros-Perioden sich nicht beliebig häufig wiederholen. Nach zwölf bis sechzehn Jahrhunderten reisst eine solche Saros-Serie ab.
Der Saros-Zyklus 127 umfasst 82 Sonnenfinsternisse in 1460 Jahren, darunter 42 totale. Der Rest von 40 sind partielle Sonnenfinsternisse, ringförmige sind keine darunter. Alle Sonnenfinsternisse des Saros 127 finden statt, wenn der Mond seinen aufsteigenden Knoten

Größe des Sonnenbildes und des abgebildeten Feldes für verschiedene Objektivbrennweiten bei Kleinbildfotografie (24 x 35 mm)

Brennweite in mm	Sonnenbild in mm	Gesichtsfeld
28	0,2	49° × 74°
35	0,3	39° × 59°
50	0,5	27° × 40°
100	1,0	13° × 20°
200	1,8	7° × 10°
400	3,7	3,4° × 5,1°
500	4,6	2,7° × 4,1°
1000	9,2	1,4° × 9,2°
1500	13,8	0,9° × 1,4°
2000	18,4	0,7° × 1,0°
2500	22,9	0,6° × 0,8°

Für eine Reihenaufnahme einer totalen Sonnenfinsternis empfiehlt sich eine Brennweite von etwa 100 mm. Will man bei der totalen Phase die Korona vollständig abbilden, so ist eine Brennweite zwischen 500 mm und 1000 mm empfehlenswert. Protuberanzen, Perlschnurphänomene und der Diamantring sind am besten bei Brennweiten zwischen 2000 mm und 2500 mm auf dem Foto zu erkennen.

passiert. Während des Zyklus wandert der Mondschatten immer mehr südwärts, die Gamma-Werte nehmen permanent ab. Die Gamma-Werte geben den geringsten Abstand der Kernschattenachse vom Erdmittelpunkt in Einheiten des Erdäquatorradius an; negative Werte bedeuten: Kernschattenachse geht südlich vom Geozentrum vorbei. Für die Finsternis vom 21. Juni 2001 gilt: $\gamma = -0{,}57014$.

Der Saros-Zyklus 127 begann mit einer winzigen partiellen Sonnenfinsternis hoch im Norden am 10. Oktober 991. Nur 0,034 war ihre Größe, das heißt, nur gut drei Prozent des scheinbaren Durchmessers der Sonnenscheibe wurden vom Neumond bedeckt.

Nach zwanzig partiellen Sonnenfinsternissen mit zunehmender Größe fand am 14. Mai 1352 die erste totale Sonnenfinsternis der Saros-Serie 127 statt, wobei der Kernschatten über Grönland strich und im Maximum die Sonne für 2^m18^s total vom Mond verdeckt war. Die totale Sonnenfinsternis vom 16. Juni 1406, bei der die Kernschattenzone über Europa ging, wurde von Zeitgenossen kommentiert: „Es wurde so dunkel, dass die Leute einander nicht mehr erkannten und sie dachten, das Ende der Welt sei nah." So jedenfalls berichtete die Magdeburger Schoppenchronik. Am 30. August 1532 gab es mit 5^m40^s die längste Totalitätsdauer einer Sonnenfinsternis in dieser Saros-Serie, wobei die maximale Breite des Schattenpfades 220 Kilometer betrug.

Die letzte Sonnenfinsternis der Serie 127 vor der vom 21. Juni 2001 fand am 11. Juni 1983 statt. In Indonesien erreichte sie mit 5^m11^s Totalitätsphase ihr Maximum. Die nächste wird am 2. Juli 2019 stattfinden, wobei die Totalitätszone über den Pazifik und Südamerika streichen wird. Die letzte totale Sonnenfinsternis des Saros 127 fällt auf den 15. August 2091, wobei vom Kernschatten kein Festland getroffen wird. Die Totalitätszone geht ausschließlich über das offene Meer zwischen Australien und der Antarktis. Die Saros-Serie 127 endet schließlich mit der partiellen Sonnenfinsternis vom 21. März 2452 (Größe nur 0,026), die von der Antarktis aus sichtbar sein wird.

Die hier vermerkten Angaben zur totalen Sonnenfinsternis vom 21. Juni 2001 basieren auf Kalkulationen von Fred Espenak und Jay Anderson vom Goddard Space Flight Center der NASA in Greenbelt, Maryland. Die Autoren verwenden für $\Delta T = 65{,}^s0$, während das Nautical Almanac Office des U. S. Naval Observatory in Washington D. C. den extrapolierten Wert $\Delta T = 67^s$ für 2001 angibt. Das ΔT ist die Differenz zwischen der Terrestrial Dynamical Time (TDT) und der Universal Time (UT), nämlich $\Delta T = TDT - UT$. Dies führt zu einer Differenz zwischen der Wahren geographischen Länge (WL) und der Ephemeriden-Länge (EL). Es gilt: $WL = EL - 1{,}002738 \times \Delta T/240$. Danach wäre nach Espenak und Anderson die Längendifferenz für die totale Sonnenfinsternis vom 21. Juni 2001: $\Delta\lambda = 0°16'17{,}7''$. Der wahre Wert von ΔT kann bekanntlich erst im Nachhinein bestimmt werden. Der „normale" Amateurastronom kann diese kleine Differenz unberücksichtigt lassen. Wer genaue Messungen vorhat, sollte diese Unsicherheit jedoch zur Kenntnis nehmen.

Juli 2001

Am 4. läuft die Erde durch ihren sonnenfernsten Bahnpunkt. Von der Sonne ist sie dann 152 Millionen Kilometer entfernt. Mars ist der einzige helle Planet in der ersten Nachthälfte. Venus, Jupiter und Saturn sind am Morgenhimmel im Nordosten zu sehen.

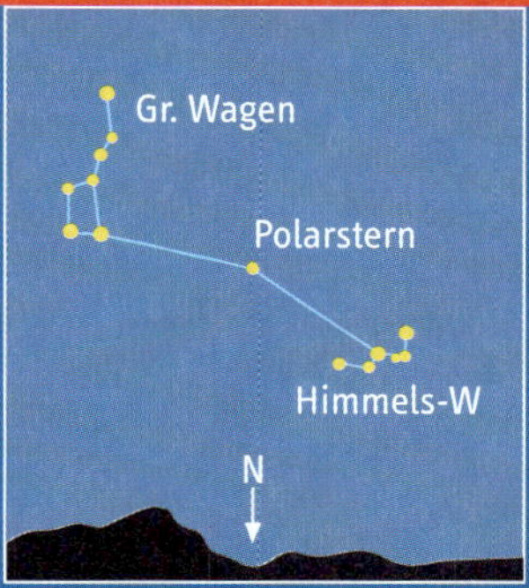

Großer Wagen und Himmels-W Anfang Juli um 22^{h}

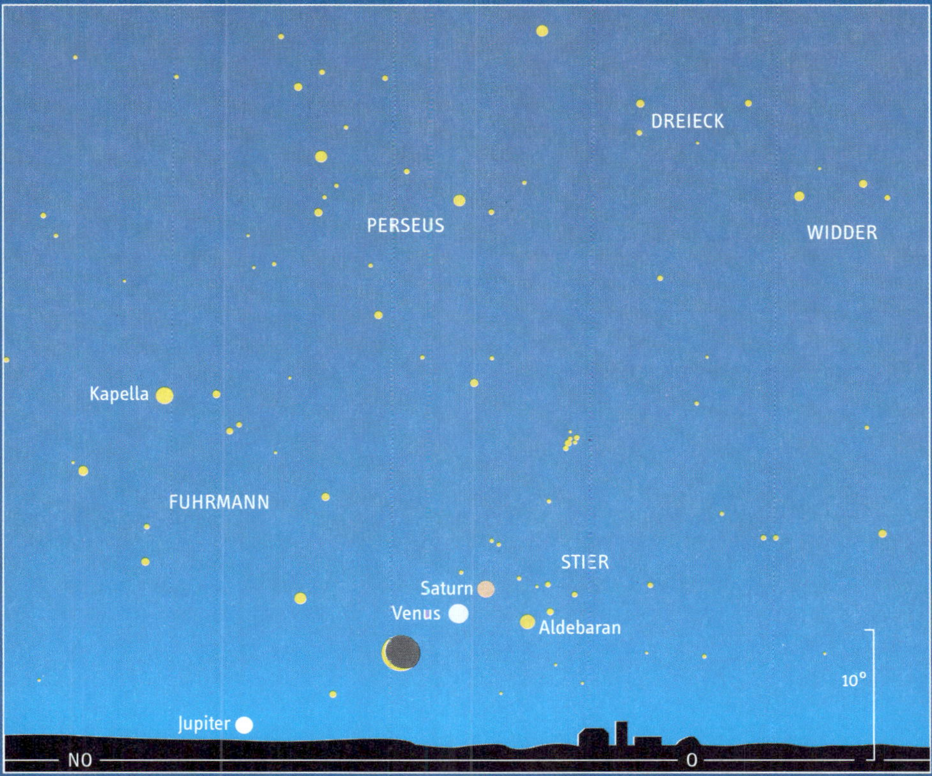

7.1 Planetengedränge am Morgenhimmel: Tief am Osthimmel sind gegen 3^{h} MEZ (= 4^{h} MESZ) Saturn, Venus und Jupiter zu sehen. Am 18. Juli steht außerdem die schmale Sichel des Mondes zwischen Venus und Jupiter.

Sonnenlauf

20.7. 18ʰ
Sonne tritt in das Sternbild Krebs
22.7. 20ʰ
Sonne tritt in das Tierkreiszeichen Löwe

Julianisches Datum am 1. Juli, 1ʰ MEZ: 2 452 091,5

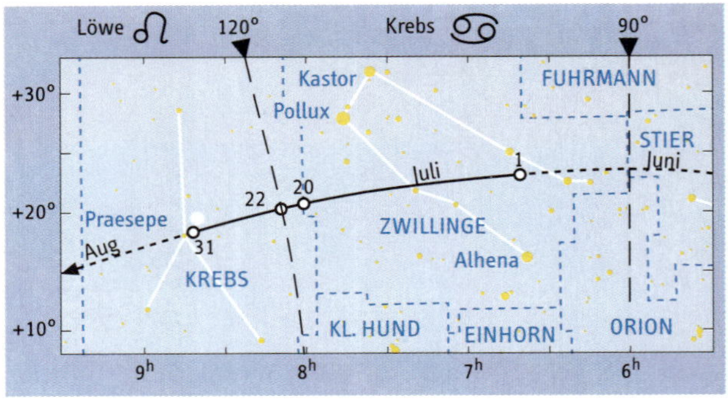

Tag	Dämmerg. Anfang	Aufgang MEZ	Kulmination	Untergang MEZ	Dämmerg. Ende	Mittagshöhe	Zeitgleichg.	Rektaszension	Deklination
	h m	h m	h m	h m	h m	°	m	h m	°
1.	2 26	4 15	12 24	20 32	22 21	63,1	−4	6 40	+23,1
5.	2 31	4 18	12 25	20 31	22 17	62,8	−5	6 57	+22,8
10.	2 38	4 22	12 25	20 28	22 11	62,2	−5	7 17	+22,3
15.	2 46	4 27	12 26	20 24	22 04	61,5	−6	7 37	+21,6
20.	2 56	4 33	12 26	20 19	21 56	60,6	−6	7 58	+20,7
25.	3 05	4 40	12 26	20 12	21 46	59,6	−6	8 17	+19,7
31.	3 17	4 48	12 26	20 04	21 34	58,2	−6	8 41	+18,3

Tages- und Nachtstunden

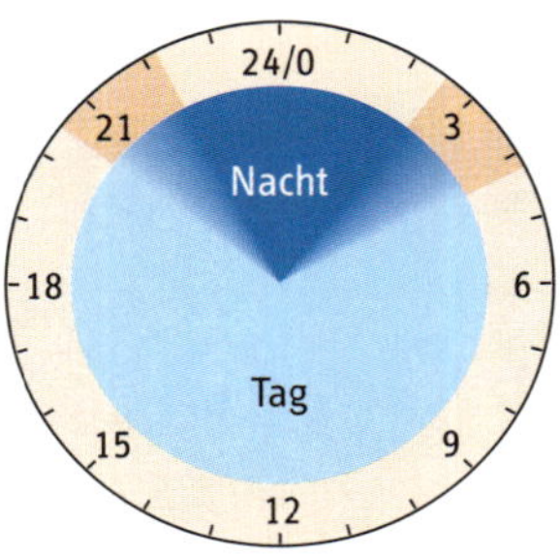

5. Juli

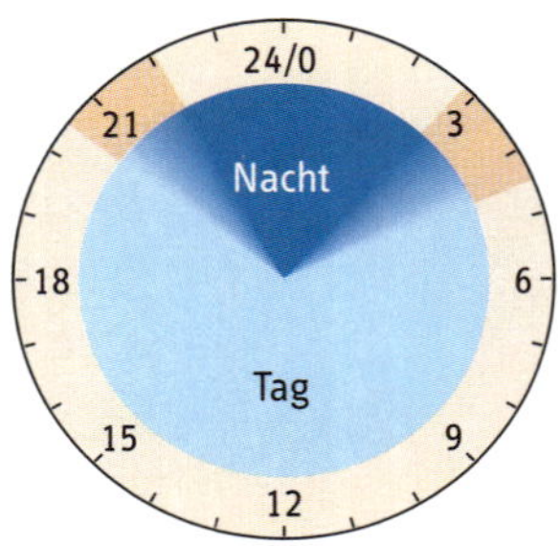

15. Juli

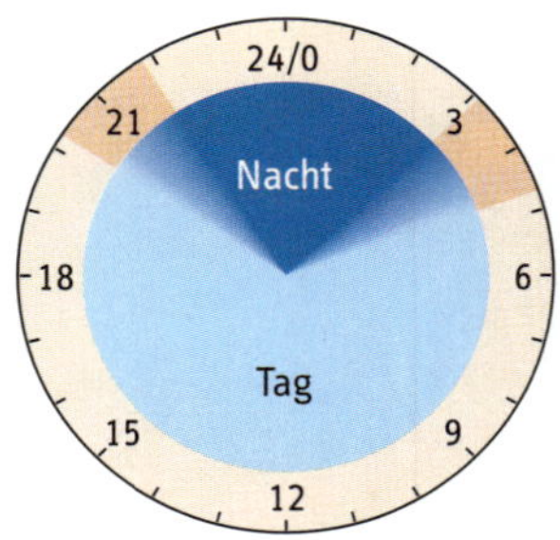

25. Juli

Mondlauf

Datum		Aufg. MEZ	Kulmination	Unterg. MEZ	Rektaszension	Deklination	Sterne und Sternbilder	Phase	MEZ
		h m	h m	h m	h m	°			
So	1.	16 26	21 19	1 38	14 56	−12,5	Waage		
Mo	2.	17 37	22 09	2 04	15 47	−16,6	Waage		
Di	3.	18 45	23 00	2 34	16 39	−19,9	Antares		
Mi	4.	19 46	23 51	3 11	17 32	−22,1	Schlangenträger		
Do	5.	20 39	–	3 55	18 26	−23,3	Schütze, Nunki	**Vollmond** Absteigender Knoten	**16^h04^m**
Fr	6.	21 23	0 43	4 47	19 19	−23,3	Schütze, Nunki		
Sa	7.	21 58	1 33	5 46	20 12	−22,2	Steinbock		
So	8.	22 27	2 21	6 49	21 02	−20,1	Steinbock		
Mo	9.	22 51	3 07	7 54	21 51	−17,2	Steinbock	Erdferne 406/29′,5	12^h
Di	10.	23 12	3 51	8 59	22 37	−13,6	Wassermann		
Mi	11.	23 30	4 33	10 04	23 23	− 9,5	Wassermann		
Do	12.	23 48	5 15	11 10	0 07	− 4,9	Fische	Größte Südbreite	
Fr	13.	–	5 56	12 16	0 52	− 0,2	* Walfisch	**Letztes Viertel**	**19^h45^m**
Sa	14.	0 07	6 39	13 25	1 37	+ 4,7	Fische		
So	15.	0 26	7 24	14 36	2 24	+ 9,5	Walfisch		
Mo	16.	0 49	8 12	15 50	3 13	+14,0	Widder	Libration Ost	
Di	17.	1 18	9 05	17 05	4 07	+17,9	Stier, Hyaden		
Mi	18.	1 54	10 02	18 19	5 04	+21,1	Aldebaran		
Do	19.	2 41	11 03	19 27	6 05	+23,0	Zwillinge	Aufsteigender Knoten	
Fr	20.	3 43	12 06	20 24	7 09	+23,4	Zwillinge	**Neumond**	**20^h44^m**
Sa	21.	4 56	13 09	21 09	8 14	+22,1	Krebs, Krippe	Erdnähe 359/33′,3	22^h
So	22.	6 19	14 10	21 45	9 17	+19,3	Krebs		
Mo	23.	7 43	15 07	22 14	10 18	+15,1	Löwe, Regulus		
Di	24.	9 07	16 00	22 38	11 16	+10,1	Löwe		
Mi	25.	10 28	16 51	23 00	12 10	+ 4,6	Jungfrau	Größte Nordbreite	
Do	26.	11 47	17 40	23 21	13 02	− 1,1	Jungfrau		
Fr	27.	13 03	18 29	23 43	13 53	− 6,5	Spica	**Erstes Viertel**	**11^h08^m**
Sa	28.	14 17	19 17	–	14 44	−11,5	Waage	Libration West	
So	29.	15 29	20 06	0 08	15 35	−15,8	Waage		
Mo	30.	16 37	20 57	0 37	16 27	−19,2	Antares		
Di	31.	17 40	21 47	1 11	17 19	−21,7	Schlangenträger		

Planetenlauf

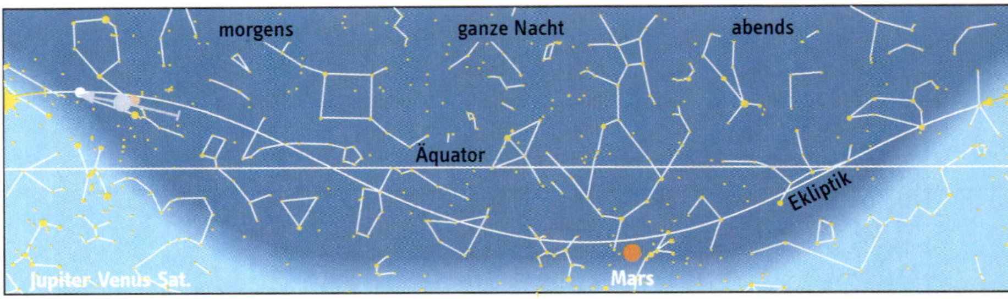

Merkur, wieder rechtläufig im Tierkreis, erreicht bereits am 9. abends mit 21°08′ Winkelabstand seine größte westliche Elongation von der Sonne. Dabei kommt es zu einer bescheidenen Morgensichtbarkeit – allerdings erst um die Monatsmitte, wenn die Merkurhelligkeit entsprechend angestiegen ist.

Gute Sichtverhältnisse vorausgesetzt, kann man Merkur ab dem 16. tief am Nordosthorizont morgens erkennen. An diesem Tag geht der –0,ᵐ3 helle Planet um 3ʰ03ᵐ (= 4ʰ03ᵐ Sommerzeit) auf. Zwanzig Minuten später hat er sich über die ärgsten Dunstschichten erhoben und wird sichtbar. Gegen 3ʰ45ᵐ verblasst er in der zunehmenden Morgenhelle. Bis zum 22. steigt die Merkurhelligkeit auf –0,ᵐ9 kräftig an, die Aufgänge verspäten sich ein wenig auf 3ʰ16ᵐ (= 4ʰ16ᵐ Sommerzeit). Nach dem 22. wird man vergeblich nach Merkur Ausschau halten. Der flinke Planet verbirgt sich wieder in den Strahlen der Sonne (siehe auch Abb. 7.3 und 7.4 auf Seite 125). Die Begegnung mit Jupiter am 12. kann eventuell im licht-

7.2 Heliozentrischer Anblick des Planetensystems im dritten Jahresviertel 2001. Eingetragen sind die Positionen der inneren Planeten für den 1. Juli (7), 1. August (8), 1. September (9) und 1. Oktober (10) im linken Teil. Der rechte Teil zeigt das äußere Planetensystem zu Anfang und Ende des dritten Jahresviertels. Die Pfeile deuten die Richtungen zu den ferneren Planeten sowie zum Frühlingspunkt an.

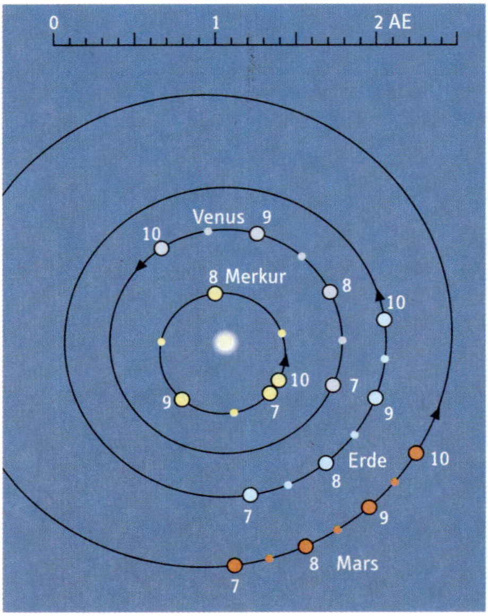

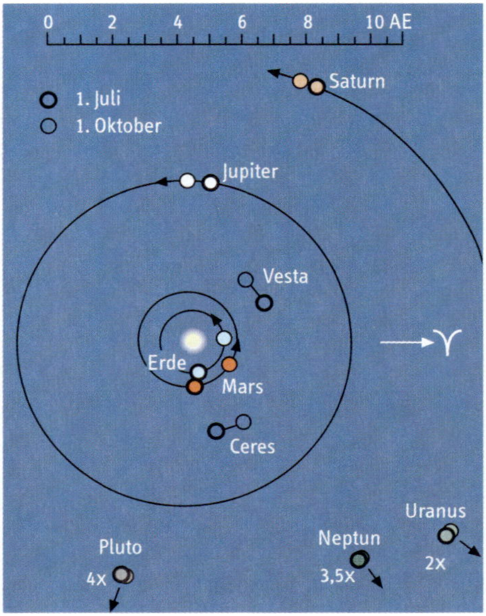

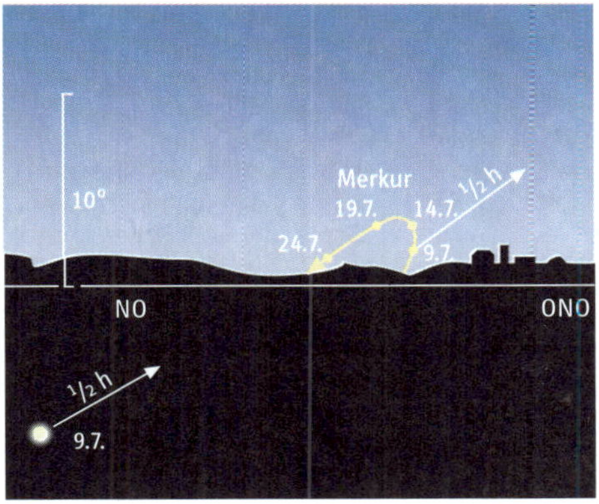

7.3 **Stellung von Merkur über dem Osthorizont zu den angegebenen Daten jeweils eine Stunde vor Sonnenaufgang. Die Pfeile deuten die Bewegungen von Merkur und Sonne in der folgenden halben Stunde an.**

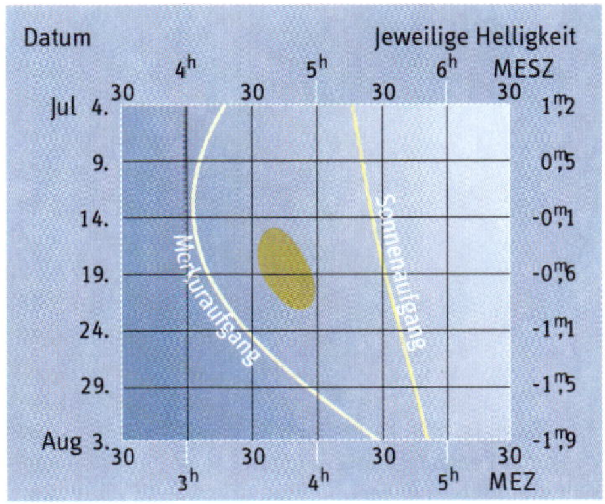

7.4 **Sichtbarkeitsdiagramm für Merkur. Es gilt genau für 50° nördlicher Breite und 10° östlicher Länge. Dunkelblaue Fläche: Merkur ist unsichtbar; dunkelgelbe Fläche: Merkur ist bei günstigen Bedingungen zu sehen.**

starken Fernglas verfolgt werden – Merkur zieht 1°9 südlich am Riesenplaneten vorbei. Am 14. tritt die Dichotomie ein, das 7″1 große Merkurscheibchen erscheint halb beleuchtet.
Sein Perihel passiert Merkur wieder einmal am 27., wobei ihn 46 Millionen Kilometer (0,307 A. E.) von der Sonne trennen.
Venus kann am Morgenhimmel gesehen werden. Sie wandert durch den Stier und zieht zur

7.5 **Stellung von Venus über dem Osthorizont jeweils eine Stunde vor Sonnenaufgang. Die Zahlen geben die Venusposition zum jeweiligen Monatsersten an.**

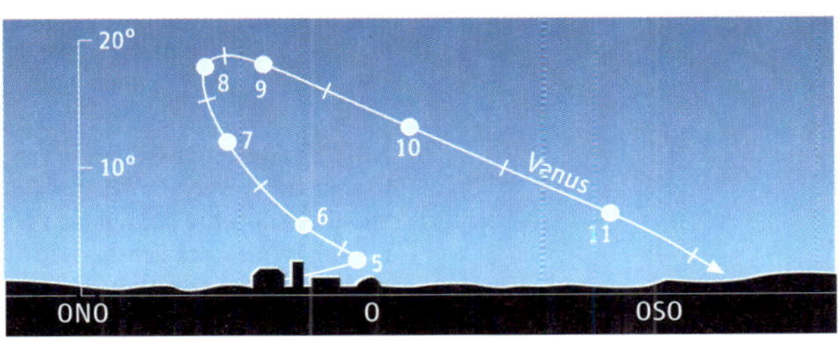

Monatsmitte 3°1 nördlich an Aldebaran vorbei. Dem Ringplaneten begegnet sie am gleichen Tag, nämlich am 15. Dabei wandert sie nur 0°7 südlich an Saturn vorbei (siehe Abb. 7.7 auf Seite 126).
Am 18. gesellt sich die schmale Sichel des abnehmenden Mondes zu dem Dreigestirn Aldebaran-Saturn-Venus. Da auch Jupiter knapp über dem Osthorizont auftaucht, ergibt sich ein interessanter Himmelsanblick am Morgenhimmel gegen 3^h (= 4^h Sommerzeit) tief am Osthimmel (siehe Abb. 7.1 auf Seite 121).
Ende des Monats, nämlich am 30., verlässt Venus das Sternbild Stier. Auf ihrem Weg in die Zwillinge wandert sie zwei Tage

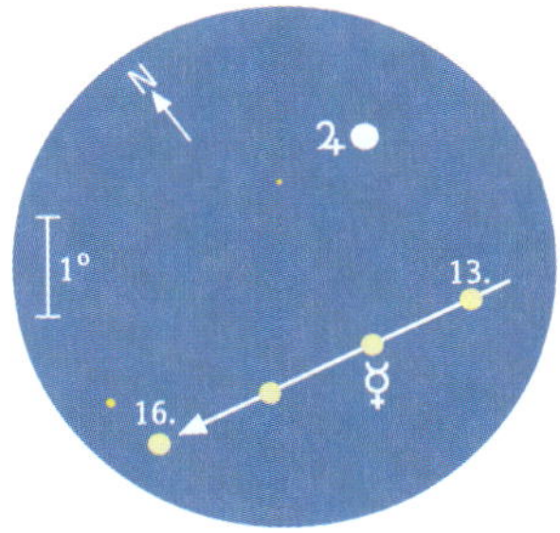

7.6 **Merkur zieht an Jupiter vorbei. Anblick im Fernglas bei 5° Gesichtsfelddurchmesser.**

lang durch die nördlichsten Teile des Orion.
Am 1. geht Venus um 1^h51^m (= 2^h51^m Sommerzeit) auf, am 31. um 1^h40^m. Bis Monatsende sinkt die Venushelligkeit auf $-4^m,0$ ab. Damit ist sie um mehr als eine halbe Größenklasse lichtschwächer als zu ihrer Glanzzeit Anfang Mai. Dennoch bleibt Venus nach Sonne und Mond das hellste Gestirn am irdischen Firmament. Im Fernrohr erkennt man, dass das Pla-

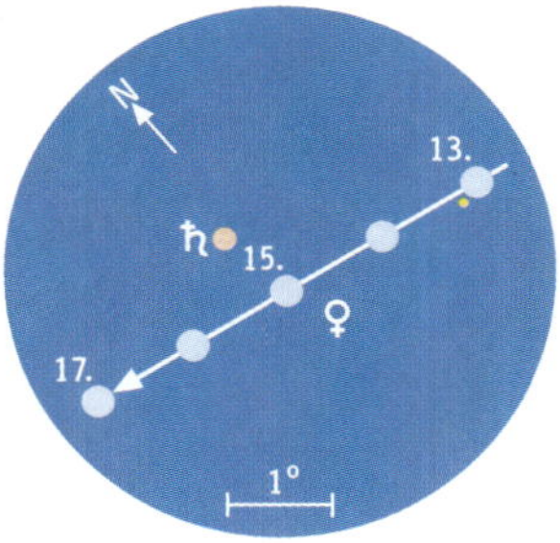

7.7 Fernglasanblick der Begegnung von Venus und Saturn (5° Gesichtsfelddurchmesser).

netenscheibchen immer kleiner und rundlicher wird.

Mars stand Mitte des Vormonats in Opposition zur Sonne und ist als auffälliges Gestirn im Sternbild Schlangenträger östlich vom Skorpion tief im Süden zu sehen. Der rote Planet wandert zunächst rückläufig durch den Tierkreis in Richtung Antares, dem „marsähnlichen" Hauptstern im Skorpion. Am 19. um Mitternacht wird Mars abermals stationär. Er beendet seine Rückläufigkeit und wird wieder rechtläufig (siehe auch Abb. 6.4 auf Seite 107). Bis Monatsende fällt die rechtläufige Bewegung kaum auf, Mars tritt fast auf der Stelle.

Aus der zweiten Nachthälfte zieht sich Mars, der bei Einbruch der Dunkelheit bereits tief im Südosten zu sehen ist, allmählich zurück. Auch sinkt seine Helligkeit merkbar um $0\overset{m}{,}7$ ab und beträgt am Monatsende $-1\overset{m}{,}5$. Damit ist Mars so hell wie Sirius am Winterhimmel, also immer noch auffällig.

Der Marsuntergang erfolgt am 1. um 2^h24^m (= 3^h24^m Sommerzeit), am 15. um 1^h19^m und am 31. bereits um 0^h19^m. Die scheinbare Größe des Planetenscheibchens geht auf 17″ erkennbar zurück.

Jupiter, rechtläufig im Stier, stand Mitte des Vormonats in Konjunktion mit der Sonne. Am 13. verlässt er das Sternbild Stier und wechselt in das Sternbild Zwillinge. Am gleichen Tag passiert er nur $0\overset{\circ}{,}3$ südlich den Sommerpunkt, der bereits im Stier an der Grenze zu den Zwillingen liegt.

Mitte Juli taucht der Riesenplanet am Morgenhimmel auf. Am 15. geht der $-1\overset{m}{,}9$ helle Jupiter um 2^h43^m (= 3^h43^m Sommerzeit) auf. Etwa eine Viertelstunde später kann man den Riesenplaneten tief am Nordosthorizont erspähen. Bald darauf verblasst er in der zunehmenden Morgenhelle. Bis Monatsende verfrüht sich der Jupiteraufgang auf 1^h55^m, die Helligkeit steigt leicht auf $-2\overset{m}{,}0$ an. Am 18. steht die schmale Sichel des abnehmenden Mondes morgens gegen 3^h zwischen Venus und Jupiter (siehe auch Abb. 7.1 auf Seite 121).

Merkur wandert am 12./13. am Riesenplaneten etwa 2° südlich vorbei (Abb. 7.6 auf Seite 125). Erfahrene Beobachter können mit lichtstarkem Fernglas unter guten Sichtbedingungen dieses Planetentreffen verfolgen.

Saturn, rechtläufig im Stier knapp nördlich der Hyaden, kann am Morgenhimmel gesehen werden. Am 1. geht der Ringplanet um 2^h26^m (= 3^h26^m Sommerzeit) auf und am 15. um 1^h36^m. Am 31. geht der $0\overset{m}{,}2$ helle Ringplanet bereits um 0^h38^m auf. Nach Jupiter und Venus ist Saturn ein auffälliger Planet am Morgenhimmel. Am 13. wandert er 4° nördlich an Aldebaran, dem roten Stierauge, vorbei (siehe Abb. 12.2 auf Seite 205). Zur Monatsmitte überholt Venus in nur $0\overset{\circ}{,}7$ südlichem Abstand den Ringplaneten (siehe

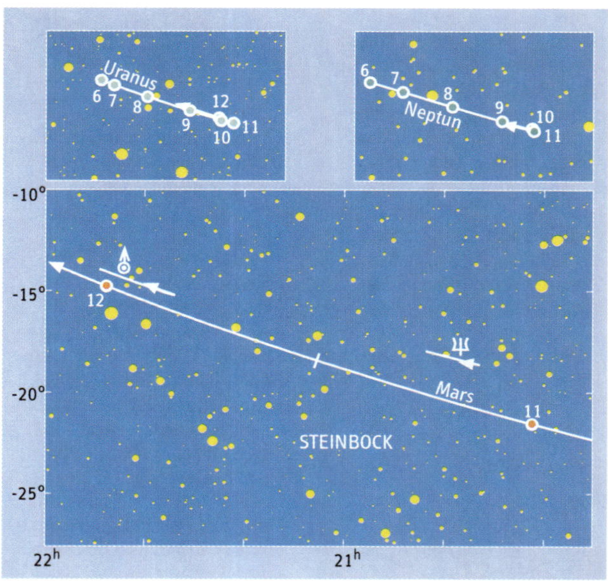

7.8 Die Oppositionsschleifen von Uranus und Neptun im Sternbild Steinbock im Jahre 2001. Im unteren Teil ist die Lage der Oppositionsschleifen markiert sowie die Marsbahn im November 2001.

Abb. 7.7 auf Seite 126). Ein besonders hübscher Himmelsanblick ergibt sich in den frühen Morgenstunden des 18., wo die drei hellen Planeten Jupiter, Venus und Saturn mit der schmalen Sichel des abnehmenden Mondes und Aldebaran tief am Osthorizont zu sehen sind (siehe Abb. 7.1 auf Seite 121).

Uranus, rückläufig im Steinbock, nähert sich seiner Opposition, die er aber erst Mitte des nächsten Monats erreicht. Die Aufgänge des $5{,}^{m}7$ hellen, grünlichen Planeten erfolgen zu Monatsbeginn in den späten Abendstunden, zu Monatsende bereits eine halbe Stunde nach Sonnenuntergang.

Uranus geht am 1. um $22^{h}34^{m}$ auf, am 15. um $21^{h}38^{m}$ (= $22^{h}38^{m}$ Sommerzeit) und am 31. schon um $20^{h}34^{m}$. Die beste Zeit, um den grünlichen Planeten zu beobachten, sind die ersten Stunden nach Mitternacht (siehe auch Aufsuchkärtchen Abb. 7.8 auf Seite 126).

Neptun wandert gemächlich rückläufig durch die Zentralpartien des Steinbocks. Am 20. zieht er nur 5′ südlich an ϑ Capricorni, einem Stern mit $5{,}^{m}1$ vorbei, der sich hervorragend als Aufsuchhilfe eignet (siehe auch Abb. 7.8 auf Seite 126).

Am 30. schließlich kommt Neptun in **Opposition** zur Sonne. Am Tag der Opposition geht der $7{,}^{m}8$ lichtschwache Neptun um $19^{h}54^{m}$ (= $20^{h}54^{m}$ Sommerzeit) auf, kulminiert um $0^{h}28^{m}$ und geht am nächsten Morgen um $4^{h}59^{m}$ unter.

Im Fernrohr sieht man bei entsprechender Vergrößerung ein winziges, bläuliches Neptunscheibchen von nur $2{,}''3$ scheinbarem Durchmesser. Details sind auf der Neptunoberfläche mit kleineren und mittleren Teleskopen keine auszumachen.

Am 30. trennen Neptun 4351 Millionen Kilometer von der Erde, dies entspricht 29,08 A. E. oder vier Stunden und knapp zwei Minuten Lichtlaufzeit. Von der Sonne ist Neptun zur Oppositionszeit diesmal 4503 Millionen Kilometer (= 30,10 A. E.) entfernt.

Planetoiden

Ceres (1), rückläufig im Schützen, kommt am 7. in **Opposition** zur Sonne. Leider hält sich Ceres diesmal weit südlich auf, was es nicht erleichtert, sie zu finden. In der Nacht vom 16. auf 17. wandert Ceres nur $0{,}^{\circ}2$ südlich an ζ Sagittarii ($2{,}^{m}6$) vorbei, der als gute Aufsuchhilfe dienen kann (siehe Abb. 6.6 auf Seite 109). In der Oppositionsnacht kulminiert die $7{,}^{m}3$ helle Ceres um $0^{h}33^{m}$ (= $1^{h}33^{m}$ Sommerzeit). Bis zum 31. verfrühen sich die Kulminationen auf $22^{h}32^{m}$, die Cereshelligkeit nimmt um eine halbe Größenklasse ab.

Die Oppositionsentfernung der Ceres von der Erde beträgt 283 Millionen Kilometer (= 1,89 A. E.).

Pallas (2) eilt rasch südlich durch den Herkules. Am 26. beendet sie ihre rückläufige Bewegung in Rektaszension. Von da an nehmen ihre Rektaszensionen wieder zu (siehe auch Abb. 5.5 auf Seite 94). Die Pallashelligkeit fällt auf $9{,}^{m}8$ ab, was sie für den Durchschnittsbeobachter uninteressant werden lässt. Pallas kulminiert am 1. um $22^{h}05^{m}$ (= $23^{h}05^{m}$ Sommerzeit), am 15. um $21^{h}04^{m}$ und am 31. bereits um $20^{h}01^{m}$.

Konstellationen und Ereignisse

Datum	MEZ	Ereignis
3.	11^{h}	Mond bei Mars, Mond $5{,}^{\circ}9$ nördlich
4.	15	Erde im Aphel (Sonnenferne), Abstand Erde – Sonne 152,099 Millionen Kilometer
5.	16	Partielle Mondfinsternis – von Mitteleuropa aus unbeobachtbar (siehe Seite 27)
7.	15	Mond bei Neptun, Mond $3{,}^{\circ}0$ südlich
8.	23	Mond bei Uranus, Mond $3{,}^{\circ}3$ südlich
9.	18	Merkur in größter westlicher Elongation (21°)
12.	23	Merkur bei Jupiter, Merkur $1{,}^{\circ}9$ südlich
15.	6	**Venus bei Saturn,** Venus $0{,}^{\circ}7$ südlich, **Abstand $0{,}^{\circ}8$ um 3^{h}**
17.	14	**Mond bei Saturn,** Mond $0{,}^{\circ}6$ südlich, **Abstand $5{,}^{\circ}7$ um 4^{h}**
17.	19	**Mond bei Venus,** Mond $0{,}^{\circ}3$ nördlich, **Abstand $4{,}^{\circ}4$ um 2^{h} am 18.**
19.	1	**Mond bei Jupiter,** Mond $0{,}^{\circ}2$ südlich, **Abstand $1{,}^{\circ}9$ um 3^{h}**
19.	14	**Mond bei Merkur,** Mond $1{,}^{\circ}0$ nördlich, **Abstand $4{,}^{\circ}9$ um 4^{h}**
20.	0	Mars im Stillstand, anschließend rechtläufig
27.	15	Merkur im Perihel
30.	13	**Neptun in Opposition** zur Sonne
30.	15	**Mond bei Mars,** Mond $6{,}^{\circ}1$ nördlich, **Abstand $5{,}^{\circ}6$ um 21^{h}**

Periodische Sternschnuppenströme

Vom 20. bis 30. Juli leuchten die **Delta-Aquariden** auf, die zwischen 3^m und 5^m hell sind, also nicht besonders auffällig. Sie heißen auch **Juli-Aquariden**. Ihr Radiant liegt etwa 3° westlich von δ Aquarii. Das Maximum ist nicht in jedem Jahr am selben Tag zu erwarten. Für 2001 dürfte es in den Stunden nach Mitternacht am 28. Juli auftreten. Die Geschwindigkeit der Sternschnuppen liegt um 40 Kilometer pro Sekunde. Im Maximum sind etwa dreißig Sternschnuppen pro Stunde zu erwarten.
Vom 5. Juli bis 10. August treten die **Alpha-Capricorniden** (Radiant im Steinbock) auf. Sie sind die ganze Nacht über beobachtbar. Der Ursprungskomet ist 45P/Honda-Mrkoš-Pajdusáková (früher 1948 XII). Um das Maximum am 29. Juli sind nur etwa zwölf Objekte pro Stunde zu erwarten. Es handelt sich um recht langsame Meteore (im Mittel 23 Kilometer pro Sekunde).

Der Fixsternhimmel

Der Szenenwechsel zum Sommerhimmel hat sich vollzogen. Alle Sternbilder des Sommers stehen über dem Horizont. Hoch im Südwesten strahlt in oranger Farbe Arktur im Sternbild Bootes. Tief im Westen verabschiedet sich der Löwe, im Südwesten ist noch die Jungfrau mit der hellen Spica zu erspähen. Die Frühlingsbilder sind somit alle nach Westen gewandert. Der Große Wagen beginnt mit seinem Abstieg, die Deichsel zeigt nach oben, der Wagenkasten hängt nach unten. Im Meridian stehen gerade die Bilder Herkules, Schlangenträger (lat.: Ophiuchus) und tief im Süden der Skorpion. Ebenfalls tief im Süden leuchtet auch auffallend hell der rötliche Mars, der seine Opposition gerade hinter sich hat und immer noch alle Blicke auf sich zieht.
Herkules und Schlangenträger sind nicht sehr auffällig. Außer guten Sichtbedingungen (weitab künstlicher Lichtquellen) gehört schon einige Übung dazu, dieses Sternenpuzzle zu Herkules und Schlangenträger zusammenzufügen. Wer wirklich einmal eine sternklare Nacht im Gebirge ohne Störung durch irdische Lichtquellen genießen kann, sollte den Kugelhaufen M 13 im Herkules ohne optische Hilfsmittel, also mit bloßen Augen erkennen. M 13 ist ein gutes Testobjekt, an dem man die zunehmende Luftverschmutzung registrieren kann. Wer regelmäßig beobachtet, wird feststellen, dass der Kugelhaufen im Herkules immer seltener mit freiem Auge gesehen werden kann.

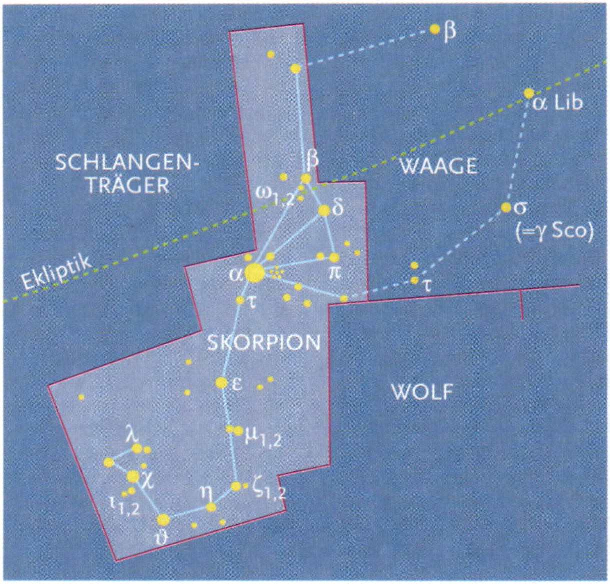

7.9 Skelettkarte des Sternbildes Skorpion. Ursprünglich gehörten die Sterne der Waage noch zum Skorpion. So ist beispielsweise γ Scorpii identisch mit σ Librae.

Im Gegensatz zum Herkules und dem Schlangenträger mit der Schlange ist der Skorpion ein leicht zu entdeckendes Sternbild. Seine Gestalt ist sehr einprägsam, zudem ist der rot leuchtende Hauptstern (α Scorpii), Antares mit Namen, ein Stern erster Größe, also auch bei mäßigen Sichtbedingungen zu erkennen. Antares heißt soviel wie „marsähnlicher Stern", weil er dem roten Planeten in Helligkeit und Farbe gleicht und außerdem nahe der Ekliptik steht. Dies kann man im Sommer dieses Jahres gut nachprüfen, da Mars sich im Gebiet der Sternbilder Schlangenträger und Skorpion bewegt.
Entfernt erinnert das Sternbild Skorpion auch an eine menschliche Hand: Antares markiert die

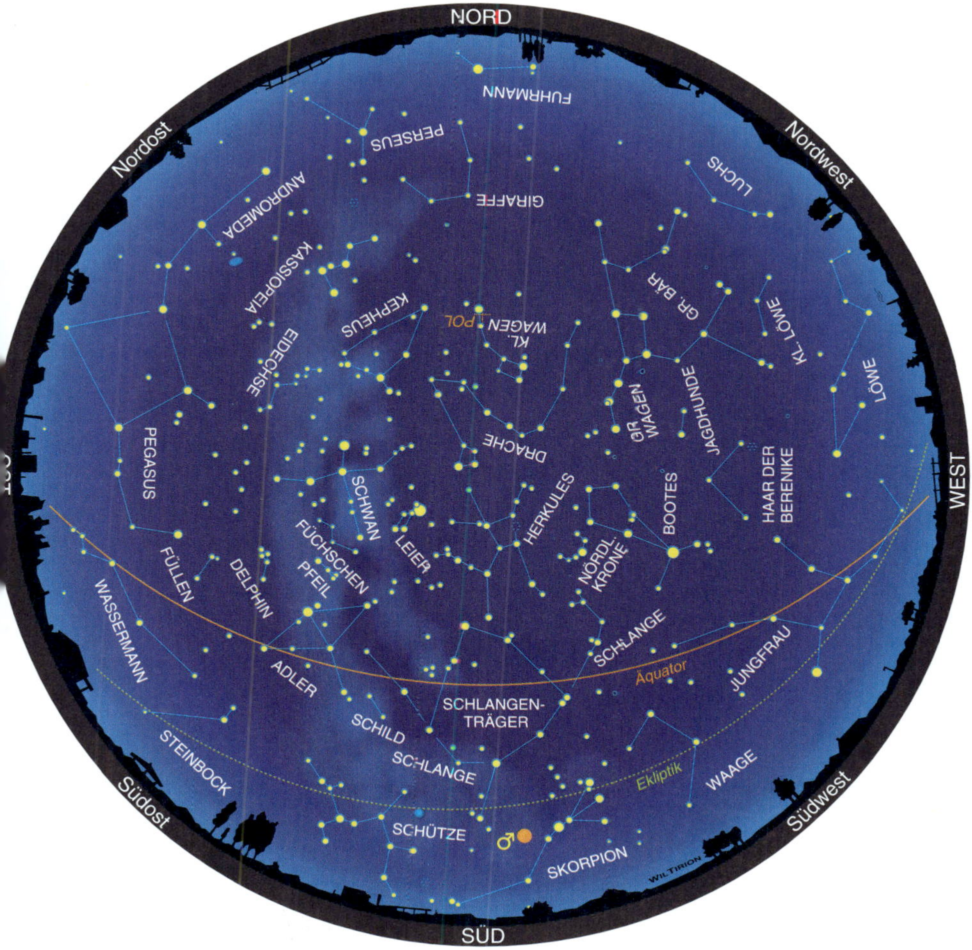

Sternenhimmel am 15. Juli um 22ʰ MEZ (23ʰ MESZ).

Fixsternhimmel auch gültig für:

	MEZ	MESZ
15. 4.	4ʰ	5ʰ
1. 5.	3	4
15. 5.	2	3
1. 6.	1	2
15. 6.	0	1
1. 7.	**23**	**24**
15. 7.	**22**	**23**

Handwurzel und die Sterne ν, β, δ, π und ρ Scorpii deuten die fünf Finger an.
Von unseren Breiten aus ist der Skorpion nie vollständig sichtbar. Sein langer, gekrümmter Schwanz mit dem Stachel bleibt hierzulande unter dem Horizont. Aber im Zeitalter des Ferntourismus bekommt mancher die Gelegenheit, den Skorpion einmal vollständig zu sehen. In Zenitnähe ist er ein besonders eindrucksvolles Sternbild.
Der Skorpion ist Mitglied des Tierkreises, gehört also zu jenen Sternbildern, durch die Sonne, Mond und Planeten wandern. Vom 23. bis 29. November läuft die Sonne durch das Sternbild Skorpion. Dies ist die kürzeste Zeitspanne, die die Sonne in einem Tierkreisbild verbringt. Die nördlichen Teile des ehemals noch zum Skorpion gehörenden Himmelsareals sind inzwischen dem Sternbild Schlangenträger zugeschlagen worden.
In der griechischen Mythologie hat die Sage vom Skorpion

ihren festen Platz. Einst jagten Artemis und Orion auf der Insel Kreta. Orion prahlt mit seinen Jagderfolgen. Die Erdmutter Gaia will ihn für seine Angeberei bestrafen und lässt aus der Unterwelt einen Skorpion emporsteigen, der Orion sticht und damit tötet. Die irdische Fauna ist von dem gefährlichen Jäger befreit. Beide werden unter die Sterne versetzt. Allerdings flieht Orion fortan stets vor dem Skorpion. Wenn letzterer aufgeht, verschwindet Orion unter dem Horizont, nie kann man beide gleichzeitig am Sternenhimmel erblicken.

Das Sommerdreieck bestimmt nun den Osthimmel. Jeweils die hellsten Sterne dreier Sternbilder markieren ein großes, auffälliges Dreieck: Wega in der Leier – der hellste Stern im Dreieck –, Deneb im Schwan und Atair im Adler.

Neben der Wega findet man einen kleinen, aber einprägsamen Sternenrhombus, der die Leier bildet. Dazu gehört noch nahe der Wega der Stern $\varepsilon_{1,2}$ Lyrae. Epsilon in der Leier ist für gute Augen als Doppelstern (Distanz: 208″) erkennbar, zumindest erscheint er länglich. In jedem noch so kleinen Fernglas, zum Beispiel in einem Operngucker, erkennt man ε Lyrae einwandfrei doppelt. Im Teleskop entpuppt sich dieser Stern als Vierfachsystem: Jedes der beiden Lichtpünktchen, die man im Fernglas sieht, ist nämlich selbst ein Doppelstern. Es handelt sich bei ε Lyr um ein echtes, also physisches Vierfachsystem. Beide Sternpärchen kreisen um ein gemeinsames Schwerezentrum. Der Vierfachstern in der Leier ist rund 160 Lichtjahre von uns entfernt. Die Umlaufszeit des einen Pärchens beträgt 720 Jahre, die des anderen 1200 Jahre. 1985 wurde noch eine weitere Komponente entdeckt, die allerdings so knapp an dem einen Sternpärchen steht (Distanz: 0″,19 maximal), dass man sie auch in großen Teleskopen nicht sehen kann. Sie wurde mit dem speziellen Beobachtungsverfahren der sogenannten Speckle-Interferometrie aufgespürt. Somit ist ε Lyr nun ein Fünffachstern – für den Sternfreund sind aber nach wie vor nur vier Sonnen im Fernrohr sichtbar.

Der Schwan wird von einem großen Sternenkreuz dargestellt. Manchmal spricht man deshalb auch vom „Kreuz des Nordens", gewissermaßen als Gegenstück zum wesentlich bekannteren, aber kleineren „Kreuz des Südens". Mit ausgebreiteten Schwingen fliegt der Schwan in südlicher Richtung

durch die Milchstraße. Sein Hauptstern Deneb (α Cygni) bildet das Ende dieser Figur. Deneb bedeutet arabisch soviel wie Schwanz (des Schwans). Der Adler wiederum stürzt sich auf seine Beute herab. Atair (α Aquilae) heißt denn auch „der Fliegende". Neben dem Adler entdeckt man das kleine, aber sehr markante Bild des Delphins. Der Delphin sieht aus wie ein kleiner Drache, den man im Herbst steigen lässt.
Tief im Südosten ist der Schütze aufgegangen, ein Mitglied des Tierkreises, das in unseren Breiten wegen seiner südlichen Position nicht so recht zur Geltung kommt. Aber in südlicheren Gegenden wie in Mesopotamien, wo der Ursprung des Fabelwesens „Schütze" zu suchen ist, ist er ein markantes und einprägsames Sternbild. Die Amerikaner sehen im Schützen eine Teekanne (engl.: teapot).

Veränderliche Sterne

Algol-Minima	11.	2^h54^m	13.	23^h43^m	31.	4^h34^m						
β-Lyrae-Minima	5.	16^h H	12.	3^h N	18.	14^h H	25.	1^h N	31.	13^h H		
δ-Cephei-Maxima	3.	11^h	8.	20^h	14.	5^h	19.	14^h	24.	22^h	30.	7^h
Mira-Helligkeit	1.	8^m	10.	7^m	20.	7^m	31.	5^m				

Der rote Planet im Blickpunkt

In diesem Sommer überholt die Erde wieder einmal unseren äußeren Nachbarplaneten, den Mars. Als auffälliges Gestirn im Gebiet der Sternbilder Schlangenträger und Skorpion zieht Mars die Blicke auf sich. Mit $-2^m_,4$ scheinbarer Helligkeit zur Opposition ist Mars ähnlich hell wie Jupiter und wird nur noch von Venus an Glanz übertroffen. Während jedoch Venus und Jupiter weiß glänzen, leuchtet Mars eher orange-gelb. Bei Venus und Jupiter wird ein erheblicher Teil des Sonnenlichtes von den oberen Wolkenschichten ihrer Atmosphäre reflektiert, während uns von Mars das Sonnenlicht erreicht, das von seiner festen Oberfläche zurückgeworfen wird. Und die ist verrostet, weshalb Mars rötlich erscheint, was ihm den Beinamen „der rote Planet" eingebracht hat. Doch so „rot" ist Mars gar nicht. Wenn er hoch am Himmel steht, macht er eher einen tiefgelben, leicht orangen Farbeindruck. Der Farbindex $B - V = 1^m_,36$ von Mars gleicht eher dem von Arktur ($1^m_,23$). Aldebaran mit $1^m_,53$ Farbindex erscheint somit röter als Mars. Noch eindeutig röter leuchtet Antares, der „marsähnliche Stern", im Skorpion mit $FI = 1^m_,83$. Beide Gestirne, nämlich Mars und Antares, kann man jetzt gut miteinander vergleichen, stehen sie doch in der selben Himmelsgegend nahe beieinander. Dies ist wichtig, weil die Gestirne vom Erdboden aus betrachtet eine zusätzliche Rötung durch die irdische Atmosphäre erfahren. Diese Rötung ist abhängig von der Höhe des Gestirns: Im Zenit ist sie am geringsten, in Horizontnähe am stärksten, wie jeder weiß, der einmal die Sonne oder den Mond bei ihrem Auf- oder Untergang beobachtet hat. Steht ein Gestirn tief, dann muss sein Licht einen längeren Weg durch die irdische Luft zurücklegen bis es unser Auge erreicht, als dann, wenn es direkt von oben kommt, also aus der Zenitrichtung. Deshalb ist es günstiger, Mars mit Antares zu vergleichen, als mit Arktur, der viel höher kulminiert. Immer, wenn Mars uns besonders nahe kommt, beschreibt er in unseren Breiten einen kleinen Tagbogen und kulminiert recht tief. Denn die günstigsten Marsoppositionen finden Ende August, Anfang September statt. Dann überholt die Erde nämlich Mars, wenn er sich gerade in der Nähe seines Perihels aufhält. Die Marsdistanz von der Erde misst dann knapp 56 Millionen Kilometer, während bei Marsoppositionen im Februar oder März, wenn der rote Planet in Sonnenferne (Aphel) steht, die Oppositionsdistanz über 100 Millionen Kilometer beträgt und somit fast doppelt so groß ausfällt.
In diesem Jahr haben wir zwar keine typische Perihelopposition – Mars steht am 13. Juni im Gegenschein zur Sonne – aber mit 67 Millionen Kilometer kommt Mars uns diesmal dennoch vergleichsweise nahe, so dass er zu einem interessanten Objekt für Fernrohrbeobachter wird und auch die Laien fasziniert sowie manche UFO-Meldung auslösen wird. Bei der letzten Marsopposition im April 1999 kam Mars nur auf 87 Millionen Kilometer an die Erde heran. Bei der nächsten Opposi-

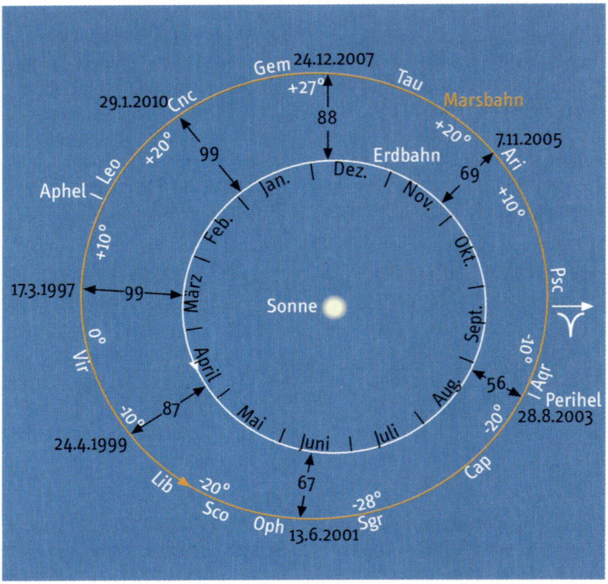

7.10 Marsoppositionen von 1997 bis 2010. Die Oppositionsentfernungen sind in Millionen Kilometer vermerkt. Am Innenrand der Marsbahn sind die Marsdeklinationen bei der jeweiligen Opposition angegeben, am Außenrand die Sternbilder, in denen der rote Planet dann zu finden ist.

tion am 28. August 2003 wird Mars sich uns bis auf knapp 56 Millionen Kilometer nähern und mit einer scheinbaren Helligkeit von $-2\overset{m}{,}9$ sogar noch Jupiter an Glanz deutlich übertreffen. Fernrohrbeobachter werden dann einen extrem großen Marsglobus sehen – der scheinbare Durchmesser des Planetenscheibchens wird auf 25″ anwachsen, während er bei der diesjährigen Marsopposition immerhin noch knapp 21″ erreicht. Nach 2003 werden die Marsoppositionen wieder ungünstiger. Bei der Opposition im November 2005 wird die geringste Entfernung von Mars 69 Millionen Kilometer betragen, im Dezember 2007 bleibt Mars dann 88 Millionen Kilometer weit weg und bei der Opposition Ende Januar 2010 wird Mars uns nur noch auf 99 Millionen Kilometer nahe kommen. Die nächste günstige Perihelopposition von Mars wird erst wieder Ende Juli 2018 eintreten, wobei der rote Planet auf knapp 58 Millionen Kilometer an die Erde herankommen wird.

Mars ist bei Sternfreunden und Amateurastronomen ein beliebtes Beobachtungsobjekt, wenn er in Opposition kommt. Denn er zeigt von allen Planeten schon in einem vergleichsweise bescheidenen Teleskop die größte Detailfülle. Nur noch der Jupiterglobus lässt einen ähnlichen Detailreichtum erkennen. Allerdings ist das Jupiterscheibchen eher langweilig, immer die gleichen Wolkenstreifen und -bänder sowie der GRF (Großer Roter Fleck), der jahrein-jahraus immer gleich aussieht – höchstens mal etwas blasser erscheint.

Auf Mars lassen sich schon in vergleichsweise bescheidenen Teleskopen Oberflächeneinzelheiten wie helle und dunkle Regionen, weiße Polkappen, gelbliche Wolken usw. ausmachen. Allerdings darf man sich nicht zuviel erwarten: Die herrlichen Aufnahmen, die Raumsonden vom Mars zur Erde funkten, sind nicht nur phantastisch anzusehen, sondern liefern millionenfach mehr Informationen pro Bild als selbst langjährige terrestrische Beobachtungen.

Zwar ist der Marsglobus mit ei-

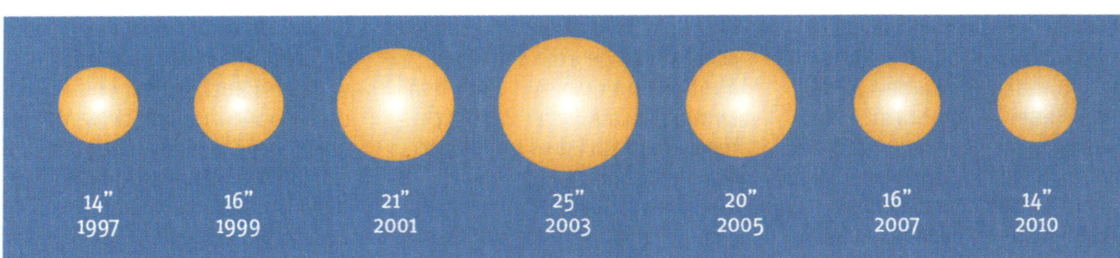

7.11 Die scheinbaren Durchmesser der Marsscheibchen zu den Oppositionen 1997 bis 2010.

nem Durchmesser von knapp 6800 Kilometer nur halb so groß wie die Erde, aber er hat zwei bemerkenswerte, erdähnliche Eigenschaften: Einmal ist die Marsachse um 25° zur Senkrechten auf der Bahnebene geneigt, zum anderen dauert ein Marstag (siderische Rotation) $24^h37^m23^s$. Die Neigung der Rotationsachse und die Länge eines Marstages haben fast dieselben Werte wie die der Erde. Allerdings ist die Marsbahn wesentlich exzentrischer als die Erdbahn. So kommt im Perihel Mars auf 206,7 Millionen Kilometer an die Sonne heran, im Aphel trennen ihn aber 249,2 Millionen Kilometer von der Sonne. Mit 687 Tagen dauert ein Marsjahr fast doppelt solange wie ein irdisches. Alle 780 Tage überholt die Erde den Mars auf der Innenbahn, es kommt zu einer Marsopposition. Die Zeitspanne zwischen zwei Oppositionen wird synodische Umlaufszeit genannt.

Durch die Schrägstellung der Marsachse entstehen auf Mars ebenfalls Jahreszeiten, sie dauern allerdings wegen der längeren Umlaufzeit auch etwa doppelt solange wie die irdischen. So beginnt am 17. Juni 2001 auf der Nordhalbkugel des Mars der Herbst und am 11. November dann der Winter. Die Jahreszeiten machen sich für Fernrohrbeobachter insbesondere durch die Änderungen in den Größen der weißen Polkappen bemerkbar. Im Marssommer schrumpft die Polkappe bis auf einen weißen Punkt zusammen. Gelegentlich beobachtet man auch Staubstürme in der dünnen Marsluft, die weite Gebiete verschleiern können. Das Marsscheibchen scheint dann für Wochen recht detailarm.

Auch mit großen Teleskopen lassen sich nur grobe Strukturen, aber keine kleineren Details erkennen. So blieb lange verborgen, dass die kalte und trockene Oberfläche des Mars von Einschlagkratern, ähnlich wie wir sie vom Mond her kennen, übersät ist. Niemand sah von der Erde aus mit Teleskopen die riesigen Schildvulkane oder die gewaltigen Grabenbrüche und Schluchten, die sich über tausende Kilometer hinziehen. Statt dessen wurden Marskanäle gesehen, die sich allesamt als optische Täuschungen erwiesen. Dabei tauchten dann die unausrottbaren, kleinen grünen Männchen auf, die in ihren Untertassen die Erde heimsuchen.

Erst Raumsonden ließen die wahre Natur der Marswelt erkennen. Die Marslandschaften sind wesentlich abwechslungsreicher als man sich das einst vorstellte. Als die amerikanische Raumsonde Mariner 4 Mitte Juli 1965 in knapp zehntausend Kilometer Entfernung an Mars vorbeiflog, erkannte man erstmals auf den 22 zur Erde gefunkten Bildern, dass die Marsoberfläche von zahlreichen Einschlagkratern und Ringwällen bedeckt ist. Mars schien damit mondähnlich zu sein. Weitere Marssonden ließen freilich bald erkennen, dass die Marsoberfläche sich doch erheblich von der des Mondes unterscheidet. Vor allem die Marssonde Mariner 9, die Mitte November 1971 in eine permanente Marsumlaufbahn einschwenkte und fast 7000 Bilder zur Erde funkte, ließ die vielfältigen Erscheinungsformen auf der Marsoberfläche deutlich werden: Gewaltige Schildvulkane, von denen Mons Olympus mit 25 Kilometer Höhe der größte ist, riesige Grabenbrüche und Canyons, tiefe und langgestreckte Täler, Bruchlinien, dünenartige Landstriche und gewaltige Becken sowie ausgedehnte Hochplateaus. Et-

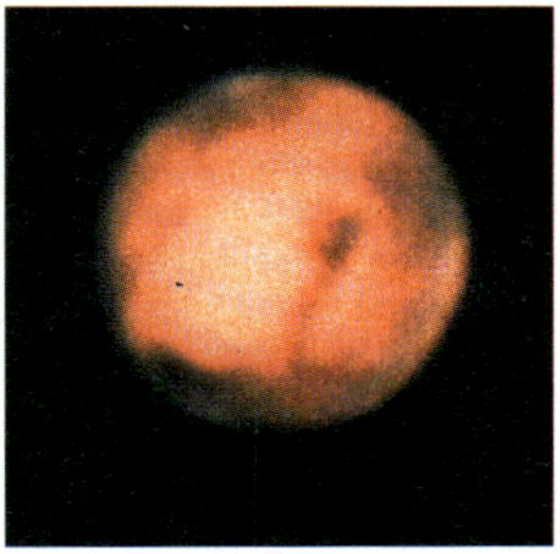

7.12 Der rote Planet von der Erde aus betrachtet (Marsaufnahme vom 29. Mai 1969 mit dem 61″-Reflektor des Lunar & Planetary Lab., Tucson, Arizona).

liche Spuren deuten darauf hin, dass Mars früher eine dichtere Atmosphäre hatte und flüssiges Wasser so manches Tal gegraben haben muss. Vielleicht gab es sogar einst Ozeane auf Mars. Heute gibt es kein freies Wasser mehr auf dem Mars. Es ist wohl als Permafrost unter der Oberfläche verborgen. Manche Planetologen vertreten aber eher die Auffassung, Mars habe nie permanentes Wasser in Form von Flüssen, Seen und Ozeanen besessen. Lediglich bei Meteoriteneinschlägen und aktivem Vulkanismus sei jeweils in einem lokal begrenzten Gebiet durch die temporäre Wärmeentwicklung Schmelzwasser aufgetreten und habe für Fließspuren gesorgt. Manche Formationen deuten eher auf Sturzfluten und Flutwellen hin denn auf kontinuierlich fließende Gewässer. Manche, sehr große Grabenbrüche, wie das Talsystem der Valles Marineris mit bis zu acht Kilometer Tiefe, teils über hundert Kilometer Breite und einer Länge von einigen tausend Kilometer, sind nicht durch fließendes Wasser oder Lava enstanden, sondern sind Risse in der Marsoberfläche, die mög-

licherweise durch eine aktive Plattentektonik entstanden.
Einer der Höhepunkte in der Erforschung des roten Planeten war zweifelsohne die weichen Landungen der beiden Sonden Viking I und Viking II im Sommer 1976. Die beiden Viking-Sonden lieferten phantastische Panoramaaufnahmen der Marsoberfläche, Nahaufnahmen von Geröll und sonstigem Material in der Umgebung der Landeplätze, entnahmen Bodenproben und analysierten sie in den mitgebrachten Labors und sammelten ausgiebig meteorologische Daten. Ferner registrierten die Viking-Lander zahlreiche Marsbeben. Lebensspuren konnten keine gefunden werden, was die breite Öffentlichkeit etwas enttäuschte. Aber für die Wissenschaft war es ein Sprung vorwärts: Technologisch konnte gezeigt werden, dass selbst komplizierte Bahn- und sonstige -manöver wie die weichen Landungen in Entfernungen von über 100 Millionen Kilometer einwandfrei beherrscht werden. Zum anderen wurde unser Wissen über den Mars ungeheuer erweitert. Jahrelang, nämlich bis 1982, sandten die Viking-Lander regelmäßig meteorologische Daten über das Marsklima zur Erde. Zwar ist die Atmosphäre recht dünn, es wehen aber kräftige Winde. Gelegentlich kommt es sogar zu heftigen Staubstürmen. Die inzwischen vorliegenden hochauflösenden Marsbilder zeigen unter anderem zahlreiche Staubdünen, Spuren der Marswinde.
Die Bodentemperaturen liegen meist weit unter dem Gefrierpunkt von Wasser, das in flüssiger Form auf Mars nicht vorkommt. In den Mittagsstunden im Südsommer wurden schon Temperaturen von +20 °C gemessen. In der Marsnacht sinkt das Thermometer rasch auf Werte bis –80 °C. An den Marspolen ist es mit –100 °C noch kälter. Der Hauptbestandteil der Marsluft ist Kohlendioxid (CO_2), nämlich 95%, gefolgt von molekularem Stickstoff (N_2), der knapp drei Prozent ausmacht. Der Rest setzt sich aus dem Edelgas Argon sowie Spuren von Wasserdampf und Sauerstoff zusammen.
Zahlreiche Marsprojekte nach den spektakulären Viking-Missionen scheiterten leider. Erst über zwanzig Jahre danach gelangen wieder zwei großartige Experimente: Mars Global Surveyor und Mars Pathfinder mit dem Marsrover Sojourner. In den frühen Morgenstunden (Ortszeit) des 4. Juli 1997 landete die amerikanische Raumsonde Pathfinder auf Mars, am 12. September 1997 schwenkte der Mars Global Surveyor in eine Marsumlaufbahn ein. Zum ersten Mal wurden Bilder von der Marsoberfläche übertragen, deren Auflösung denen irdischer Luftbildaufnahmen gleichkommt. Die Landemission Pathfinder ermöglichte eine exakte chemische Analyse des Marsbodens. Weitere Marsmissionen sind bisher leider gescheitert. Dennoch gibt es zahlreiche Projekte für weitere Marsflüge. Hochgestecktes Ziel ist nach wie vor eine Landung von Menschen auf Mars. Noch gibt es allerdings keine konkreten Pläne mit verbindlichen Terminen. Ein Aufbruch von Menschen zum Mars wäre sicher ein heroisches Unternehmen, einmalig und unvergleichbar in der Geschichte der Menschheit. Freilich gibt es Bedenkenträger wegen der angeblich hohen Kosten einer Reise von Menschen zum Mars. Sie sind aber lächerlich gering im Vergleich zu den Geldbeträgen, die jährlich für die Produktion von Panzern, Kampfflugzeugen, U-Booten und sonstigen Massenvernichtungsmitteln ausgegeben werden, die im günstigsten Falle zu nichts nütze sind, im schlimmsten Fall aber Tod und Zerstörung bringen. Würde man auf die stets überflüssigen Kriege und mit Gewaltaktionen ausgetragenen Konflikte verzichten, so könnte man eine bemannte Marslandung fast aus der Portokasse bezahlen. Am Geld liegt's nicht, sondern an der mangelnden Reife der Menschheit.
Die großartigen Erfolge der bisherigen unbemannten Marsmissionen, die uns ein genaues und ziemlich vollständiges Bild vom roten Planeten geliefert haben, mögen manchen Sternfreund entmutigen und Marsbeobachtungen mit Amateurfernrohren sinnlos erscheinen lassen. Sicher sind heute mit erdgebundenen „Normalteleskopen" keine großartigen Entdeckungen mehr auf dem roten Planeten zu machen. Aber ein Blick zum Mars, gerade in einer günstigen Oppositionsperiode, lohnt allemal.
Wer zum ersten Mal Mars ins Visier nimmt, mag vielleicht enttäuscht sein über das winzige Planetenscheibchen, auf dem nur wenig zu erkennen ist. Man ist die herrlichen Farbbilder der Raumfahrtmissionen gewohnt, wie sie in Zeitschriften und Büchern zu finden sind. Im Teleskop fallen zumeist einige Flecken auf der gelblichen Marsoberfläche auf sowie eine Polkappe. Die Nordpolarkappe nimmt langsam an Größe zu. Mitte Juni beginnt auf der Marsnordhalbkugel der Herbst, am 11. November ist dann Winterbeginn. Im umkehrenden Fernrohr ist der Marsnordpol unten! Um auf dem Marsscheibchen einigermaßen sicher Details erkennen zu können, sollte man mit einem Refraktor (Linsente-

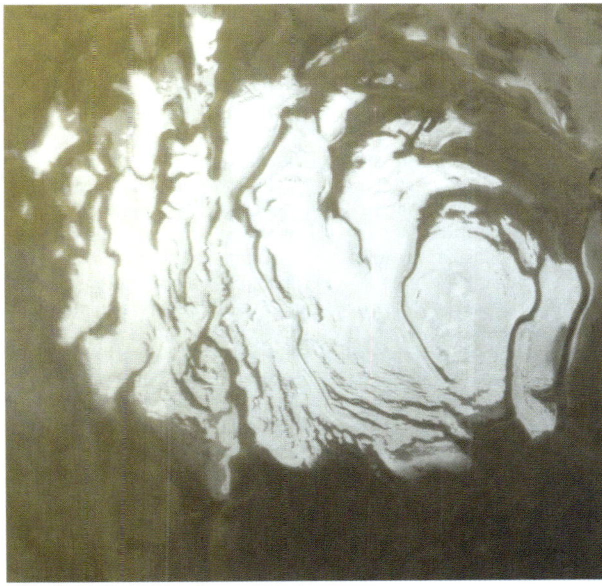

7.13 Die südliche Polkappe des Mars, aufgenommen vom Mars Global Surveyor am 17. April 2000

leskop) mit mindestens 10 cm freier Öffnung (einem so genannten Vierzöller) beobachten. Dabei soll die Vergrößerung nicht unter 150fach liegen. Spiegelteleskope haben eine schlechtere Auflösung als Refraktoren gleicher Öffnung, da durch Apodisation weniger Licht im Kern der Beugungsscheibchen vorhanden ist, was eine schlechtere Kontrastübertragungsfunktion bedingt. Deshalb sollte man bei Marsbeobachtung mit Reflektoren mindestens 20 cm freie Öffnung einsetzen. Ist das Marsscheibchen kleiner als 10″, lohnt es sich nicht, Oberflächendetails wie beispielsweise die Große Syrte anhand von Marskarten identifizieren zu wollen. Wer mit Marsbeobachtungen beginnt, sollte sich zunächst „einsehen". Nach einiger Zeit wird man helle und dunkle Strukturen einwandfrei erkennen und in der folgenden Nacht wieder identifizieren. Da die Marsrotation nur um etwas mehr als eine halbe Stunde länger dauert als ein irdischer Tag, wird man in der folgenden Nacht, wenn man zu gleicher Stunde beobachtet wie in der Vornacht, etwa die gleiche Marsgegend in der Scheibenmitte vorfinden. Nach einigen Nächten verschiebt sich jedoch die Lage der Objekte. Allerdings ist es in unseren Klimazonen nur selten der Fall, dass man eine größere Zahl von aufeinanderfolgenden Nächten regelmäßig beobachten kann. Meist versperren Wolken die Sicht zu den Sternen.

Will man die beobachteten Gebilde identifizieren, so benötigt man eine gute Marskarte und man muss den Zentralmeridian zur Beobachtungszeit kennen. Wie auf der Erde, gibt es auch auf Mars ein Gradnetz mit Längen- und Breitengraden. Jeder Punkt auf Mars lässt sich durch Angabe der areographischen Länge und Breite eindeutig festlegen. „Areographisch" bezieht sich auf Mars, denn Ἄρης ist der griechische Kriegsgott, der bei den alten Römern Mars hieß. Der Nullmeridian geht durch den markanten Krater Airy, den die Raumsonde Mariner 9 erstmals erfasste. Der Zentralmeridian gibt nun an, welcher Meridian, das heißt, welcher areographische Längengrad gerade durch die Scheibenmitte geht. Die Zentralmeridiane des Mars sind im Tabellenteil auf Seite 223 vermerkt. Pro Stunde ändert sich der Zentralmeridian um +14°,6. Entspricht der Zentralmeridian der areographischen Länge 0°, dann ist der Krater Airy in der Scheibenmitte. Eine Stunde später steht er rund 15° weiter östlich (bzw. 15° näher dem *westlichen* Scheibenrand des Mars, wenn man die astronomische Definition Ost-West für das Marsscheibchen anwendet). Hat man den Zentralmeridian bestimmt, dann zeigt die Marskarte, welche Objekte sich gerade in der Scheibenmitte befinden. Am leichtesten zu erkennen sind Gebilde wie die Große Syrte (Syrtis Maior) oder die Meridianbucht (Sinus Meridiani) sowie Solis Lacus, der Sonnensee. Wer länger beobachtet, kann die Marsrotationsdauer ableiten. Eine siderische Marsrotation dauert $24^h37^m23^s$. Auf die Sekunde wird man sie nicht bestimmen können, das setzt eine langjährige Beobachtungsreihe voraus, aber auf einige Minuten genau kann man sie schon ermitteln.

Nicht immer sind Oberflächenstrukturen auf Mars einwandfrei zu erkennen. Manchmal stört die irdische Atmosphäre allzu stark. Selbst wenn kein Bodenwind weht, kann in höheren Luftschichten ein Orkan toben. Das Marsbildchen erscheint dann verzerrt, es wabbert hin und her und verändert permanent sein Aussehen. Dann muss man die Beobachtung abbrechen. Auch bei guten Sichtbedingungen – der Astronom spricht von gutem Seeing – erscheint das Marsbild selten ruhig und starr. Blickt man länger durch das Okular, so ergeben sich manchmal einige Sekunden, in denen das Marsscheibchen klar und unbeweglich erscheint. In solchen kurzen Zeitspannen kann man mit dem Auge wesentlich mehr erkennen, als es mit der Planetenfotografie selbst in großen, langbrennweitigen Teleskopen möglich ist. Denn durch die längeren Belichtungszeiten erscheinen Oberflächenstrukturen auf einem Marsfoto stets etwas verschmiert. Heute kann man aber auch gute Marsaufnahmen mit CCD-Kameras gewinnen. Mit ihnen kann man recht kurze Belichtungszeiten wählen und dennoch ein Bild erhalten, das man sogleich am Monitor begutachten kann. Aus mehreren, kurz hintereinander „geschossenen“ Aufnahmen kann man durch Bildverarbeitung („image processing“) recht scharfe Marsbilder erhalten, die eine Menge Details zeigen. Mit einem leistungsfähigen Computer und entsprechender Bildverarbeitungssoftware sowie einiger Erfahrung lassen sich heute auf elektronischem Wege erstaunlich gute Marsaufnahmen erzielen. Auch im Zeitalter der Raumfahrt ist Mars ein interessantes und lohnenswertes Beobachtungsobjekt für Sternfreunde und Amateurastronomen, wenn er in Opposition zur Sonne kommt. Aber auch Laien und Naturfreunde sollten die Chance nutzen, einen Blick durch ein Teleskop auf Mars zu werfen, wenn er in Erdnähe steht, um unsere trockene und kalte Nachbarwelt einmal mit eigenen Augen direkt zu sehen. Die nächste Sternwarte mit öffentlichen Führungen ist sicher schnell zu erreichen.

August 2001

Die hellen Planeten Saturn, Jupiter und Venus stehen am Morgenhimmel tief im Osten. Sie bilden fast eine gerade Linie in den Sternbildern Stier und Zwillinge. Zu ihnen gesellt sich zur Monatsmitte die Sichel des abnehmenden Mondes. Mars ist am Abendhimmel vertreten.

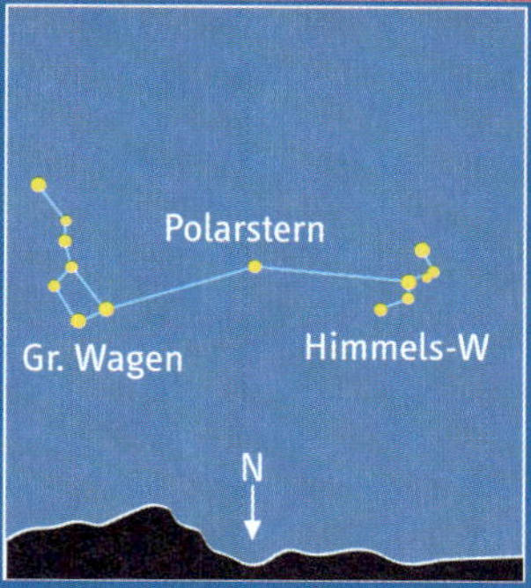

Großer Wagen und Himmels-W Anfang August um 22h

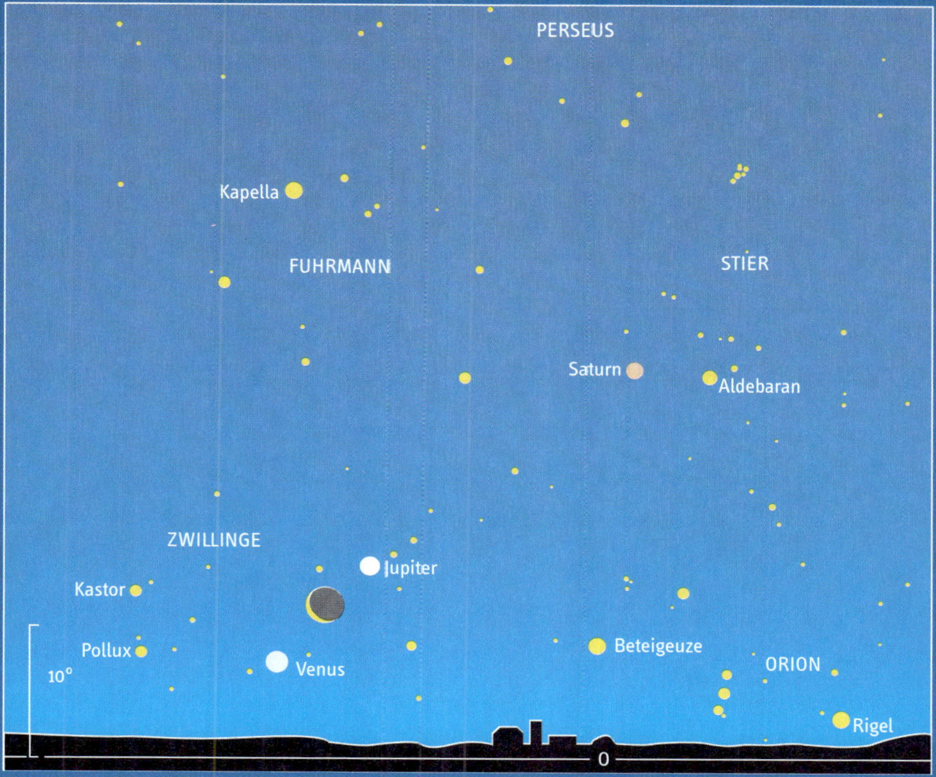

8.1 Himmelsanblick am 16. August gegen 3h MEZ (= 4h MESZ): Tief am Osthimmel sind in einer Reihe die Planeten Saturn, Jupiter und Venus zu sehen. Zwischen Jupiter und Venus hält sich gerade die schmale Sichel des Mondes auf.

Sonnenlauf

10.8. 17h
Sonne tritt in das Sternbild Löwe
23.8. 3h
Sonne tritt in das Tierkreiszeichen Jungfrau

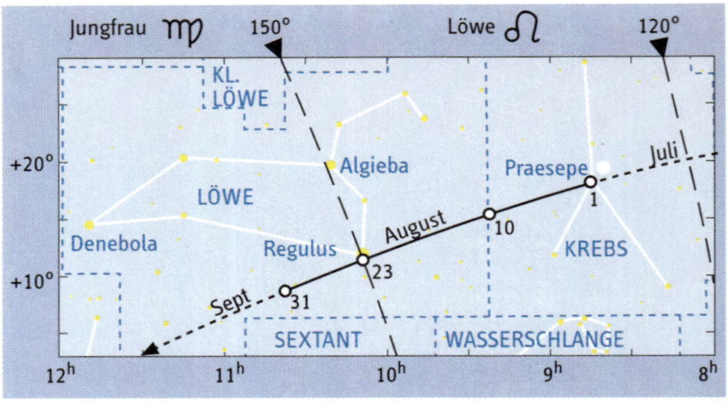

Julianisches Datum am 1. August, 1h MEZ: 2 452 122,5

Tag	Dämmerg. Anfang	Aufgang MEZ	Kulmination	Untergang MEZ	Dämmerg. Ende	Mittagshöhe	Zeitgleichg.	Rektaszension	Deklination
	h m	h m	h m	h m	h m	°	m	h m	°
1.	3 19	4 49	12 26	20 02	21 32	57,9	−6	8 45	+18,1
5.	3 28	4 55	12 26	19 56	21 23	56,9	−6	9 00	+17,0
10.	3 38	5 02	12 25	19 47	21 11	55,5	−5	9 19	+15,6
15.	3 48	5 09	12 24	19 38	21 00	54,0	−4	9 38	+14,1
20.	3 57	5 17	12 23	19 29	20 48	52,3	−3	9 57	+12,5
25.	4 07	5 24	12 22	19 19	20 36	50,7	−2	10 15	+10,8
31.	4 18	5 33	12 20	19 06	20 21	48,5	0	10 37	+ 8,7

Tages- und Nachtstunden

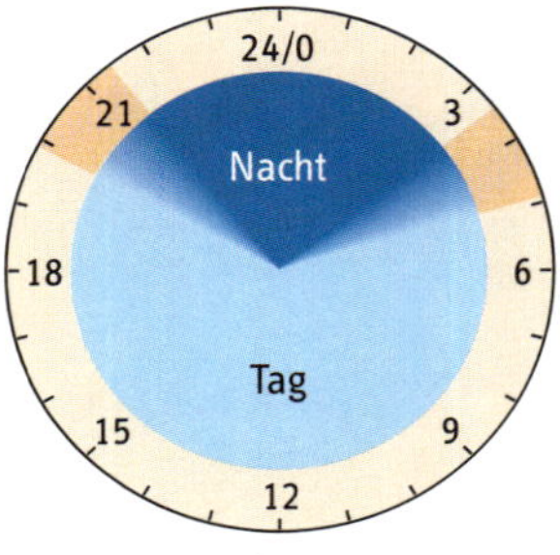

5. August

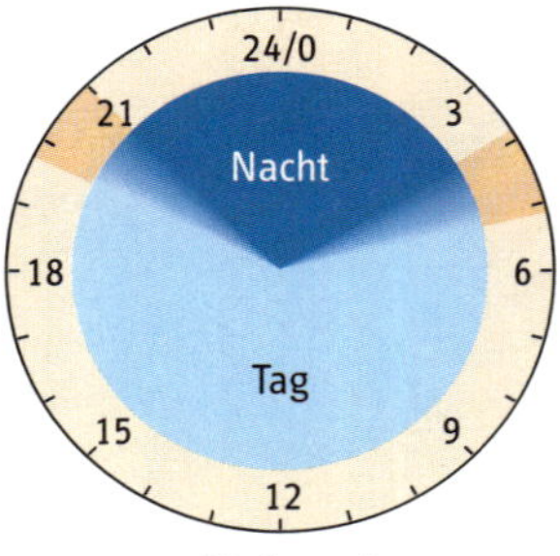

15. August

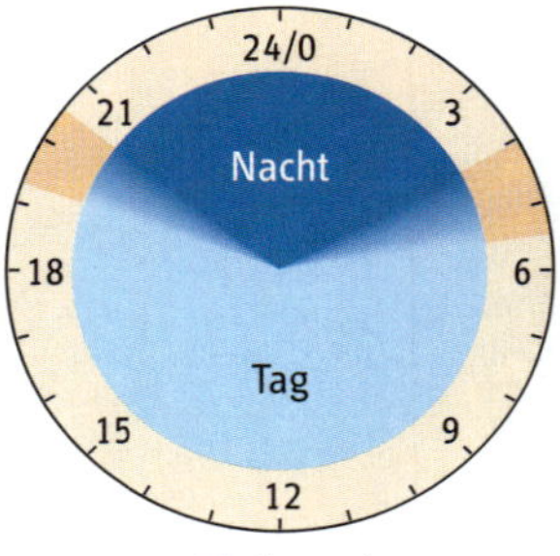

25. August

Mondlauf

Datum	Aufg. MEZ	Kulmination	Unterg. MEZ	Rektaszension	Deklination	Sterne und Sternbilder	Phase	MEZ
	h m	h m	h m	h m	°			
Mi 1.	18 35	22 38	1 52	18 13	−23,1	Schütze	Absteigender Knoten	
Do 2.	19 22	23 28	2 42	19 06	−23,4	Schütze, Nunki		
Fr 3.	19 59	–	3 38	19 58	−22,6	Schütze		
Sa 4.	20 30	0 17	4 40	20 49	−20,7	Steinbock	**Vollmond**	**6^h56^m**
So 5.	20 55	1 04	5 44	21 38	−18,0	Steinbock	Erdferne 406/29,′4	22^h
Mo 6.	21 17	1 48	6 49	22 25	−14,6	Wassermann		
Di 7.	21 36	2 31	7 55	23 11	−10,5	Wassermann		
Mi 8.	21 54	3 13	9 00	23 55	− 6,1	Wassermann	Größte Südbreite	
Do 9.	22 12	3 54	10 06	0 39	− 1,4	Walfisch		
Fr 10.	22 30	4 35	11 12	1 23	+ 3,4	Fische		
Sa 11.	22 51	5 19	12 21	2 09	+ 8,2	Walfisch		
So 12.	23 16	6 04	13 32	2 57	+12,7	Widder	**Letztes Viertel**	**8^h53^m**
Mo 13.	23 47	6 53	14 44	3 47	+16,8	Stier	Libration Ost	
Di 14.	–	7 47	15 57	4 42	+20,1	Aldebaran		
Mi 15.	0 28	8 44	17 07	5 40	+22,5	Stier, Al Nath	Aufsteigender Knoten	
Do 16.	1 21	9 46	18 08	6 42	+23,5	Alhena		
Fr 17.	2 28	10 48	18 59	7 45	+22,9	Pollux		
Sa 18.	3 47	11 50	19 39	8 49	+20,7	Krebs, Krippe		
So 19.	5 12	12 50	20 11	9 52	+17,1	Löwe, Regulus	**Neumond**	**3^h55^m**
							Erdnähe 357/33,′5	7^h
Mo 20.	6 39	13 47	20 38	10 52	+12,2	Löwe		
Di 21.	8 04	14 41	21 01	11 49	+ 6,7	Jungfrau	Größte Nordbreite	
Mi 22.	9 26	15 32	21 24	12 44	+ 0,8	Jungfrau		
Do 23.	10 46	16 22	21 46	13 37	− 4,9	Spica		
Fr 24.	12 04	17 12	22 10	14 29	−10,2	Waage		
Sa 25.	13 18	18 02	22 38	15 21	−14,8	Waage	**Erstes Viertel**	**20^h55^m**
							Libration West	
So 26.	14 29	18 53	23 11	16 13	−18,6	* Antares		
Mo 27.	15 35	19 44	23 50	17 06	−21,4	Schlangenträger		
Di 28.	16 32	20 35	–	18 00	−23,0	Schütze	Absteigender Knoten	
Mi 29.	17 21	21 25	0 37	18 53	−23,6	Schütze, Nunki		
Do 30.	18 01	22 14	1 32	19 45	−23,0	* Schütze		
Fr 31.	18 34	23 01	2 32	20 36	−21,3	Steinbock		

Planetenlauf

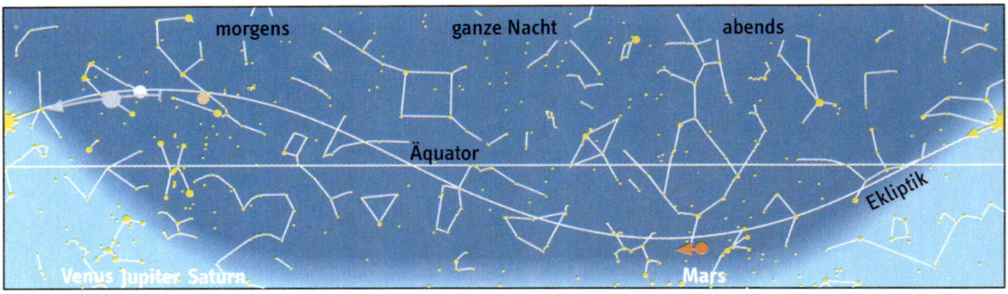

Merkur holt am 5. die Sonne im Tierkreis ein. Er steht in oberer Konjunktion mit ihr und bleibt den ganzen Monat über für uns unsichtbar.
Venus ist Planet am Morgenhimmel. Sie wandert durch das Sternbild Zwillinge und passiert gleich zu Monatsbeginn 1°,7 südlich den Sommerpunkt. Am 25. wechselt sie in das Sternbild Krebs. Die Venusaufgänge verspäten sich im Laufe des August um rund eine dreiviertel Stunde. Geht Venus am 1. noch um 1^h41^m auf, so erfolgt der Aufgang des $-4^m,0$ hellen Morgensterns am 31. erst um 2^h29^m (= 3^h29^m Sommerzeit).
Am 7. zeigt sich das nur mehr knapp 15″ große Venusscheibchen im Teleskop zu 75 Prozent beleuchtet. An diesem Tag trennen uns 174 Millionen Kilometer (= 1,163 A. E.) von unserem inneren Nachbarplaneten.
Am 6. zieht Venus in 1°,2 südlichem Abstand am Riesenplaneten Jupiter vorbei (siehe Abb. 8.2 auf Seite 142). Ein hübscher Anblick ergibt sich am 16. gegen 3^h (= 4^h Sommerzeit), wo über dem Osthorizont die hellen Planeten Venus, Jupiter und Saturn aufgereiht stehen und die Sichel des abnehmenden Mondes zwischen Venus und Jupiter steht (siehe Abb. 8.1 auf Seite 137).
Mars ist auffälliges Gestirn am Abendhimmel. Der rote Planet beschleunigt seine rechtläufige Bewegung im Tierkreis und entfernt sich wieder von Antares (α Scorpii) – siehe auch Abb. 6.4 auf Seite 107. Seine Helligkeit geht weiter auf $-0^m,9$ zurück, dennoch bleibt Mars ein unübersehbares Gestirn am Nachthimmel.
Seine Untergänge verlegt der rote Planet in die Zeit weit vor Mitternacht. Geht Mars am 1. um 0^h15^m unter und am 15. um 23^h32^m, so sinkt er am 31. bereits um 22^h58^m (= 23^h58^m Sommerzeit) unter die Horizontlinie.
Der scheinbare Durchmesser des Marsscheibchens schrumpft weiter von 17″ zu Monatsbeginn auf gut 13″ Ende August.
Jupiter, rechtläufig in den Zwillingen, kann am Morgenhimmel gesehen werden. Zu Monatsbeginn geht der Riesenplanet um 1^h52^m (= 2^h52^m Sommerzeit) auf und zur Monatsmitte um 1^h10^m. Am 31. steigt der $-2^m,1$ helle Jupiter bereits um 0^h20^m (= 1^h20^m Sommerzeit) über die Horizontlinie. Jeweils eine Viertelstunde später kann man Jupiter als hellen Lichtpunkt tief am Nordosthorizont erkennen.
Der Riesenplanet wird von der Venus verfolgt, die am 6. etwa 1°,2 südlich an ihm vorbeizieht (siehe Abb. 8.2 auf Seite 142). Am 16. steht die Sichel des abnehmenden Mondes zwischen Jupiter und Venus – ein hübscher Anblick am Morgenhimmel gegen 3^h (= 4^h Sommerzeit). In Abb. 8.1 auf Seite 137 ist dieses Dreigestirn vor Sonnenaufgang skizziert.
Saturn ist Planet der zweiten Nachthälfte. Der Ringplanet verlagert seine Aufgänge in die Zeit vor Mitternacht. Geht Saturn am 1. noch um 0^h35^m auf und am 15. um 23^h40^m, so erfolgt der Aufgang des inzwischen $0^m,1$ hellen Ringplaneten am 31. schon um 22^h41^m (= 23^h41^m Sommerzeit). Am Morgenhimmel steht der Ringplanet dann schon hoch im Südosten.
Saturn verzögert merkbar seine rechtläufige Bewegung im Stier, der Stillstand ist nicht mehr fern. Man kann dies gut verfolgen, da sich der Ringplanet durch ein sternreiches Gebiet der Milchstraße bewegt – ein Fernglas leistet hier gute Dienste (siehe auch Abb. 12.2 auf Seite 205).
Am 14. zieht der abnehmende Halbmond nur 0°,2 südlich an Saturn vorbei. Es kommt zu einer Bedeckung, die diesmal aber nicht von Mitteleuropa aus beobachtbar ist. Erst im November und im Dezember dieses Jahres werden wir von unseren Gegenden aus eine Saturnbedeckung verfolgen können.
Uranus, rückläufig im Steinbock, kommt am 15. in **Opposition** zur Sonne. Am 7. zieht er gemächlich am Stern 44 Capricorni in nur 6′ Abstand südlich vorbei (siehe Abb. 7.8 auf Seite 126). In

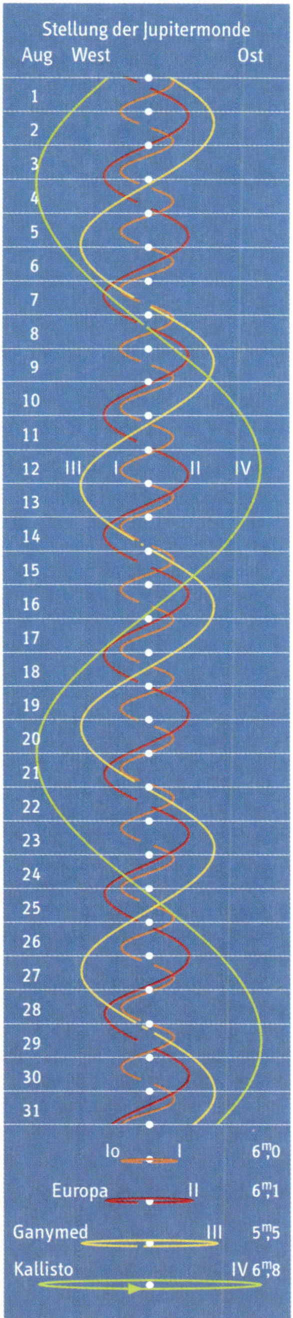

der Nacht der Opposition geht der 5m,7 helle Uranus um 19h34m (= 20h34m Sommerzeit) auf, passiert den Meridian um 0h28m und geht um 5h19m unter. Bis Monatsende verfrühen sich die Uranusuntergänge auf 4h12m (= 5h12m Sommerzeit).

Jupitermond-Erscheinungen

Tag	MEZ h	MEZ m	Vorgang	
1.	3	17	II	VA
4.	2	28	III	SE
	3	00	III	DA
	3	30	I	VA
5.	3	04	I	SE
	3	53	I	DE
10.	1	51	II	DA
	2	47	II	SE
	4	36	II	DE
11.	3	48	III	SA
12.	2	46	I	SA
	3	40	I	DA
13.	3	03	I	BE
17.	2	40	II	SA
	4	38	II	DA
19.	2	28	II	BE
	4	39	I	SA
20.	1	47	I	VA
21.	1	20	I	SE
	2	21	I	DE
22.	1	48	III	BA
	4	40	III	BE
27.	3	41	I	VA
28.	1	02	I	SA
	2	06	I	DA
	3	14	I	SE
	4	19	I	DE
29.	1	31	I	BE
	1	37	III	VA
	4	22	III	VE

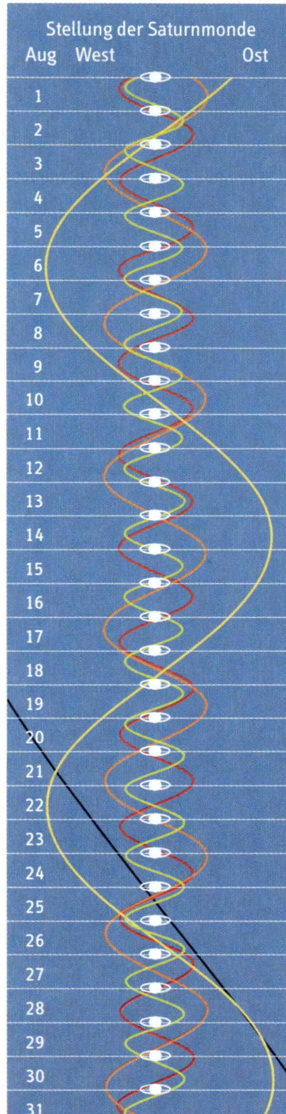

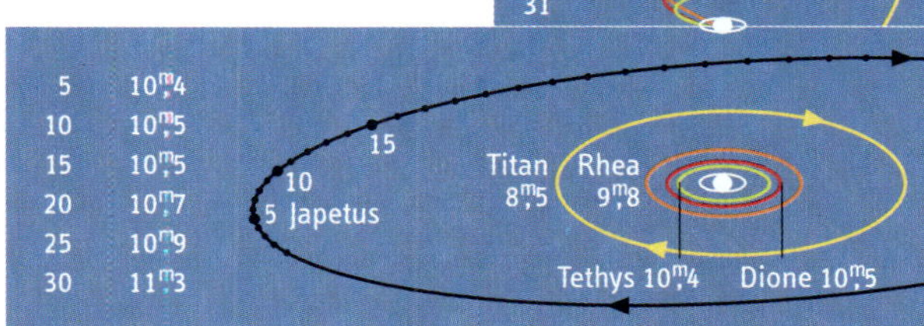

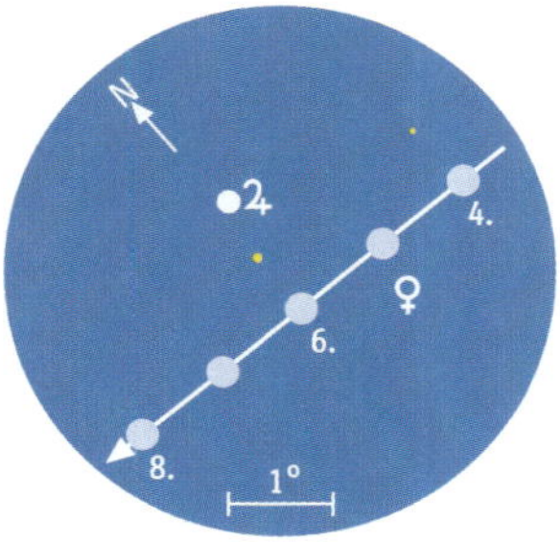

8.2 Venus zieht an Jupiter vorbei – Fernglasanblick bei 5° Gesichtsfelddurchmesser.

Im Teleskop zeigt Uranus ein winziges, grünliches Planetenscheibchen von nur $3\overset{\prime\prime}{,}7$ scheinbarem Durchmesser, auf dem keine Einzelheiten zu erkennen sind.
Die Oppositionsentfernung des Uranus von der Erde beträgt 2837 Millionen Kilometer, das sind 18,96 A. E. Das Uranuslicht ist somit zwei Stunden und 38 Minuten zur Erde unterwegs. Von der Sonne trennen Uranus am Oppositionstag 2988 Millionen Kilometer (= 19,97 A. E.).
Neptun, rückläufig im Steinbock, stand Ende des Vormonats in Opposition zur Sonne. Vom Morgenhimmel zieht sich der sonnenferne, bläuliche Planet zurück. Am 1. geht Neptun um 4^h51^m (= 5^h51^m Sommerzeit) unter und kulminiert um 0^h20^m. Am 31. erfolgt der Meridiandurchgang des $7\overset{m}{,}9$ hellen Neptun schon um 22^h15^m und sein Untergang um 2^h49^m. Neptun entfernt sich rückläufig von ϑ Capricorni, der noch gut als Aufsuchhilfe dienen kann (siehe auch Abb. 7.8 auf Seite 126).
Pluto im Schlangenträger wird am 25. stationär. Damit beendet er seine Rückläufigkeit. Anschließend wachsen seine Rektaszensionen wieder an (siehe auch Abb. 6.5 auf Seite 108).

Periodische Sternschnuppenströme

Der wohl aktivste Sternschnuppenmonat ist der August. In seinen lauen Sommernächten sind besonders viele Sternschnuppen zu sehen. Die Ursache liegt in den **Perseïden**, deren maximale Tätigkeit zwischen dem 10. und 14. August liegt. Helle Objekte (um 0^m und heller, sogenannte Feuerkugeln oder Boliden) sind keine Seltenheit. Als schönster und reichster Strom des Jahres bescheren uns die Perseïden bis zu neunzig Sternschnuppen pro Stunde. Ihren Ursprung führen die Perseïden auf den Kometen 109P/Swift-Tuttle (früher: 1862 III) zurück. Die beste Beobachtungszeit liegt zwischen 22^h und 4^h morgens. Die Perseïden-Sternschnuppen sind mit 60 Kilometer pro Sekunde recht schnelle Objekte. Im Volksmund heißen sie auch Laurentius-Tränen nach dem Märtyrer Laurentius (gest. 258 n. Chr.).
Zu erwähnen sind noch die **Kappa-Cygniden**, deren Radiant im Sternbild Schwan liegt. Sie sind vom 3. bis 25. August aktiv, allerdings sind sie kein besonders reicher Strom. Zur Zeit des Maximums um den 18. August ist nur mit etwa fünf bis zehn Meteoren pro Stunde zu rechnen. Mit 25 Kilometer pro Sekunde mittlerer Geschwindigkeit zählen die Cygniden zu den langsamen Sternschnuppen. Die Umlaufszeit dieses Stromes beträgt sieben Jahre; der Ursprungskomet dürfte sich aufgelöst haben.
Der wenig bekannte Strom der **Cepheïden** macht sich um den 18. August herum bemerkbar. Die Frequenz ist gering, nämlich nur zehn Objekte pro Stunde. Vermutlich sind die Cepheiden ein Zweigstrom der Cygniden.

Der Fixsternhimmel

Der sommerliche Charakter des Sternenzelts hat sich kaum verändert, wenn auch im Vergleich zum Vormonat Arktur schon tie-

Konstellationen und Ereignisse

Datum	MEZ	Ereignis
3.	20^h	Mond bei Neptun, Mond $2\overset{\circ}{,}9$ südlich
5.	4	Mond bei Uranus, Mond $3\overset{\circ}{,}2$ südlich
5.	23	Merkur in oberer Konjunktion mit der Sonne
6.	1	**Venus bei Jupiter,** Venus $1\overset{\circ}{,}2$ südlich
14.	4	**Mond bei Saturn,** Mond $0\overset{\circ}{,}2$ südlich, **Abstand $0\overset{\circ}{,}9$ um 3^h**
15.	16	**Uranus in Opposition** zur Sonne
15.	21	**Mond bei Jupiter,** Mond $0\overset{\circ}{,}4$ nördlich, **Abstand $3\overset{\circ}{,}7$ um 2^h am 16.**
16.	14	**Mond bei Venus,** Mond $1\overset{\circ}{,}9$ nördlich, **Abstand $4\overset{\circ}{,}5$ um 5^h**
20.	0	Mond bei Merkur, Mond $3\overset{\circ}{,}7$ nördlich
25.	8	Pluto stationär, anschließend rechtläufig
27.	13	**Mond bei Mars,** Mond $4\overset{\circ}{,}7$ nördlich, **Abstand $4\overset{\circ}{,}6$ um 20^h**
31.	1	Mond bei Neptun, Mond $2\overset{\circ}{,}9$ südlich

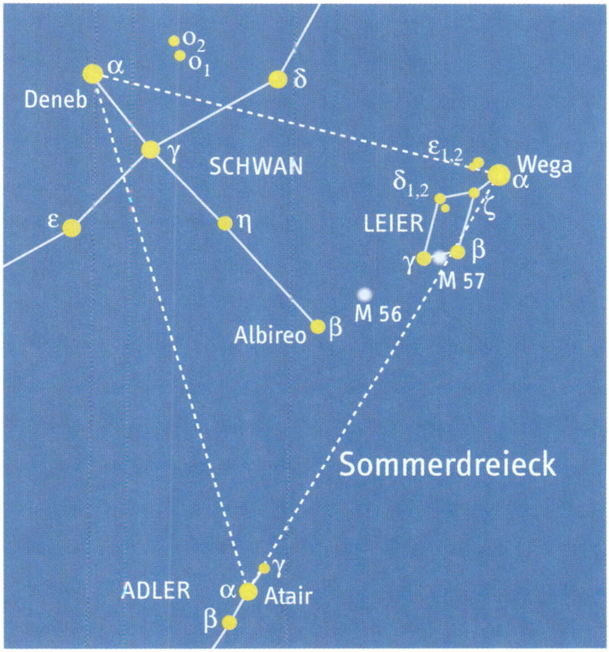

8.3 Das Sommerdreieck mit Wega, Deneb und Atair. Eingetragen sind ferner der schöne Doppelstern Albireo (β Cygni) und der Dreifachstern o Cygni nahe Deneb, der Ringnebel M 57 in der Leier sowie der Kugelsternhaufen M 56.

fer im Westen zu finden ist, während im Osten das Pegasusquadrat aufgegangen ist, das – wie sein Beiname Herbstviereck erkennen lässt – die kommende Jahreszeit andeutet.

Hoch im Süden nimmt das Sommerdreieck mit Wega, Deneb und Atair seine Position ein. Die Wega steht nun fast senkrecht über unseren Köpfen. Herkules, Krone und Schlangenträger mit der Schlange sind in der westlichen Hemisphäre zu sehen. Der Skorpion mit dem roten Antares neigt sich tief im Südwesten bereits dem Untergang zu. Auch der Große Wagen verliert an Höhe und befindet sich im absteigenden Teil seiner Bahn um den Polarstern, während diametral gegenüber die Kassiopeia, das Himmels-W, emporsteigt. Tief im Norden leuchtet horizontnah die Kapella.

Im Südosten sieht es recht düster aus, hier fehlen helle Sterne völlig. Nur die lichtschwachen Sterne der Tierkreisbilder Steinbock und Wassermann nehmen gegenwärtig dieses Areal ein. Tief im Süden kulminiert gerade der Schütze. Im Bereich des Schützen und des Schildes ist die sommerliche Milchstraße besonders hell. Überhaupt ist das Lichtband der Milchstraße jetzt gut zu beobachten. Es spannt sich in hohem Bogen über das Firmament: Ausgehend vom Südhorizont steigt die Milchstraße durch Schütze, Adler und Schwan empor und geht über Kepheus und Kassiopeia zum Nordhorizont hinunter. Das Sternbild Schild (lat.: Scutum), das seinen Platz zwischen Schütze und Adler hat, ist ein neuzeitliches Sternbild. Es wurde erst von Hevelius im 17. Jahrhundert zur Erinnerung an die Befreiung Wiens von der türkischen Belagerung im Jahre 1683 eingeführt. Es soll das Wappenschild des Polenkönigs Sobieski darstellen. Im Schild erscheint die Milchstraße besonders sternreich zu sein. Im Fernglas hat man den Eindruck einer dichten Wolke aus Sternen, man spricht daher von der „Schildwolke". Am nördlichen Rand der Schildwolke stößt man auf einen schönen, relativ dichten offenen Sternhaufen, M 11 mit der Katalogbezeichnung nach Charles Messier, der auch den Namen Wildenten-Haufen trägt. Etwas Phantasie vorausgesetzt, kann man nämlich den Eindruck gewinnen, hier fliegt eine Gruppe von Wildenten in ihrer charakteristischen Delta-Form am Firmament entlang (im stark vergrößernden Fernglas, nicht mit

Veränderliche Sterne

Algol-Minima	3.	1^h23^m	5.	22^h11^m	20.	6^h14^m	23.	3^h03^m	25.	23^h51^m	28.	20^h40^m
β-Lyrae-Minima	6.	24^h N	13.	11^h H	19.	22^h N	26.	10^h H				
δ-Cephei-Maxima	4.	16^h	10.	1^h	15.	9^h	20.	18^h	26.	3^h	31.	12^h
Mira-Helligkeit	1.	5^m	10.	4^m	20.	4^m	31.	3^m				

Sternenhimmel am 15. August um 22^h MEZ (23^h MESZ).

Fixsternhimmel auch gültig für:

	MEZ	MESZ
15. 6.	2^h	3^h
1. 7.	1	2
15. 7.	0	1
1. 8.	**23**	**24**
15. 8.	**22**	**23**
31. 8.	**21**	**22**
15. 9.	20	21
30. 9.	19	20

bloßen Augen). Im Schild findet sich auch der veränderliche Stern δ Scuti, der Prototyp der Delta-Scuti-Sterne, einer Klasse von variablen Sternen mit kurzen Perioden von nur einigen Stunden und geringen Amplituden um $0^m,1$. Wegen ihrer geringen Helligkeitsschwankungen und kurzfristigen Perioden sind Delta-Scuti-Sterne nicht leicht aufzuspüren, obwohl sie mindestens so häufig vorkommen wie die bekannteren Delta-Cepheï-Sterne.

Objekte für Feldstecher und Fernrohr

Einen besonderen Genuss bietet sich für Feldstecherbeobachter an, nämlich eine Durchmusterung des Lichtbandes der Milchstraße am sommerlichen Abendhimmel. Im Fernglas werden Myriaden von feinen Lichtpünktchen sichtbar, jedes eine glühende Sonne für sich, die vielleicht sogar von zahlreichen Planeten umkreist wird. Oft hat man beim Absuchen der Milchstraße den Eindruck, manche

Stellen seien recht schwach mit Sternen besetzt. Man meint, hier „Sternleeren" vorzufinden. Doch der Schein trügt. In den Gebieten, in denen Sterne zu fehlen scheinen, schweben gewaltige Staub- und Gaswolken im All. Zwar ist die Dichte dieser interstellaren Materiewolken meist billionenmal geringer als die irdische Luft in Bodennähe. Allein wegen der riesigen Dimensionen dieser Wolken, die Hunderte von Lichtjahren groß sein können, schwächt der interstellare Staub das Sternenlicht oft erheblich. Diese als Dunkelwolken bezeichneten Gebiete täuschen uns also „Sternleeren" vor. Beim Stern Tarazed (γ Aquilae), also im Adler, hebt sich eine Dunkelwolke gut aus dem dichten Sternengewimmel ab, die sich vor allem für Feldstecherbeobachtungen eignet.

Nahe diesem Gebiet stößt man auf den offenen Sternhaufen M 11 im Schild (lat.: Scutum), der an der Südwestgrenze des Adlers liegt. Im Fernglas zeigt sich M 11 eher als Nebelfleckchen. Erst größere Teleskope lösen M 11, der auch die Katalogbezeichnung NGC 6705 trägt, in Einzelsterne auf. M 11 gehört zu den dichtgedrängtesten Haufen, die man am Himmel findet. Die Entfernung von M 11 liegt bei 5600 Lichtjahren. Der lineare Durchmesser von M 11 beträgt rund zwanzig Lichtjahre.

Die Gegend um den Schützen ist besonders spannend für Entdeckungen mit Fernglas oder Fernrohr. Denn hier finden sich besonders viele prächtige Sternhaufen und eindrucksvolle Gasnebel. Zu den bekanntesten zählen M 8, der Lagunennebel, und M 20, der Trifid-Nebel. Zwischen beiden zieht die Ekliptik hindurch. M 8 und M 20 sind leuchtende Gasnebel (Emissions- und Reflexionsnebel).

Dunkle Strukturen in den Nebeln werden von eingebetteten Staubmassen bewirkt, die das Licht absorbieren. So erscheint M 20 dreigeteilt, daher sein Name „Trifid-Nebel". M 8 wird von einem dunklen Band durchzogen – man gewinnt den Eindruck einer Meereslagune. Beide Gasnebel sind rund 6000 Lichtjahre von uns entfernt. Knapp neben M 20 liegt der offene Haufen M 21, der im Fernglas aufgelöst erscheint, aber wenig auffällig ist.

Ringe im Sonnensystem

Mehr als dreihundert Jahre lang galt der berühmte Ring des Saturns als einzigartig in unserem Sonnensystem. Von allen neun großen Planeten schien er der einzige Planet, der von einem freischwebenden Ring umschlossen wird. Wer heute mit einem Fernrohr unsere Planeten betrachtet, wird auch nur um Saturn ein Ringgebilde sehen. Alle übrigen Planeten scheinen ohne Ringe zu sein. Im letzten Vierteljahrhundert hat sich jedoch unser Bild vom Sonnensystem dank zahlreicher Raumflugmissionen und den Beobachtungen des Hubble-Weltraumteleskops (das aus seiner Erdumlaufbahn außerhalb der störenden irdischen Atmosphäre gestochen scharfe Bilder der Planeten liefert) erheblich gewandelt. Heute weiß man, dass auch die anderen Riesen- oder Wasserstoffplaneten, nämlich Jupiter, Uranus und Neptun, von Ringen umgeben sind. Ihre Ringe sind allerdings wesentlich dünner und dunkler als das Saturnringsystem, weshalb sie auch viel schwieriger zu beobachten sind. Nur Raumsonden, Riesenteleskope und das Hubble-Weltraumobservatorium können die Ringe von Jupiter, Uranus und Neptun erkennen, während der Saturnring sich schon in kleinen Fernrohren zeigt.

In der vorteleskopischen Zeit war auch der Saturnring vollkommen unbekannt. Mit bloßen Augen erscheint Saturn nur als Lichtpunkt am Nachthimmel. Als Galileo Galilei im Jahr 1610 begann, mit seinem selbstgefertigten, bescheidenen Fernrohr den Himmel abzusuchen, entdeckte er die Ringwälle und Gebirge auf dem Mond, die Lichtgestalten der Venus, die vier hellen Monde des Jupiters und ebenso die Sonnenflecken. Als er Saturn ins Visier nahm, glaubte er, drei nebeneinander schwebende Kugeln zu sehen. Sein bescheidenes Fernrohr war nicht leistungsfähig genug, um die wahre Natur des Saturnrings erkennen zu lassen. Die Entdeckung des Saturnrings gelang erst 1659 dem genialen holländischen Physiker und Astronomen Christian Huygens. Er beschrieb ihn als dünnes Band um den Saturnglobus, als Einzelstück ohne jede Struktur.

Je nach Ringöffnung und Luftruhe lässt sich der Saturnring mit einem Fernrohr ab etwa 30facher Vergrößerung einwandfrei erkennen. So richtig beeindruckend wirkt er aber erst in Teleskopen ab 15 cm Öffnung und mindestens 200facher Vergrößerung.

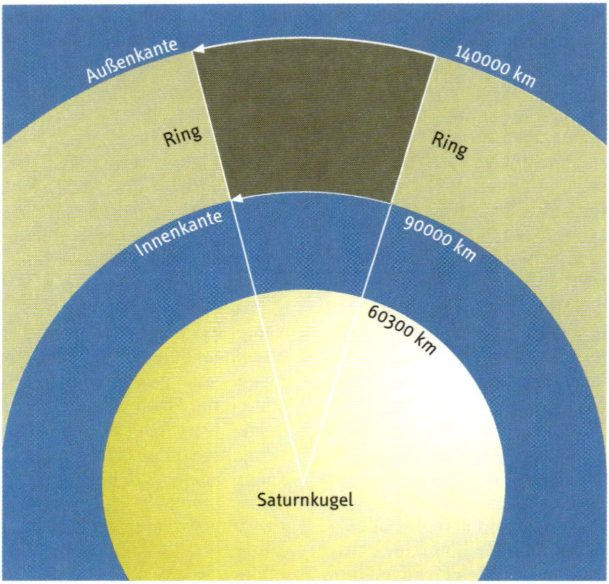

8.4 Bei einem starren Ring laufen bei gleichförmiger Winkelgeschwindigkeit die äußeren Teile schneller als die inneren, da sie einen längeren Weg in gleicher Zeit zurücklegen müssen.

Der erste Direktor des Pariser Observatoriums, Giovanni Domenico Cassini [1]) fand 1675 eine dunkle Linie, die den Saturnring in einen äußeren und einen inneren Ring teilt. Fortan war man berechtigt, von Saturnringen zu sprechen. Heute nennt man diese dunkle Linie Cassini-Trennung oder -Lücke. Als Voyager 1 im November 1980 als zweite Raumsonde an Saturn vorbeiflog, fand man, dass das Saturnringsystem aus Hunderten von einzelnen Ringen zusammengesetzt ist. Bald nannte man Saturn den „Herr der tausend Ringe". Inzwischen sind über dreitausend einzelne Ringe um Saturn registriert worden.

Schon bald nach Entdeckung des Saturnringes machte man sich Gedanken über die Natur der Saturnringe. Gasförmig oder flüssig kann der Saturnring aus physikalischen Gründen nicht sein. Gase würden sich schnell in den Weltraum verflüchtigen, eine Flüssigkeit wieder würde im Weltraumvakuum sofort verdampfen. Aber auch ein fester Ring bliebe nicht stabil.

Edouard A. Roche hat bereits 1848 nachgewiesen, dass aus himmelsmechanischen Gründen der Saturnring kein festes Gebilde sein kann. Bald darauf, nämlich 1856, hat James Clerk Maxwell, bekannt für seine Theorie des Elektromagnetismus, in einer preisgekrönten Arbeit nachgewiesen, dass der

[1]) Neben vielen anderen Entdeckungen, Beobachtungen und Berechnungen führte Cassini auch das Jahr 0 in die astronomische Chronologie ein.

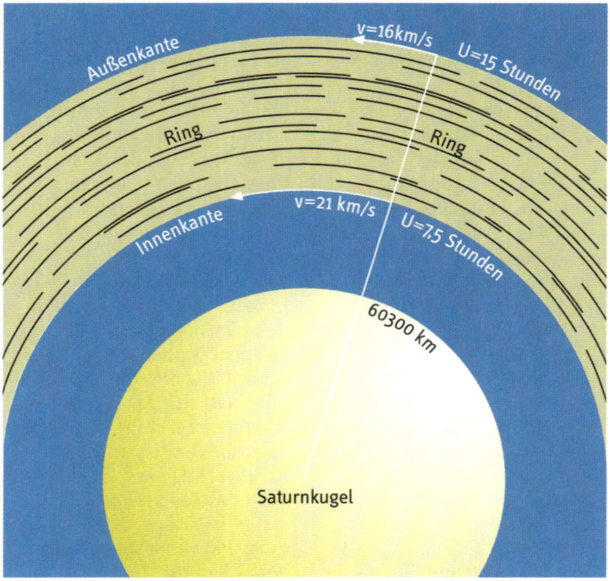

8.5 Nach dem dritten Kepler-Gesetz müssen die inneren Ringpartikel schneller um Saturn laufen als die äußeren. Der Saturnring ist kein festes Gebilde, sondern setzt sich aus Milliarden von Minimonden zusammen.

Saturnring aus zahllosen einzelnen Partikeln bestehen müsse. Denn die Gezeitenkräfte würden einen oder auch mehrere feste Ringe erbarmungslos zerreißen. Nach dem Newtonschen Gravitationsgesetz nimmt die Anziehungskraft mit dem Abstandsquadrat ab. Auf den inneren Rand des Saturnringes wirkt eine stärkere Kraft als auf den äußeren. Die inneren Partien müssen daher schneller um Saturn laufen als die äußeren – so will es auch das dritte Kepler-Gesetz der Planetenbewegung.
Im Jahre 1895 gelang es dann James E. Keeler und William W. Campell spektroskopisch nachzuweisen, dass sich die inneren Teile des Saturnringes tatsächlich schneller bewegen als die äußeren. Die Linien im Spektrum des Sonnenlichtes, das vom Saturnring reflektiert wird, sind auf Grund des Doppler-Effektes geneigt. Aus dieser Neigung lässt sich die Umlaufgeschwindigkeit bestimmen: Die inneren Ringpartikel sausen mit einer Geschwindigkeit von 21 Kilometern pro Sekunde in nur 7,5 Stunden um die Saturnkugel, die an der äußeren Ringkante laufenden Teilchen legen mit 16 Kilometer pro Sekunde ihren Weg um Saturn in 15 Stunden zurück. Das Ringsystem setzt sich aus Abermillionen einzelner Teilchen zusammen, die in gemeinsamem Reigen als Minimonde den Saturn umkreisen. Die Raumsondenmissionen bestätigten dieses Bild vom Saturnringsystem.
Nach Pioneer 11 flogen Voyager 1 im November 1980 und Voyager 2 im August 1981 an Saturn vorbei. Zwar reichte die Auflösung ihrer Kameras nicht aus, um einzelne Ringpartikel sichtbar zu machen, aber die gewonnenen Aufnahmen zeigen die detailreiche Struktur des Ringsystems und lassen auch einige Ringe erkennen, die zu dünn und zu dunkel sind, um von der Erde aus gesehen werden zu können. Die Ringteilchen bestehen aus Eis und Felsbrocken unterschiedlicher Größe. Von Sandkörnchen bis hausgroßen Blöcken sind alle Größen vorhanden. Die felsigen Kerne der Ringpartikel werden größtenteils von Eispanzern umschlossen.
Die größeren Ringbrocken reflektieren das Sonnenlicht nach rückwärts, so dass wir den Ring von der Erde aus sehen können. Die sehr kleinen Partikel wieder streuen das Sonnenlicht nach vorne. Ähnlich wie Schmutz auf einer Windschutzscheibe sichtbar wird, wenn die tiefstehende Sonne in den Fahrgastraum leuchtet oder die Scheinwerfer eines entgegenkommenden Autos, so kann man die mikroskopisch kleinen Teilchen nur im vorwärtsgestreuten Licht erkennen. Dies ist von der Erde aus unmöglich, da wir immer von der Sonnenseite her auf Saturn und seine Ringe blicken. Von der Erde aus sind daher die feinen Staubringe nicht sichtbar. Aber nach der Saturnpassage konnten die Kameras der Voyager-Sonden auf die Ringe zurückblicken, wobei sie die Sonne im Hintergrund hatten.
Im März 1977 verlor Saturn seine einzigartige Stellung als Ringplanet. Durch Zufall wurden Ringe um Uranus entdeckt – und zwar auf indirekte Weise: Der Stern SAO 158 687 mit 9^m Helligkeit wurde am 10. März 1977 von Uranus bedeckt. Mit Hilfe dieser Sternbedeckung plante James Elliot und sein Team, den genauen Durchmesser und die Zusammensetzung der Atmosphäre von Uranus mit dem Kuiper-Airborne-Telescope zu bestimmen. Kurz vor und kurz nach der eigentlichen Sternbedeckung gab es kurzfristige Lichteinbrüche des zu bedeckenden Sternes. Dachte man vor der Bedeckung noch an störende Wolken, so fiel auf, dass sich die Helligkeitsvariationen symmetrisch nach der Bedeckung wiederholten. Nach genauer Analyse des Datenmaterials schloss man auf neun dünne Ringe, die Uranus umgeben. Sehen konnte man sie freilich selbst in Großteleskopen nicht.
Erst Voyager 2 sandte Bilder der Ringe zur Erde, als die Raumsonde im Januar 1986 an Uranus vorbeiflog. Dabei wurden zwei weitere Ringe gesichtet, so dass sich die Zahl der gefundenen Ringe auf elf erhöhte.
Das Ringsystem des Uranus ist sehr viel unauffälliger als das des Saturn. Die Ringe sind wesentlich dünner und reflektieren nur etwa fünf Prozent des einfallenden Sonnenlichtes, während die Saturnringe sechzig Prozent zurückstrahlen. Bedenkt man, dass bei Uranus nur noch ein Viertel des Sonnenlichtes eintrifft, das das Saturnsystem erreicht, so wird verständlich, dass die Uranusringe von der Erde aus nicht sichtbar sind. Lediglich dem Hubble-Weltraumteleskop ist es gelungen, Bilder der Uranusringe zu liefern. Auch mit großen Teleskopen konnte man im infraroten Spektralbereich die Ringe des siebenten Planeten registrieren.
Die Uranusringe setzen sich aus dunklem, felsigem Material zusammen, von Staub über kieselsteingroße Partikel bis zu Brocken von zehn Metern und mehr Durchmesser. Die Gesamtmasse des Uranusringmaterials beträgt nur rund ein Zehntausendstel der Masse vom Saturnringsystem.
Nur zwei Jahre nach der indirekten Entdeckung der Uranusringe fand die Raumsonde Voyager 2 Ringe um den Rie-

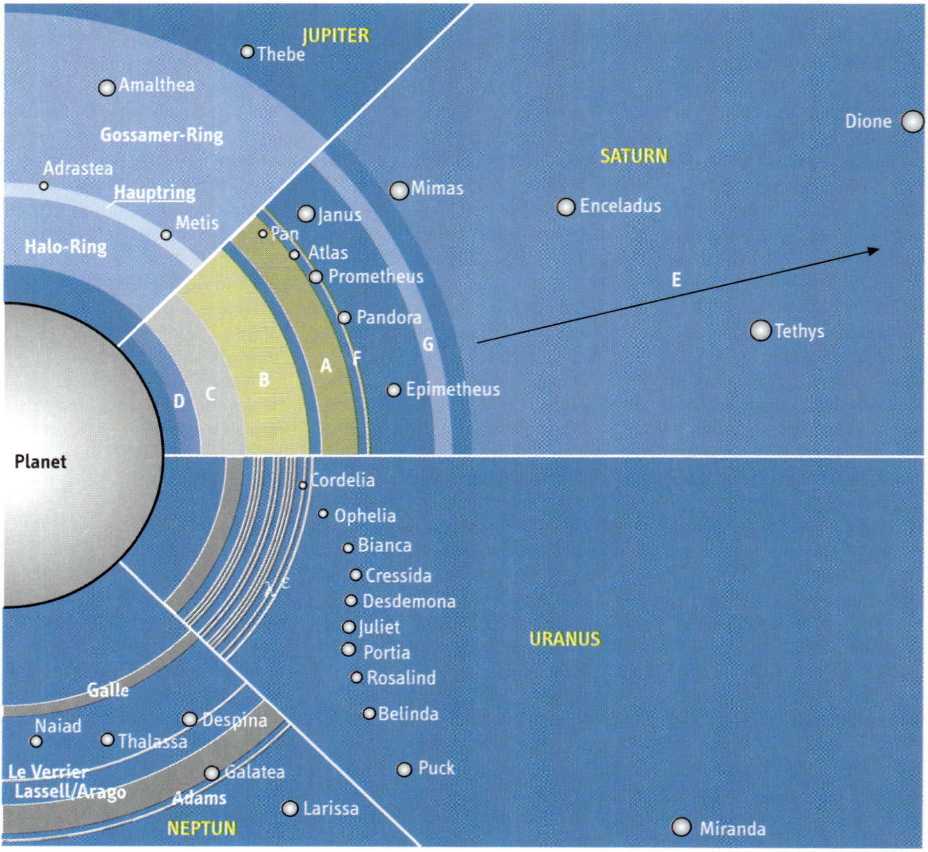

8.6 Die Ringsysteme der Riesenplaneten Jupiter, Saturn, Uranus und Neptun im Vergleich. Die Abstände der Ringe und Monde sind jeweils auf den Planetenradius normiert.

senplaneten Jupiter. Das Ringmaterial besteht ähnlich wie die Uranusringe aus dunklem Fels, wahrscheinlich Basaltgestein, wie es auch in den Mondmeeren vorkommt. Das Jupiterringsystem weist drei Bereiche auf: Der innere Halo mit etwa 23 000 Kilometer Breite, der Hauptring mit 6500 Kilometer und der so genannte Gossamer Gürtel mit einer Zonenbreite von 85 000 Kilometer. Hier findet sich nur sporadisches Material. Die Gesamtmasse der Materie im Gossamer Gürtel beträgt nur ein Millionstel der Masse, die in den beiden anderen Ringzonen vorhanden ist.

Das extrem starke Jupitermagnetfeld sorgt dafür, dass das Ringsystem des Riesenplaneten recht spärlich bleibt. Denn das Ringmaterial regnet auf Jupiter herab. Es wird wieder aufgefüllt durch Material, das von den kleinen Monden Metis und Adrastea aufgrund von Kollisionen mit Meteoroiden wegspritzt. Ähnlich erfährt der dünne, äußere E-Ring von Saturn eine Materialergänzung vom Mond Enceladus. Modellrechnungen haben ergeben, dass sich die Teilchen in den Jupiterringzonen nur etwa zehn bis hundert Jahre halten können, bis sie auf den Riesenplaneten stürzen. Nur durch das meteoroidische Bombardement, das auf die kleinen Jupitermonde Metis und Adrastea permanent herniederhagelt, wird das Ringmaterial ergänzt.

Das wohl unscheinbarste Ringsystem windet sich um Neptun. Die ersten Hinweise auf die Existenz von Neptunringen gab – ähnlich wie bei Uranus – eine

beobachtete Sternbedeckung im Juli 1984. Allerdings gab es zunächst Zweifel an der Echtheit der Ringe. Denn die Lichtabfälle wurden nur vor der Bedeckung, aber nicht mehr nachher beobachtet, was eigentlich bei Ringen zu erwarten wäre. Nun liegen die Verhältnisse bei Neptun etwas anders als beim Uranussystem, wo die Ringe fast senkrecht auf der Bahnebene und damit auch auf der Ekliptik stehen. Bald vermutete man, was sich bei weiteren Sternbedeckungen als zutreffend erwies: Das ebenfalls recht dunkle, basaltartige Ringmaterial ist nicht gleichmäßig verteilt, sondern in bestimmten Bereichen gibt es Anhäufungen. Es erscheinen Bögen, während an anderen Stellen nur wenig Material anzutreffen ist – daher die Asymmetrie der Lichteinbrüche bei Sternbedeckungen. Dass die Vorstellung einzelner Ringbögen korrekt ist, zeigten schließlich Aufnahmen von Voyager 2, die beim Vorbeiflug im August 1989 zur Erde gefunkt wurden. Sie zeigen, dass Neptun von vier Ringen umschlossen wird.
Diese wurden nach den Neptun-Entdeckern benannt: Der innerste wurde Galle getauft, es folgt Leverrier, dann kommt der dritte, so genannte Plateau-Ring, auch Lassell-Arago genannt. Der äußerste Ring mit seinen auffälligen Bögen heißt Adams. Mit Ausnahme des Plateau-Rings, der knapp 6000 Kilometer breit ist, sind die anderen drei Ringe höchstens fünfzig Kilometer breit.
Alle Riesenplaneten besitzen somit Ringe. Diese Erkenntnis verdanken wir modernen Beobachtungsverfahren und der Raumfahrt. Aber wie sind diese Ringe entstanden, wie ihre recht komplizierten Strukturen? Dachte man einst, der Saturnring sei in der Frühzeit des Sonnensystems vor etwa fünf Milliarden Jahren entstanden, gemeinsam mit Saturn und den anderen Planeten, so weiß man inzwischen, dass Ringsysteme instabile Gebilde sind, die sich in längstens hundert Millionen Jahren auflösen beziehungsweise zerfallen. Freilich gibt es auch stabilisierende Einflüsse und Ringmaterial wird auch nachgeliefert.
Trotz der sehr unterschiedlichen Ringsysteme, was Masse, Größe, Aussehen, Struktur u. a. betrifft, gibt es doch eine Reihe gemeinsamer Eigenschaften und gleicher Kräfte bzw. Einflüsse, die auf die Ringe einwirken:

1. Alle Ringe liegen innerhalb vom 2,5fachen der jeweiligen Planetenradien und damit fast exakt im Bereich der Rocheschen Stabilitätsgrenze für Planetenmonde [2]).
2. Alle Ringe sind extrem dünn im Vergleich zu ihren Durchmessern. So mißt der Saturnring rund 280 000 Kilometer im Durchmesser, ist aber nicht einmal 400 Meter (!) dick (Durchmesser senkrecht zur Hauptebene). Wäre der Saturnring in einem Modell so dünn wie ein Blatt Papier, so wäre er immer noch so groß wie ein Fußballstadion.
3. Die Bahnen der Ringpartikel liegen fast ausschließlich in der Äquatorebene ihrer Mutterplaneten.
4. Fast immer laufen knapp außerhalb, innerhalb oder zwischen den einzelnen Ringen kleine Monde (von rund zehn bis hundert Kilometer Durchmesser). Man nennt sie Hirten- oder Schäferhundmonde wegen ihrer fokussierenden Wirkung auf die einzelnen Ringe.

Nur Jupiters innerster Staubhalo und der E-Ring des Saturns sind etwas ausgedehnter in ihrer Dicke, ihre Teilchen entfernen sich mehr oder minder stark von der Hauptebene, so dass sie die Eigenschaften 2 und 3 nicht voll erfüllen.
Folgende Kräfte und Effekte wirken auf die Ringe beziehungsweise auf ihre Partikel:

1. Die Anziehungskraft des Mutterplaneten, die die Ringteilchen in ihren Umlaufbahnen hält.
2. Die gravitativen Gezeitenkräfte, ebenfalls von dem jeweiligen Mutterplaneten ausgeübt.
3. Gravitative Bahnstörungen sowohl der kleinen Monde in den Ringzonen als auch der größeren, weiter außen laufenden Planetenmonde.
4. Selbstgravitation der Ringe (Anziehungskräfte der Ringe aufeinander).
5. Zusammenstöße der Ringpartikel miteinander.
6. Erosion durch meteoroidische Einschläge.

Vernachlässigbar klein dagegen sind die gravitativen Einflüsse der Sonne und der anderen Planeten auf die Ringe eines bestimmten Planeten. Die Gezeitenkräfte verhindern, dass sich innerhalb der Rocheschen Grenze größere Körper halten können. Die Ringteilchen können sich nicht zu einem größeren Mond zusammenballen. Taucht ein größerer Körper in die Rochesche Zone ein, so wird er durch die Gezeitenkräfte zerrissen. Ein schönes Beispiel dafür lieferte der Komet Shoemaker-Levy 9. Bevor er im Juli 1994 in die Jupiteratmosphäre stürzte, lief er einige Male auf einer langgestreckten Ellipse

[2]) Zur Rocheschen Grenze siehe auch *Astrowissen* von H.-U. Keller, erschienen im Kosmos-Verlag, 2. Auflage 2000, Seite 118 oder *Himmelsjahr 1996*, Monatsthema auf Seite 133

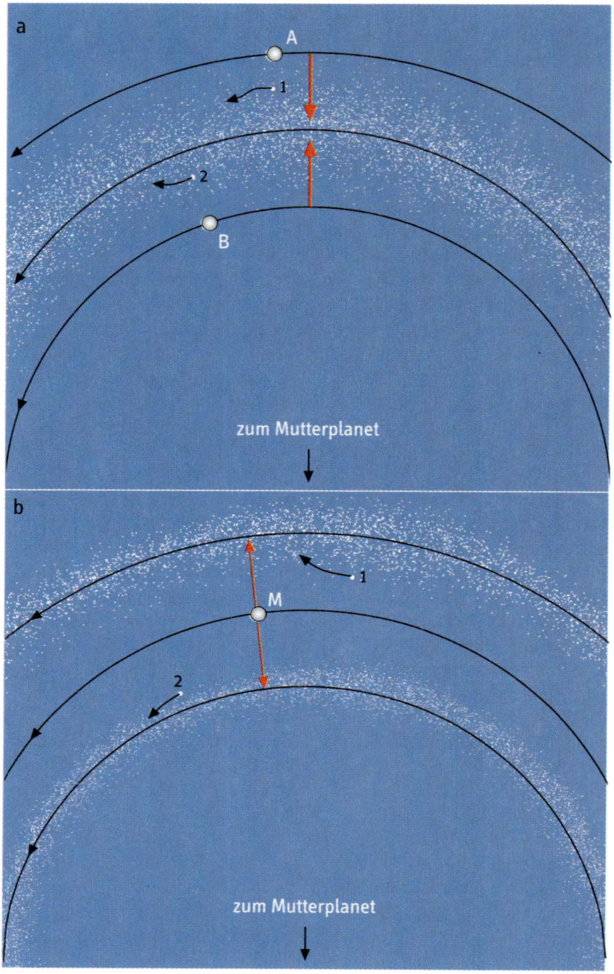

8.7 Die Wirkung von Schäferhund- oder Hirtenmonden. Die Monde A und B fokussieren den Ring zwischen ihren Bahnen. Mond A bremst Partikel 1, welches sich dem Planeten nähert, Mond B beschleunigt Partikel 2, welches sich daraufhin auf eine höhere Bahn begibt (Teilbild a.).
Im Teilbild b.) fegt Mond M seine Bahn von Ringpartikel frei, es bildet sich eine Ringlücke. M beschleunigt Partikel 1 und treibt es somit nach außen. Partikel 2 überholt M und wird dabei abgebremst – es sinkt auf eine niedrigere Umlaufbahn.

um den Riesenplaneten. Der jupiternächste Bahnpunkt, das Perijovium, lag dabei tief in der Rocheschen Zone – prompt wurde Shoemaker-Levy in Dutzende Trümmerstücke zerlegt. Kometenkerne, die eisigen Boten aus den fernen Bezirken unseres Sonnensystems, die in die Rocheschen Zonen der Riesenplaneten eindringen, sorgen für Nachschub des Ringmaterials, das durch andere Prozesse wiederum abnimmt. Kleine Brocken und Minimonde, vor allem felsiger Natur, können sich innerhalb der Rocheschen Grenze halten. Denn die differentiellen Gravitationskräfte wirken umso stärker, je größer der Durchmesser eines Mondes und je geringer seine Dichte ist. Die Gezeitenkräfte verhindern auch, dass sich die Ringteilchen zu großen Brocken zusammenballen.
Die Riesenplaneten rotieren sehr schnell, allen voran Jupiter und Saturn, was ihre starke Abplattung zur Folge hat. Schon in einem kleinen Teleskop erkennt man, dass das Jupiter- und das Saturnscheibchen nicht kreisrund, sondern oval erscheinen. Die Abplattung bewirkt aber, dass die Äquatorebene aus dynamischen Gründen die bevorzugte Ebene für die den Planeten umkreisenden Körper ist. Daran halten sich auch die Ringpartikel, weshalb die Dicke der Ringsysteme vergleichsweise äußerst gering ist im Verhältnis zu den riesigen Ringdurchmessern.
Ringpartikel kollidieren recht häufig miteinander. Dabei kommt es zu unelastischen Stößen: Die mit relativ hohen Geschwindigkeiten zusammenprallenden Partikel verwandeln ihre kinetische Energie zum Teil in Wärme, in Zerbrechen von größeren in kleinere Teilchen und in Streuung von Teilchen. Dabei werden die eines Teiles ihrer Bewegungsenergie verlustig gegangenen Ringpartikel in die Hauptebene, nämlich die Äquatorebene hineingezogen – aus einem anfänglich dickeren Ring wird ein immer flacherer. Die äußeren Monde wirken ebenfalls auf die Struktur der Ringe ein. So ist Mimas, der in-

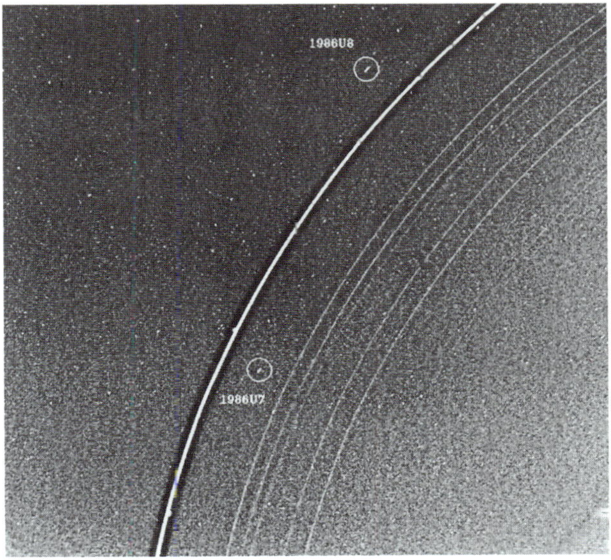

8.8 Aufnahme der Uranusringe mit zwei Hirtenmonden (Voyager 2, 24. Januar 1986, NASA/JPL).

nerste der größeren Saturnmonde, für die Cassini-Teilung verantwortlich. Ringteilchen an der Außenkante des B-Ringes laufen in der halben Zeit um Saturn wie Mimas – man spricht von einer 2 : 1 Resonanz. Solche Resonanzen führen zu Kommensurabilitätslücken, wie sie auch aus dem Planetoidengürtel zwischen Mars und Jupiter bekannt sind. Kleine, ganzzahlige Umlaufsverhältnisse führen zu relativ starken gravitativen Störungen, wie schon Daniel Kirkwood (1814–1895) berechnete. Heute spricht man deshalb auch von „Kirkwood-Lücken". Kirkwood selbst hat als erster vermutet, dass die Cassini-Teilung auf Mimas zurückgeht. Teilchen innerhalb der Cassini-Teilung laufen in einer 2 : 1 Resonanz mit Mimas um Saturn. Die Raumsonden haben im übrigen erkennen lassen, dass die Cassini-Lücke nicht vollständig leer ist. Zwar halten sich dort keine größeren Brocken auf, aber im vorwärtsgestreuten Sonnenlicht war die recht dichte Staubkomponente auszumachen. Wegen der geringeren freien Weglänge der Staubkörnchen gegenüber größeren Brocken dauert es erheblich länger, bis sich die 2 : 1 Resonanz auswirkt und das Gebiet leerfegt. In der Zwischenzeit wird aber die Gegend durch neues meteoroidisches Material wieder aufgefüllt. Auch die anderen äußeren Monde des Saturns sorgen durch entsprechende Resonanzeffekte für die Fraktionierung des Saturnrings in zahlreiche Einzelringe. Darüber hinaus sind sie auch für Abweichungen der Ringpartikel von der idealen Kreisbahn, für Dichtewellen innerhalb des Ringsystems und sonstige Störungen verantwortlich.

Eine wesentliche Rolle für die Struktur der Ringsysteme spielen auch die kleinen Monde nahe bei oder zwischen den einzelnen Ringen. Wegen ihrer fokussierenden Wirkung nennt man sie Hirten- oder Schäferhundmonde. Sie halten gewissermaßen die Ringbahnen stabil und zwingen ausbrechende Partikel wieder in ihre Bahn zurück. Die Funktion der Hirtenmonde lässt sich aus dem Gravitationsgesetz und den Keplerschen Gesetzen leicht verstehen: Ein Mond, der knapp innerhalb eines Ringes läuft, überholt permanent die weiter aussen und darum langsameren Ringteilchen. Durch seine Anziehungskraft beschleunigt er die Ringteilchen ein wenig, weshalb sie weiter nach aussen driften. Läuft ein weiterer Mond knapp ausserhalb des betrachteten Ringes um den Mutterplaneten, so wird er von den Ringteilchen permanent überholt. Dabei bremst er die Ringteilchen, die an ihm auf der inneren Bahn vorbeiziehen, durch seine Anziehungskraft ein wenig ab. Die Folge davon ist, dass die etwas langsamer gewordenen Teilchen nach weiter innen driften, zu kleineren Bahnradien. Der äussere Hirtenmond drückt die Teilchen also nach innen. Dieser Effekt wirkt umso stärker, je geringer die Distanz zwischen Ringteilchen und Hirtenmond ist (inverses Abstandsquadrat-Gesetz!). Somit werden aus dem Ring ausbrechende Teilchen stärker erfaßt und damit in die Ringbahn zurückgetrieben.

Ein Mond zwischen zwei Ringbahnen wieder schaufelt sich seinen Weg frei: Die von ihm überholten Partikel im äusseren Ring werden hinausgetrieben, die Partikel, die ihn auf der Innenbahn überholen, werden jedoch in Richtung Mutterplanet getrieben. So können auch größere Brocken sich einen gewissen „Respektabstand" schaffen. Damit sorgen sowohl das

8.9 Die Ringe des Neptun zeigen unterschiedliche Besetzung – an manchen Stellen häuft sich das Ringmaterial (Voyager 2, 25. August 1989, NASA/JPL).

Mondsystem als auch die sehr unterschiedlichen Größen der Ringpartikel für die vielfältige Struktur eines Ringsystems um einen Planeten.
Das ständige meteoroidische Bombardement und die häufigen inelastischen Stöße der Ringteilchen sorgen für Veränderungen. Die Eispanzer werden durch Erwärmung mit der Zeit verdampft. Denn ein Teil der Kollisionsenergie wird in Wärme umgesetzt. Dadurch werden die Ringpartikel immer dunkler, wozu auch der meteoroidische Staub beiträgt, der selbst einen geringen Reflexionsgrad (Albedo) aufweist. Eine weitere Konsequenz der ständigen Zusammenstöße ist die Pulverisierung des Ringmaterials. Die Partikel werden durch Zerbrechen immer kleiner. Schließlich bewirken die permanenten Kollisionen einen dauernden Verlust an kinetischer Energie, die teils in Wärme umgewandelt, teils für das Zermahlen der Ringpartikel verbraucht wird. Dadurch spiralisieren sich die Teilchen in Richtung Mutterplanet, auf den sie schließlich stürzen. Zum Teil wird der Masseverlust durch Einströmen neuen meteoroidischen Materials oder durch einen Kometenkern wieder ausgeglichen. Kurzum: Je älter ein Ringsystem wird, desto dunkler, dünner und unscheinbarer wird es. Danach ist das Saturnringsystem sehr jung – nur etwa 100 Millionen Jahre alt. Wesentlich älter sind die Ringsysteme von Uranus und Neptun. Vermutlich beobachten wir bei Uranus und Neptun heute nur die kümmerlichen Relikte einst mächtiger Ringsysteme.
Die Ringsysteme dürften durch Objekte aus dem Kuiper-Gürtel [3]) entstanden sein, die in die Rochesche Zone der jeweiligen Planeten eindrangen. In etwa einer Milliarde Jahren wird das Saturnringsystem recht mager aussehen und von der Erde aus in Amateurfernrohren kaum mehr zu erkennen sein. Dafür wird Neptun dann über ein prächtiges Ringsystem verfügen. Die meisten Monde unseres Sonnensystems laufen in gleicher Richtung wie die Rotationsrichtung ihres Mutterplaneten um diesen. Durch die Gezeitenkräfte werden sie langsam nach aussen getrieben, ihre Bahnradien vergrößern sich. Triton, der mit 2705 Kilometer Durchmesser größte Neptunmond, läuft jedoch retrograd, also entgegengesetzt der Neptunrotation, um seinen Mutterplaneten. Neptuns Gezeiten bremsen daher Triton in seiner Bahn, er nähert sich langsam seinem Zentralplaneten. In etwa einer Milliarde Jahren wird er die Rochesche Grenze erreicht haben, die bei etwa 35 100 Kilometer liegt. Die Gezeitenkräfte werden dann Triton zerreißen und Neptun wird dann das massereichste und ausgedehnteste Ringsystem unseres Sonnensystems erhalten. Aber in mehr als einer Milliarde Jahren wird die Erde niemanden mehr beherbergen, der mit einem Teleskop Neptuns prächtige Ringe beobachten kann (siehe auch Monatsthema: „Die Sonne im Visier“ auf Seite 83). Auch wenn alle Riesenplaneten heute über Ringe verfügen: Saturn bleibt einzigartig mit seinem gegenwärtig ausgeprägtesten und größten Ringsystem, das jeden Betrachter begeistert und manchen schon dazu gebracht hat, sich intensiv mit der Astronomie zu beschäftigen oder sich gar beruflich der Himmelskunde zu widmen.

[3]) siehe auch *Himmelsjahr 1998*, Seite 97, Monatsthema: „Was sind Plutinos?“

September 2001

Exakt um 1^h04^m Sommerzeit wechselt die Sonne am 23. von der Nord- auf die Südhalbkugel des Himmels, der astronomische Herbst beginnt. Mars kann am Abendhimmel gesehen werden. In der zweiten Nachthälfte gehen die Riesenplaneten Jupiter und Saturn auf.

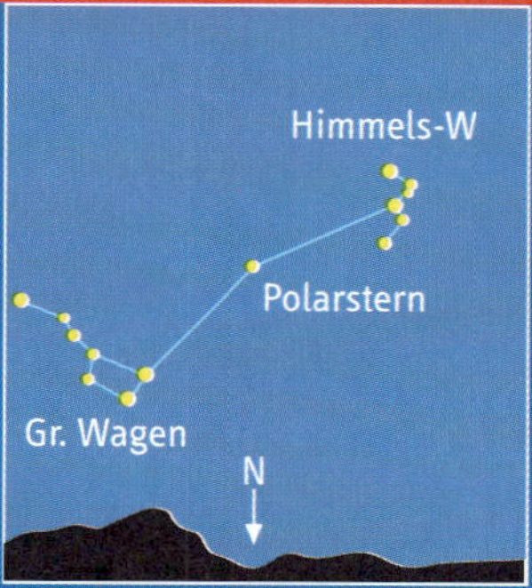

Großer Wagen und Himmels-W Anfang September um 22^h

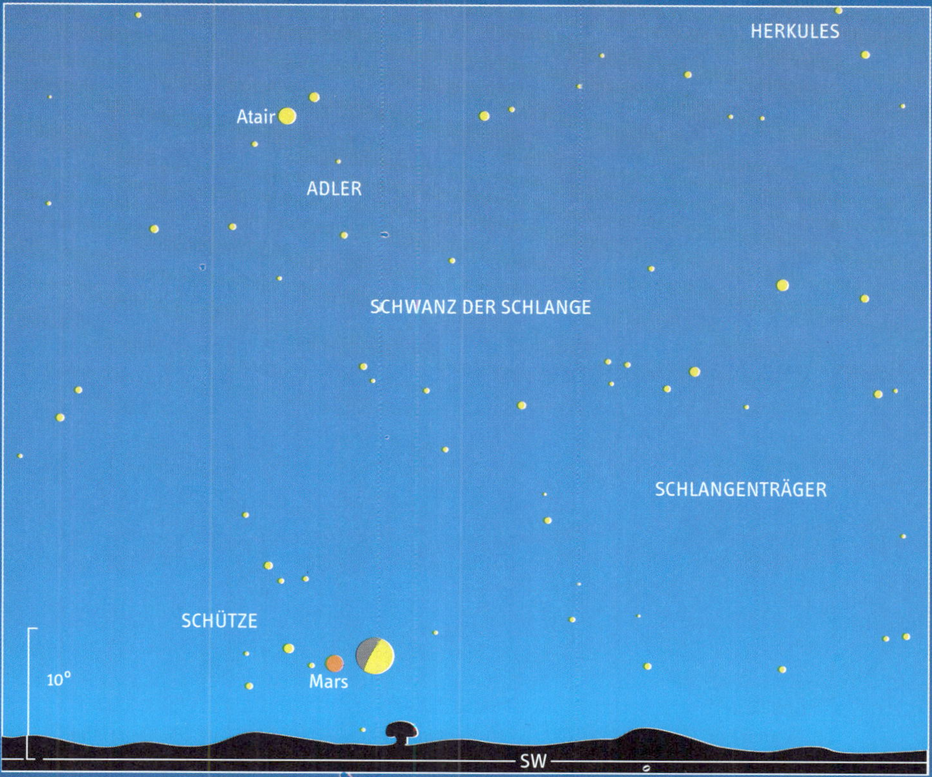

9.1 Am Abendhimmel ist gegen 21^h MEZ (= 22^h MESZ) knapp über dem Südwesthorizont noch der rötliche Mars im Sternbild Schütze auszumachen. Am 24. September erhält der rote Planet Besuch vom zunehmenden Halbmond.

Sonnenlauf

16.9. 18^h
Sonne tritt in das Sternbild Jungfrau
23.9. 0^h04^m
Sonne tritt in das Tierkreiszeichen Waage

Julianisches Datum am
1. September, 1^h MEZ: 2 452 153,5

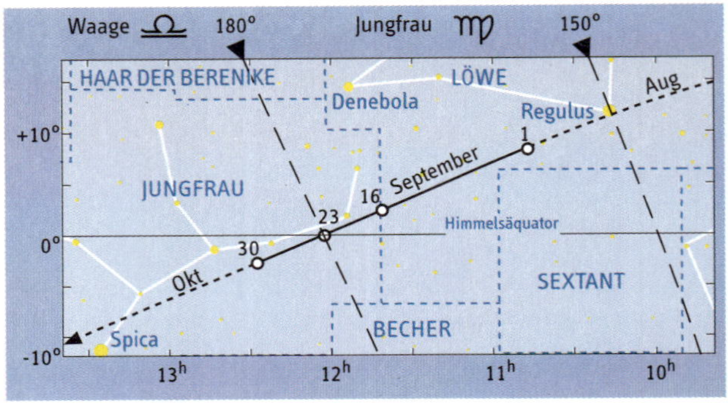

Tag	Dämmerg. Anfang	Aufgang MEZ	Kulmination	Untergang MEZ	Dämmerg. Ende	Mittagshöhe	Zeitgleichg.	Rektaszension	Deklination
	h m	h m	h m	h m	h m	°	m	h m	°
1.	4 20	5 35	12 20	19 04	20 19	48,2	0	10 41	+8,3
5.	4 27	5 41	12 19	18 55	20 09	46,7	+ 1	10 55	+6,9
10.	4 36	5 48	12 17	18 45	19 57	44,8	+ 3	11 13	+5,0
15.	4 44	5 56	12 15	18 34	19 45	42,9	+ 5	11 31	+3,1
20.	4 52	6 03	12 13	18 23	19 33	41,0	+ 7	11 49	+1,2
25.	5 00	6 11	12 12	18 12	19 22	39,0	+ 8	12 07	−0,8
30.	5 08	6 18	12 10	18 01	19 10	37,1	+10	12 25	−2,7

Tages- und Nachtstunden

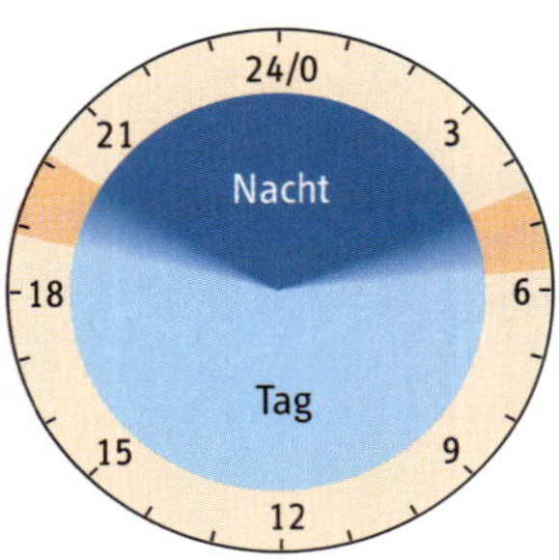

5. September

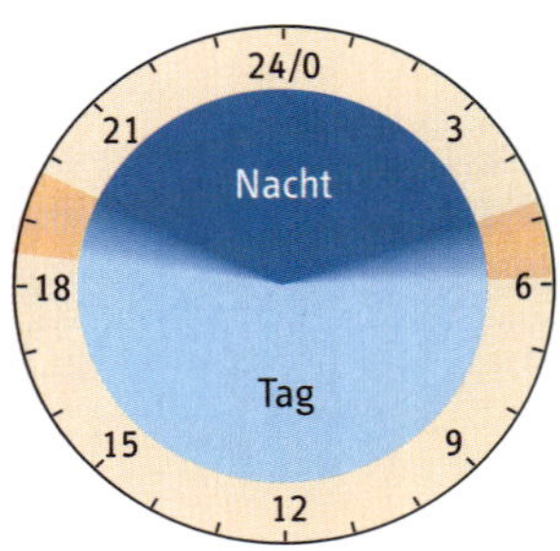

15. September

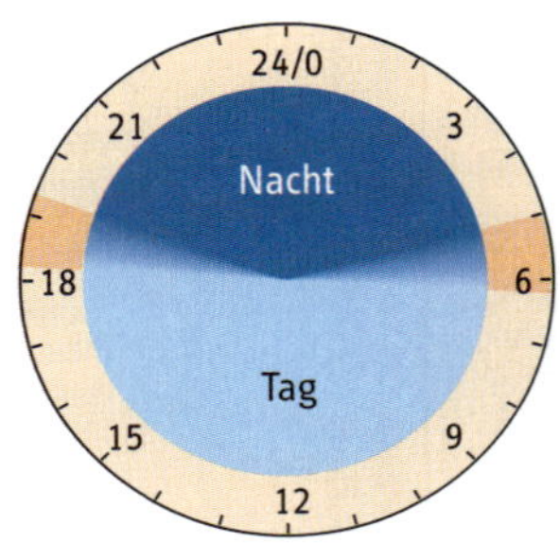

25. September

Mondlauf

Datum		Aufg. MEZ	Kulmination	Unterg. MEZ	Rektaszension	Deklination	Sterne und Sternbilder	Phase	MEZ
		h m	h m	h m	h m	°			
Sa	1.	19 00	23 46	3 35	21 26	−18,8	Steinbock		
So	2.	19 23	–	4 41	22 13	−15,5	Wassermann	**Vollmond**	**22^h43^m**
								Erdferne 406/29,′4	0^h
Mo	3.	19 42	0 30	5 46	22 59	−11,5	Wassermann		
Di	4.	20 00	1 12	6 52	23 44	− 7,1	Wassermann	Größte Südbreite	
Mi	5.	20 18	1 53	7 58	0 28	− 2,4	Walfisch		
Do	6.	20 36	2 34	9 04	1 12	+ 2,4	Walfisch		
Fr	7.	20 55	3 17	10 12	1 57	+ 7,2	Fische		
Sa	8.	21 18	4 01	11 21	2 44	+11,8	Widder		
So	9.	21 46	4 48	12 32	3 33	+15,9	Stier		
Mo	10.	22 21	5 38	13 43	4 25	+19,5	* Stier, Hyaden	**Letztes Viertel**	**19^h59^m**
								Libration Ost	
Di	11.	23 08	6 33	14 52	5 21	+22,1	* Stier, Al Nath	Aufsteigender Knoten	
Mi	12.	–	7 31	15 55	6 19	+23,5	* Alhena		
Do	13.	0 07	8 31	16 49	7 21	+23,5	Pollux		
Fr	14.	1 18	9 32	17 33	8 23	+22,0	Krebs, Krippe		
Sa	15.	2 39	10 31	18 08	9 25	+18,9	Löwe		
So	16.	4 05	11 29	18 36	10 25	+14,6	Löwe, Regulus	Erdnähe 358/33,′4	17^h
Mo	17.	5 31	12 24	19 01	11 23	+ 9,2	Löwe	**Neumond**	**11^h27^m**
								Größte Nordbreite	
Di	18.	6 56	13 18	19 24	12 19	+ 3,4	Jungfrau		
Mi	19.	8 20	14 10	19 46	13 14	− 2,6	Jungfrau		
Do	20.	9 41	15 01	20 10	14 08	− 8,3	Jungfrau		
Fr	21.	11 00	15 53	20 36	15 02	−13,5	Waage		
Sa	22.	12 15	16 45	21 08	15 56	−17,7	Waage	Libration West	
So	23.	13 25	17 37	21 46	16 50	−20,9	Antares		
Mo	24.	14 27	18 30	22 31	17 44	−22,9	Schütze	**Erstes Viertel**	**10^h31^m**
								Absteigender Knoten	
Di	25.	15 20	19 21	23 23	18 39	−23,8	* Schütze, Nunki		
Mi	26.	16 03	20 11	–	19 32	−23,4	Schütze		
Do	27.	16 37	20 58	0 22	20 23	−22,0	* Steinbock		
Fr	28.	17 05	21 44	1 25	21 13	−19,7	Steinbock		
Sa	29.	17 28	22 28	2 31	22 01	−16,5	Wassermann	Erdferne 406/29,′4	7^h
So	30.	17 49	23 10	3 36	22 47	−12,7	Wassermann		

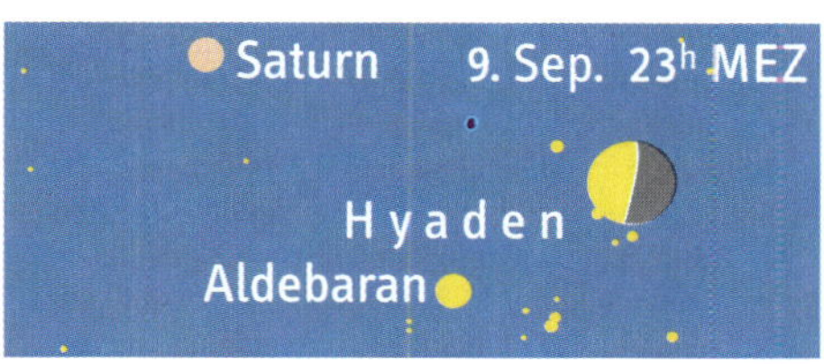

Planetenlauf

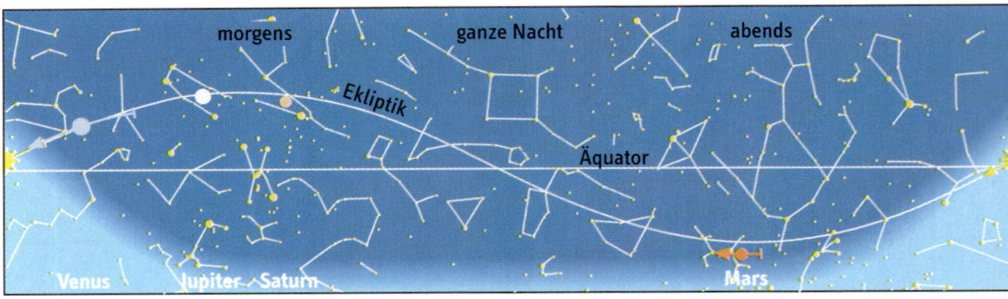

Merkur gewinnt im Laufe des Monats immer größere östliche Vorsprünge vor der Sonne. Am 18. erreicht der flinke Planet seine größte östliche Elongation von der Sonne. Mit 26°32′ Winkelabstand fällt sie diesmal recht groß aus, denn Merkur passiert am 9. sein Aphel. An diesem Tag ist er 70 Millionen Kilometer (= 0,468 A. E.) von der Sonne entfernt.

9.2 Heliozentrische Bewegungen von Merkur und Venus relativ zur Erde. In den dicker ausgezogenen Bahnteilen sind die Planeten beobachtbar. Die Zahlen geben die Positionen jeweils zum Monatsersten an. Östlicher Winkelabstand bedeutet Abendsichtbarkeit; westliche Elongation: Planet steht am Morgenhimmel.

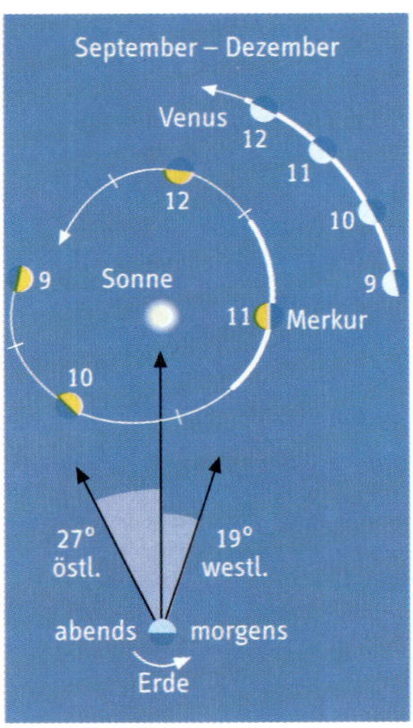

Trotz des großen Elongationswinkels kommt es zu keiner Abendsichtbarkeit in unseren Breiten. Denn Merkur hält sich erheblich südlicher als die Sonne auf, so dass seine Tagbögen entsprechend kleiner ausfallen. Am Tag der größten östlichen Elongation geht Merkur nur gut eine halbe Stunde nach der Sonne unter. Dies reicht nicht, um Merkur am aufgehellten Westhimmel sichtbar werden zu lassen.

Der schnelle Planet eilt am 20. knapp 0°,9 südlich an Spica, dem Jungfrauhauptstern, vorbei (siehe Abb. 10.5 auf Seite 175).

Venus spielt nach wie vor ihre Rolle als Morgenstern, wenn sich auch die Sichtbarkeitszeiten verkürzen. Denn der Morgenstern wandert am absteigenden Ast der Sonnenbahn durch den Tierkreis. Er verlässt den Krebs und wechselt am 11. in das Sternbild Löwe. Am 20./21. passiert Venus in 0°,5 nördlichem Abstand Regulus, den Löwenhauptstern (siehe Abb. 9.3 rechts). Im Laufe des Monats verspäten sich die Venusaufgänge erheblich. Geht Venus am 1. um 2^h32^m auf und am 15. um 3^h09^m, so erfolgt ihr Aufgang am 30. erst um 3^h51^m (4^h51^m Sommerzeit). Zu Monatsende zeigt sich das nur noch gut 11″ große Venusscheibchen zu 90 Prozent beleuchtet. Der erfahrene Sternfreund weiß: Venus strebt der oberen Konjunktion mit der Sonne entgegen. Da sich die Sonne im Tierkreis in gleicher Richtung bewegt, dauert es relativ lange, bis Venus die Sonne einholen kann. In diesem Jahr gelingt ihr das nicht mehr. Erst Mitte Januar 2002 wird sie in oberer Konjunktion mit der Sonne stehen.

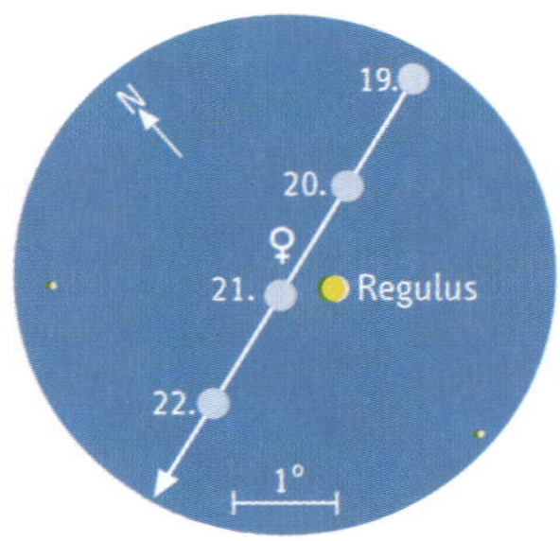

9.3 Venus wandert am Löwenhauptstern vorbei. Fernglasanblick bei 5° Gesichtsfelddurchmesser.

Mars, längst wieder rechtläufig im Tierkreis, hat seine Oppositionszeit hinter sich. Trotzdem zieht er immer noch die Blicke am Abendhimmel nach Einbruch der Dunkelheit auf sich. Er läuft nun wieder schneller

Jupitermonde

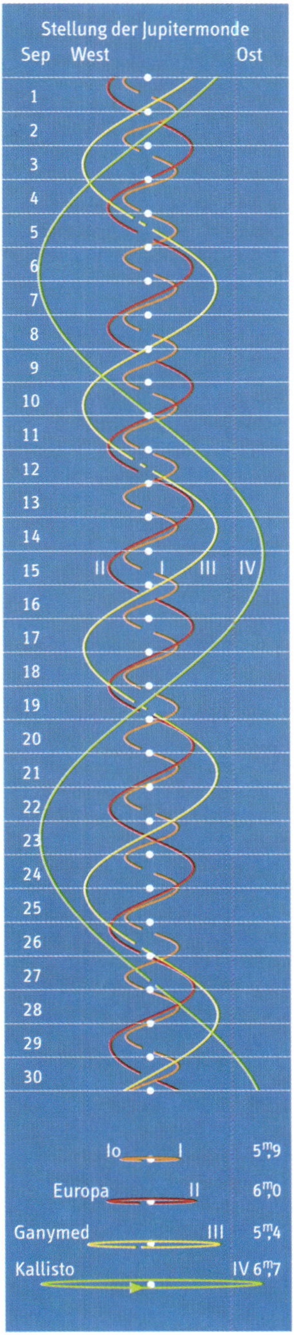

Tag	MEZ h	MEZ m	Vorgang	
2.	2	53	II	VA
4.	2	17	II	DE
	2	55	I	SA
	4	04	I	DA
5.	3	29	I	BE
6.	0	46	I	DE
9.	0	30	III	DA
	3	23	III	DE
11.	0	36	IV	BA
	2	14	II	DA
	2	31	IV	BE
	2	31	II	SE
12.	1	57	I	VA
13.	0	30	I	DA
	1	30	I	SE
	2	43	I	DE
15.	23	41	III	SA
16.	2	26	III	SE
	4	40	III	DA
18.	2	23	II	SA
	4	56	II	DA
19.	3	51	I	VA
20.	1	11	I	SA
	2	25	I	DA
	2	34	II	BE
	3	23	I	SE
	4	38	I	DE
21.	1	52	I	BE
23.	3	39	III	SA
25.	4	59	II	SA
26.	23	51	II	VA
27.	1	46	III	BE
	3	04	I	SA
	4	20	I	DA
	5	11	II	BE
	5	16	I	SE
28.	0	13	I	VA
	3	48	I	BE
	23	43	II	DE
	23	45	I	SE
29.	1	02	I	DE

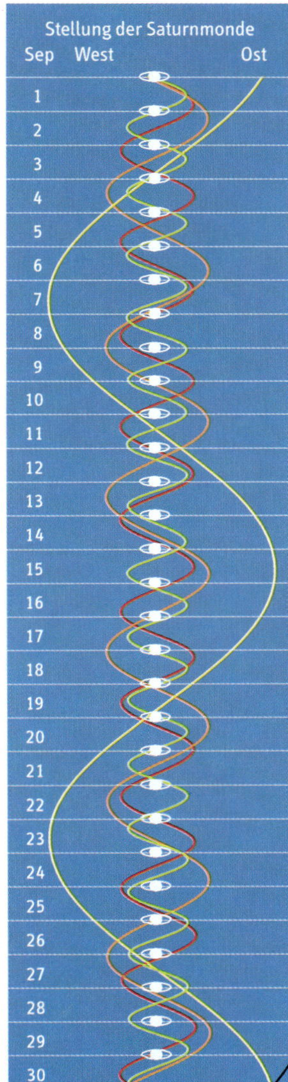

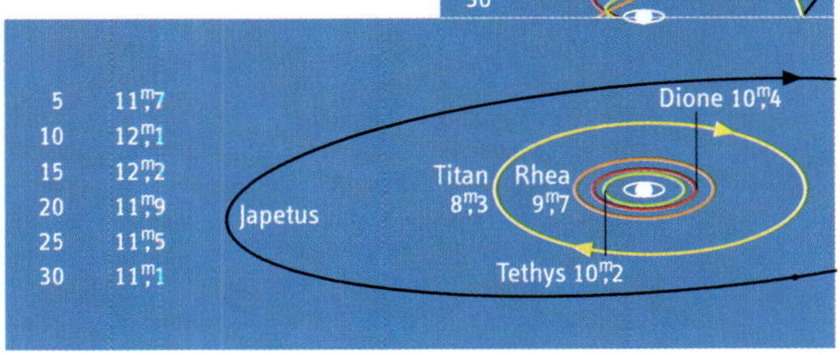

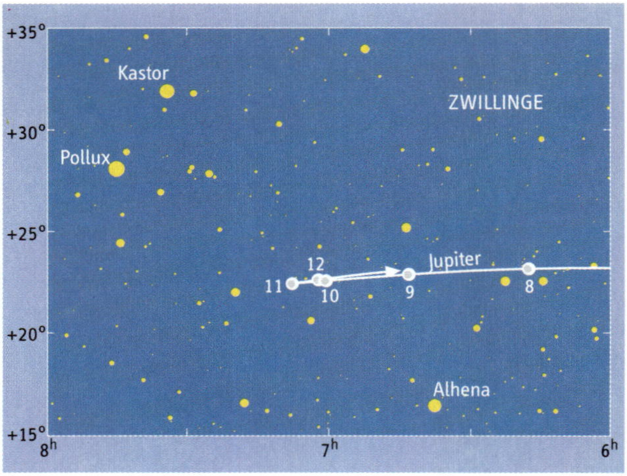

9.4 Scheinbare Bahn des Planeten Jupiter von August bis Jahresende 2001 im Sternbild Zwillinge. Die Zahlen geben die Jupiterposition zum jeweiligen Monatsersten an (8: Ort des Jupiter am 1. August).

und wechselt am 1. aus dem Schlangenträger in das Sternbild Schütze. Einen Tag vor Monatsende zieht er nur 0°,6 nördlich an Nunki ($2^{\mathrm{m}}{,}0$) vorbei. An Nunki kann man gut – am besten mit einem Fernglas – die tägliche Änderung der Marsposition beobachten (siehe auch Abb. 6.4 auf Seite 107). Am 16. erreicht Mars seine größte heliozentrische Südbreite (1°,8). Deshalb zieht er auch am 8. in 3°,4 südlichem Abstand am Winterpunkt vorbei. Die Marshelligkeit geht weiter um eine halbe Größenklasse zurück, das Marsscheibchen schrumpft auf knapp 11″. Fernrohrbeobachter erkennen jetzt deutlich, dass das Marsscheibchen nicht mehr kreisrund wie zur Oppositionszeit erscheint, sondern eine Phase zeigt (Beleuchtungsgrad: 85 Prozent).

Am 1. geht Mars um $22^{h}56^{m}$ unter und am 15. um $22^{h}35^{m}$ (= $23^{h}35^{m}$ Sommerzeit). Am 30. erfolgt der Untergang des $-0^{\mathrm{m}}{,}4$ hellen Mars schon um $22^{h}21^{m}$.

Jupiter in den Zwillingen verlegt seine Aufgänge in die Zeit vor Mitternacht. Am 1. geht der $-2^{\mathrm{m}}{,}1$ helle Riesenplanet um $0^{h}17^{m}$ auf, am 15. um $23^{h}29^{m}$ und am 30. schon um $22^{h}39^{m}$ (= $23^{h}39^{m}$ Sommerzeit). Jupiter wandert nördlich von Alhena (γ Geminorum) durch den Tierkreis, wobei seine rechtläufige Bewegung allmählich langsamer wird (siehe Abb. 9.4 oben). Die Jupiterhelligkeit steigt im Laufe des Monats leicht auf $-2^{\mathrm{m}}{,}2$ an.

Am 12. erhält der Riesenplanet Besuch vom abnehmenden Halbmond. Um die Mittagsstunden bedeckt der Erdtrabant den Riesenplaneten, was im Teleskop beobachtbar ist, jedoch nicht mit bloßen Augen (siehe auch Tabelle „Sternbedeckungen“ auf Seite 226).

Saturn bremst seine rechtläufige Bewegung im Stier weiter ab und kommt am 27. zum Stillstand. Damit leitet der Ringplanet seine Oppositionsperiode ein. Anschließend wandert Saturn rückläufig wieder auf das Goldene Tor der Ekliptik zu, das er schon im Mai rechtläufig passiert hat (siehe auch Abb. 12.2 auf Seite 205). Die kommende Opposition macht sich auch in einer leichten Steigerung der

Konstellationen und Ereignisse

Datum	MEZ	Ereignis
1.	8^{h}	Mond bei Uranus, Mond 3°,1 südlich
9.	14	Merkur im Aphel
10.	14	**Mond bei Saturn,** Mond 0°,2 nördlich, **Abstand 4°,9 um 5^{h}**
12.	13	**Mond bei Jupiter,** Mond 1°,0 nördlich, **Abstand 4°,5 um 5^{h}** **Bedeckung!** (siehe Seite 226)
15.	8	**Mond bei Venus,** Mond 3°,3 nördlich, **Abstand 2°,9 um 6^{h}**
18.	23	Merkur in größter östlicher Elongation (27°)
19.	3	Mond bei Merkur, Mond 8°,1 nördlich
23.	$0^{h}04^{m}$	**Sonne im Herbstpunkt, Tagundnachtgleiche**
25.	2	**Mond bei Mars,** Mond 2°,4 nördlich, **Abstand 2°,7 um 22^{h} am 24.**
27.	4	Saturn im Stillstand, anschließend rückläufig
27.	6	Mond bei Neptun, Mond 3°,0 südlich
28.	12	Mond bei Uranus, Mond 3°,2 südlich

Saturnhelligkeit auf $0\overset{m}{,}0$ bemerkbar.
Sieht man von den ersten zwei Abendstunden ab, so wird Saturn zum Planeten der gesamten Nacht. Seine Aufgänge verfrühen sich von 22^h37^m am 1. auf 21^h44^m am 15. und auf 20^h45^m (= 21^h45^m Sommerzeit) am 30. Damit wird der Ringplanet wieder zu einem schönen Demonstrationsobjekt bei einer abendlichen Publikumsführung auf einer Sternwarte.
Uranus, rückläufig im Steinbock, stand Mitte des Vormonats in Opposition zur Sonne. Mit Einbruch der Dunkelheit ist der grünliche Planet bereits am Südosthimmel mit dem Fernglas oder Teleskop auffindbar. Vom Morgenhimmel zieht sich Uranus zurück. Der $5\overset{m}{,}7$ helle, grünliche Planet geht am 1. um 4^h08^m unter, am 15. um 3^h10^m (= 4^h10^m Sommerzeit) und am 30. schon um 2^h09^m. Am Monatsende kulminiert Uranus bereits um 21^h17^m (= 22^h17^m Sommerzeit) in knapp 25° Höhe über dem Horizont. Dies ist die beste Zeit, um nach ihm zu suchen.
Neptun bremst seine ohnehin langsame, rückläufige Bewegung im Steinbock ab. Zum völligen Stillstand kommt er aber erst Mitte Oktober. Der bläuliche Planet kann in der ersten Nachthälfte beobachtet werden. Seine Kulminationen verlegt er in die Abendstunden. Am 1. passiert Neptun um 22^h11^m (= 23^h11^m Sommerzeit) den Meridian und geht um 2^h44^m unter. Am 30. kulminiert der lichtschwache Planet schon um 20^h15^m und sinkt um 0^h48^m unter die Horizontlinie. Nach 23^h wird man vergeblich nach Neptun suchen.

Planetoiden

Vesta – Planetoid Nr. 4 – wandert rechtläufig durch die Hyaden im Stier und zieht südlich an Aldebaran vorbei (siehe Abb. 12.1 auf Seite 199). Ihre Helligkeit nimmt während des Monats um eine halbe Größenklasse auf $7\overset{m}{,}5$ zu. Ein gutes Fernglas lässt Vesta ohne Weiteres erkennen. Am 1. kulminiert Vesta um 6^h11^m, am 15. um 5^h27^m und am 30. bereits um 4^h35^m (= 5^h35^m Sommerzeit).

Periodische Sternschnuppenströme

Die **Pisciden** sind im gesamten September aktiv. Ihr Ausstrahlungspunkt liegt in den Fischen. Beste Beobachtungszeit ist zwischen 22^h und 4^h morgens. Das Maximum ist um den 20. September zu erwarten, wobei nur etwa fünf bis zehn Meteore pro Stunde auftauchen. Die Geschwindigkeit der Meteoride liegt um 25 Kilometer pro Sekunde. Die Pisciden zerfallen in mehrere Teilströme, von denen einer bis Mitte Oktober tätig ist.
Die **Tauriden** tauchen vom letzten Septemberdrittel bis Ende November auf. Ihr Radiant liegt im Stier. Der Tauriden-Strom geht wahrscheinlich auf den Kometen 2P/Encke zurück. Das wenig ausgeprägte Maximum fällt auf den 12. November. Die Objekte sind um 30 Kilometer pro Sekunde schnell, haben also mittlere Geschwindigkeiten. Manchmal unterscheidet man zwischen Süd- und Nordtauriden. Die Südtauriden erreichen ihr Maximum schon am 2. November.
Ein relativ neuer Strom sind die **Delta-Aurigiden**, dessen Radiant im Fuhrmann nahe δ Aurigae zu finden ist. Es sind schnelle, aber seltene Objekte. Ihre Geschwindigkeit liegt bei 60 Kilometer pro Sekunde. Sie erscheinen vom 5. September bis etwa 10. Oktober, wobei das wenig ausgeprägte Maximum um den 8. September zu erwarten ist. Es sind nur zwei bis drei Meteore pro Stunde zu erwarten.

Der Fixsternhimmel

Der sommerliche Charakter des abendlichen Sternenzelts hat sich kaum verändert, wenn auch im Vergleich zum Vormonat die ganze Sternbilderszenerie sich um zwei Rektaszensionsstunden nach Westen verschoben hat. Arktur ist somit schon tief im Westen zu finden, während das Pegasusquadrat schon hoch am Osthimmel steht. Wie sein Beiname „Herbstviereck“ deutlich macht, wird bald die dritte Jahreszeit ihren Einzug halten. Noch beherrschen jedoch die Sommerbilder den Abendhimmel zur Standardbeobachtungszeit (Monatsbeginn 23^h MEZ = 24^h MESZ, Monatsmitte 22^h MEZ = 23^h MESZ). Allerdings hat sich das Sommerdreieck schon leicht nach Westen verschoben.
Deneb steht nun fast im Zenit, während Wega und Atair den Meridian schon überschritten haben. Der Skorpion und die Jungfrau sind längst untergegangen. Im Südwesten schickt sich der Schütze ebenfalls an, die Himmelsbühne zu verlassen, während das Sternbild Steinbock gerade durch den Meridian wandert.
Nach einem Bericht des griechischen Astronomen Eratosthenes verwandelt sich der Waldgott Pan, auch als Hirtengott bezeichnet, in einen Steinbock, um sich vor dem Riesen Typhon zu verstecken. Typhon gilt als Gott des Urwassers.
Ähnlich lautet eine ägyptische Version: In panischer Angst vor der Annäherung des Monsters Typhon sprang Pan in den Nil. Sein Körper soll halb Ziegen-

Sternenhimmel am 15. September um 22^h MEZ (23^h MESZ).

Fixsternhimmel auch gültig für:

	MEZ	MESZ
15. 7.	2^h	3^h
1. 8.	1	2
15. 8.	0	1
1. 9.	**23**	**24**
15. 9.	**22**	**23**
30. 9.	**21**	**22**
15.10.	20	21
31.10.	19	
15.11.	18	

bock, halb Fisch gewesen sein. Auch aus dem alten Babylon dringt die Kunde vom Ziegenfisch. In vielen Darstellungen endet der Körper des Steinbocks als Schwanz eines Fisches.
Das Tierkreissymbol ♑ für den Steinbock deutet auf die Anfangsbuchstaben τρ des griechischen Wortes für Ziegenbock hin: τράγος.
Viele Völker sahen in den Sternen dieses Himmelsareals einen Ziegenbock. Die Perser sprachen von Bahi (auch Nahi), die Türken von Ughlah, die Syrer von Gadjo und die Araber von Al Jady. Alle Namen haben die gleiche Bedeutung, nämlich Ziegenbock.
Bei den Römern war eindeutig von Capricornus (lat.: Steinbock) die Rede. Sueton berichtet in seiner Lebensbeschreibung des Augustus, dass der Steinbock auf die Silbermünzen des Kaisers geprägt war, um daran zu erinnern, dass Augustus unter diesem Zeichen geboren wurde.
Bei Numa Pompilius, dem zweiten legendären König von Rom (715 bis 673 v. Chr.) begann das

9.5 Das Pegasusquadrat wird gerne als „Herbstviereck" bezeichnet. Von ihm ausgehend stößt man schnell auf Kassiopeia, Deneb und Fomalhaut.

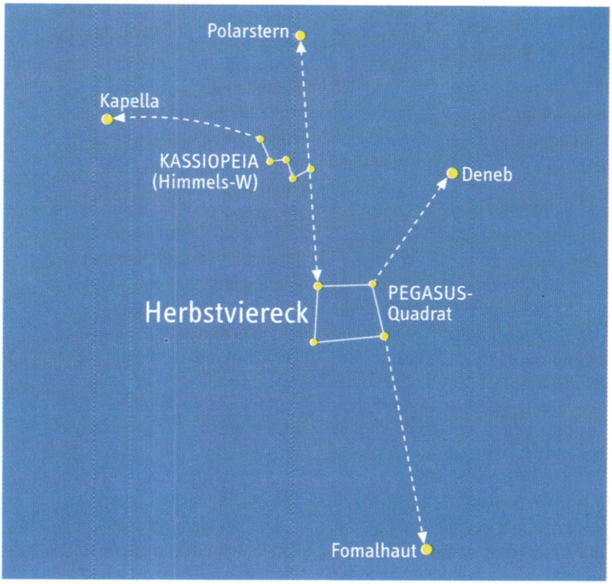

Jahr, wenn die Sonne genau in der Mitte des Steinbocks stand. Auch als „Tor der Götter" wurde dieses Sternenareal gesehen, durch das die Seelen schreiten, wenn sie ihre menschlichen Körper verlassen haben und in den Himmel aufgestiegen sind. Die Bezeichnung „Südliches Tor der Sonne" erinnert daran, dass einst das Wintersolstitium (Winterpunkt) in diesem Sternbild lag, nämlich vom Jahr –2120 bis zum Jahr –120. Durch die Präzessionsbewegung der Erde liegt der Winterpunkt inzwischen im Schützen, nahe dem Stern μ Sagitarii. Die Bezeichnung „Wendekreis des Steinbocks" stammt aus der Zeit, als der Winterpunkt noch im Steinbock lag und hier die Sonnenwende stattfand. Heute wandert die Sonne vom 19. Januar bis zum 16. Februar durch den Steinbock. Dem Steinbock folgt im Tierkreis der Wassermann, der jetzt den Raum tief im Südosten einnimmt. Ebenso wie der Steinbock gehört der Wassermann (lat.: Aquarius) zu den lichtschwachen und wenig auffälligen Mitgliedern des Tierkreises.
Tief im Südosten flackert ein Stern erster Größe. Es ist Fomalhaut im Südlichen Fisch (lat.: Piscis Austrinus), der eben aufgegangen ist.
Pegasus, das Herbstviereck, steht schon hoch im Südosten. An einer Ecke des Pegasusvierecks hängt die Sternenkette der Andromeda. Ihr folgt halbhoch im Nordosten der Perseus, strahlender Held und Erretter der Andromeda. Im Perseus findet man Algol (β Perseï), den Teufelsstern – ein bekannter Bedeckungsveränderlicher und Prototyp der Klasse der Algolvariablen.
Im Osten fällt das kleine Sternbild Widder auf, das im wesentlichen aus drei Sternen besteht, die in einem stumpfwinkeligen Dreieck angeordnet sind. Der Hauptstern, α Arietis, heißt Hamal, was arabisch soviel wie Lamm bedeutet. Davon leitet sich auch unser deutsches Wort Hammel ab.
Im Südosten ist das ausgedehnte, aber lichtschwache Tierkreisbild Fische aufgetaucht. In ihm liegt heutzutage der Frühlingspunkt. Im Herbst stehen die Fische der Sonne genau gegenüber. Geht die Sonne im Westen unter, so steigen die Fische über dem Osthorizont empor.

Veränderliche Sterne

Algol-Minima	9.	7^h54^m	12.	4^h43^m	15.	1^h31^m	17.	22^h20^m	20.	19^h09^m
β-Lyrae-Minima	1.	21^h N	8.	8^h H	14.	20^h N	21.	7^h H	27.	18^h N
δ-Cephei-Maxima	5.	21^h	11.	5^h	16.	14^h	21.	23^h	27.	8^h
Mira-Helligkeit	1.	3^m	10.	3^m	20.	3^m	30.	4^m		

Wie weit sind die Sterne weg?

Inzwischen hat sich längst auch in Laienkreisen herumgesprochen: Sterne sind so enorm weit weg, dass ihr Licht Jahre, Jahrhunderte und sogar Millionen Jahre durch das Weltall eilen muss, bis es die Erde erreicht. Doch woher weiß man das? Wie misst man die Entfernung eines Sternes? Man kann weder hinfliegen noch ein Maßband anlegen. In alten Zeiten dachte man, alle Sterne seien an einer kristallenen Kugel angeheftet, die sich einmal pro Tag herumdreht. Doch spätestens seit Nikolaus Kopernikus die Erde entthronte, wurde klar, dass die Sterne tief im Raum verstreut sind. Schon Giordano Bruno bemerkte, dass die Sterne wohl Sonnen seien und sich das Weltall bis in unendliche Entfernungen erstrecke, gefüllt mit zahllosen Sonnen. Für diese ketzerische Behauptung wurde er vor 400 Jahren, nämlich am 17. Februar 1600, in Rom auf dem Scheiterhaufen öffentlich verbrannt. Wären alle Sterne gleich hell, gewissermaßen Normkerzen wie unsere Sonne, so könnte man aus ihrer scheinbaren Helligkeit auf ihre relative Entfernung schließen: Je lichtschwächer uns ein Stern erschiene, desto weiter wäre er weg. Die hellsten Sterne wären somit unsere Nachbarsonnen, die etwas lichtschwächeren weiter entfernt und die ganz schwach glimmenden Pünktchen am Nachthimmel wären dann die fernsten Sonnen. Doch die Sterne tun uns nicht den Gefallen, gleich hell zu sein. Ganz im Gegenteil: Manche leuchten zehntausendmal heller als unsere Sonne, andere sind tausendmal lichtschwächer. Man muss sogar den umgekehrten Weg einschlagen: Um die wahren Leuchtkräfte der Sterne zu ermitteln, muss zuerst ihre Entfernung bekannt sein.

Wenn man an ein Objekt nicht direkt herankommt, so kann man seine Distanz vom Beobachter durch Triangulation bestimmen. Wörtlich bedeutet Triangulation „Dreieckmessung". Sind eine Seite und zwei Winkel bekannt, kann man auch die Länge der anderen Seiten bestimmen. Man benötigt also eine Basisstrecke, deren Länge bekannt ist, sowie die Messung zweier Winkel, um die Distanz eines fernen, unzugänglichen Objektes zu ermitteln. Der Winkel, unter dem vom Objekt aus die Basisstrecke erscheint, wird trigonometrische Parallaxe genannt (siehe Abb. 9.6 links). Um den gleichen Winkel scheint das Objekt gegenüber einem ferneren Hintergrund verschoben, wenn es einmal vom Punkt A, dann wieder vom Punkt B der Basisstrecke anvisiert wird. Je größer diese Basisstrecke ist, desto größer fällt der Parallaxenwinkel aus und desto genauer ist die Entfernungsmessung.

Will man trigonometrische Parallaxen von Objekten im Weltall messen, so braucht man schon sehr große Basisstrecken. Die größte Basisstrecke auf unserem Planeten ist der Erddurchmesser selbst. Der Äquatordurchmesser der Erde misst 12 756 Kilometer, für die Bestimmung von Sternentfernungen viel zu klein. Jahrhundertelang bemühte man sich daher vergeblich, die Distanzen der Sterne zu ermitteln. Lediglich

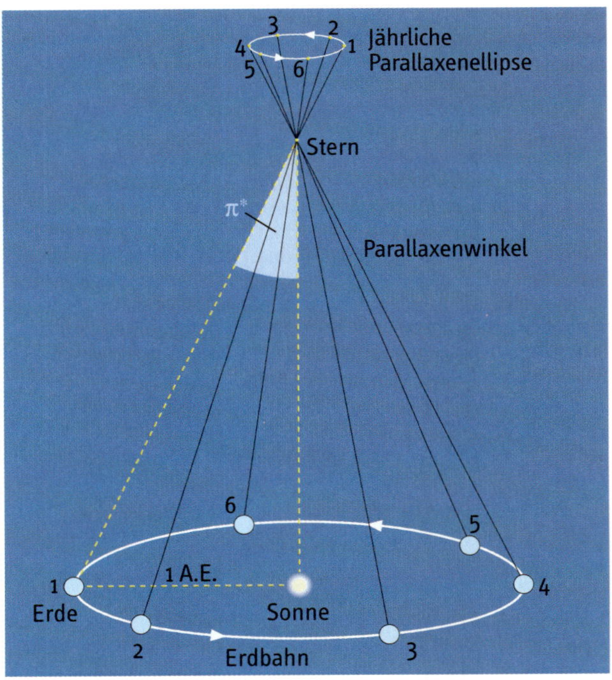

9.6 Zur Entstehung der jährlichen Fixsternparallaxe.

9.7 Der erfolgreiche Astrometrie-Satellit Hipparcos.

die Entfernung der näheren Gestirne unseres Sonnensystems lassen sich durch Parallaxenmessungen mit terrestrischen Basislinien grob schätzen. So hat beispielsweise Aristarch von Samos (310–230 v. Chr.) festgestellt, dass der Winkel zwischen Sonne und dem Halbmond – von der Erde aus betrachtet – nicht exakt ein rechter ist, sondern nur 87° misst. Daraus schloss er, die Sonne müsse 19 mal weiter von der Erde entfernt sein als der Mond und auch 19 mal größer, denn Sonne und Mond erscheinen uns am Himmel gleich groß. Aus der Krümmung des Erdschattens bei einer Mondfinsternis leitete er ab, die Erde müsse dreimal größer sein als der Mond. Tatsächlich beträgt der Elongationswinkel Halbmond-Sonne 89°51′, die Sonne ist damit 400mal weiter als der Mond entfernt.

Der Däne Tycho Brahe (1546–1601), kaiserlicher Hofastronom zu Prag, konnte aus Parallaxenmessungen an Kometen feststellen, dass die Schweifsterne weiter als der Mond entfernt sind. Lange glaubte man, Kometenerscheinungen seien „Ausdünstungen" der Erdatmosphäre, gewissermaßen besonders hoch fliegende Wolkenstreifen. Man ordnete sie in die „sublunare Sphäre" ein. Dank Brahe erkannte man, dass Kometen sich in den Planetenräumen bewegen und keine meteorologischen Erscheinungen sind.

Die relativen Entfernungen der Körper im Sonnensystem lassen sich gemäß dem dritten Kepler-Gesetz aus ihren Umlaufszeiten bestimmen. Denn das Verhältnis der Quadrate der Umlaufszeiten zu den Kuben der großen Bahnachsen ist konstant. Jupiter läuft in zwölf Jahren um die Sonne. Daraus folgt eine mittlere Sonnenentfernung vom 5,2fachen der Distanz Erde-Sonne. Die mittlere Entfernung Erde-Sonne wird als eine Astronomische Einheit (1 A. E. = 149,6 Millionen Kilometer) bezeichnet. Will man aber wissen, wie weit die Sonne, Jupiter oder die anderen Planeten in Kilometern ausgedrückt von uns entfernt sind, so muss man mindestens eine Distanz im Sonnensystem mit Hilfe einer trigonometrischen Parallaxenmessung bestimmen, deren Basisstrecke in Kilometern bekannt ist. Eines der Hauptprobleme der Astronomen war für Jahrhunderte die exakte Bestimmung der Astronomischen Einheit oder, was gleichbedeutend ist, die Messung der Sonnenparallaxe. Unter Sonnenparallaxe versteht man den Winkel, unter dem der Erdhalbmesser (Äquatorradius) von der Sonne aus gesehen erscheint. Je näher ein Objekt der Erde, desto größer der Parallaxenwinkel und desto genauer die Messung. Im September 1672 fand eine besonders günstige Marsopposition statt. Am 4. September kam Mars bis auf 57 Millionen Kilometer an die Erde heran. Der berühmte erste Direktor der Pariser Sternwarte, Giovanni Domenico Cassini, beschloss, die Marsparallaxen zu bestimmen. Dazu schickte er seinen Kollegen Jean Richer (1630–1696) nach Cayenne in Französisch-Guayana, was eine Basisstrecke von über siebentausend Kilometer (nicht auf der Erdoberfläche!) ergab. Das Messergebnis betrug 15″, was einer Entfernung von 55 Millionen Kilometer entspricht. Dies führt zu einer Länge der A. E. von 144 Millionen Kilometer, ein recht passabler Wert, wenn man ihn mit dem modernen Wert von 149,6 Millionen Kilometer vergleicht. Später wurden solche Parallaxenmessungen im Son-

nensystem mehrfach wiederholt, unter anderem bei Venustransiten (Vorübergängen der Venus vor der Sonnenscheibe, wobei die Venus uns auf rund 42 Millionen Kilometer nahe kommt) und bei nahe an der Erde vorbeilaufenden Kleinplaneten. Inzwischen kann man die Distanzen im Sonnensystem wesentlich genauer mit Hilfe der Radarmethode bestimmen als mit Messungen trigonometrischer Parallaxen. Man schickt ein Radiosignal beispielsweise zur Venus. Dort wird es reflektiert und kommt zur Erde zurück. Aus der Laufzeit des Signals, das sich wie alle elektromagnetischen Wellen mit Lichtgeschwindigkeit ausbreitet, kann man die Entfernung sehr präzise, nämlich auf Meter genau, bestimmen.
In der Welt der Sterne funktioniert diese elegante und hochgenaue Methode leider nicht. Der geniale holländische Physiker und Astronom Christian Huygens, Erfinder der Pendeluhr und Entdecker des Saturnrings, versuchte Mitte des 17. Jahrhunderts die Entfernung des Sirius aufgrund seiner scheinbaren Helligkeit zu bestimmen. Er nahm an, dass Sirius eine Sonne ist und etwa die gleiche Leuchtkraft besitzt wie unsere Sonne. Da die Helligkeit mit dem Entfernungsquadrat abnimmt, braucht man nur die Helligkeit der Sonne mit der von Sirius zu vergleichen. Weil Sirius der hellste Stern am Nachthimmel ist, vermutete Huygens, er sei auch der nächste Nachbarstern unserer Sonne. Die Siriushelligkeit mit der unserer Sonne zu vergleichen, ist kein leichtes Unterfangen. Huygens fertigte eine Metallscheibe an, in die er ein winziges Loch bohrte, durch das er die Sonne sternförmig sah. Dann bestimmte er den Anteil des Sonnenlichtes, der durch das Loch hindurchfiel. Zur Dämpfung des Sonnenlichtes verwendete er eine kleine Glaskugel, die er als Zerstreuungslinse einsetzte. Mit Hilfe dieses künstlichen, fast punktförmigen „Sonnensternes" verglich er die Siriushelligkeit und berechnete danach die Siriusentfernung zu 28 000 A. E. Dies entspricht knapp einem halben Lichtjahr. Sirius ist jedoch fast neun Lichtjahre von uns entfernt. Abgesehen von den technischen Schwierigkeiten einer vergleichenden Helligkeitsmessung von Sonne und Sirius, ist die Grundannahme, Sirius (oder auch die anderen Sterne) seien gleich hell wie unsere Sonne, nicht erfüllt. Sirius ist erheblich heller als die Sonne, nämlich rund das 23fache der Sonnenleuchtkraft. Wie eingangs erwähnt, unterscheiden sich die wahren Leuchtkräfte der Sterne ganz erheblich voneinander.
Um die primären Entfernungen zu ermitteln, bleibt nur die trigonometrische Parallaxenmessung. Eine Basisstrecke auf der Erde ist natürlich viel zu klein, um messbare parallaktische Verschiebungen der Fixsterne zu registrieren. Aber es bietet sich eine größere Standlinie an, nämlich der Erdbahndurchmesser. Immerhin verändert die Erde zwischen Frühlings- und Herbstbeginn ihren Ort um nahezu 300 Millionen Kilometer im Weltraum. Trotz dieser gewaltigen Strecke fahndete man lange vergeblich nach Fixsternparallaxen. Schon Aristarch von Samos hatte das Problem erkannt. Da er die Sonne für viel größer als die Erde schätzte, meinte er, es müsse die Erde um die Sonne laufen und nicht umgekehrt. Aber dann müsste die Erde einmal den einen Sternen näher stehen, ein halbes Jahr später den anderen. Da aber keine entsprechenden Ortsveränderungen der Sterne erkennbar waren, schloss Aristarch völlig richtig, dass die Fixsterne im Vergleich zu Sonne und Mond eben „fast unendlich" weit entfernt sein müssen. Tycho Brahe konnte zwar Kometenparallaxen ermitteln, aber sein Versuch, Fixsternparallaxen zu messen, schlug vollkommen fehl. Das Prinzip war ihm hingegen völlig klar: Wenn die Erde um die Sonne läuft, so müssen die näheren Sterne gegenüber den ferneren im Laufe des Jahres kleine Verschiebungen zeigen. Genaugenommen beschreiben sie kleine Ellipsen an der Himmelskugel. Allein, trotz sorgfältigster Messungen gelang es Brahe nicht, Fixsternparallaxen zu entdecken, obwohl er die astronomische Messtechnik auf einen neuen Genauigkeitsrekord brachte. Seine Positionsmessungen waren auf eine Bogenminute genau. Da die Fixsterne aber im Jahresverlauf keine Ortsveränderungen erkennen ließen, so mussten sie weiter als 3500 mal die Distanz Erde-Sonne, also weiter als 3500 A. E. von uns entfernt sein. Brahes Verstand weigerte sich, an ein solch „irrational" großes Universum zu glauben. Er sah vielmehr den negativen Ausgang seiner Messungen für den schlagenden Beweis an, dass die Erde im Urgrund des Universums ruht und von der Sonne umkreist wird. Die anderen Planeten hingegen ließ Brahe um die Sonne laufen. Dieses „Tychonische Weltsystem" stellt ein Mixtum compositum zwischen dem Ptolemäischen und dem Kopernikanischen Sonnensystem dar.
Brahes Ergebnisse spielten eine große Rolle beim Prozess gegen Galileo Galilei, der im Juni 1633 in der Minerva-Kirche in Rom stattfand. Die heilige Inquisition

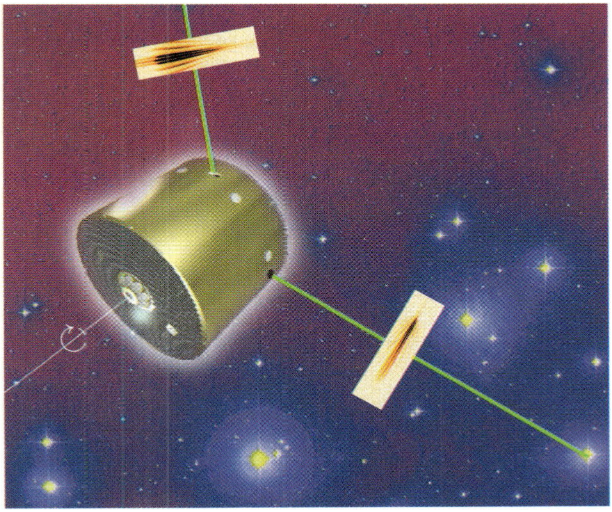

9.8 Entwurf (Modell) des deutschen Astrometrie-Satelliten DIVA.

warf Galilei vor, dass keine Fixsternparallaxen gefunden wurden und sich somit die Erde gar nicht bewege.
Fortan war man auf der Suche nach den Fixsternparallaxen. Viele Astronomen hatten schon die Vorstellung akzeptiert, dass die Erde um die Sonne laufe, die Fixsterne jedoch so ungeheuer weit entfernt sind, dass sie keine messbaren Parallaxen zeigen. Die Frage war nur: Wie weit sind denn die Sterne entfernt? Mit größer werdenden Teleskopen und verfeinerter Messtechnik konnten die Sternpositionen immer genauer bestimmt werden. Schon glaubte man zu Anfang des 18. Jahrhunderts, die lange gesuchten Fixsternparallaxen gefunden zu haben. James Bradley, dritter Royal Astronomer und Direktor der Sternwarte zu Greenwich bei London, fand 1728, dass der Stern Eltanin (γ Draconis) eine kleine, jährliche Ellipse mit einer großen Halbachse von gut 20″ beschreibt. Dieser Wert ist nur ein Drittel so groß wie ihn die besten Messungen von Brahe erfassen konnten. Verständlich, wenn Brahe diese jährliche Ellipsenbewegung nicht fand. Schnell stellte sich heraus, dass Bradley keine Fixsternparallaxe gefunden, sondern die Erscheinung der Aberration des Sternenlichtes entdeckt hat. Durch die endliche Lichtgeschwindigkeit und die Bewegung der Erde in ihrer Bahn zeigen alle Sterne eine jährlichen Aberrationsellipse mit einer gleich großen Halbachse von 20″! Damit ist zwar bewiesen, dass die Erde nicht ruht, sondern mit 30 Kilometer pro Sekunde um die Sonne rast – die Geschwindigkeit folgt direkt aus dem Aberrationswinkel (siehe auch *Himmelsjahr 1996*, Monatsthema: „Was versteht man unter Aberration?" auf Seite 65). Aber die Entfernungen der Sterne kann man aus den Aberrationsellipsen nicht ableiten. Dies gelang erst über hundert Jahre später Friedrich Wilhelm Bessel, Direktor der Sternwarte zu Königsberg in Ostpreußen. Seine Vorgänger bei der Jagd nach Parallaxen hatten im 17. und 18. Jahrhundert meist versucht, von hellen Sternen Parallaxen zu messen in der Annahme, dass diese Sterne noch am nächsten sind. Allerdings lassen sich helle Sterne, die im Teleskop grell flackern, viel schwerer einmessen als lichtschwache Sternpünktchen. Bessel suchte hingegen für seine Parallaxenmessungen den Stern 61 Cygni aus. 61 Cygni ist nicht besonders hell, mit $5\overset{m}{.}2$ kann man ihn gerade noch mit bloßen Augen erkennen. Aber Stern Nr. 61 im Schwan zeigt eine große Eigenbewegung: Mit $5\overset{''}{.}3$ pro Jahr, so schloss Bessel, muss er wohl einer der nächsten Sterne sein. Wegen seiner hohen Eigenbewegung wird 61 Cygni manchmal auch „Piazzis Fliegender Stern" genannt (siehe auch Monatsthema: „Fixsterne sind nicht fix" auf Seite 179). Tatsächlich gelang es Bessel im Jahre 1838, die Parallaxe von 61 Cygni zu $0\overset{''}{.}31$ zu bestimmen. Das bedeutet, vom Stern 61 Cygni aus erscheint die mittlere Entfernung Erde-Sonne, also 1 A. E., unter dem winzigen Winkel von nur knapp einer Drittel Bogensekunde! Damit ist 61 Cygni 665 000 A. E. von uns entfernt. Bessel hat das Tor zu den unermesslichen Tiefen der Fixsternwelt aufgestoßen. In Kilometern ausgedrückt ist 61 Cygni fast hundert Billionen Kilometer entfernt. Das Licht benötigt zehneinhalb Jahre, um diese schier unvorstellbare Distanz zurückzulegen. Man sagt daher, 61 Cygni ist 10,5 Lichtjahre entfernt. Ein Lichtjahr ist ein recht anschauliches Entfernungsmaß. Messtechnisch betrachtet verwendet man als Entfernungseinheit in den Fixsternräumen das Parsec. Dies ist eine Abkürzung von „Parallaxensekunde".

9.9 Nach den Messungen von Hipparcos beträgt die Entfernung der Plejaden 390 Lichtjahre.

Ein Stern ist ein Parsec entfernt, wenn 1 A. E., also der mittlere Erdbahnhalbmesser, vom Stern aus betrachtet, unter einem Winkel von einer Bogensekunde erscheint: 1 pc = 3,26 LJ = 30,8 Billionen Kilometer. Mit zehn Lichtjahren Distanz gehört der Stern 61 Cygni zu den Nachbarsonnen unserer eigenen Sonne. Die meisten Sterne sind viel weiter entfernt. Und keine Nachbarsonne ist uns so nahe, dass ihre Parallaxe gleich oder größer als 1″ ist. Damit wird klar, wieso man erst zweihundert Jahre nach Galileo Galilei die Fixsternparallaxen entdeckte. Bald nach Bessel maß Thomas Henderson auf der Sternwarte in Kapstadt die Parallaxe von Toliman (α Centauri) zu 0,″76, was einer Entfernung von 1,3 Parsec oder 4,3 Lichtjahren entspricht. α Centauri ist somit die nächste Doppelsonne, die man gut mit bloßen Augen (Helligkeit: 0^m) sehen kann (wegen der südlichen Deklination von −61° allerdings nicht von Mitteleuropa aus). Später wurde eine rote Zwergsonne nahe α Centauri entdeckt, die uns noch ein wenig näher steht und daher Proxima Centauri („die allernächste [Sonne] im Zentauren“) getauft wurde. Mit 11^m ist Proxima Centauri allerdings nur mit lichtstarker Optik beobachtbar. Als dritter im Bunde nach Bessel und Henderson maß Friedrich Georg Wilhelm Struve in Dorpat (heute Tartu) die Parallaxe des hellen Sternes Wega am Nordhimmel zu 0,″12, was einer Entfernung von 8,3 Parsec oder 27 Lichtjahren entspricht. Parallaxen zu messen war und ist ein schwieriges Geschäft. Selbst nach Einführung photographischer Methoden gelang es bis 1940 erst, von knapp 5000 Sternen ihre trigonometrischen Parallaxen und damit ihre Entfernungen zu bestimmen. Zudem waren nur wenige Parallaxen genauer als zu 20% bekannt. Sterne mit Parallaxen unter 0,″01 konnten überhaupt nicht erfasst werden, denn hier lag der Messwert bereits in der Fehlergröße. Es gelang also nur, von Sternen bis maximal dreihundert Lichtjahren Entfernung trigonometrische Parallaxen zu bestimmen. Dies ist aber die Minderzahl aller Sterne. Und von den trigonometrisch bestimmten, relativ ungenauen Entfernungen wurden und werden die anderen Methoden der Entfernungsbestimmung, wie Sternstromparallaxen oder photometrische Parallaxen, geeicht. Der große Durchbruch in der Messung von Fixsternparallaxen gelang erst mit Hilfe des großartigen Satelliten Hipparcos. Die Abkürzung bedeutet: **Hi**gh **P**recision **Pa**rallax **Co**llecting **S**atellite, also Satellit zur Sammlung hochpräziser Parallaxen. Am 9. August 1989 wurde Hipparcos von der ESA in eine Erdumlaufbahn geschossen, wobei es allerdings nicht gelang, ihn in die gewünschte Kreisbahn zu bringen. Vielmehr beschreibt er eine relativ langgestreckte Ellipsenbahn mit einer Umlaufzeit von 10,5 Stunden. Erst aufwendige Umprogrammierung und viel Rechenarbeit machten die Hipparcos-Mission dennoch zu einem Erfolg. Vier Jahre lang tastete Hipparcos den gesamten Himmel in Streifen ab, bis er im August 1993 abgeschaltet wurde. Alle zwei Stunden drehte sich der Satellit um seine eigene Achse. Während seiner aktiven Messzeit beobachtete er dabei gleichzeitig zwei Areale von etwa doppeltem Vollmonddurchmesser, die exakt 58° auseinanderlagen. Ein Gitter mit 3000 parallelen Spalten erlaubte die genaue Bestimmung der relativen Distanzen der

Sterne an der Sphäre sowie Helligkeitsmessungen. Aus rund zehn Milliarden Einzelmessungen an 118 218 Sternen konnten Positionen und Helligkeiten sowie – davon abgeleitet – Parallaxen und Eigenbewegungen mit bis dahin unerreichter Genauigkeit ermittelt werden. In der Tabelle „Entfernungen einiger hellerer Sterne“ sind die modernsten Werte für die Fixsterndistanzen vermerkt, die heute vorliegen. Die Hipparcos-Daten spielen eine Schlüsselrolle für die Auslotung des gesamten überblickbaren Universums. Zwar hat auch Hipparcos nur die trigonometrischen Parallaxen der näheren Sterne bestimmen können, aber mit einer so großen Zuverlässigkeit, wie sie bisher nicht möglich war. Denn alle anderen Methoden der Entfernungsmessung im Weltall sind direkt oder indirekt von trigonometrischen Parallaxen abhängig. Die vom Erdboden mit klassischen astrometrischen Verfahren gemessenen Parallaxen sind höchstens auf 0,″01 genau. Dies entspricht einer Entfernung von hundert Parsec oder dreihundert Lichtjahren. Bei dieser Distanz kann von der Erde aus schon nicht mehr die Entfernung eines Sternes mit einigermaßen großer Sicherheit angegeben werden. Hipparcos verbesserte auf Anhieb die Genauigkeit der Parallaxenbestimmung um das Zehnfache. Von rund 50 000 Sternen kennt man nun die Parallaxen mit brauchbarer Genauigkeit. Die Hipparcos-Daten sind so präzise, dass man selbst in 90° Abstand von der Sonne noch den Lichtablenkungseffekt gemäß der Einsteinschen Allgemeinen Relavitätstheorie nachweisen konnte. Albert Einstein hatte 1915 kalkuliert, dass die gewaltige Sonnenmasse einen Lichtstrahl, der knapp am Sonnenrand vorbeizieht, um 1,″75 ablenkt. Schon im Mai 1919 konnte bei einer totalen Sonnenfinsternis der Effekt der Lichtstrahlkrümmung nachgewiesen werden – allerdings nur qualitativ. Erst mit Hilfe der Radiointerferometrie konnte an sonnennahen Quasaren der theoretisch abgeleitete Wert der Positionsverschiebung bestätigt werden. Die beste Bestätigung für die Einsteinschen Rechnungen lieferte aber Hipparcos, indem er die gravitationsbedingte Lichtablenkung nicht nur in unmittelbarer Sonnenumgebung, sondern auch weit davon entfernt eindeutig registrierte – dank der hohen Präzision seiner Positionsmessungen. Hipparcos hatte noch ein weiteres Beobachtungsgerät an Bord mit der Bezeichnung Tycho, das mit einer etwas geringeren Genauigkeit 1 058 332 Sterne vermaß. Dies sind fast alle Sterne bis 10^m sowie etliche bis 11^m Helligkeit. Knapp vier Jahre dauerte nach Abschluss der Beobachtungen die primäre Bearbeitung und erste Auswertung der riesigen Datenmenge, die Hipparcos lieferte. Im Mai 1997

Entfernungen einiger hellerer Sterne

Eigenname	Bezeichnung	Helligkeit (m_V)	Entfernung (LJ)
Achernar	α Eri	0,45v	144
Aldebaran	α Tau	0,87	65
Alhena	γ Gem	1,93	105
Alioth	ε UMa	1,76v	81
Al Nath	β Tau	1,65	131
Alphard	α Hya	1,99	177
Arktur	α Boo	−0,05v	36,7
Atair	α Aql	0,76v	16,8
Benetnasch	η UMa	1,85	101
Beteigeuze	α Ori	0,5v	350
Deneb	α Cyg	1,25	2000
Dubhe	α UMa	1,81:	124
Fomalhaut	α PsA	1,17	25,1
Kanopus	α Car	−0,7	310
Kapella	α Aur	0,08:	42
Kastor	α Gem	1,58:	52
Menkalinan	β Aur	1,93	82
Mizar	ζ UMa	2,1:	80
Polarstern	α UMi	2,0v	430
Pollux	β Gem	1,16:	33,7
Prokyon	α CMi	0,40	11,4
Regulus	α Leo	1,36	77
Rigel	β Ori	0,14	800
Sirius	α CMa	−1,44	8,60
Toliman	α Cen	−0,28:	4,395
Wega	α Lyr	0,03v	25,3

: Doppelstern, Gesamthelligkeit
v variabel

wurde das Datenmaterial schließlich in Form eines siebzehnbändigen Katalogs mit Sternatlas (drei Bände) von der ESA (European Space Agency – Europäische Weltraumagentur) veröffentlicht. Katalog und Sternatlas sind auch auf CD-ROMs erhältlich sowie im Internet einsehbar: http://astro.estec.esa.nl/Hipparcos/.

Trotz der phantastischen Genauigkeit der Hipparcos-Daten sind die Astronomen noch lange nicht zufrieden. So sind derzeit drei astronomische Nachfolgemissionen in Planung. Das Projekt Gaia (**G**lobal **A**strometric **I**nterferometer for **A**strophysics) der ESA sieht vor, rund eine Milliarde Sterne, also zehntausendmal mehr als bei Hipparcos, mit hundertfacher Genauigkeit, also auf 0,01 mas (mas = milli-arcseconds = Millibogensekunden) zu vermessen. Die NASA wiederum plant Sim (**S**pace **I**nterferometry **M**ission), ein ehrgeiziges Projekt, das die Präzision von GAIA nochmals übertreffen soll, allerdings nur für etwa zehntausend Sterne. Mit Diva (**D**eutsches **I**nterferometer für **V**ielkanalphotometrie und **A**strometrie) plant das Astronomische Rechen-Institut und die Landessternwarte in Heidelberg ein Projekt, das relativ preisgünstig ist und schon bald verwirklicht werden könnte. Diva soll rund 35 Millionen Sterne mit etwa fünffacher Genauigkeit der Hipparcos-Position (also auf 0,2 mas genau) vermessen. Wenn Diva wie geplant schon 2003 startet, könnte etwa fünf Jahre später die Wissenschaft über hochpräzise Parallaxen einer schier unglaublichen Zahl von Sternen verfügen. Und, wie schon betont, genaue Sternentfernungen sind der Schlüssel zur Lösung fast aller astrophysikalischen Fragen. Bleibt daher zu hoffen, dass alle drei Missionen möglichst bald erfolgreich gestartet werden.

Oktober 2001

Um Mitternacht sind Saturn im Stier und Jupiter in den Zwillingen schon hoch am Osthimmel zu sehen. Mars hält seine Stellung am Abendhimmel. Venus spielt nach wie vor ihre Rolle als Morgenstern. Merkur taucht zu Monatsende am Morgenhimmel auf.

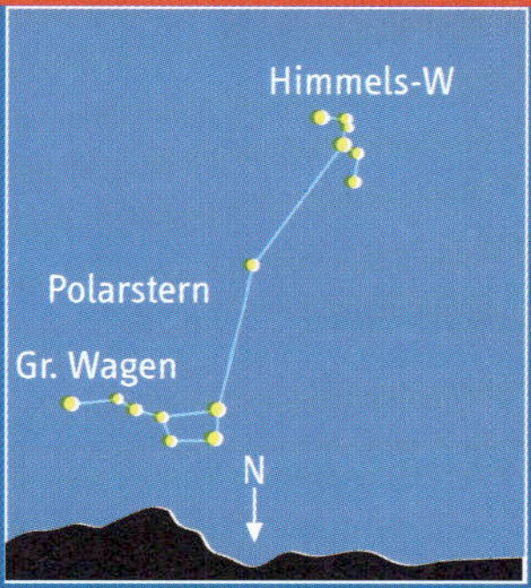

Großer Wagen und Himmels-W Anfang Oktober um 22^h

10.1 Himmelsanblick am 9. Oktober 24^h MEZ: Am Osthimmel steht der abnehmende Mond neben Jupiter, ein wenig höher ist Saturn im Stier zu sehen.

Sonnenlauf

23.10. 10ʰ
Sonne tritt in das Tierkreiszeichen Skorpion
31.10. 6ʰ
Sonne tritt in das Sternbild Waage

Julianisches Datum am 1. Oktober, 1ʰ MEZ: 2 452 183,5

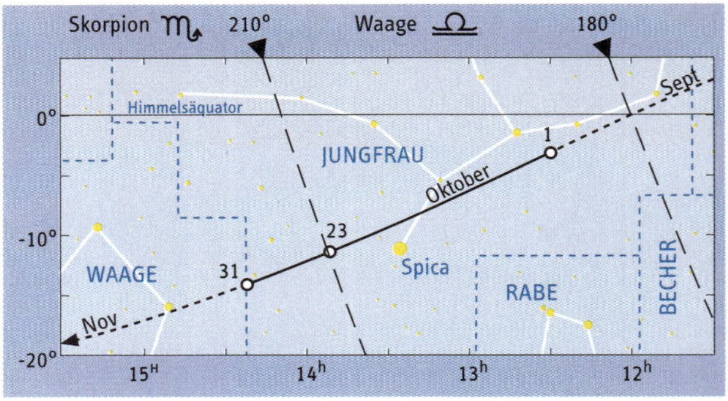

Tag	Dämmerg. Anfang	Aufgang MEZ	Kulmination	Untergang MEZ	Dämmerg. Ende	Mittagshöhe	Zeitgleichg.	Rektaszension	Deklination
	h m	h m	h m	h m	h m	°	m	h m	°
1.	5 10	6 20	12 10	17 58	19 08	36,7	+10	12 29	− 3,1
5.	5 16	6 26	12 08	17 50	18 59	35,2	+12	12 43	− 4,7
10.	5 24	6 34	12 07	17 39	18 49	33,2	+13	13 02	− 6,6
15.	5 32	6 42	12 06	17 29	18 39	31,4	+14	13 20	− 8,4
20.	5 39	6 50	12 05	17 19	18 29	29,6	+15	13 39	−10,3
25.	5 47	6 58	12 04	17 09	18 20	27,8	+16	13 58	−12,0
31.	5 56	7 08	12 04	16 59	18 11	25,8	+16	14 21	−14,0

Sonntag, 28. Oktober: Ende der Sommerzeit.

Tages- und Nachtstunden

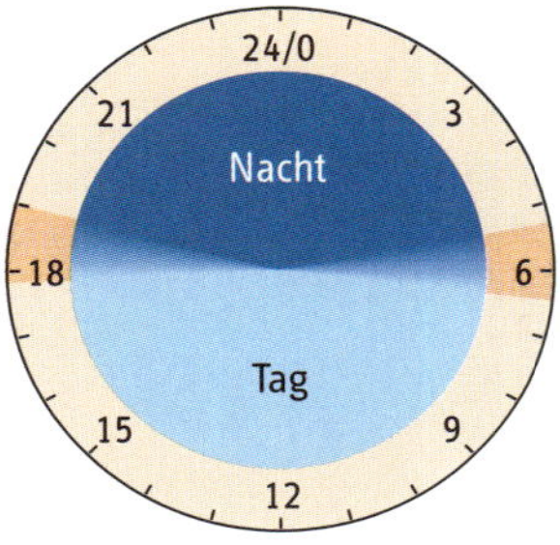

5. Oktober

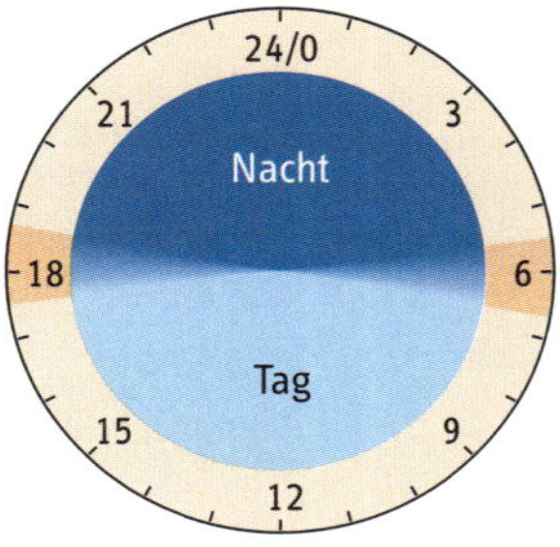

15. Oktober

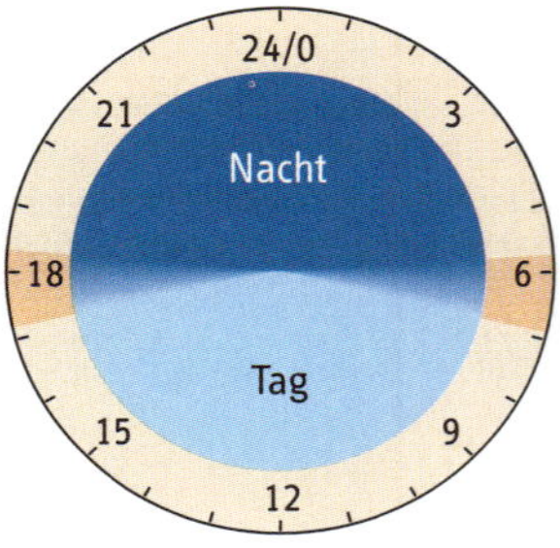

25. Oktober

Mondlauf

Datum		Aufg. MEZ	Kulmination	Unterg. MEZ	Rektaszension	Deklination	Sterne und Sternbilder	Phase	MEZ
		h m	h m	h m	h m	o			
Mo	1.	18 07	23 52	4 42	23 32	– 8,3	Wassermann	Größte Südbreite	
Di	2.	18 24	–	5 49	0 17	– 3,6	Fische	**Vollmond**	14^h49^m
Mi	3.	18 42	0 33	6 56	1 01	+ 1,3	Walfisch		
Do	4.	19 00	1 16	8 04	1 46	+ 6,2	Fische		
Fr	5.	19 22	2 00	9 13	2 33	+10,9	Widder		
Sa	6.	19 48	2 46	10 24	3 21	+15,2	Widder		
So	7.	20 20	3 35	11 36	4 13	+18,9	Stier, Hyaden		
Mo	8.	21 02	4 28	12 45	5 07	+21,8	Stier	Aufsteigender Knoten Libration Ost	
Di	9.	21 55	5 23	13 49	6 04	+23,5	Zwillinge		
Mi	10.	23 00	6 21	14 44	7 03	+23,9	Zwillinge	**Letztes Viertel**	5^h20^m
Do	11.	–	7 20	15 30	8 04	+22,9	Pollux		
Fr	12.	0 15	8 18	16 06	9 04	+20,3	Krebs, Krippe		
Sa	13.	1 37	9 15	16 36	10 03	+16,5	Löwe, Regulus		
So	14.	3 01	10 09	17 01	11 00	+11,6	Löwe		
Mo	15.	4 25	11 02	17 24	11 56	+ 6,0	Jungfrau	Erdnähe 362/33,'0 Größte Nordbreite	0^h
Di	16.	5 49	11 55	17 46	12 50	0,0	Jungfrau	**Neumond**	20^h23^m
Mi	17.	7 12	12 47	18 08	13 44	– 5,9	Spica		
Do	18.	8 33	13 39	18 34	14 38	–11,5	Waage		
Fr	19.	9 53	14 32	19 03	15 33	–16,2	Waage		
Sa	20.	11 08	15 26	19 38	16 29	–20,0	Antares	Libration West	
So	21.	12 16	16 20	20 21	17 25	–22,6	* Schlangenträger	Absteigender Knoten	
Mo	22.	13 14	17 13	21 12	18 20	–23,9	* Schütze, M 8		
Di	23.	14 01	18 04	22 10	19 15	–23,9	* Schütze, Nunki		
Mi	24.	14 39	18 53	23 13	20 08	–22,8	Schütze	**Erstes Viertel**	3^h58^m
Do	25.	15 09	19 40	–	20 59	–20,7	* Steinbock		
Fr	26.	15 34	20 25	0 18	21 47	–17,7	Steinbock	Erdferne 405/29,'5	21^h
Sa	27.	15 55	21 07	1 24	22 34	–14,0	Wassermann		
So	28.	16 13	21 49	2 30	23 19	– 9,8	Wassermann		
Mo	29.	16 30	22 31	3 36	0 04	– 5,1	* Fische	Größte Südbreite	
Di	30.	16 48	23 13	4 43	0 48	– 0,2	Walfisch		
Mi	31.	17 06	23 56	5 51	1 33	+ 4,8	Fische		

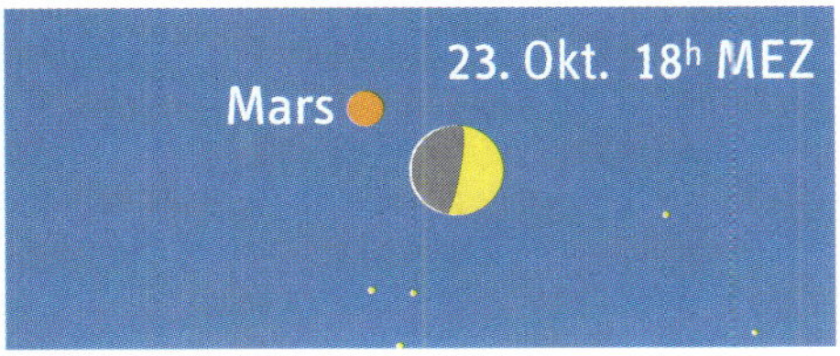

Planetenlauf

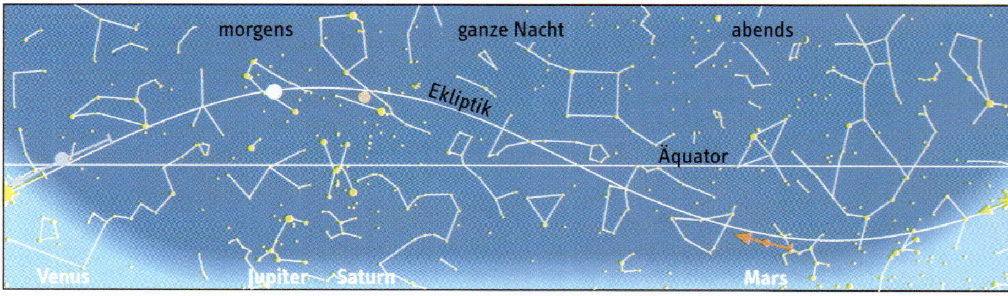

10.2 Heliozentrischer Anblick des Planetensystems im letzten Jahresviertel 2001. Eingetragen sind im linken Teil die Positionen der inneren Planeten für den 1. Oktober (10), den 1. November (11), den 1. Dezember (12) und den 1. Januar 2002 (1). Der rechte Teil zeigt das äußere Planetensystem samt Planetoid Vesta zu Anfang und Ende des letzten Jahresviertels. Die Pfeile deuten die Richtungen zu den ferneren Planeten sowie zum Frühlingspunkt an.

Merkur kommt am ersten Tag des Monats im Sternbild Jungfrau zum Stillstand und eilt anschließend rasch rückläufig auf die Sonne zu, mit der er bereits am 14. zusammentrifft. An diesem Tag steht er in unterer Konjunktion mit ihr. Anschließend gewinnt Merkur schnell westlichen Winkelabstand von der Sonne und erreicht schon am 29. seine größte westliche Elongation mit 18°34′ Winkelabstand von der Sonne. Da er am 23. durch sein Perihel läuft, fällt diesmal die maximale Elongation recht klein aus. Wegen der steilen Stellung der morgendlichen Ekliptik zum Osthorizont lässt sich Merkur dennoch am Morgenhimmel aufspüren. Die Morgensichtbarkeit fällt sogar recht respektabel aus: Ab dem 24. macht sich Merkur morgens am Osthorizont bemerkbar und kann von erfahrenen Beobachtern bis etwa 13. November gesehen werden. Die günstigste Beobachtungsspanne liegt zwischen dem 27. Oktober und dem 5. November. Am 24. geht der $0^{m}{,}3$ helle Mer-

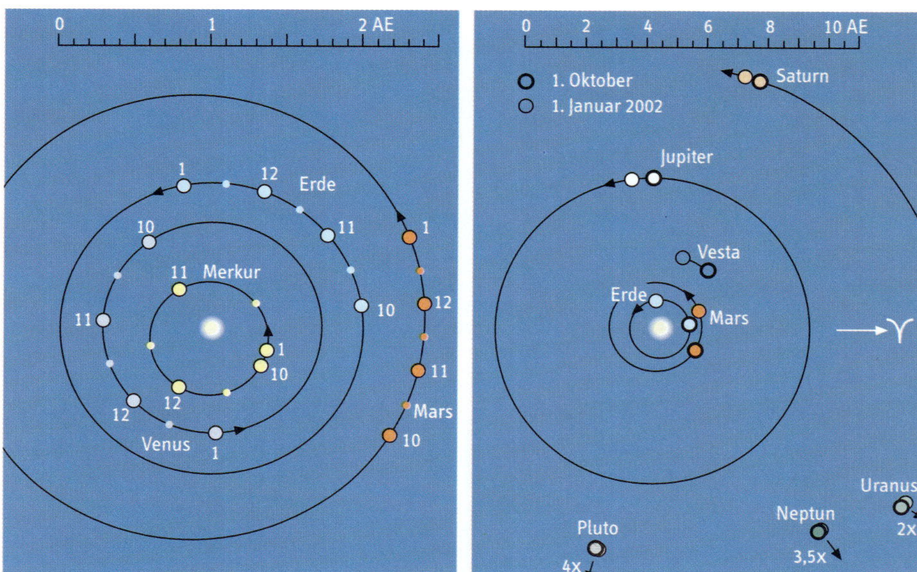

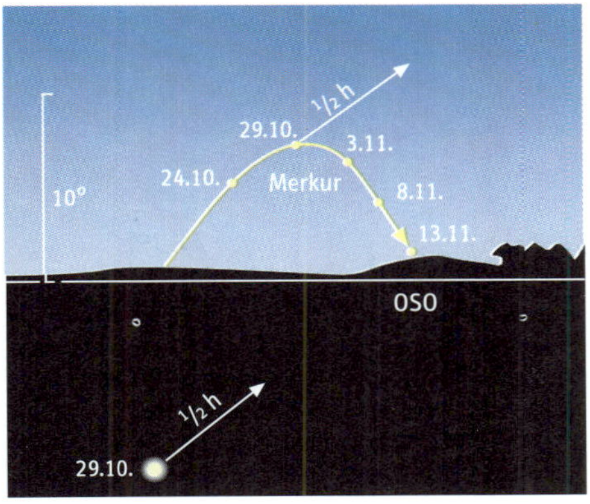

10.3 Stellung von Merkur über dem Osthorizont zu den angebenen Daten jeweils eine Stunde vor dem Sonnenaufgang. Die Pfeile deuten die Bewegungen von Merkur und Sonne in der folgenden halben Stunde an.

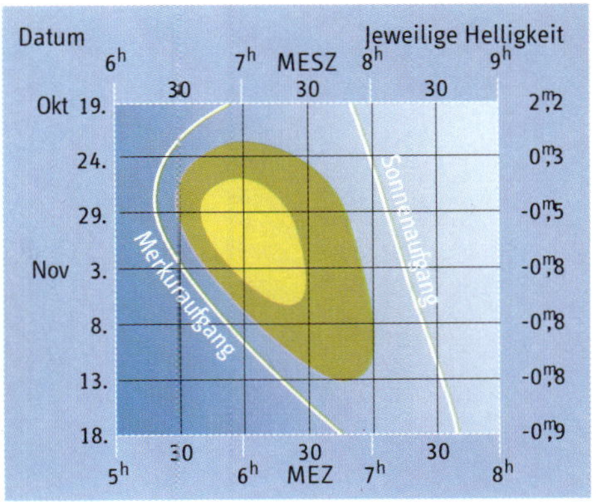

10.4 Sichtbarkeitsdiagramm für Merkur. Es gilt genau für 50° nördlicher Breite und 10° östlicher Länge. Blaue Fläche: Merkur unsichtbar; dunkelgelbe Fläche: Merkur ist unter günstigen Bedingungen zu sehen; hellgelbe Fläche: Merkur ist gut sichtbar.

kur um 5^h22^m (= 6^h22^m Sommerzeit) auf. Etwa zwanzig Minuten später kann man ihn mit Aussicht auf Erfolg tief am Osthorizont sehen. Ein Fernglas kann hier gute Dienste leisten. Gegen 6^h20^m verblasst er in der zunehmenden Morgenhelligkeit. Die Merkurhelligkeit nimmt schnell kräftig zu. Am Tag der größten westlichen Elongation geht der inzwischen $-0{,}^m5$ helle Planet um 5^h17^m auf. Bis Monatsende verspäten sich seine Aufgänge unwesentlich auf 5^h20^m, die Helligkeit steigt auf $-0{,}^m6$ an, was ihm gut eine Stunde Morgensichtbarkeit einbringt. Am 28. tritt die Dichotomie ein, das Merkurscheibchen mit 7,″1 scheinbarem Durchmesser zeigt sich halb beleuchtet. Danach wird es runder und kleiner.
Am 22. beendet Merkur seine Rückläufigkeit und wird wieder rechtläufig. Seine Konjunktionsschleife zieht er im Sternbild Jungfrau (siehe auch Abb. 10.5 auf Seite 175).
Venus spielt weiterhin ihre Rolle als Morgenstern. Ihre Glanzzeit ist aber vorbei, die Sichtbarkeitszeit verkürzt sich drastisch, die Venusaufgänge verspäten sich um eineinhalb Stunden. Geht die $-3{,}^m9$ helle Venus am 1. noch um 3^h54^m (= 4^h54^m Sommerzeit) auf, so erfolgt ihr Aufgang am 31. erst um 5^h23^m. Venus strebt immer weiter nach Süden und überschreitet zur Monatsmitte den Himmelsäquator in südlicher Richtung. Am 10. verlässt sie den Löwen und wechselt in das Sternbild Jungfrau. Im Teleskop erscheint das 11″ große Venusscheibchen fast voll beleuchtet. Am 31. beträgt der Beleuchtungsgrad 95 Prozent.
Am 29. begegnen sich Venus und Merkur, wobei Venus 0,°6 südlich von Merkur steht.
Ihr Bahnperihel durchläuft Venus am 5., wobei sie von der Sonne 107 Millionen Kilometer (= 0,715 A. E.) entfernt ist.
Mars ist Planet am Abendhimmel. Er wandert rechtläufig durch den Schützen und wechselt am 26. in das Sternbild Steinbock. Mit Einbruch der

Jupitermond-Erscheinungen

Tag	MEZ h m	Vorgang	
4.	0 22	III	VE
	2 25	II	VA
	2 49	III	BA
	4 57	I	SA
5.	2 07	I	VA
	23 26	I	SA
	23 34	II	DA
	23 39	II	SE
6.	0 43	I	DA
	1 38	I	SE
	2 20	II	DE
	2 56	I	DE
7.	0 11	I	BE
11.	1 30	III	VA
	4 22	III	VE
	4 58	II	VA
12.	4 01	I	VA
	23 30	II	SA
13.	1 19	I	SA
	2 09	II	DA
	2 16	II	SE
	2 35	I	DA
	3 31	I	SE
	4 49	I	DE
	4 56	II	DE
	22 30	I	VA

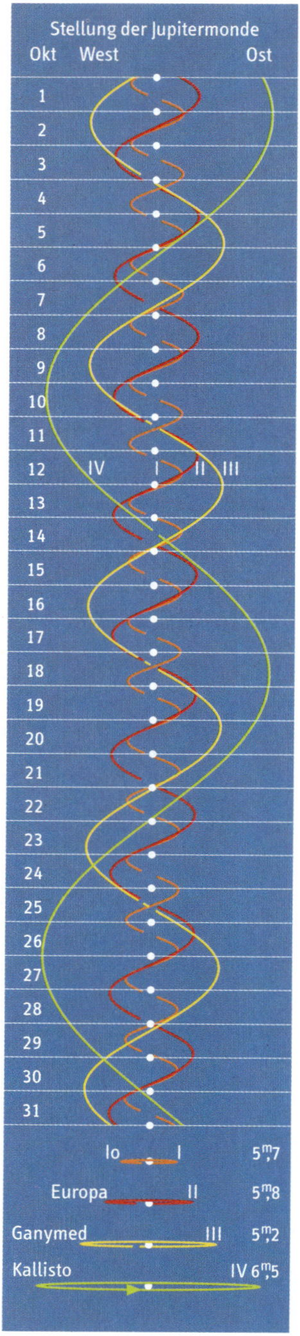

14.	1 25	IV	VA
	2 05	I	BE
	2 46	IV	VE
	23 17	I	DE
	23 35	II	BE
	23 44	III	DE
18.	5 29	III	VA
19.	5 55	I	VA
20.	2 07	II	SA
	3 12	I	SA
	4 27	I	DA
	4 43	II	DA
	4 52	II	SE
	5 25	I	SE
21.	0 24	I	VA
	3 57	I	BE
	21 40	I	SA
	22 24	III	SE
	22 55	I	DA
	23 53	I	SE
22.	0 37	III	DA
	1 08	I	DE
	2 05	II	BE
	3 36	III	DE
	22 25	I	BE
	23 45	IV	DA
23.	2 15	IV	DE
27.	4 43	II	SA
	5 05	I	SA
28.	2 18	I	VA
	5 48	I	BE
	23 22	II	VA
	23 31	III	SA
	23 33	I	SA
29.	0 45	I	DA
	1 46	I	SE
	2 23	III	SE
	2 59	I	DE
	4 23	III	DA
	4 33	II	BE
30.	0 16	I	BE
	21 03	IV	VE
	21 26	I	DE
	23 15	II	DE
31.	6 25	IV	BA

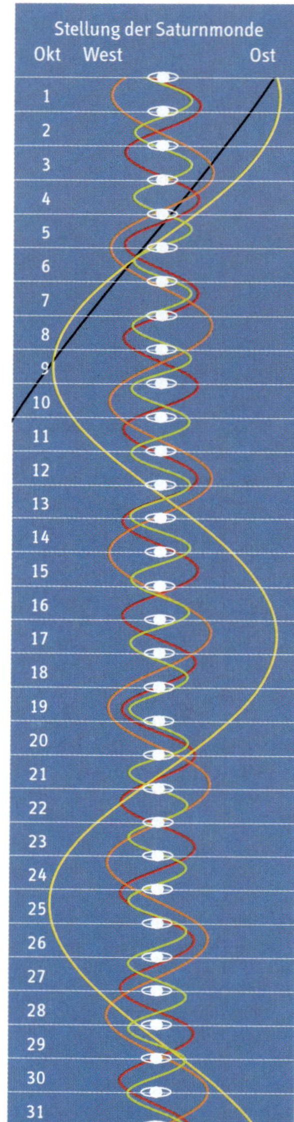

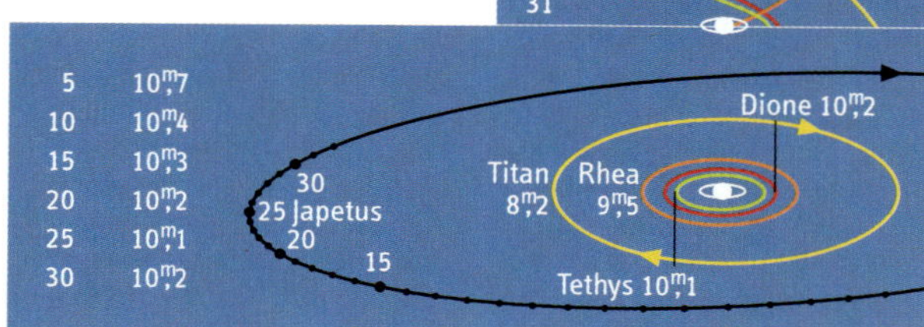

10.5 Merkurschleife im Sternbild Jungfrau.

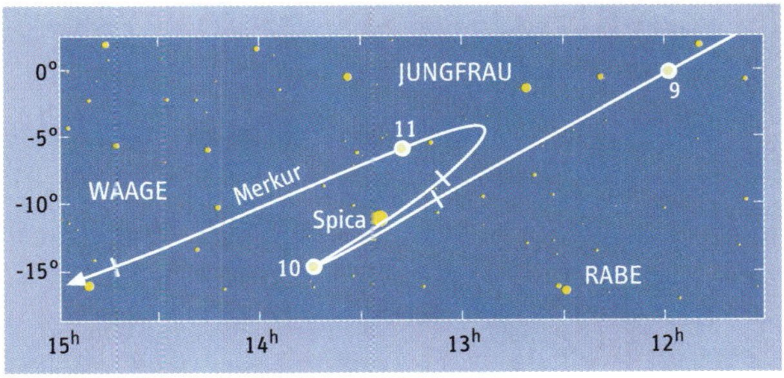

Dunkelheit sieht man den roten Planeten tief im Süden. Sein kleiner Tagbogen entsprechend seiner südlichen Position im Tierkreis bewirkt, dass er bald untergeht. Die Marsuntergänge verfrühen sich im Laufe des Oktober nur unwesentlich. Am 1. geht der rote Planet um $22^{h}21^{m}$ (= $23^{h}21^{m}$ Sommerzeit) unter, am 31. bereits um $22^{h}14^{m}$.
Die Marshelligkeit geht weiter um eine halbe Größenklasse zurück und beträgt am Monatsende $0^{m},1$. Damit ist der rote Planet an Helligkeit, aber nicht an Farbe, mit der bläulich-weißen Wega vergleichbar.
Im Teleskop zeigt das Mitte des Monats knapp 10″ große Marsscheibchen eine deutliche Phase: Etwa 85% des Marsglobus erscheinen beleuchtet.
Am 12. passiert Mars das Perihel seiner stark elliptischen Bahn. An diesem Tag trennen ihn 207 Millionen Kilometer (= 1,384 A. E.) von der Sonne.
Am 23. wandert der Mond nur 0°,1 südlich an Mars vorbei (siehe Abb. 10.7 auf Seite 176). Dabei wird der rote Planet vom Mond bedeckt – ein Ereignis, das diesmal allerdings von Mitteleuropa aus leider nicht beobachtbar ist.
Jupiter wird langsam zum Planeten der gesamten Nacht, sieht man von den frühen Abendstunden ab. Der Riesenplanet steht hoch im Tierkreis und beschreibt einen großen Tagbogen. Seine Helligkeit nimmt auf $-2^{m},4$ zu, was ihn zum Glanzpunkt des Nachthimmels werden lässt. Der Jupiteraufgang erfolgt am 1. um $22^{h}36^{m}$ und am 15. um $21^{h}46^{m}$ (= $22^{h}46^{m}$ Sommerzeit). Am 31. erscheint der Riesenplanet bereits um $20^{h}45^{m}$ über der Horizontlinie.
Jupiter bremst seine Wanderung durch die Zwillinge stark ab und kommt fast zum Stillstand. Zur Oppositionsschleife setzt er aber erst Anfang nächsten Monats an (siehe auch Abb. 9.4 auf Seite 158).
Der abnehmende Halbmond zieht am 10. in rund 1° nördlich an Jupiter vorbei (siehe Abb. 10.1 auf Seite 169).
Saturn, rückläufig im Stier, nähert sich seiner Oppositionsstellung, die er aber erst Anfang Dezember einnehmen wird. Der Ringplanet ist fast die ganze Nacht am Firmament vertreten. Etwa eine Stunde nach Dämme-

Konstellationen und Ereignisse

Datum	MEZ	Ereignis
1.	21^{h}	Merkur im Stillstand, anschließend rückläufig
5.	2	Venus im Perihel
7.	20	**Mond bei Saturn,** Mond 0°,5 nördlich, **Abstand 1°,2 um 21^{h}**
10.	1	**Mond bei Jupiter,** Mond 1°,4 nördlich, **Abstand 0°,8 um 0^{h}**
12.	8	Mars im Perihel
14.	3	Merkur in unterer Konjunktion mit der Sonne
15.	3	**Mond bei Venus,** Mond 3°,9 nördlich, **Abstand 3°,1 um 5^{h}**
16.	8	Mond bei Merkur, Mond 6°,2 nördlich
18.	0	Neptun im Stillstand, anschließend rechtläufig
22.	12	Merkur im Stillstand, anschließend rechtläufig
23.	14	Merkur im Perihel
23.	21	**Mond bei Mars,** Mond 0°,1 südlich, **Abstand 0°,8 um 22^{h}**
24.	13	Mond bei Neptun, Mond 3°,2 südlich
25.	18	Mond bei Uranus, Mond 3°,4 südlich
29.	18	Merkur in größter westlicher Elongation (19°)
29.	23	**Merkur bei Venus,** Merkur 0°,6 nördlich, **Abstand 0°,6 um 6^{h}**
31.	5	Uranus im Stillstand, anschließend rechtläufig

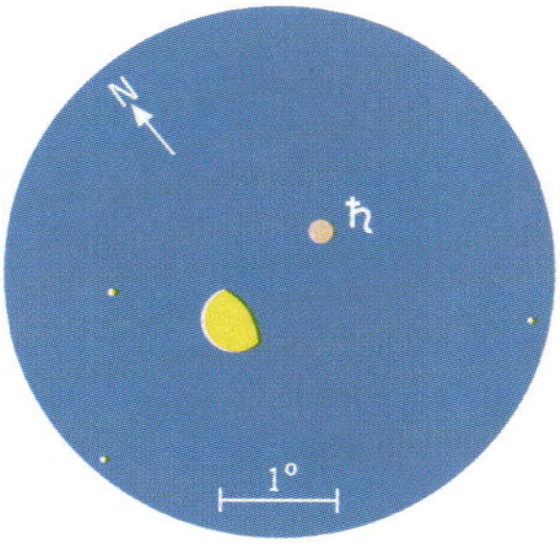

10.6 Begegnung von Mond und Saturn am 7. Oktober. Anblick im Fernglas bei 5° Gesichtsfelddurchmesser.

rungsende geht Saturn zur Monatsmitte auf. Am 1. erscheint Saturn um 20^h41^m (= 21^h41^m Sommerzeit) über der Horizontlinie und am 31. bereits um 18^h40^m. In der zweiten Nachthälfte sieht man den Ringplaneten hoch im Süden. Mit $-0^m,2$ Helligkeit ist er ein auffälliges Objekt. Nur Jupiter und Sirius sowie nach ihrem Aufgang Venus übertreffen den Ringplaneten noch an Glanz.
Am 7. zieht der abnehmende Mond $0^\circ,5$ nördlich an Saturn vorbei. Nach Aufgang beider Gestirne ist die enge Konjunktion schon etwas aufgelöst (siehe Abb. 10.6 oben).
Uranus bremst seine ohnehin langsame, rückläufige Bewegung im Laufe des Monats völlig ab und kommt am 31. zum Stillstand. Damit endet die Oppositionsperiode des grünlichen Planeten (siehe auch Abb. 7.8 auf Seite 126). Aus der zweiten Nachthälfte zieht sich Uranus ganz zurück. Am 1. geht der ferne Planet um 2^h05^m (= 3^h05^m Sommerzeit) unter und am 15. um 1^h09^m. Am Monatsanfang stört Mondlicht die Beobachtung von Uranus. Am letzten Tag des Monats erfolgt der Untergang des $5^m,8$ hellen Uranus um 0^h05^m. Spätestens eine Stunde vor Untergang ist Uranus von der Beobachtungsliste zu streichen. Die günstigste Beobachtungszeit für den grünlichen Planeten fällt jetzt in die Abendstunden. Am 1. kulminiert Uranus um 21^h13^m (= 22^h13^m Sommerzeit), am 31. bereits um 19^h14^m.
Neptun im Steinbock tritt fast auf der Stelle. Von „Rückläufigkeit" ist wenig zu beobachten. Am 18. wird er stationär und ist anschließend rechtläufig (siehe Abb. 7.8 auf Seite 126). Damit beendet Neptun seine Oppositionsperiode. Nur die jetzt früher einsetzende Dunkelheit erlaubt noch das Auffinden von Neptun. Zu Monatsanfang kulminiert Neptun um 20^h11^m (= 21^h11^m Sommerzeit) und geht um 0^h44^m unter. Ende des Monats passiert der bläuliche Planet schon um 18^h13^m den Meridian und sinkt um 22^h42^m unter den Horizont.

Planetoiden

Vesta (4) kommt am 9. im Stier zum Stillstand und setzt zu ihrer Oppositionsschleife an (siehe Abb. 12.2 auf Seite 205). Ihre Helligkeit nimmt um eine halbe Größenklasse auf $7^m,0$ zu, womit ein einfaches Fernglas ausreicht, um den vierten Planetoiden aufzuspüren. Am 1. kulminiert Vesta um 4^h31^m (= 5^h31^m Sommerzeit), am 15. um 3^h37^m und am 31. schon um 2^h28^m.

Periodische Sternschnuppenströme

Die **Delta-Draconiden**, auch **Oktober-Draconiden** genannt, sind ein temporärer Strom, deren Radiant im Sternbild des Drachen, etwa 3° östlich von γ Draconis liegt. Die Oktober-Draconiden führen ihren Ursprung auf den Kometen 21P/Giacobini-Zinner (alte Bezeichnung: 1900 III) zurück, weshalb dieser

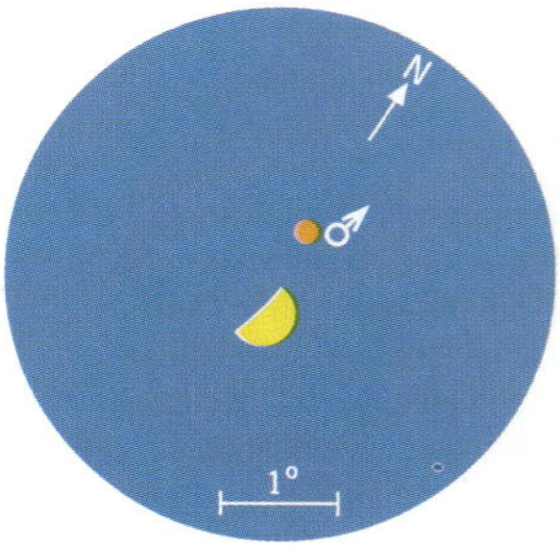

10.7 Der zunehmende Halbmond zieht am 23. Oktober an Mars vorbei (Fernglasanblick bei 5° Gesichtsfelddurchmesser).

Meteorstrom auch **Giacobiniden** heißt. Vom 7. bis 11. Oktober passiert die Erde relativ nahe den absteigenden Knoten der Bahn des Kometen 21P. Seine Umlaufszeit beträgt 6,5 Jahre. Alle 13 Jahre trifft die Erde auf die recht breit gestreute Trümmerwolke der Auflösungsprodukte des Kometen Giacobini-Zinner. Dann hagelt es nur so Sternschnuppen. Am 8. Oktober 1985 konnten 400 Meteore pro Stunde registriert werden.
Da die Trümmerwolke schon recht langgezogen ist und die Meteoroide sich entlang der Bahn verteilt haben, ist mit Überraschungen auch in anderen Jahren zu rechnen.
Vom 14. bis 28. Oktober sind die **Orioniden** aktiv, deren Ursprung auf den Halleyschen Komet deutet. Mit dem Maximum ist am 21. Oktober zu rechnen, wobei etwa zwanzig bis dreißig Meteore pro Stunde zu erwarten sind. Die Frequenz ist von Jahr zu Jahr verschieden. Die beste Beobachtungszeit: Mitternacht bis 5^h morgens. Der Radiant liegt etwa 10° nordöstlich von Beteigeuze. Es handelt sich bei den Orioniden um sehr schnelle Objekte (über 60 Kilometer pro Sekunde).

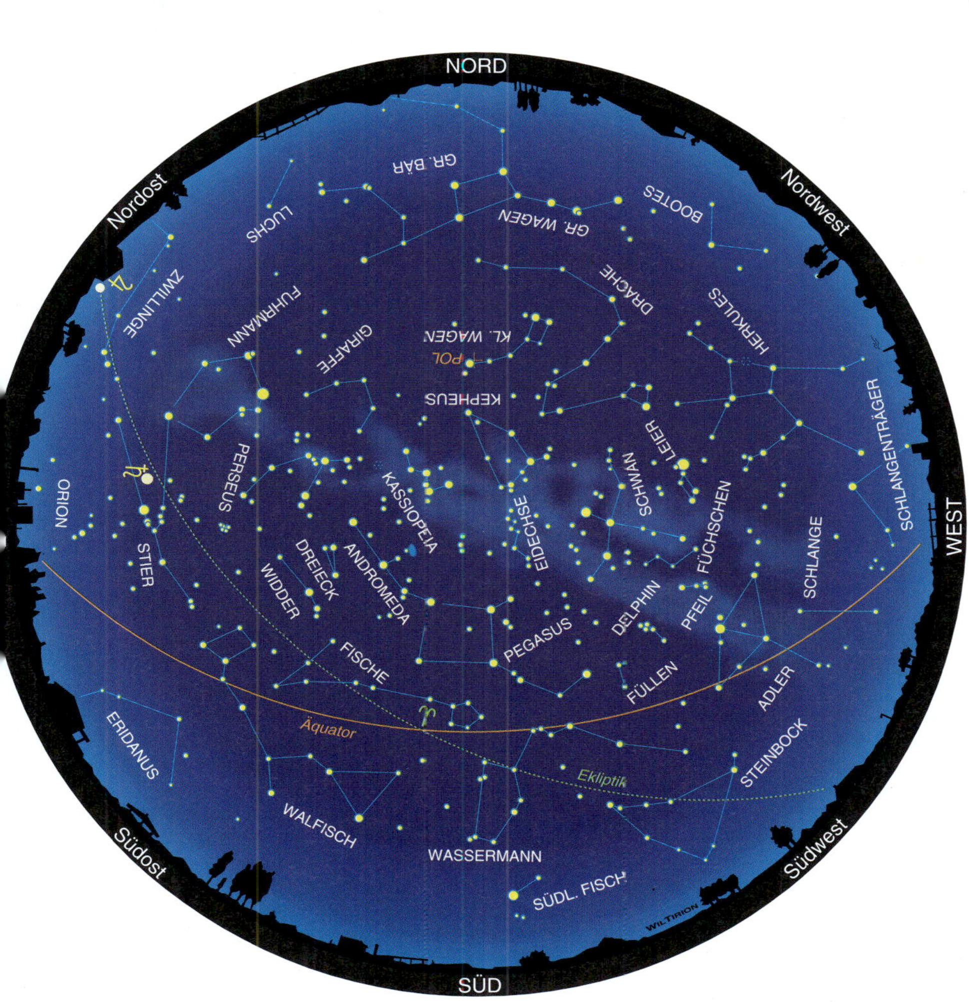

Sternenhimmel am 15. Oktober um 22h MEZ (23h MESZ).

Fixsternhimmel auch gültig für:

	MEZ	MESZ
1. 8.	3h	4h
15. 8.	2	3
1. 9.	1	2
15. 9.	0	1
1.10.	**23**	**24**
15.10.	**22**	**23**
31.10.	**21**	
15.11.	20	
30.11.	19	
15.12.	18	

Der Fixsternhimmel

Der Herbst hat nun am Himmel seinen Einzug gehalten, wenn man auch den Eindruck gewinnt, dass die Sommersternbilder nicht weichen wollen. Zum einen liegt dies sicher daran, dass bei jetzt früher einsetzender Dämmerung und Dunkelheit der Sternfreund auch eher zu beobachten beginnt. Um die Änderung des Himmelsanblicks im Vergleich zum Vormonat zu bemerken, muss man stets die gleiche Beobachtungszeit wählen. Daher die Festlegung auf eine Standardbeobachtungszeit, nämlich 22h MEZ = 23h MESZ zur Monatsmitte (siehe auch „Fixsternhimmel im Januar").

Zum anderen steht das Sommerdreieck mit Wega-Deneb-Atair noch hoch im Westen. Die drei Sterne des Sommerdreiecks fallen auf, da sie erster Größenklasse sind, während die Herbstbilder sich nur aus Sternen zweiter Größenklasse und schwächer zusammensetzen. Andererseits sind typische Som-

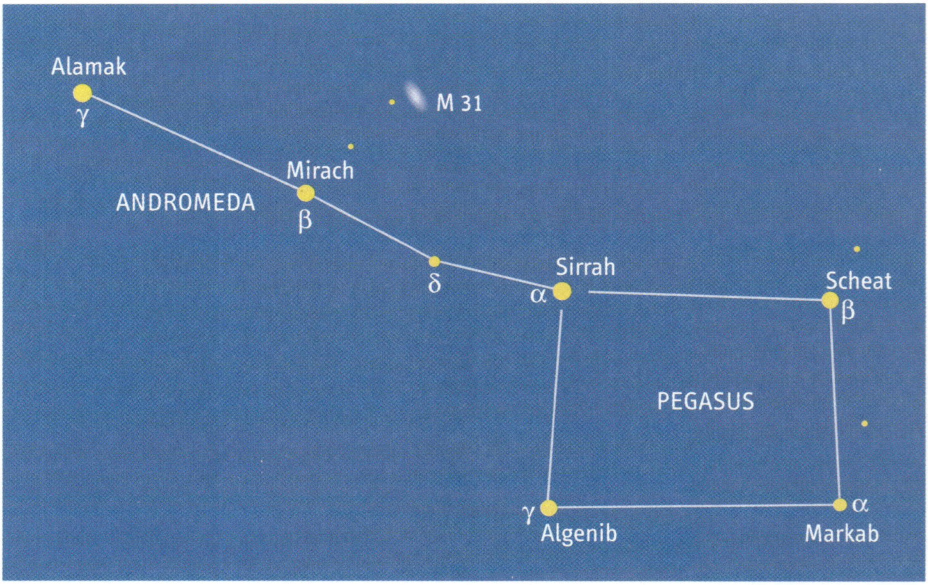

10.8 Das Sternbild Andromeda und das Pegasusquadrat. Eingetragen ist ferner die Lage des Andromeda-Nebels (M 31), unserer Nachbarmilchstraße.

merbilder wie der Skorpion mit dem hellen roten Antares und der Schütze bereits unter dem Horizont verschwunden. Auch Arktur ist schon untergegangen. Der Große Wagen ist tief im Norden, nahe dem Horizont zu entdecken. Das Himmels-W, die Kassiopeia, springt hingegen hoch im Nordosten förmlich ins Auge. Die mittlere Spitze des Sternen-Ws deutet bekanntlich ungefähr auf den Polarstern, der am Ende der Deichsel des Kleinen Wagens steht. Der Kleine Wagen ist viel schwerer zu erkennen als der Große; nicht etwa, weil er kleiner ist, sondern weil die meisten seiner Sterne weit weniger hell sind als die des Großen Wagens.
Das Pegasus-Quadrat hat den Meridian erreicht. Dieses markante Sternenviereck ist kaum zu übersehen. Da es im Herbst abends hoch im Süden steht, nennt man es auch Herbstviereck, analog zum Sommerdreieck oder Wintersechseck. Der Pegasus gehört zu den Sternbildern, die man schnell und ohne Mühe findet beziehungsweise erkennt. Der Mythologie nach ist der Pegasus ein geflügeltes Pferd, das den Poeten zu ihren Gedankenflügen verhelfen soll. Die vier Sterne des Herbstvierecks heißen Markab (α Pegasi), Scheat (β Pegasi), Algenib (γ) und Sirrah, wobei Sirrah selbst nicht mehr zum Pegasus gehört, sondern schon der erste Stern der Andromeda (α Andromedae) ist, die aus einer Kette von vier Sternen gebildet wird. Der Stern Nr. 51 im Pegasus hat vor wenigen Jahren für eine Sensation gesorgt: Bei ihm wurde erstmals ein Planet einer anderen Sonne nachgewiesen (siehe *Himmelsjahr 1997*, Seite 179, Monatsthema: „51 Pegasi – ein sonnenähnlicher Stern mit einem Planeten"). Inzwischen wurden um zahlreiche weitere Sterne extrasolare Planeten entdeckt.
Gute Beobachtungsbedingungen vorausgesetzt, kann man in der Andromeda ein wenig nördlich des Sternes Mirach (β Andromedae) unsere Nachbarmilchstraße, den berühmten Andromeda-Nebel sehen. Die Katalogbezeichnung des Andromeda-Nebels lautet: M 31. Das Licht der Sterne in der Andromeda-Galaxie benötigt knapp drei Millionen Jahre, bis es uns erreicht. Die Andromeda-Milchstraße ist praktisch das fernste Himmelsobjekt, das mit bloßen Augen zu sehen ist.
Südlich der Andromeda stößt man auf das kleine Sternbild Widder, das aber als markantes, stumpfwinkeliges Sternendreieck leicht zu erkennen ist. Zwischen Widder und Andromeda hat das winzige Sternbild Dreieck (lat.: Triangulum) seinen Platz. In ihm ist mit einem Fernglas der Dreiecksnebel (M 33)

zu finden, ebenfalls eine Nachbargalaxie unserer Milchstraße und nicht viel weiter als die Andromeda-Galaxie entfernt. M 31, M 33 und unsere Milchstraße gehören als große Sternsysteme zur sogenannten Lokalen Milchstraßengruppe. Östlich der Andromeda ist ihr Retter zu finden, der strahlende Held Perseus. Im Perseus ist Algol (β Perseï) beheimatet, ein Bedeckungsveränderlicher, der ein ideales Übungsobjekt für Sternfreunde darstellt, die sich der Beobachtung veränderlicher Sterne widmen wollen. Noch ein Veränderlicher, nämlich Mira Ceti (ο Ceti), kann jetzt am Abendhimmel beobachtet werden. Denn das ausgedehnte Sternbild Walfisch (lat.: Cetus) nimmt den Südosten ein. Sowohl Algol als auch Mira sind in der Rubrik „Veränderliche Sterne" verzeichnet. Der Walfisch ist kein zoologisches Tier (Wale sind Säuger und keine Fische!), sondern ein Fabelwesen, nämlich jenes Meeresungeheuer vor den Gestaden Äthiopiens, das die Prinzessin Andromeda, Tochter von Kepheus und Kassiopeia, verschlingen will und deshalb von Perseus in einem heldenhaften Kampf getötet wird. Tief im Osten ist bereits der Stier mit dem hellen, orange-roten Aldebaran und dem Siebengestirn, den Plejaden, aufgegangen. Der Stier ist ein erster Vorbote des kommenden Winters. Zur Zeit hat er Besuch: Ein helles Gestirn, nämlich der ringgeschmückte Planet Saturn, zieht dort die Blicke auf sich. Wie jeder Sternfreund weiß, sind die Saturnringe nur in einem Teleskop zu erkennen. Mit bloßen Augen erscheint Saturn lediglich als heller Lichtpunkt.

Veränderliche Sterne

Algol-Minima	5.	3^h12^m	8.	0^h00^m	10.	20^h49^m	25.	4^h53^m	28.	1^h42^m	30.	22^h31^m
β-Lyrae-Minima	4.	5^h H	10.	17^h N	17.	4^h H	23.	15^h N	30.	3^h H		
δ-Cephei-Maxima	2.	17^h	8.	1^h	13.	10^h	18.	19^h	24.	4^h	29.	13^h
Mira-Helligkeit	1.	4^m	10.	4^m	20.	4^m	31.	4^m				

Fixsterne sind nicht fix!

Seit Olims Zeiten bezeichnet man die vielen tausend Lichtpünktchen am nächtlichen Sternenzelt als Fixsterne im Gegensatz zu fünf Gestirnen, die zwar auch punktförmig erscheinen, aber ihren Ort unter den Sternen verändern. Man nennt sie Wandelsterne oder Planeten. Die Bezeichnung „Fixsterne" kann manchmal missverständlich aufgefasst werden. Ein „fixer Service" meint eine schnelle Bedienung. Wenn jemand „fix" ist, so erledigt er seine Sachen prompt und ohne Umschweife. Sterne sind jedoch nicht fix, weil sie eilig über den Himmel ziehen, sondern – ganz im Gegenteil – weil sie ihre gegenseitigen Stellungen scheinbar nicht verändern und an das Himmelsgewölbe festgeheftet zu sein scheinen. Die Vorsilbe „fix" kommt hier von „fixieren", was laut Wörterbuch soviel wie „festmachen, festlegen, festheften" bedeutet. Ein Fixpunkt ist ein fester Ort, auf den man die Lage anderer Punkte beziehen kann, Fixkosten sind unveränderliche Belastungen und ein Fixum ist ein festes Entgelt.
Die Fixsterne bilden das scheinbar unveränderliche Muster der Sternbilder. Jahrein-jahraus sehen wir die gleichen Sternbilder. Die Namen und Bezeichnungen der Sternbilder stammen aus der Antike. Man hat schon vor einigen tausend Jahren die gleichen Sternbilder und geometrischen Figuren am Himmel gesehen wie wir heute. Somit ändern sich offensichtlich die Sternkonfigurationen selbst in Hunderten von Jahren nicht. In der Antike glaubte man, die Sterne seien an einer kristallenen Kugelschale fest montiert, die sich permanent in 24 Stunden um die Erde dreht. Diesen täglichen Himmelsumschwung beobachten wir auch heute – er ist allerdings das Spiegelbild der Erdrotation. Zwischen der Sphäre der Fixsterne und der Erde laufen die Wandelgestirne – Mond, Merkur, Venus, Sonne, Mars, Jupiter und Saturn – so die klassische Vorstellung des Ptolemäischen Weltsystems. Als Nikolaus Kopernikus die Erde entthronte und als gewöhnlichen Planet um die Sonne kreisen ließ, da warf man ihm vor, keine Fixsternparallaxen zu beobachten. Wenn nämlich die Erde wirklich um die Sonne läuft, dann verändert sie ihre Position im Weltall und ist

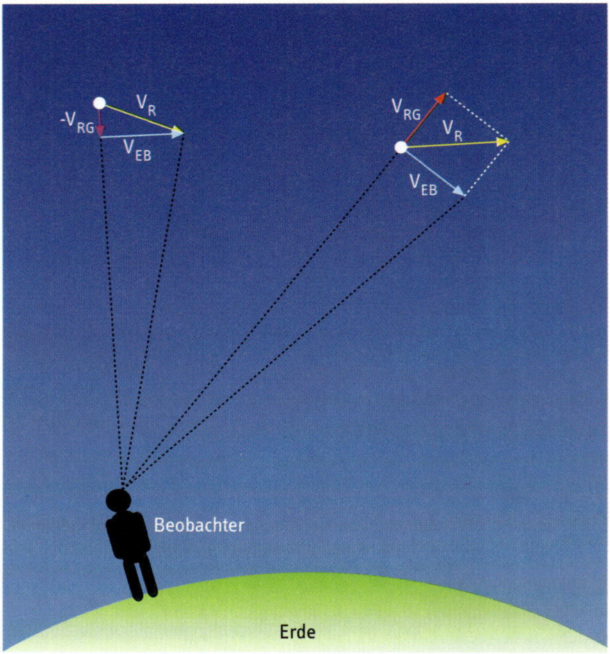

10.9 Die wahre Raumgeschwindigkeit (v_R) eines Sternes setzt sich aus den Komponenten. Eigenbewegung (v_{EB}) und Radialgeschwindigkeit (v_{RG}) zusammen.

daher einmal den einen, ein halbes Jahr später den anderen Sternen näher. Die Fixsterne müssten Ortsveränderungen erkennen lassen, eben die Fixsternparallaxen. Seit Kopernikus Zeiten war man daher auf der Suche nach den ominösen Fixsternparallaxen. Um diese zu entdecken war es erforderlich, genaue Positionen der Fixsterne zu ermitteln. Lange suchte man vergeblich nach den Fixsternparallaxen. Erst 1838 gelang es, eine solche Fixsternparallaxe erstmals zu messen: Friedrich Wilhelm Bessel, Direktor der Sternwarte zu Königsberg, bestimmte mit Hilfe der gemessenen trigonometrischen Parallaxe die Entfernung des Sternes Nr. 61 im Schwan. Als Spiegelbild der Erdrevolution beschreibt 61 Cygni jährlich eine winzige Ellipse mit einer großen Halbachse von nur 0,"31! Dies entspricht einer Entfernung von 3,2 Parsec, das sind 10,5 Lichtjahre (nach neuesten Messung ist 61 Cyg 11,4 Lichtjahre entfernt). Damit ist dieser lichtschwache Stern im Schwan ein Nachbarstern der Sonne, er steht uns also relativ nahe. Die meisten anderen Sterne sind viel weiter entfernt, so dass ihre trigonometrischen Parallaxen noch viel kleiner ausfallen und in den meisten Fällen gar nicht messbar sind. Bis in die jüngste Zeit waren die Fixsterndistanzen auch nur recht grob bekannt – Fehler von 10 bis 50% waren keine Seltenheit. Abhilfe schuf erst der 1989 gestartete Astrometriesatellit Hipparcos (**Hi**gh **P**recision **Par**allax **Co**llecting **Sa**tellite), der recht präzise Parallaxen der näheren Sterne maß. Auf der Suche nach den Fixsternparallaxen fand man noch andere Phänomene, die die Sternörter[1]) verändern. So entdeckte James Bradley über hundert Jahre vor Bessels Parallaxenmessung die Aberration des Sternenlichtes: Infolge der endlichen Lichtgeschwindigkeit und der Wanderung der Erde um die Sonne beschreiben die Sterne jährlich kleine Ellipsen um ihren mittleren Ort. Diese sind etwa zwei Zehnerpotenzen größer als die trigonometrischen Parallaxen der näheren Sterne (siehe auch *Himmelsjahr 1996*, Seite 65: Monatsthema: „Was versteht man unter ‚Aberration'"?). Aberration und Parallaxen bedingen so kleine Ortsveränderungen der Sterne, dass sie mit bloßen Augen nicht wahrgenommen werden. Da sie periodisch sind – nach einem Jahr nimmt der Stern wieder die gleiche Position ein – bleiben die Sternbilder unverändert. Könnte man einen Pharao aus einer ägyptischen Grabkammer wieder zum Leben erwecken, er sähe die ihm bekannten Sternbilder (Im Unterschied zu den meisten heutigen Zeitgenossen kannten sich die Pharaonen am Sternenhimmel aus).

Die Sterne, diese fernen Sonnen im All, rasen jedoch mit Geschwindigkeiten von typischerweise 100 000 Kilometer pro Stunde durch das Weltall. Wegen ihren enormen Entfernungen machen sich Positionsveränderungen aber in historischen Zeiträumen von einigen hundert bis wenigen tausend Jahren für das bloße Auge nicht bemerkbar. Daher die scheinbare Unveränderlichkeit der

[1]) Typischer Astronomenjargon: Man sagt Sternörter und nicht -orte!

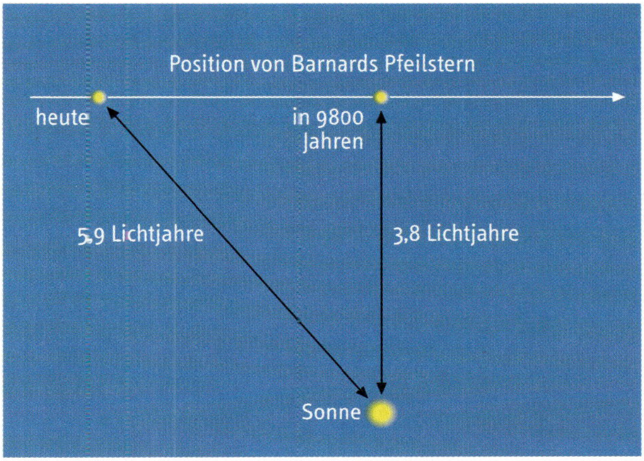

10.10 Barnards Pfeilstern zeigt wegen seiner geringen Entfernung eine große jährliche Eigenbewegung. Im Jahre 11 800 wird er in nur 3,8 Lichtjahren an unserem Sonnensystem vorbeiziehen.

Sternbilder. In sehr langen Zeiträumen von einigen zehntausend Jahren ändert sich jedoch das Aussehen des Fixsternhimmels – die heute bekannten Sternbilder werden in 50 000 Jahren merkwürdig verzerrt aussehen. Pro Jahr sind die Ortsveränderungen infolge der Raumbewegung der Sterne sehr klein – aber sie summieren sich im Laufe der Zeit auf.
Wohl als erster hat die Eigenbewegungen der Fixsterne Edmond Halley erkannt. Er verglich die Sternpositionen von 1718 mit dem Sternkatalog von Claudios Ptolemaios aus dem zweiten Jahrhundert nach Chr. Dabei bemerkte er, dass einige Sterne ihre Position verschoben hatten. Fixsterne sind also gar nicht fix, sie zeigen eine Eigenbewegung. Freilich sind diese Eigenbewegungen pro Jahr sehr klein: Von Ausnahmen abgesehen, liegen sie für fast alle Sterne unter einer Bogensekunde im Jahr. Die größte Eigenbewegung zeigt Barnard's Pfeilstern, nämlich 10,″4 pro Jahr. Damit verschiebt sich seine Position in 180 Jahren um eine Vollmondbreite. Als Stern von knapp zehnter Größenklasse bleibt Barnard's Pfeilstern dem bloßen Auge allerdings verborgen. Auch der helle Arktur zeigt eine recht große Eigenbewegung, nämlich 2,″3 pro Jahr. In 800 Jahren verschiebt Arktur seine Position unter den Sternen um eine Vollmondbreite. Die Bezeichnung „Eigenbewegung“ ist nicht ganz glücklich gewählt. Sie ist nämlich nur eine Komponente der wahren Raumgeschwindigkeit eines Sternes, nämlich die an die Himmelskugel projizierte Bewegung. Sie ist die tangentiale Komponente der Raumbewegung. Misst man die Eigenbewegung (EB) eines Sternes, so erfasst man nur seine Geschwindigkeit senkrecht zur Blickrichtung bzw. dem Visionsradius, wie Astronomen zu sagen pflegen. Die zweite Komponente ist die Radialgeschwindigkeit (RG), also die Bewegung in Blickrichtung – auf den Beobachter zu oder von ihm weg.
Erst beide Komponenten zusammen, Eigenbewegung und Radialgeschwindigkeit, ergeben die echte Raumgeschwindigkeit eines Sternes.
Um die Eigenbewegung eines Sternes zu ermitteln, muss man möglichst langfristige Beobachtungen machen. Man vergleicht Sternpositionen aus der Vergangenheit mit aktuellen Messungen. Die Radialgeschwindig-

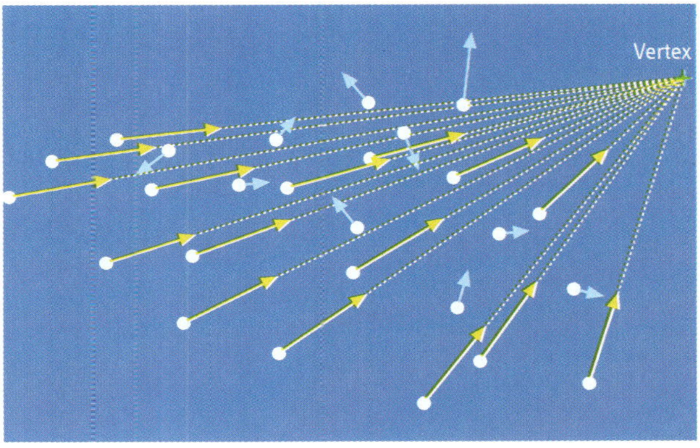

10.11 Mitglieder eines Sternhaufens haben eine gemeinsame Raumgeschwindigkeit (gelbe Pfeile) und scheinen auf einen gemeinsamen Fluchtpunkt (Vertex) zuzulaufen. Nichtmitglieder zeigen beliebig gestreute Raumbewegungen (hellblaue Pfeile).

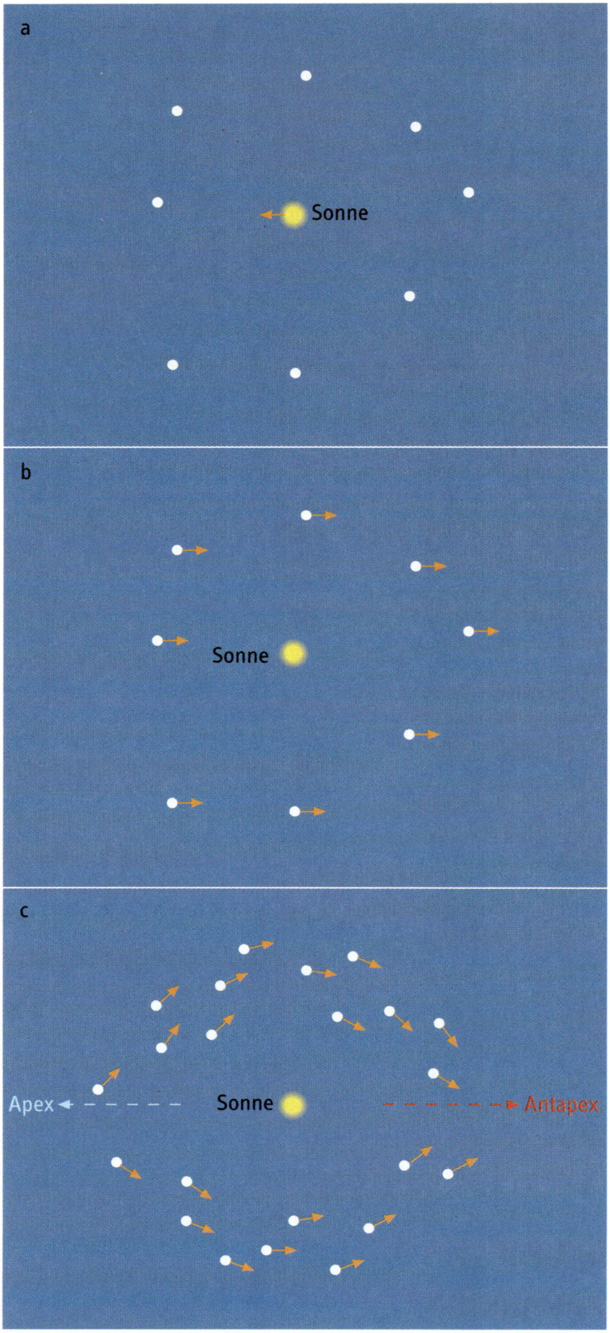

10.12 Die Sonne bewegt sich mit rund 20 km/s relativ zu ihren Nachbarsternen (a). Daher scheinen diese an der Sonne vorbeizuströmen (b). Den individuellen (so genannten pekuliaren) Sternwegungen ist daher ein systematischer Anteil überlagert. Die Sonne steuert auf den Apex zu (c).

keit eines Sternes ist im Prinzip mit einer einzigen Beobachtung zu bestimmen. Dazu muss man ein Spektrum des Sternes aufnehmen, dessen Radialgeschwindigkeit man messen will, und die Verschiebung der Spektrallinien untersuchen. Nach dem Doppler-Prinzip ändert sich die beobachtete Wellenlänge aufgrund der Bewegung des Senders. Entfernt sich ein Stern von uns, so sind die Linien zu längeren Wellenlängen hin, also zum roten Ende des Spektrums verschoben. Nähert sich hingegen der Stern dem Beobachter, so erfolgt die Linienverschiebung zum Violetten hin, nämlich zu kürzeren Wellenlängen. Die Verschiebung erfolgt gegenüber den „ruhenden Linien“, also der Position der Linien im Spektrum, wie man sie im irdischen Labor misst oder bei einem Stern, der sich der Erde weder nähert noch von ihr entfernt. Ist λ^* die beobachtete Wellenlänge und λ die dazugehörige Wellenlänge der ruhenden Quelle, so ergibt sich als Doppler-Verschiebung: $\Delta\lambda = \lambda^* - \lambda$. Es gilt: Je größer die Radialgeschwindigkeit v_{RG}, desto größer die Dopplerverschiebung. Sie ist direkt proportional der Radialgeschwindigkeit: $\Delta\lambda/\lambda = v_{RG}/c$, wobei c die Lichtgeschwindigkeit ist. Ist die beobachtete Wellenlänge einer bestimmten Spektrallinie größer als die ruhende Laborlinie, so ist die Radialgeschwindigkeit *positiv*, der Stern ent-

Eigenbewegung einiger Sterne

Stern	Entfernung Lichtjahre	Eigenbewegung in Bogensekunden pro Jahrhundert	Ortsveränderung um eine Vollmondbreite
Barnards Pfeilstern (Oph)	5,9	1036″	in 174 Jahren
61 Cygni	11,4	517	in 350 Jahren
Arktur (α Boo)	37	228	in 790 Jahren
Sirius (α CMa)	8,6	132	in 1360 Jahren
Pollux (β Gem)	34	63	in 2900 Jahren
Wega (α Lyr)	25	35	in 5100 Jahren
Regulus (α Leo)	77	25	in 7200 Jahren
Aldebaran (α Tau)	65	20	in 9000 Jahren

fernt sich von uns. Fällt sie *negativ* aus, dann kommt der Stern der Erde näher. Zwei Beispiele mögen das näher erläutern. Man misst die rote Wasserstofflinie Hα in einem Sternspektrum bei 6565 Å. Die Laborwellenlänge beträgt für Hα gleich 6563 Å. Somit ist $\Delta\lambda = 2$ Å. Daraus folgt eine Radialgeschwindigkeit von + 91 Kilometer pro Sekunde. Bei einem anderen Stern wird die K-Linie des ionisierten Kalziums bei einer Wellenlänge von 3933 Å beobachtet. Die Laborwellenlänge liegt bei 3934 Å, was eine Doppler-Verschiebung von $\Delta\lambda = -1$ Å entspricht. Daraus folgt, dass dieser Stern sich mit 76 Kilometer pro Sekunde der Erde nähert, seine Radialgeschwindigkeit beträgt also –76 km/s.
Die Radialgeschwindigkeit ist nur eine Komponente der wahren räumlichen Bewegung eines Sternes. Die Bewegung senkrecht zum Visionsradius, die Eigenbewegung (EB) muss ebenfalls bekannt sein, um die Raumgeschwindigkeit eines Sternes zu ermitteln. Die Eigenbewegung macht sich durch die Ortsveränderung des Sternes im Laufe der Jahre bemerkbar. Man erhält dabei die Eigenbewegung in Bogensekunden pro Jahr (″/a). Damit kennt man aber noch nicht die wahre tangentiale Geschwindigkeit in Kilometer pro Sekunde. Ein Stern mit großer Eigenbewegung kann uns recht nahe stehen und muss daher gar nicht besonders schnell sein, was die tangentiale Komponente betrifft. Bei einem anderen Stern wiederum misst man nur eine sehr kleine Eigenbewegung. Da er aber sehr weit entfernt ist, ergibt dies eine große Geschwindigkeit in der EB-Richtung. Man muss somit noch die Entfernung r beziehungsweise seine Parallaxe π^* kennen, um die EB in Kilometer pro Sekunde zu erhalten. Die EB in Kilometer pro Sekunde erhält man, wenn man die EB in Bogensekunden pro Jahr durch die Parallaxe π^* teilt und mit dem Faktor 4,74 (= Astronomische Einheit in Kilometer geteilt durch Zahl der Sekunden in Jahr) multipliziert: $v_{EB} = 4{,}74\ EB/\pi^*$.
Damit ist man nun auch in der Lage, die wahre Raumgeschwindigkeit v_R eines Sternes zu berechnen: $v_R = (v_{EB}^2 + v_{RG}^2)^{1/2}$. Dies ist die simple Anwendung des Satzes von Pythagoras.
Durch die Eigenbewegungen der Sterne, die eben fix – also schnell – aber nicht festgeheftet sind, ändern die Sternbilder in Größenordnungen von Zehntausenden von Jahren ihr Aussehen auch für den Betrachter mit bloßen Augen. Nach 50 000 oder gar 100 000 Jahren würden wir den Sternenhimmel kaum mehr erkennen. Zumindest schienen viele uns heute so vertraute Sternbilder merkwürdig verzerrt. Zwar leben wir nicht so lange, um dies nachprüfen zu können. Aber es gibt Computerprogramme, die die Veränderungen der Sternkonstellationen durch die Eigenbewegungen in großen Zeiträumen simulieren und den Sternenhimmel einer fernen Zukunft oder Vergangenheit darstellen können. Sie haben nur einen Nachteil – sie sind fast alle unbrauchbar, weil sie falsche Ergebnisse liefern! Ihre Programmierer haben zumeist nur die EBs berücksichtigt und einfach aufsummiert. Wenn man die wirklichen Positionsveränderungen kalkulieren will, muss man die Raumgeschwindigkeiten der Sterne berücksichtigen und nicht die EBs. Auch wenn man die Raumgeschwindigkeit als zeitlich konstant annehmen darf, die EBs sind es eben nicht. Nähert sich ein Stern der Erde, so wird trotz konstanter Raumgeschwindigkeit die EB im Laufe der Jahre zunehmen und die Ortsveränderung des Sternes

10.13 Der offene Sternhaufen Krippe mit Mars, dem roten Planeten. Aufgenommen am 18. Oktober 1994 auf der Sternwarte Welzheim von Martin Gertz, Beobachtergruppe Planetarium Stuttgart.

wird pro Jahr immer größer ausfallen. Entfernt sich aber ein Stern von uns, so wird die EB immer kleiner werden, auch wenn die Raumgeschwindigkeit sich nicht verringert. Um die wahren Änderungen des Himmelsanblickes der Sternenwelt zu ermitteln, muss man die wahren Raumgeschwindigkeiten und die Entfernungen der Sterne ins Kalkül ziehen.
Der schon erwähnte Pfeilstern Barnards nähert sich uns mit einer Geschwindigkeit von 108 km/s. Seine Querbewegung (EB) beträgt 89,3 km/s, was eine Raumgeschwindigkeit von 140 km/s ergibt. Seine gegenwärtige Entfernung misst 5,9 Lichtjahre. In 9800 Jahren wird er in nur 3,8 Lichtjahren Distanz an unserem Sonnensystem vorbeiziehen (siehe Abb. 10.10 auf Seite 181). Er wird uns dann näher sein als zur Zeit Alpha und Proxima Centauri. Barnards Pfeilstern ist eine schwach glimmende, rote Zwergsonne. Als Stern mit $8^{m}{,}6$ wird er dann zwar im lichtstarken Fernglas, nicht aber mit bloßen Augen zu sehen sein – trotz seiner Nähe!
Die genauesten Eigenbewegungsmessungen verdanken wir dem höchst erfolgreichen Astrometriesatelliten Hipparcos. Er ermittelte die Eigenbewegungen von rund 120 000 Sternen mit einer Genauigkeit von einer Millibogensekunde pro Jahr (= 0,001″/a).
Die Richtungen und Größen der EBs sind nicht völlig regellos und zufällig über den Himmel verteilt. Es zeigen sich systematische Effekte. So laufen die Mitglieder eines offenen Sternhaufens auf einen gemeinsamen Konvergenzpunkt (Vertex) zu. Die Mitglieder mancher Sternhaufen sind so verstreut, dass man sie nur auf Grund ihrer Eigenbewegung als zu einem Haufen gehörig erkennen kann. Man spricht in so einem Fall von einem Bewegungshaufen (siehe Abb. 10.11 auf Seite 181).
Den individuellen Eigenbewegungen der Sterne überlagert ist ein systematischer Effekt, der durch die Bewegung der Sonne relativ zu ihren Nachbarsternen hervorgerufen wird. Die Sonne wandert mit knapp 20 km/s in Richtung der Sterne des Herkules. Der Zielpunkt oder Apex der Sonnenbewegung liegt somit im Sternbild Herkules. Vom Sonnenapex scheinen sich die Sterne zu entfernen, während sie im Gegenpunkt, dem Antapex zusammenrücken (Abb. 10.12 auf Seite 182). Sorgfältige Analysen der Raumbewegungen der Sterne zeigen außerdem, dass die Sonne mit einer Geschwindigkeit von 220 km/s in etwa 240 Millionen Jahren auf einer nahezu kreisförmigen Bahn um das Zentrum der Milchstraße läuft. In solchen Zeiträumen ändert sich der Himmelsanblick total.
Manche Sterne begegnen der Sonne, andere entschwinden aus unserem Blickfeld, neue Sterne werden geboren, wieder andere kollabieren zu Sternenleichen. Die Welt der Fixsterne ist einem ständigen Wechsel ausgesetzt, was man aber in einem kurzen Menschenleben durch bloße Betrachtung des gestirnten Himmels nicht feststellen kann.

November 2001

Mars bleibt weiterhin am Abendhimmel sichtbar. Jupiter und Saturn werden zu auffälligen Planeten der gesamten Nacht. Merkur bietet zu Monatsbeginn eine Morgensichtbarkeit. Es kommt zu einer engen Begegnung mit Venus.

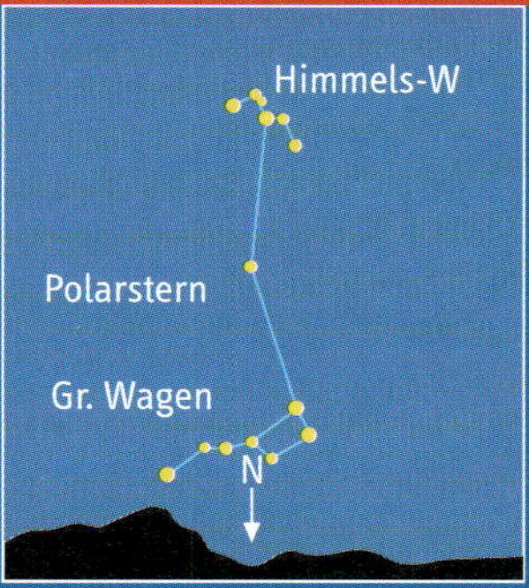

Großer Wagen und Himmels-W Anfang November um 22h

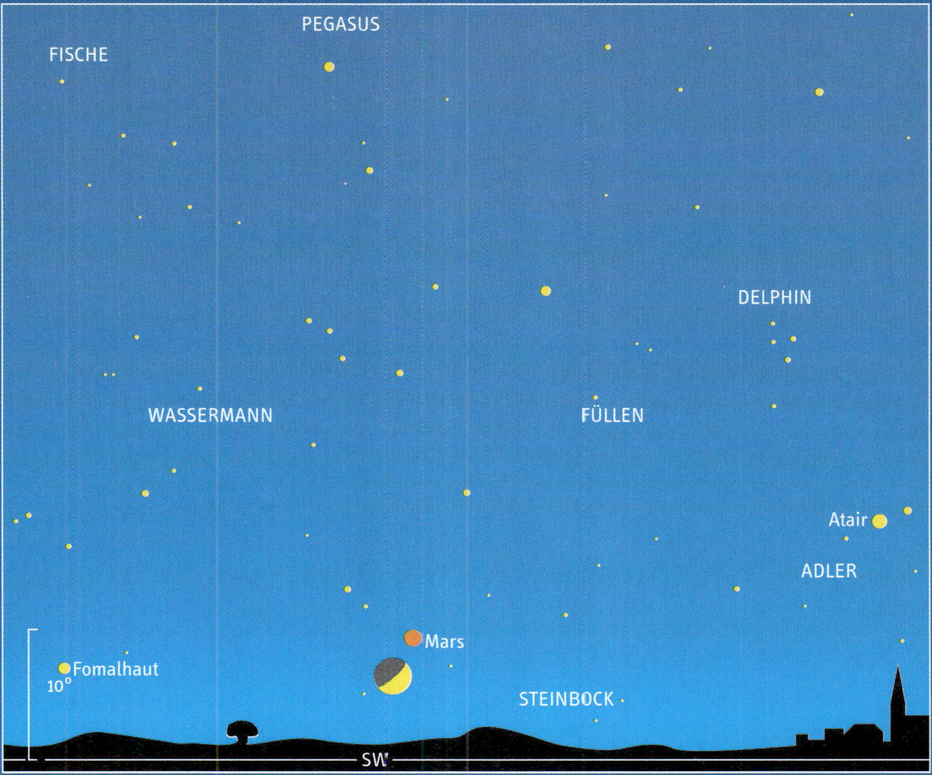

11.1 Himmelsanblick am 21. November gegen 21h MEZ: Knapp über dem Süwesthorizont ist noch Mars zu erkennen, an dem der zunehmende Halbmond vorbeiwandert.

Sonnenlauf

22.11. 7^h
Sonne tritt in das Tierkreiszeichen Schütze
23.11. 9^h
Sonne tritt in das Sternbild Skorpion
29.11. 21^h
Sonne tritt in das Sternbild Schlangenträger

Julianisches Datum am 1. November, 1^h MEZ: 2 452 214,5

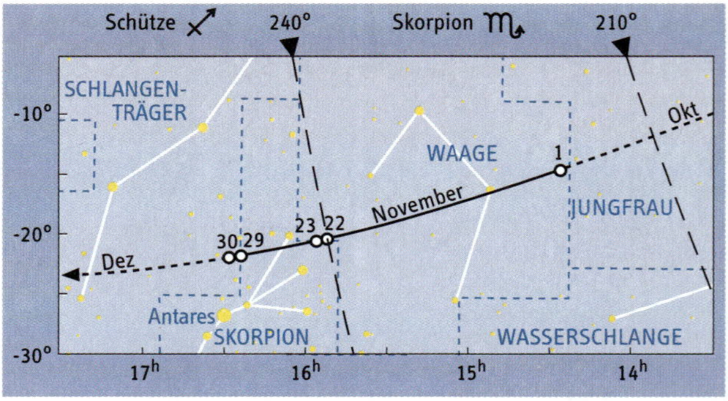

Tag	Dämmerg. Anfang	Aufgang MEZ	Kulmination	Untergang MEZ	Dämmerg. Ende	Mittagshöhe	Zeitgleichg.	Rektaszension	Deklination
	h m	h m	h m	h m	h m	°	m	h m	°
1.	5 57	7 10	12 04	16 57	18 09	25,5	+16	14 25	−14,4
5.	6 03	7 16	12 04	16 50	18 03	24,2	+16	14 41	−15,6
10.	6 11	7 24	12 04	16 43	17 57	22,8	+16	15 01	−17,1
15.	6 18	7 33	12 05	16 36	17 51	21,4	+15	15 21	−18,4
20.	6 25	7 41	12 06	16 30	17 46	20,2	+14	15 42	−19,6
25.	6 31	7 48	12 07	16 25	17 42	19,2	+13	16 03	−20,7
30.	6 37	7 55	12 09	16 22	17 40	18,3	+11	16 24	−21,6

Tages- und Nachtstunden

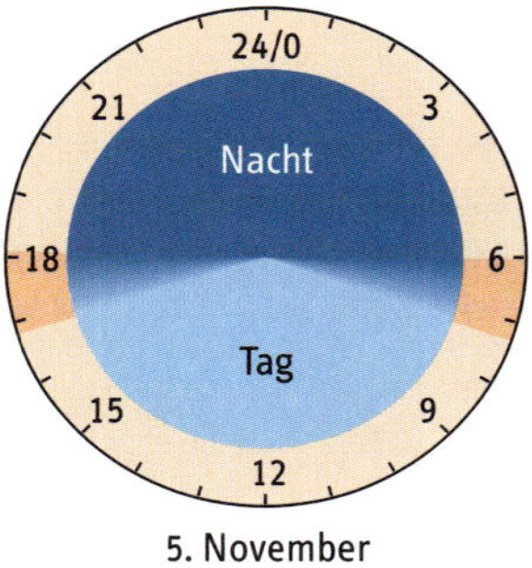

5. November

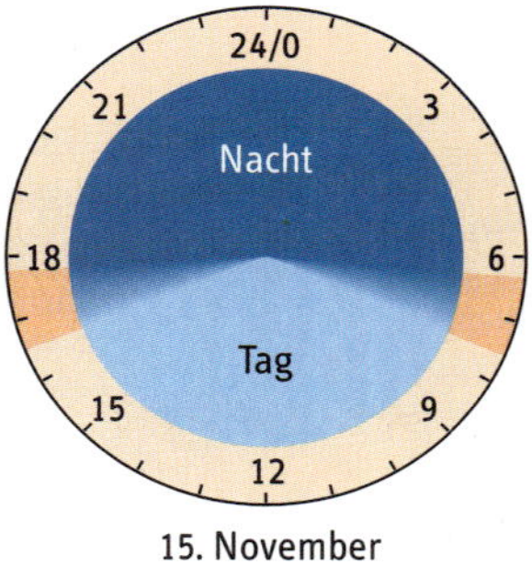

15. November

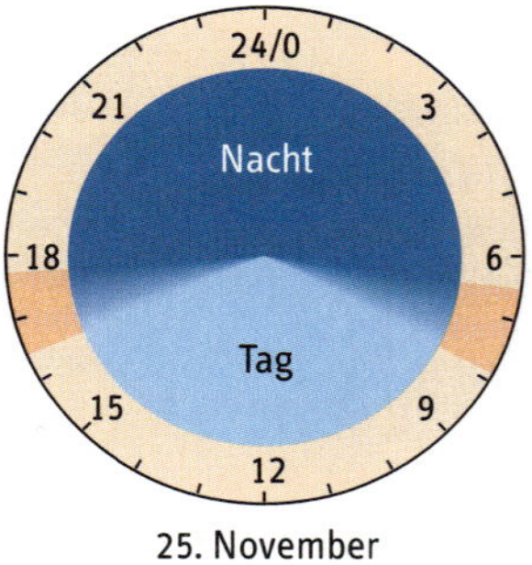

25. November

Mondlauf

Datum		Aufg. MEZ	Kulmination	Unterg. MEZ	Rektaszension	Deklination	Sterne und Sternbilder	Phase	MEZ
		h m	h m	h m	h m	°			
Do	1.	17 26	–	7 01	2 20	+ 9,6	Walfisch	**Vollmond**	**6^h41^m**
Fr	2.	17 51	0 42	8 13	3 08	+14,2	Widder		
Sa	3.	18 21	1 31	9 26	3 59	+18,2	* Stier, Hyaden	Libration Ost	
So	4.	18 59	2 24	10 38	4 54	+21,4	Aldebaran		
Mo	5.	19 49	3 19	11 45	5 51	+23,4	Stier	Aufsteigender Knoten	
Di	6.	20 50	4 16	12 43	6 50	+24,2	Alhena		
Mi	7.	22 02	5 15	13 31	7 50	+23,4	Pollux		
Do	8.	23 20	6 12	14 09	8 49	+21,3	Krebs, Krippe	**Letztes Viertel**	**13^h21^m**
Fr	9.	–	7 08	14 40	9 47	+17,9	Löwe, Regulus		
Sa	10.	0 41	8 01	15 05	10 43	+13,3	Löwe		
So	11.	2 02	8 53	15 27	11 37	+ 8,0	* Löwe	Erdnähe 367/32′,5	18^h
								Größte Nordbreite	
Mo	12.	3 24	9 43	15 48	12 30	+ 2,3	Jungfrau		
Di	13.	4 45	10 34	16 10	13 23	– 3,6	* Spica		
Mi	14.	6 06	11 25	16 33	14 16	– 9,3	Jungfrau		
Do	15.	7 26	12 17	16 59	15 10	–14,4	Waage	**Neumond**	**7^h40^m**
Fr	16.	8 44	13 11	17 31	16 05	–18,6	Skorpion		
Sa	17.	9 57	14 06	18 11	17 02	–21,8	Schlangenträger	Absteigender Knoten	
								Libration West	
So	18.	11 01	15 01	18 59	17 58	–23,6	Schütze		
Mo	19.	11 55	15 54	19 55	18 55	–24,2	Schütze, Nunki		
Di	20.	12 38	16 45	20 57	19 49	–23,5	Schütze		
Mi	21.	13 11	17 34	22 02	20 42	–21,7	* Steinbock		
Do	22.	13 38	18 19	23 08	21 32	–19,0	Steinbock		
Fr	23.	14 00	19 03	–	22 19	–15,5	Wassermann	**Erstes Viertel**	**0^h21^m**
								Erdferne 404/29′,5	17^h
Sa	24.	14 19	19 45	0 15	23 05	–11,4	Wassermann		
So	25.	14 36	20 26	1 21	23 49	– 6,9	Wassermann	Größte Südbreite	
Mo	26.	14 53	21 07	2 27	0 33	– 2,0	Walfisch		
Di	27.	15 11	21 50	3 34	1 18	+ 2,9	Fische		
Mi	28.	15 30	22 35	4 44	2 03	+ 7,9	Fische		
Do	29.	15 52	23 23	5 55	2 51	+12,7	Widder		
Fr	30.	16 20	–	7 09	3 42	+17,0	Stier, Plejaden	**Vollmond**	**21^h49^m**
								Libration Ost	

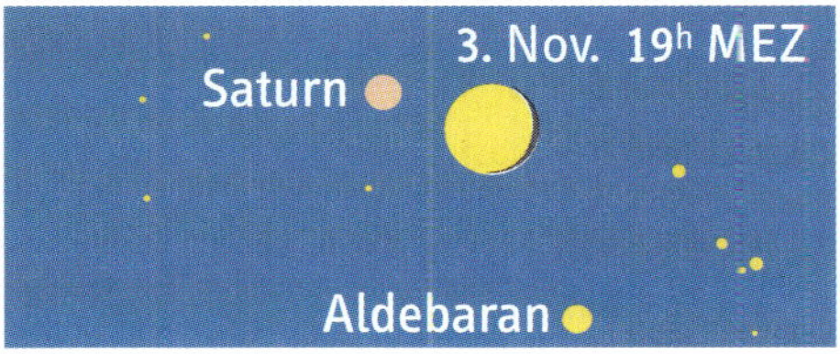

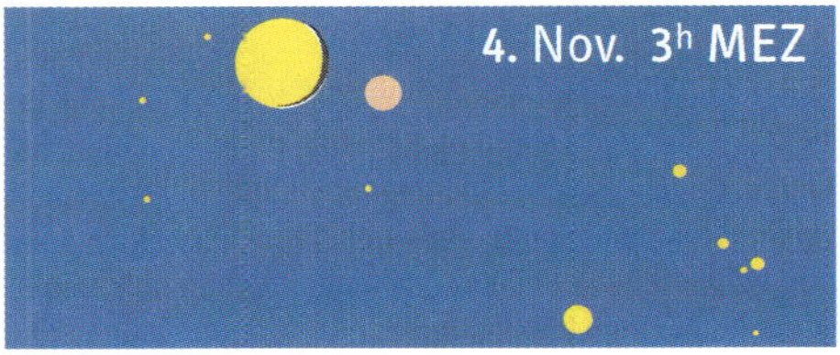

Planetenlauf

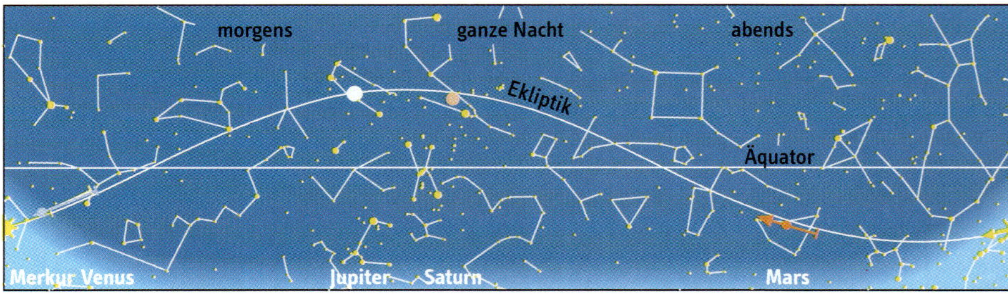

Merkur kann zu Monatsanfang noch am Morgenhimmel aufgefunden werden. Ende des Vormonats stand er in größter westlicher Elongation von der Sonne. Am 1. geht der $-0^{m},7$ helle Merkur bereits um $5^{h}23^{m}$ auf, die Sonne folgt erst um $7^{h}10^{m}$. Bis zum 6. nimmt die Merkurhelligkeit noch ein wenig auf $-0^{m},8$ zu, die Aufgänge des sonnennahen Planeten verspäten sich auf $5^{h}42^{m}$. Nach dem 6. wird es zunehmend schwieriger, Merkur in der Morgendämmerung zu erkennen. Letztmals dürfte man Merkur noch am 13. aufstöbern können, wobei der immer noch $-0^{m},8$ helle Planet um $6^{h}16^{m}$ aufgeht. Danach bleibt Merkur unbeobachtbar (siehe auch Abb. 10.3 und 10.4 auf Seite 173).

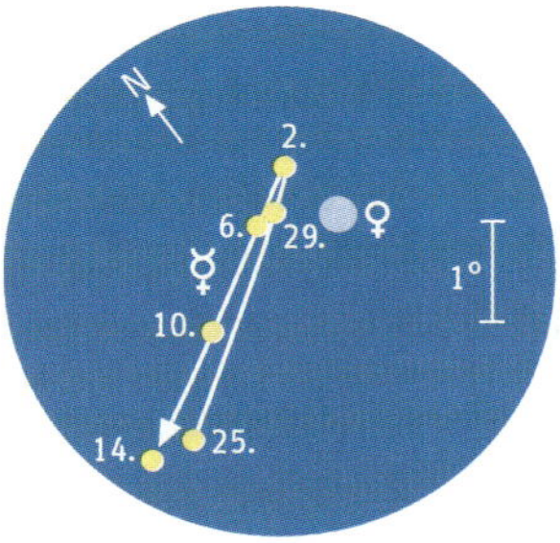

11.2 Enge Begegnung von Venus und Merkur (25. Oktober bis 14. November). Anblick im Fernglas bei 5° Gesichtsfelddurchmesser.

Am 4. kommt es zu einer engen Begegnung mit Venus, wobei Merkur etwa $0^{\circ},6$ nördlich steht. Es handelt sich dabei nicht um eine echte Konjunktion. Rund zehn Tage hält sich Merkur näher als ein Grad bei Venus auf, die gut als Aufsuchhilfe dienen kann (siehe auch Abb. 11.2 unten).

Venus gibt ihre Abschiedsvorstellung am Morgenhimmel. Sie strebt immer südlicheren Bezirken des Tierkreises zu. Am 14. tritt sie in das Sternbild Waage, nachdem sie zuvor, nämlich am 3./4., den Jungfrauhauptstern Spica in $3^{\circ},6$ nördlichem Abstand passiert hat.

Die Venusaufgänge verspäten sich weiterhin erheblich. Zu Monatsende geht sie nur noch eine Stunde vor der Sonne auf. Am 1. geht die $-3^{m},9$ helle Venus um $5^{h}26^{m}$ auf, am 30. jedoch erst um $6^{h}55^{m}$. Auf die Begegnung mit Merkur am 4. wurde schon unter „Merkur" hingewiesen.

Im Teleskop sieht man ein kleines, rundes, fast voll beleuchtetes Planetenscheibchen von 10″ scheinbarem Durchmesser. Bis Monatsende ist der Abstand Venus-Erde auf 250 Millionen Kilometer (= 1,671 A. E.) angewachsen, dies entspricht einer Lichtlaufzeit von 13 Minuten und 53 Sekunden.

Mars hält sich nach wie vor am Abendhimmel auf. Die nun immer früher einsetzende Dämmerung und seine Wanderung am aufsteigenden Ast der Ekliptik verhindern, dass seine Sichtbarkeitszeit schrumpft. Auch eilt er der Sonne im Tierkreis davon, so dass seine östlichen Elongationen nur langsam abnehmen. Der rote Planet läuft durch den Steinbock und begegnet dabei den fernen Planeten Neptun und Uranus. Am 4. zieht er in 2° südlichem Abstand an Neptun vorbei und am 26. passiert er Uranus $0^{\circ},8$ südlich (siehe auch Abb. 7.8 auf Seite 126 und Abb. 11.3 oben).

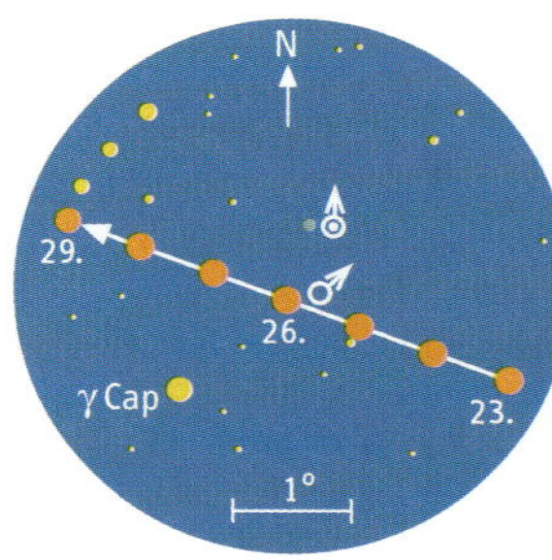

11.3 Mars zieht an Uranus vorbei – Fernglasanblick bei 5° Gesichtsfelddurchmesser.

Die Marsuntergänge bleiben fast konstant. Am 1. geht der rote Planet um $22^{h}14^{m}$ unter und am 30. um $22^{h}19^{m}$. Im Laufe des November sinkt die Marshelligkeit von $0^{m},1$ auf $0^{m},4$ abermals ab. Zu Monatsende misst das Marsscheibchen nur noch $7''{,}4$. Am 11. beginnt für die Nordhalbkugel des Mars der Winter. Der zunehmende Halbmond begegnet Mars am 21. (siehe auch Abb. 11.1 auf Seite 185).

Jupiter kommt am 2. im Sternbild Zwillinge zum Stillstand. Der erfahrene Sternfreund weiß: Die Opposition ist nicht mehr fern. Denn mit dem Stillstand setzt der Riesenplanet zu seiner Oppositionsschleife an und bewegt sich anschließend rückläufig im Tierkreis, was allerdings bis Monatsende kaum auffällt (siehe Abb. 9.4 auf Seite 158). Die Helligkeit des Riesenplaneten steigert sich weiter auf $-2^{m}{,}6$. Damit wird er zum dominierenden Gestirn des Nachthimmels. Nur Venus übertrifft ihn noch an Helligkeit – die allerdings zieht sich vom Morgenhimmel vollends zurück, während Jupiter fast die ganze Nacht über am Firmament unübersehbar glänzt.

Jupiter geht am 1. um $20^{h}41^{m}$ auf, am 15. um $19^{h}45^{m}$ und am 30. schon um $18^{h}41^{m}$.

Aufmerksame und erfahrene Fernrohrbeobachter bemerken in den Herbstmonaten das stete Anwachsen des ovalen Jupiterscheibchens. Der scheinbare Äquatordurchmesser erreicht $45''{,}6$ und der Poldurchmesser $42''{,}6$. Auch der wenig geübte Gelegenheitsbeobachter wird die Wolkenstreifen und -bänder der Jupiteratmosphäre leicht erkennen, wenn er sein Teleskop auf Jupiter richtet.

Saturn, rückläufig im Stier, strebt seiner Oppositionsstellung entgegen, die er Anfang nächsten Monats erreicht. Die kommende Stellung „Gegenschein" macht sich auch durch eine weitere Helligkeitssteigerung auf $-0^{m}{,}4$ bemerkbar. Der Ringplanet kann die ganze Nacht über beobachtet werden. Am 1. geht der $-0^{m}{,}2$ helle Saturn um $18^{h}36^{m}$ auf und am 15. um $17^{h}38^{m}$. Am 30. erfolgt der Aufgang des inzwischen $-0^{m}{,}4$ hellen Ringplaneten schon um $16^{h}35^{m}$.

Zu Monatsbeginn kommt es zu einer **Bedeckung** des Saturn **durch den Mond**, die von Mitteleuropa aus beobachtbar ist. Zwischen $22^{h}05^{m}$ und $23^{h}10^{m}$ wandert am 3. der Mond über Saturn hinweg. Eintritt und Austritt sind besonders reizvoll im Teleskop zu beobachten! Die Ein- und Austrittszeiten sind ortsabhängig (siehe Tabelle „Sternbedeckungen durch den Mond" auf Seite 226).

Uranus, wieder rechtläufig im Steinbock, kann noch nach Einbruch der Dunkelheit in den frühen Abendstunden aufgesucht werden. Wenn es dunkel genug geworden ist, um Uranus zu beobachten, hält er sich bereits in Meridiannähe in bester Position auf. Am 1. erfolgt der Uranusuntergang um $0^{h}01^{m}$, am 15. um $23^{h}03^{m}$ und am 30. geht der nur $5^{m}{,}9$ helle, grünliche Planet bereits um $22^{h}06^{m}$ unter. Die Uranuskulmination erfolgt am 30. schon um $17^{h}17^{m}$.

Am 26. wandert der rote Planet Mars etwa $0^{\circ}{,}8$ südlich an Uranus vorbei (siehe Abb. 11.3 auf Seite 188). Beide Planeten sind nahe γ Capricorni zu finden.

Neptun kann noch am frühen Abendhimmel aufgespürt werden, da die Dunkelheit jetzt bald hereinbricht. Er wandert wieder rechtläufig im Steinbock durch den Tierkreis, wobei zunächst kaum eine Ortsveränderung erkennbar ist – Mitte des Vormonats war Neptun stationär. Am 4. zieht Mars rund 2° südlich an Neptun vorbei (siehe Abb. 7.8 auf Seite 126).

Am 1. geht der bläuliche Planet um $18^{h}09^{m}$ durch den Meridian und um $22^{h}38^{m}$ unter. Am 30. kulminiert der mit $8^{m}{,}0$ recht lichtschwache Neptun schon um $16^{h}17^{m}$, sein Untergang folgt um $20^{h}46^{m}$.

Konstellationen und Ereignisse

Datum	MEZ	Ereignis
2.	18^{h}	Jupiter im Stillstand, anschließend rückläufig
3.	23	**Mond bei Saturn,** Mond $0^{\circ}{,}6$ nördlich **– Bedeckung** (siehe Seite 226)
4.	1	**Merkur bei Venus,** Merkur $0^{\circ}{,}6$ nördlich, **Abstand $0^{\circ}{,}6$ um 6^{h}**
4.	19	Mars bei Neptun, Mars $2^{\circ}{,}2$ südlich, Abstand $2^{\circ}{,}1$ um 19^{h} am 5.
6.	8	**Mond bei Jupiter,** Mond $1^{\circ}{,}7$ nördlich, **Abstand $1^{\circ}{,}6$ um 7^{h}**
14.	3	**Mond bei Venus,** Mond $2^{\circ}{,}9$ nördlich, **Abstand $3^{\circ}{,}0$ um 7^{h}**
14.	8	**Mond bei Merkur,** Mond $2^{\circ}{,}7$ nördlich, **Abstand $2^{\circ}{,}2$ um 7^{h}**
20.	22	Mond bei Neptun, Mond $3^{\circ}{,}5$ südlich
21.	20	**Mond bei Mars,** Mond $2^{\circ}{,}5$ südlich, **Abstand $3^{\circ}{,}2$ um 21^{h}**
22.	3	Mond bei Uranus, Mond $3^{\circ}{,}6$ südlich
26.	11	Mars bei Uranus, Mars $0^{\circ}{,}8$ südlich

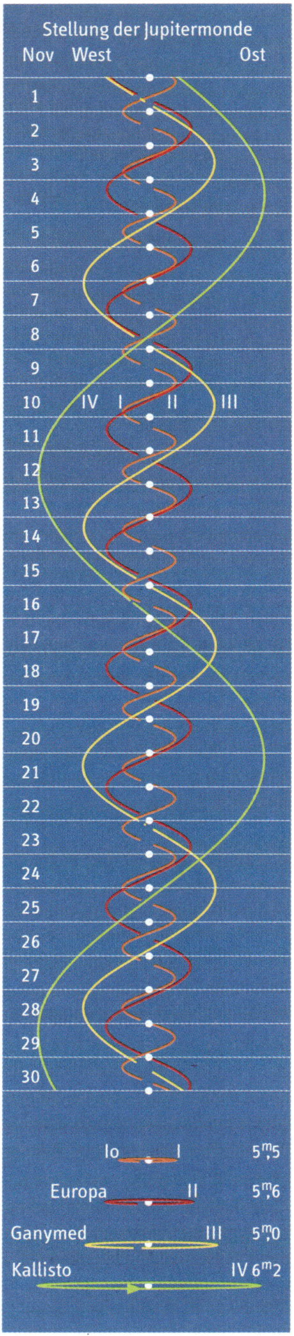

Jupitermond-Erscheinungen

Tag	MEZ h	MEZ m	Vorgang	
1.	21	29	III	BE
4.	4	11	I	VA
5.	1	27	I	SA
	1	55	II	VA
	2	35	I	DA
	3	29	III	SA
	3	40	I	SE
	4	48	I	DE
	6	22	III	SE
	22	40	I	VA
6.	2	05	I	BE
	20	37	II	SA
	21	02	I	DA
	22	08	I	SE
	22	56	II	DA
	23	15	I	DE
	23	24	II	SE
7.	1	43	II	DE
8.	6	08	IV	SA
	20	22	III	VE
	21	56	III	BA
9.	0	59	III	BE
11.	6	05	I	VA
12.	3	20	I	SA
	4	23	I	DA
	4	29	II	VA
	5	33	I	SE
	6	36	I	DE
13.	0	34	I	VA
	3	54	I	BE
	21	48	I	SA
	22	50	I	DA
	23	14	II	SA
14.	0	01	I	SE
	1	03	I	DE
	1	21	II	DA
	2	00	II	SE
	4	09	II	DE

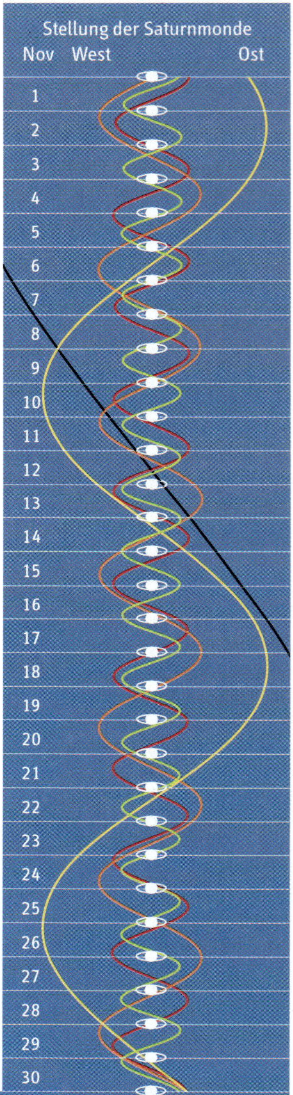

5	$10^m,2$
10	$10^m,5$
15	$10^m,8$
20	$11^m,1$
25	$11^m,5$
30	$11^m,8$

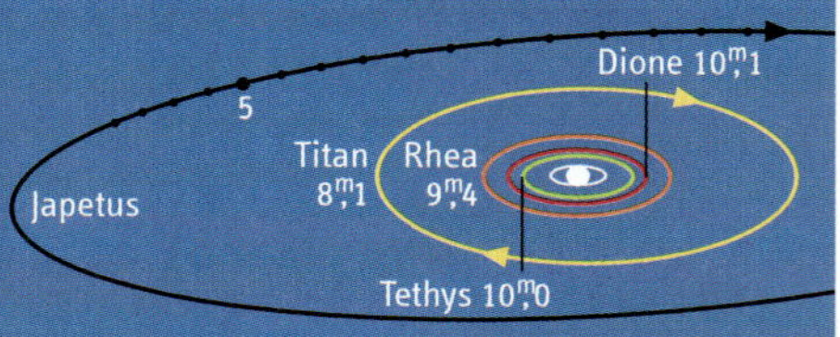

	22 21	I	BE
15.	21 24	III	VA
	22 33	II	BE
16.	0 21	III	VE
	1 30	III	BA
	4 33	III	BE
	22 30	IV	BA
17.	1 12	IV	BE
19.	5 13	I	SA
	6 10	I	DA
20.	2 28	I	VA
	5 41	I	BE
	23 41	I	SA
21.	0 36	I	DA
	1 50	II	SA
	1 55	I	SE
	2 50	I	DE
	3 44	II	DA
	4 37	II	SE
	6 32	II	DE
	20 57	I	VA
22.	0 08	I	BE
	20 19	II	VA
	20 23	I	SE
	21 17	I	DE
23.	0 53	II	BE
	1 23	III	VA
	4 21	III	VE
	5 01	III	BA
24.	19 43	II	BE
25.	0 04	IV	SA
	2 13	IV	SE
26.	7 06	I	SA
	21 45	III	DE
27.	4 22	I	VA
28.	1 35	I	SA
	2 22	I	DA
	3 48	I	SE
	4 27	II	SA
	4 36	I	DE
	6 04	II	DA
	7 14	II	SE
	22 51	I	VA
29.	1 54	I	BE
	20 03	I	SA
	20 49	I	DA
	22 17	I	SE
	22 53	II	VA
	23 03	I	DE
30.	3 11	II	BE
	5 22	III	VA
	20 21	I	BE

Planetoiden

Vesta (4) wandert rasch rückläufig durch die Hyaden im Stier und zieht abermals rund 2° südlich an Aldebaran vorbei (siehe Abb. 12.2 auf Seite 205). Am 27. steht sie in **Opposition** zur Sonne. Mit $6^m{,}5$ Oppositionshelligkeit ist Vesta ein leichtes Fernglasobjekt.
Am 1. kulminiert Vesta um 2^h23^m und am 15. um 1^h16^m. Am Oppositionstag passiert sie bereits um 0^h17^m den Meridian.
Ihre Oppositionsentfernung von der Erde misst 238 Millionen Kilometer (= 1,59 A. E.), von der Sonne trennen sie zu gleicher Zeit 384 Millionen Kilometer (= 2,57 A. E.).

Periodische Sternschnuppenströme

Die **Leoniden** treten vom 14. bis 21. November am Morgenhimmel in Aktion. Ihr Radiant liegt im Löwen rund 10° nordöstlich von Regulus. Das spitze Maximum ist in der Nacht vom 17. auf 18. November zu erwarten (gegen 3^h MEZ). Die Sternschnuppen sind außerordentlich schnell (um 70 Kilometer pro Sekunde). Einst waren die Leoniden wesentlich aktiver als heute die Perseïden im August. Im vergangenen Jahrhundert galt daher der November als „der Sternschnuppenmonat" schlechthin. Das Erscheinen der Leoniden geht auf den Kometen 55P/Tempel-Tuttle (alte Bezeichnung: 1866 I) zurück. In den Jahren 1998 und 1999 waren die Leoniden besonders aktiv. Nur alle 33 Jahre kollidiert die Erde mit dem Zentrum der Leoniden-Trümmerwolke.
Auf die **Tauriden**, deren Maximum auf den 12. November fällt, wurde schon im September hingewiesen. Zwischen 20^h und 4^h morgens ist mit etwa zehn bis zwanzig Meteoren pro Stunde zu rechnen. In den letzten Jahren hat sich gezeigt, dass die **Tauriden** eigentlich in zwei Teilströme zerfallen. Die **N-Tauriden** haben ihr Maximum am 12. November, die **S-Tauriden** sind etwas früher dran, ihr Höhepunkt fällt auf den 2. November.

Der Fixsternhimmel

Noch zeigt der abendliche Sternenhimmel seinen typischen Herbstcharakter, obwohl tief im Osten die ersten Wintersternbilder auf der Himmelsbühne erschienen sind. Zunächst wird man wieder die Sternenbeobachtung mit der Kassiopeia, dem Himmels-W, beginnen. Man erkennt das Himmels-W sogleich, wenn man senkrecht nach oben blickt. Denn es steht gerade im Meridian, in oberer Kulmination und damit in unseren Breiten fast im Zenit. Die mittlere Spitze deutet in etwa auf den Polarstern, der uns die Nordrichtung weist. Lässt man den Blick vom Polarstern zum Nordhorizont hinunterschweifen, so erkennt man den Großen Wagen.
Mit Hilfe der Kassiopeia kann man nicht nur den Polarstern finden, sondern auch die Sternzeit grob schätzen (siehe auch Seite 17 unter dem Abschnitt „Sternzeit"). Man blicke zum Polarstern und denke sich ein 24-Stunden-Zifferblatt (nicht 12 Stunden, wie die meisten Uhren!) um ihn herum mit einem Radius bis zum Stern β Cassiopeiae (Kolurstern). Das Zifferblatt sei so orientiert, dass die Südrichtung 0^h (die Richtung nach oben vom Polarstern), die Westrichtung 6^h (linker Hand), die Nordrichtung 12^h und die Ostrichtung 18^h bedeuten. Dann kann man direkt an der Position

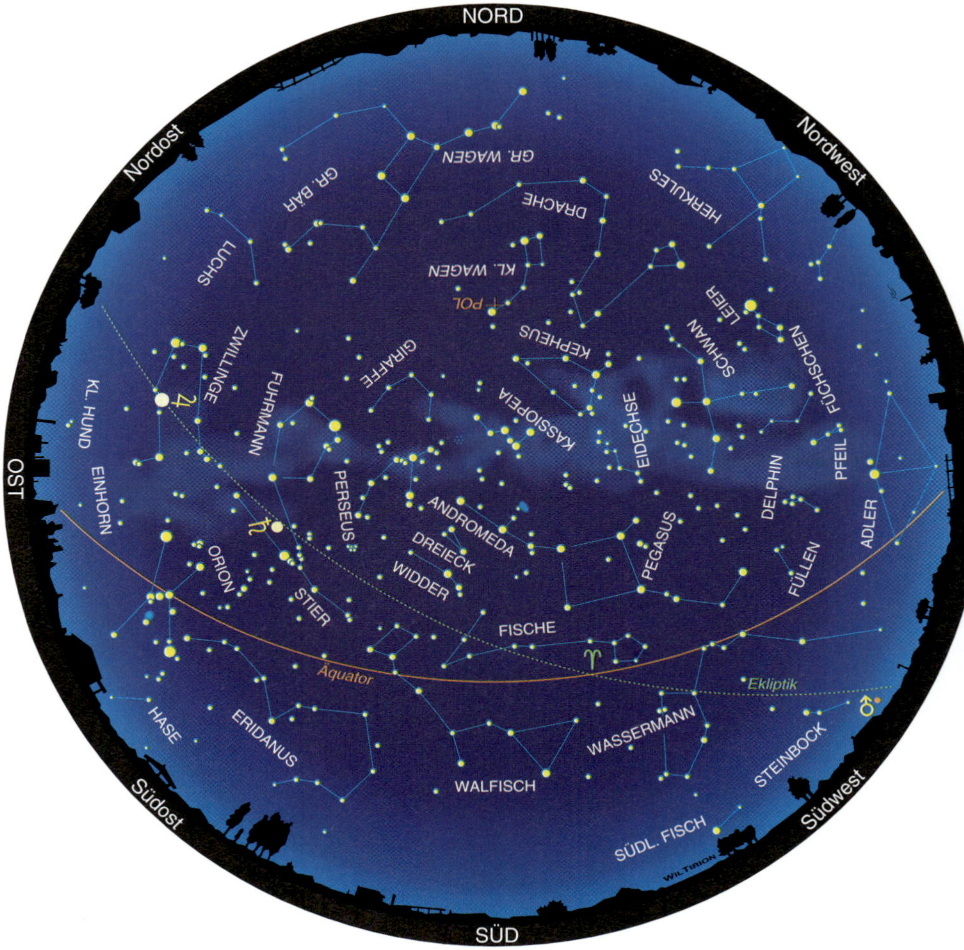

Sternenhimmel am 15. November um 22^h MEZ.

Fixsternhimmel auch gültig für:

	MEZ	MESZ
1. 9.	3^h	4^h
15. 9.	2	3
1.10.	1	2
15.10.	0	1
1.11.	**23**	
15.11.	**22**	
30.11.	**21**	
15.12.	20	
31.12.	19	
15. 1.	18	

des Kolursternes die Sternzeit auf diesem gedachten Zifferblatt ablesen. Steht β Cas in oberer Kulmination (wie jetzt abends am Herbsthimmel), dann ist es 0^h Sternzeit, steht β Cas in Westrichtung, dann ist es 6^h Sternzeit usw. Zu beachten ist noch, dass die Wanderung des Kolursterns entgegengesetzt dem Laufsinn einer normalen Uhr erfolgt! Die Himmelsuhr läuft also entgegen dem „Uhrzeigersinn", wenn man zum Polarstern blickt.

Südlich der Kassiopeia schreitet gerade die Andromeda durch den Meridian. Bei guten Sichtbedingungen kann man den berühmten Andromeda-Nebel (M 31), unsere Nachbarmilchstraße, schon mit bloßen Augen erkennen. Momentan steht die Andromeda-Galaxie recht günstig, nämlich nahe dem Zenit. An die Andromeda schließt sich das Herbstviereck an, das schon ein wenig westlich des Meridians steht. Südlich, also unterhalb des Herbstvierecks oder

11.4 Das Sternbild Fuhrmann in der figürlichen Darstellung im Sternatlas *Uranometria* aus dem Jahre 1603 von Johannes Bayer.

des Pegasusquadrats, wie das Herbstviereck offiziell heißt, findet man die eine Sternenellipse der lichtschwachen Fische. Weit im Westen erkennt man noch das Sommerdreieck, das sich aus den drei Sternen Wega, Deneb und Atair zusammensetzt. Im Osten hingegen sind die ersten Winterbilder aufgetaucht: Der Fuhrmann mit der gelben Kapella, der Stier mit Aldebaran und den Plejaden sowie tief im Südosten der Himmelsjäger Orion.

Um den Fuhrmann ranken sich zahlreiche Sagen. Man sah in dieser Sternenfigur einen Wagenlenker, einen Zügelhalter, den Erbauer des Himmelswagens, aber auch ein Maultier und eine Ziege wurde erkannt. Eine der ältesten Bezeichnungen für den Fuhrmann lautet ἡνίοχος (Heniochos, griech., Zügelhalter). Sie beruht auf folgender Sage: Der Sohn der Erdmutter Gaia und des Hephaistos, des Gottes des Feuers und der Schmiedekunst, wird von Athene aufgezogen, die ihn auch lehrt, wilde Rosse einzufangen und zu zähmen. Heniochos erfindet ein Wagengespann mit vier Pferden, das er selbst lenkt. Aus Dankbarkeit für diese bedeutende Tat wird er von Zeus unter die Sterne versetzt.

Zwischen Kassiopeia und Andromeda liegt das Sternbild Perseus. Während sonst die einzelnen Sternbilder ziemlich zusammenhanglos am Himmel angeordnet sind, gehört der Perseus zu einer Gruppe von fünf beieinander stehenden Bildern, die einen gemeinsamen mythologischen Ursprung haben. Es sind dies: Kassiopeia, Kepheus, Andromeda, Perseus und der Walfisch.

Objekte für Feldstecher und Fernrohr

Im Kepheus findet sich einer der prominentesten veränderlichen Sterne, nämlich δ Cepheï. Er ist der Prototyp einer ganzen Klasse von Veränderlichen, den sogenannten Delta-Cepheï-Sternen, manchmal kurz als Cepheïden bezeichnet. Diese Variablen sind für die Astronomie von

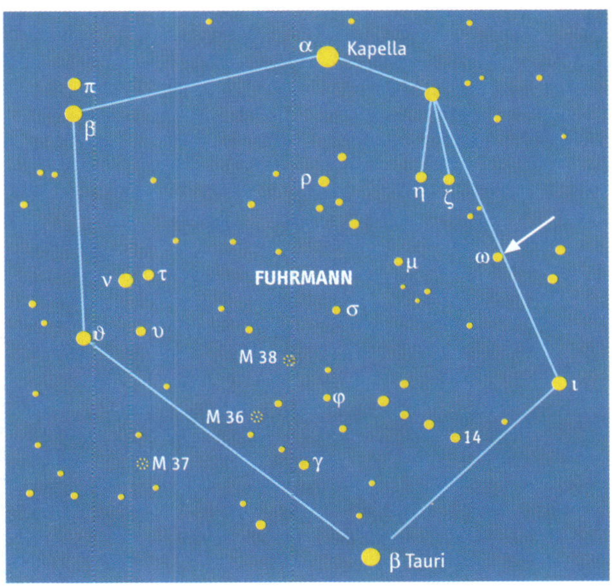

11.5 Skelettkarte des Sternbildes Fuhrmann. Eingetragen sind die offenen Sternhaufen M 36, M 37 und M 38. Der Pfeil weist auf den Doppelstern ω Aurigae hin.

ganz besonderer Bedeutung. Denn aus der Länge ihrer Pulsperioden lassen sich ihre wahren Leuchtkräfte ermitteln. Je länger ihre Periode, desto leuchtkräftiger sind die Cepheïden (Perioden-Helligkeits-Beziehung). Damit dienen diese Sonnen gewissermaßen als Leuchttürme im Universum. Sie gehören im übrigen zu den leuchtkräftigsten Sternen im Universum. Für den Prototyp δ Cepheï sind die beobachtbaren Helligkeitsmaxima monatlich in der Rubrik „Veränderliche Sterne" vermerkt. Die Helligkeit von δ Cepheï variiert in 5,37 Tagen zwischen $3\overset{m}{,}4$ und $4\overset{m}{,}2$. δ Cepheï gehört zu den prominenten Veränderlichen. Weniger bekannt ist, dass er auch ein Doppelstern ist, der leicht im Fernglas zu trennen ist. Die veränderliche Hauptkomponente hat in 41″ Distanz einen bläulichen (B7) Begleiter von $6\overset{m}{,}3$ Helligkeit. Die Entfernung von δ Cepheï beträgt tausend Lichtjahre. Nicht im Fernglas, sondern erst im Zweizöller zu trennen, ist ω Aurigae im Fuhrmann. Zwei $4\overset{m}{,}9$ und $7\overset{m}{,}8$ helle Sterne sind $4\overset{\prime\prime}{,}9$ voneinander getrennt. Beide erscheinen weiß, die schwächere Komponente ist etwas gelblicher (Spektralklasse A0 und F5). Ein ähnlicher Doppelstern wie ω Aurigae, aber im Zweizöller noch leichter zu trennen, ist 14 Aurigae. Die beiden Komponenten von 14 Aurigae sind $5\overset{m}{,}0$ und $7\overset{m}{,}5$ hell und $14\overset{\prime\prime}{,}3$ voneinander entfernt. Die hellere Komponente gehört dem Spektraltyp A9 an, die schwächere ist ein F-Stern.

Drei schöne, offene Sternhaufen bieten sich im Fuhrmann für den Feldstecherbeobachter an, nämlich M 36, M 37 und M 38. Relativ wenige Sterne hat M 36, die man bereits im Fernglas gut als einzelne Lichtpunkte sehen kann. M 37 wieder erscheint im Feldstecher eher als größerer Nebelfleck, der sich erst im Teleskop in eine große Menge von Einzelsternen auflöst. Zwar der lichtschwächste dieser drei Haufen, aber auch im Fernglas einwandfrei zu erkennen, ist M 38. Im Teleskop kann man seine Sterne in einzelne Lichtpünktchen auflösen. Die Entfernungen der Haufen liegen zwischen 3600 und 3800 Lichtjahren. Ein wenig östlich von M 36 stößt man auf den kleinen Emissions- und Reflexionsnebel NGC 1931. Im Fernrohr erkennt man bei stärkerer Vergrößerung einzelne Sterne, die im Gasnebel eingebettet sind.

Tief im Süden zeigt sich eine mächtige Galaxie, NGC 253 mit der Katalogbezeichnung. Sie liegt im Sternbild Sculptor (lat., Bildhauer) an der Südgrenze vom Cetus (lat., Walfisch). Auf NGC 253 stößt man, wenn man von β Ceti gut 7° südlich geht. Im Fernglas zeigt sich die Sculptor-Galaxie länglich. Wir sehen dieser Milchstraße fast auf die Kante. In größeren Teleskopen werden dunkle Strukturen erkennbar, die Dunkelwolken des interstellaren Staubes. Die Sculptor-Galaxie ist ein Riesen-Milchstraßensystem, das selbst die Andromeda-Galaxie bei weitem übertrifft. NGC 253 ist rund zehn Millionen Lichtjahre von uns entfernt.

Näher bei β Ceti stößt man auf NGC 247, ebenfalls eine Galaxie, allerdings erheblich lichtschwächer.

Knapp östlich von δ Ceti entdeckt man M 77, eine Galaxie mit einem aktiven Zentrum, das sich im Teleskop als heller, sternförmiger Kern zeigt. M 77 gehört zu den so genannten Seyfert-Galaxien. Im Fernglas kann man sie leicht übersehen, da sie hier eher punktförmig wie ein Stern erscheint und nicht ausgedehnt wie üblicherweise eine Galaxie. M 77 befindet sich in der respektablen Entfernung von 70 Millionen Lichtjahren. Die Objekte NGC 253, NGC 247 und M 77 findet man in der Sternkarte E0 im Atlas von Karkoschka.

Veränderliche Sterne

Algol-Minima	2.	19^h19^m	14.	6^h35^m	17.	3^h24^m	20.	0^h13^m	22.	21^h02^m	25.	17^h51^m
β-Lyrae-Minima	5.	14^h N	12.	1^h H	18.	12^h N	24.	24^h H				
δ-Cephei-Maxima	3.	21^h	9.	6^h	14.	15^h	19.	24^h	25.	9^h	30.	17^h
Mira-Helligkeit	1.	4^m	10.	5^m	20.	5^m	30.	6^m				

Was tun, wenn Außerirdische uns rufen?

Für UFO-Fans besteht kein Zweifel: Im Weltall wimmelt es von außerirdischen Intelligenzen und nur Ignoranten nehmen dies nicht zur Kenntnis. Die Extraterresten betreiben Raumfahrt und besuchen uns mit ihren fliegenden Untertassen. Die Astronomen sind da etwas vorsichtiger. Doch auch sie beschäftigen sich mit der Frage, ob wir allein in den Weiten des Universums sind, oder ob Leben auch außerhalb unserer Erde vorkommt. Verschiedene Beobachtungstatsachen deuten darauf hin, dass die biologische Evolution nicht unbedingt auf unserem Planeten einzigartig ist. Möglicherweise hat sie an anderen Orten ebenfalls stattgefunden. Zum einen hat man erkannt, dass Sterne und interstellare Materie aus den gleichen chemischen Elementen bestehen wie wir sie von der Erde her kennen. Mehr noch: Die Eigenschaft der Materie, komplexe Strukturen zu bilden, wie sie für Leben erforderlich sind, ist nicht auf die Erde beschränkt. In interstellaren Wolken wurden – in erster Linie mit Hilfe der Radioastronomie – komplexe Moleküle, vor allem Kohlenwasserstoffe, gefunden. Diese organischen Substanzen sind die Bausteine von Lebewesen. Selbst Aminosäuren, aus denen alle irdischen Lebewesen bestehen, wurden in Meteoriten entdeckt. Die Produktion der Grundsubstanzen des Lebens ist also nicht auf die Erde beschränkt. Zum anderen wurden mit ausgeklügelten Beobachtungstechniken Planeten fremder Sonnen entdeckt. Außerdem fand man Sterne, die von zirkumstellaren Staubscheiben umgeben sind, die Vorstufe von Planetensystemen. Die Grundvoraussetzungen für die Entwicklung von Leben, nämlich Planeten und entsprechende chemische Verbindungen, scheinen im Weltall an zahlreichen Stellen erfüllt zu sein. Deshalb hat die Dachorganisation aller professionellen Astronomen, die Internationale Astronomische Union (IAU) auf ihrer Generalversammlungen im Jahre 1982 in Patras (Griechenland) eine Kommission gegründet (Commission Nr. 51, Bioastronomy), die sich mit der Suche und der Erforschung außerirdischen Lebens beschäftigt.

In den letzten Jahrzehnten wurden zahlreiche Suchprogramme gestartet, um den Außerirdischen auf die Spur zu kommen. Die wohl bisher größte Suchaktion nach extraterrestrischen Intelligenzen begann am 12. Oktober 1992, dem 500. Jahrestag der Entdeckung Amerikas durch Christoph Kolumbus. Das ursprünglich von der NASA initiierte und finanzierte Projekt sah eine jahrelange systematische Suche nach Radiosignalen außerirdischer Zivilisationen vor und lief unter der Bezeichnung MOP. MOP stand für **M**icrowave **O**bserving **P**roject. Leider hat sich die NASA infolge Budgetkürzungen aus dem Projekt nach kurzer Zeit zurückgezogen. Doch private Geldgeber und Sponsoren retteten das Vorhaben. Wie Phönix aus der Asche gelang es den beteiligten Wissenschaftlern, die Suche nach den Extraterresten wieder zu beleben. Heute läuft das Suchprogramm unter der Bezeichnung „Project Phoenix". Es ist die ausgeklügeltste und raffinierteste Suchstrategie, die je eingesetzt wurde. Elektronische Hochtechnologie und ausgefeilte Computerprogramme erlauben heute viel wirksamere Suchmethoden als noch vor rund vierzig Jahren, als unter der Bezeichnung OZMA erstmals am National Radio Astronomical Observatory in Green Bank (West Virginia, USA) nach Signalen Außerirdischer gefahndet wurde. Noch vor dem Projekt Phönix wurden Dutzende weiterer Suchprogramme gestartet – doch keines war so komplex und umfangreich. Projekt Phönix ist das umfassendste Suchprogramm nach Signalen Außerirdischer, das je unternommen wurde. Dabei werden mehr als tausend sonnenähnliche Sterne auf Signale intelligenter Bewohner überprüft. Die von den Radioteleskopen des Nationalen Radioastronomischen Observatoriums in Green Bank empfangenen Signale werden simultan in 28 Millionen Kanälen nach Hinweisen abgesucht, die eventuell intelligente Erzeuger dieser Botschaften verraten können. Gleichzeitig werden mit dem 30-Meter-Georgia-Tech-Telescope, etwa 80 Kilometer südlich von Atlanta, die empfangenen Radiosignale aus dem Weltall überprüft, um eine unerwünschte Beeinflussung durch störende irdische Signale auszuschließen. Dazu wurde ein eigenes Gerät entwickelt, das sogenannte FUDD (**F**ollow **U**p **D**etection **D**evice – etwa: Folge-Empfangs-Gerät). Bisher wurde nichts gefunden, was auf Signale außerirdischer Intelligenzen schließen lässt. Nicht ein Piep eines Extraterresten ließ sich bisher vernehmen. Dies verwundert auch nicht besonders. Die SETI-Forscher sind deshalb keineswegs demotiviert. Es wäre eher ein höchst unwahrscheinlicher Zufall, fände man nach nur zehn Jahren Suche bereits Radiosignale unserer Nachbarn im All. Wir sind nicht nur durch riesige Entfernungen, die jahrelange

Laufzeiten elektromagnetischer Wellen bedingen, getrennt, sondern auch durch gewaltige Zeitschluchten. Kosmisch gesehen können wir erst seit einem winzigen Augenblick Funksignale empfangen. Vielleicht hat eine hochintelligente Zivilisation zehn Millionen Jahre lang ihre Botschaften ins All gesandt, bis sie vor etwa einer Million Jahren ausgestorben ist. Eine andere Zivilisation mag gerade gelernt haben, Feuer zu entfachen und Eisen zu gießen. Aber erst in dreitausend Jahren wird sie in der Lage sein, Radiosignale aus dem All zu empfangen und selbst welche auszusenden. Wir müssen uns also noch etwas gedulden und dürfen die Flinte nicht gleich ins Korn werfen.
Was aber, wenn eines mehr oder minder fernen Tages oder gar schon morgen in einem der 28 Millionen untersuchten Kanäle eindeutige Signale entdeckt werden, die die Existenz intelligenter Extraterrestrischer unzweifelhaft bestätigen? Wer meldet wem was? Der Astronom oder die Astronomin, der oder die die ersten Hinweise auf Signale Außerirdischer empfängt, wird zunächst vorsichtig sein. Man wird Kollegen hinzuziehen, Hard- und Software akribisch überprüfen und die empfangenen Signale wieder und wieder checken.
Schließlich wird man andere Observatorien ersuchen, die Datenanalyse zu wiederholen. Doch was ist dann zu tun? Soll man ein Paper verfassen und warten, bis es Monate später in einer Fachzeitschrift erscheint und von ein paar Insidern gelesen wird? Wohl kaum. Im Zeitalter der globalen Vernetzung wird sich die Nachricht von der Entdeckung denkender Wesen in der Galaxis in mehr als Windeseile über das Internet auf unserem Globus verbreiten.

Zwar gibt es einige Zeitgenossen, die meinen, längst schon seien Außerirdische entdeckt, ja ihre Vertreter liefen bereits getarnt über unsere Erde, und die Regierungen hielten diese Erkenntnisse geheim, um die Bevölkerung nicht zu beunruhigen. Dies ist schlicht barer Unsinn. Die Entdeckung von Funkbotschaften außerirdischer Zivilisationen lässt sich nicht verbergen. In kürzester Zeit würden die Medien diese Nachricht bis in den letzten Winkel der Erde verbreiten. Keine Fernsehstation und keine Zeitung würde sich solche eine Sensationsmeldung entgehen lassen.
Die Astronomen selbst haben bereits ihr Vorgehen im Falle einer Entdeckung extraterrestrischer Signale hochentwickelter Zivilisationen abgestimmt. Es besteht Einigkeit darüber, dass eine solche Entdeckung zunächst aufs Sorgfältigste überprüft werden muss. Die etwas umständlich formulierte Empfehlung lautet „Declaration of Principles Concerning Activities Following the Detection of Extraterrestrial Intelligence“. Erst nachdem mehrere astronomische Institute die Entdeckung unabhängig voneinander bestätigen, soll die astronomische Gemeinschaft und dann die Behörden informiert werden. Erst dann erfolgt die Unterrichtung der Weltbevölkerung. So weit, so gut.
In vielen Teilen der Welt mag die Sensation gar nicht so gewaltig groß ausfallen. In jüngsten Umfragen zeigte sich, dass die Mehrheit der Amerikaner nicht nur von der Existenz außerirdischer Zivilisationen überzeugt ist, sondern auch meint, man hätte längst Kontakt zu ihnen aufgenommen und die Regierung würde Druck auf die Radioastronomischen Observatorien ausüben, dies geheim zu halten, um die Bevölkerung nicht zu beunruhigen. In der Praxis ist dies schlicht unmöglich. Denn in kürzester Zeit gäbe es soviele Mitwisser, dass man einen Kontakt zu Außerirdischen nicht verbergen könnte. Ganz im Gegenteil: Die Gefahr ist viel größer, dass eine Falschmeldung über die Entdeckung Außerirdischer die Runde macht, als dass eine tatsächliche Kontaktaufnahme verborgen werden könnte. Die Tatsache einer Entdeckung von Signalen einer außerirdischen Zivilisation würde jedoch unvermeidlich auftauchen. Alle Sterne, die im Rahmen des Projekt Phoenix untersucht beziehungsweise abgehorcht werden, liegen in Entfernungen bis etwa 200 Lichtjahren. Sollten Radiosignale intelligenter Spezies von einem dieser Sterne empfangen werden, so sind auch die optischen Astronomen gefordert. Man wird versuchen, den Planeten aufzuspüren, der den Extraterresten als Heimat dient. Der Mutterstern des Planeten wird leichte Variationen der Radialgeschwindigkeit zeigen infolge seiner Bewegung um den gemeinsamen Schwerpunkt. Die Radioastronomen wieder werden aus der Frequenzverschiebung der Signale auf Rotation und Bahnelemente des lebentragenden Planeten schließen.
Was für eine Nachricht werden wir wohl empfangen? Manche meinen, im SETI-Institut warten versierte Kryptographen darauf, den Code einer extraterrestrischen Botschaft zu entschlüsseln. Dem ist nicht so. Die SETI-Forscher wären schon froh, die Trägerfrequenz einer außerirdischen Nachricht zu erkennen. Hier ist das Signal zu Rausch-Verhältnis noch am günstigsten. Viel schwieriger ist es, die Modulation zu registrieren und

11.6 Wie groß ist wohl die Zahl intelligenter Spezies in den Tiefen des Alls?

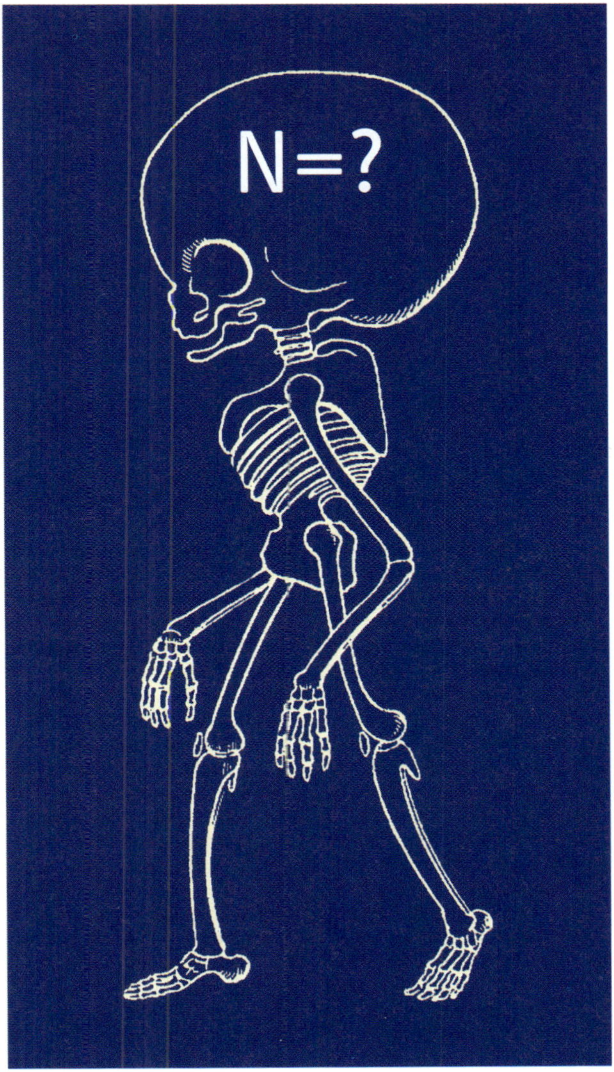

daraus gar die Nachricht zu entziffern. Möglicherweise gelingt dies erst nach sehr langer Zeit oder auch nie. Es kommt darauf an, welcher Art die Botschaft ist. Grundsätzlich sind zwei Arten von Nachrichten möglich. Einmal können wir Lauscher einer interstellaren Kommunikation zwischen weitentwickelten Zivilisationen werden. Die Nachrichten sind gar nicht für uns Erdlinge bestimmt. Dann wird es schwierig, wenn nicht gar unmöglich, ihren Inhalt zu dechiffrieren. Andererseits können die Extraterresten gezielt Botschaften ins All senden, um andere auf ihre Existenz aufmerksam zu machen. In einem solchen Fall werden die Botschaften einen Leitfaden oder Hinweise für ihre Entschlüsselung enthalten, die auch primitive und rückständige Zivilisationen verstehen können.
Die Außerirdischen würden uns gewissermaßen teelöffelweise mit Informationen füttern, die unseren Intellekt nicht überfordern. Es ist viel wahrscheinlicher, dass wir Signale der zweiten Art aufspüren als zu Mithörern extraterrestrischer Kommunikation zu werden.
Man sollte sich nicht entmutigen lassen. Die Chance, auf Signale einer außerirdischen Intelligenz zu stoßen nimmt mit der Lebensdauer einer solchen Zivilisation zu. Wenn sie nur tausend Jahre ihre Botschaften ins All strahlen, ist die Entdeckungswahrscheinlichkeit erheblich geringer, als wenn sie bereits eine Million Jahre permanent senden. Eine technische Zivilisation mit einem Alter von einer Million Jahren ist uns vermutlich soweit voraus, dass wir kaum mit ihr kommunizieren können oder ihre Botschaften verstehen, es sei denn, sie senden spezielle Nachrichten für unterentwickelte Rassen, eine Art „intergalaktisches Lehr- und Entwicklungsprogramm“. Angenommen, wir empfangen eine solche pädagogisch aufbereitete Botschaft und werden eingeladen, in einen interstellaren Dialog einzutreten. Wer soll und wer darf für die Erde sprechen? Der Papst, der UNO-Generalsekretär, der amerikanische Präsident? Und was sagen

wir? Was könnte schon eine hochentwickelte Zivilisation interessieren? Der renommierte amerikanische Astronom Carl Sagan (1934–1996) hat seinerzeit veranlasst, dass die Raumsonden Voyager I und II an Bord je eine vergoldete Schallplatte als kosmische Flaschenpost in die interstellaren Räume trägt. Auf ihr sind unter anderem Grüße in 60 Sprachen der Welt sowie eine Botschaft mit der Stimme des langjährigen UNO-Generalsekretärs und späteren Bundespräsidenten der Republik Österreich, Kurt Waldheim, gespeichert. Dies ist sicher ein Gag, werbewirksam für das NASA-Budget. Aber es stellt sich schon die Frage, wer berechtigt ist, für die Menschheit zu sprechen.

Manche Forscher meinen, wir sollten uns mit der Feststellung außerirdischer Signale, die von einer weitentwickelten Rasse stammen, begnügen und lieber nicht antworten. Unsere kosmischen Nachbarn könnten uns als weit unterlegene Zivilisation ausbeuten und versklaven, vielleicht sogar als eine nicht erhaltenswerte Spezies einfach beseitigen. Solche Befürchtungen sind vermutlich überflüssig.

Eine weit fortgeschrittene Zivilisation hat sicher das Problem der Aggressivität gelöst und ist uns voraussichtlich nicht nur technisch, sondern auch in ihrer ethischen und moralischen Entwicklung weit überlegen.

Noch kennen wir keine anderen Lebewesen in den Weiten des Kosmos, die sich ihrer Existenz selbst bewusst sind. Wir haben das Gefühl, die höchstentwickelte Rasse zu sein. Dies mag sich eines Tages abrupt ändern, wenn wir auf eine Zivilisation stoßen, die uns haushoch überlegen ist und auf uns herabblickt, wie wir auf die Einwohner eines Großstadtzoos, die in scheinbarer Teilnahmslosigkeit in ihren Käfigen dahinvegetieren. Bestenfalls würde man uns wie unmündige Kinder betrachten. Die kollektive Kränkung der Menschheit wäre ungleich größer als die der Kopernikanischen Revolution, die die Erde aus der Mitte des Weltalls stieß und ihr einen völlig unbedeutenden Platz in den endlosen Räumen des Universums zuwies. Welche Wirkung würde eine solche Entdeckung auf die Weltreligionen ausüben? Die sogenannten adamistischen Religionen wie Judentum, Christentum und Islam lehren die Entstehung der Menschheit als Plan eines Schöpfergottes und lehren die besondere Beziehung zwischen den Menschen und ihrem Gott, dem Herren und Schöpfer des Universums. Konsequenterweise würde die Entdeckung von Extraterresten eine solche spezielle Beziehung in Frage stellen. Michael Ashkenazi von der Ben Gurion-Universität in Israel hat einige führende Vertreter der adamistischen Religionen mit diesem Problem konfrontiert. Die Religionsführer zeigten sich amüsiert. In der Mehrzahl waren sie von der Existenz außerirdischer Zivilisationen überzeugt, aber sie schienen alle nicht zu begreifen, welches Problem sich dadurch für ihre Religion ergibt. Nach wie vor nimmt ein großer Teil von Personen in führenden Positionen großer Religionsgemeinschaften und politischer Gremien einen extrem anthropozentrischen Standpunkt ein, der die heutigen Erkenntnisse der modernen Astronomie schlicht ignoriert.

Es mag sein, dass die Erde der einzige lebenstragende Planet in den unermesslichen Tiefen des Universums mit seinen Milliarden Galaxien und Trillionen von Sternen ist. Es mag aber auch sein, dass die Menschheit nur eine kurze, schnell vorübergehende Erscheinung in der Milliarden Jahre währenden Geschichte des Universums ist, ein Augenblicksereignis ohne jede tiefere Bedeutung. Welchen Sinn hätte dann unsere Existenz, unser Bestreben, das Universum zu begreifen?

Unsere heutigen Vorstellungen vom Universum sind vermutlich nicht nur recht simpel, sondern auch extrem lückenhaft. Wenn wir vor hundert Jahren einem Astronomen etwas von Pulsaren, Supernovae und Quasaren erzählt hätten, er hätte nur mit dem Kopf schütteln können. Ebenso primitiv und weitgehend unzutreffend sind wahrscheinlich unsere Vermutungen über außerirdisches Leben. Da wir nur das Leben auf der Erde kennen – wobei auch hier unser Wissen sehr begrenzt ist, nicht einmal die Bildung von Krebszellen begreifen wir –, sind unsere Vorstellungen über extraterrestrische Wesen anthropozentrisch geprägt. Vermutlich ahnen wir nicht im Entferntesten, was alles noch im Universum existiert und vegetiert. Der englische Mathematiker und Biologe John Burdon Haldane (1892–1964) hat dies so kommentiert: „Das Universum ist nicht nur viel sonderbarer als wir annehmen, es ist noch viel sonderbarer, als wir überhaupt annehmen können!"

Dezember 2001

Die Sonne erreicht am 21. um 20^h21^m MEZ den tiefsten Punkt ihrer Jahresbahn im Sternbild Schütze. Dieser Zeitpunkt markiert den astronomischen Winteranfang. Saturn steht am 3. in Opposition zur Sonne, Jupiter in der Nacht vom 31. Dezember auf den 1. Januar 2002.

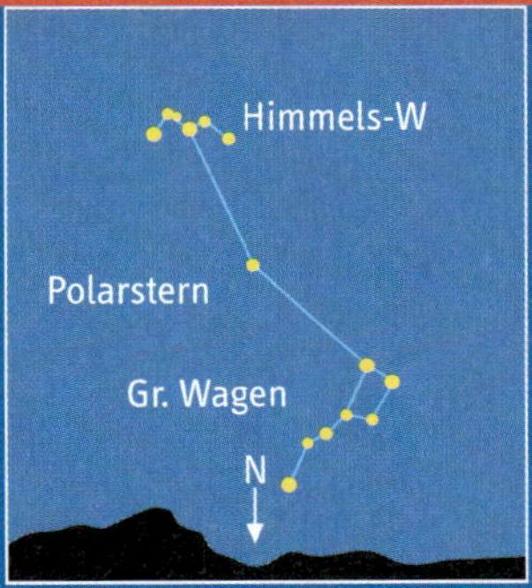

Großer Wagen und Himmels-W Anfang Dezember um 22^h

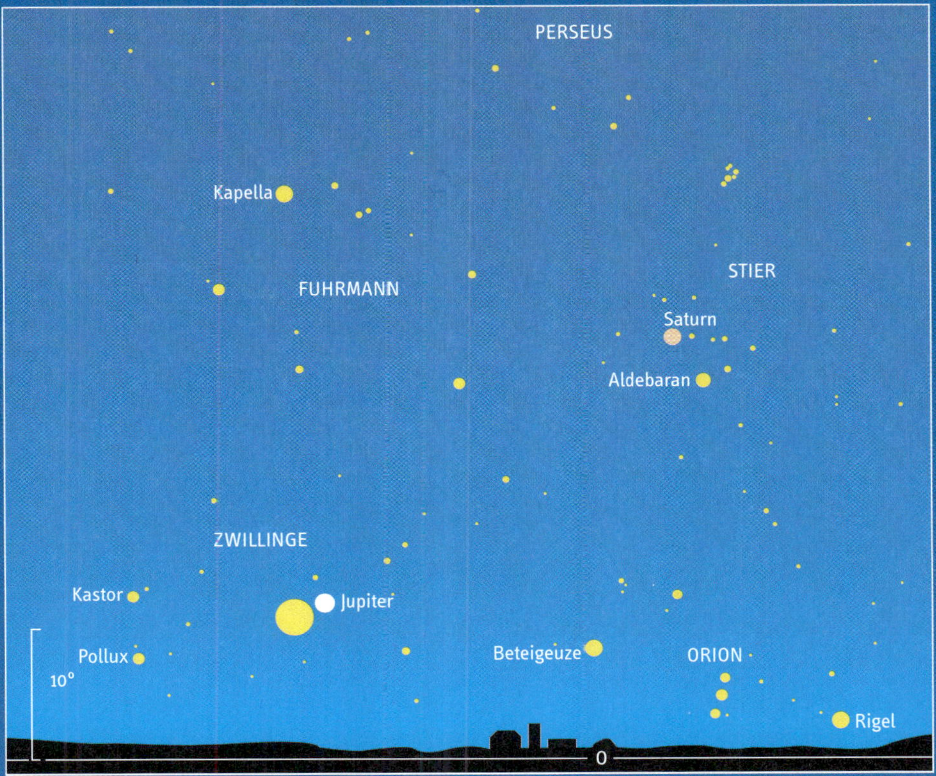

12.1 Anblick des frühen Abendhimmels zum Jahresende 2001. Gegen 18^h MEZ sind am Osthimmel die Riesenplaneten Saturn und Jupiter vertreten. Am 30. Dezember gesellt sich der Vollmond zum strahlenden Jupiter.

Sonnenlauf

18.12. 4^h^
Sonne tritt in das Sternbild Schütze
21.12. 20^h^21^m^
Sonne tritt in das Tierkreiszeichen Steinbock

Julianisches Datum am
1. Dezember, 1^h^ MEZ: 2 452 244,5

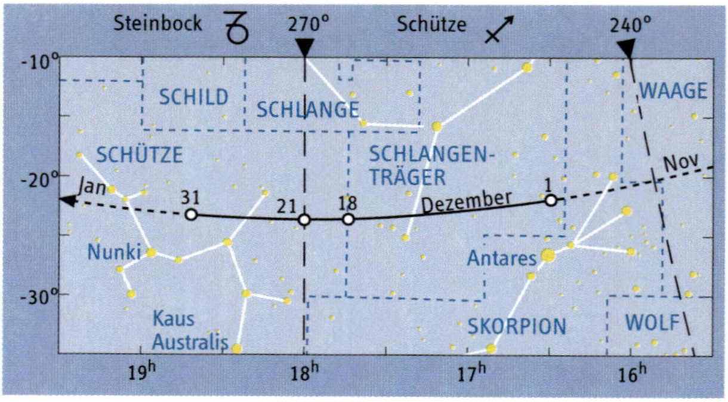

Tag	Dämmerg. Anfang	Aufgang MEZ	Kulmination	Untergang MEZ	Dämmerg. Ende	Mittagshöhe	Zeitgleichg.	Rektaszension	Deklination
	h m	h m	h m	h m	h m	°	m	h m	°
1.	6 38	7 57	12 09	16 21	17 39	18,2	+11	16 28	−21,8
5.	6 43	8 02	12 11	16 19	17 38	17,6	+ 9	16 46	−22,3
10.	6 48	8 07	12 13	16 18	17 38	17,1	+ 7	17 08	−22,9
15.	6 52	8 12	12 15	16 18	17 38	16,7	+ 5	17 30	−23,3
20.	6 55	8 15	12 18	16 20	17 40	16,6	+ 2	17 52	−23,4
25.	6 58	8 18	12 20	16 23	17 43	16,6	0	18 14	−23,4
31.	6 59	8 19	12 23	16 28	17 47	16,9	− 3	18 41	−23,1

Tages- und Nachtstunden

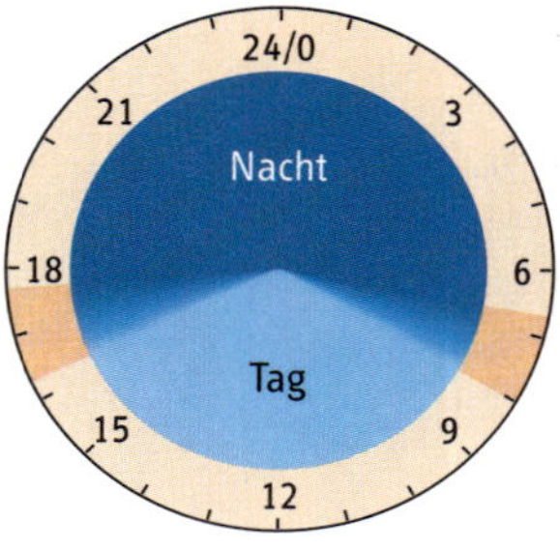

5. Dezember

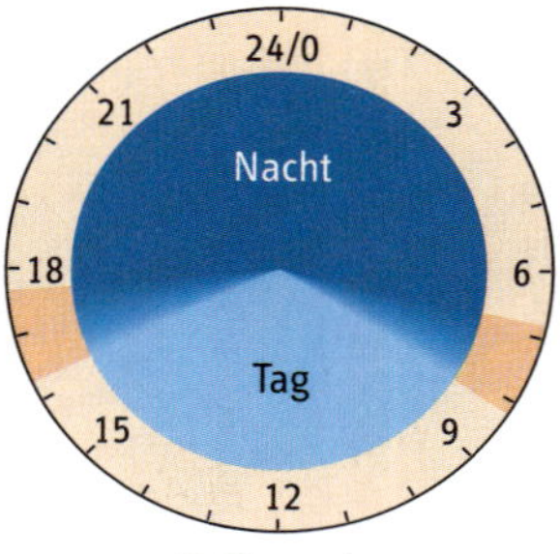

15. Dezember

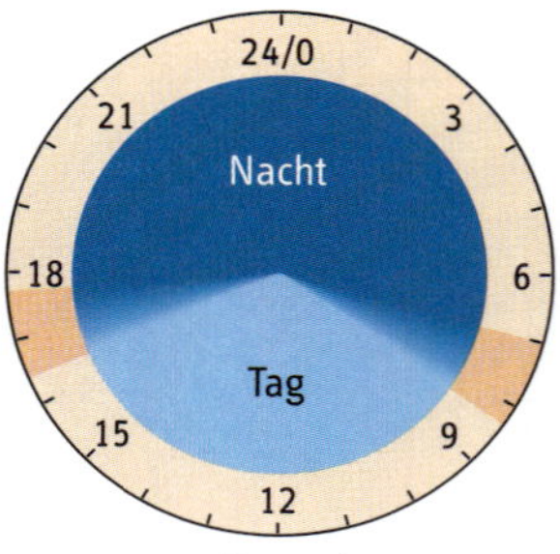

25. Dezember

Mondlauf

Datum		Aufg. MEZ	Kulmination	Unterg. MEZ	Rektaszension	Deklination	Sterne und Sternbilder	Phase	MEZ
		h m	h m	h m	h m	°			
Sa	1.	16 56	0 15	8 23	4 36	+20,5	* Aldebaran		
So	2.	17 42	1 11	9 34	5 34	+23,0	Stier, Al Nath	Aufsteigender Knoten	
Mo	3.	18 41	2 09	10 38	6 34	+24,2	Alhena		
Di	4.	19 51	3 09	11 31	7 35	+23,9	Pollux		
Mi	5.	21 08	4 08	12 12	8 36	+22,0	* Krebs, Krippe		
Do	6.	22 28	5 04	12 45	9 34	+18,9	Löwe		
Fr	7.	23 49	5 58	13 11	10 31	+14,6	Löwe, Regulus	**Letztes Viertel**	20^h52^m
								Erdnähe 370/32′,3	0^h
Sa	8.	–	6 49	13 34	11 25	+ 9,5	Löwe	Größte Nordbreite	
So	9.	1 09	7 39	13 54	12 17	+ 3,9	Jungfrau		
Mo	10.	2 28	8 28	14 14	13 08	– 1,9	Jungfrau		
Di	11.	3 46	9 17	14 36	14 00	– 7,5	Jungfrau		
Mi	12.	5 05	10 08	15 00	14 52	–12,7	Waage		
Do	13.	6 22	11 00	15 29	15 45	–17,2	Waage		
Fr	14.	7 37	11 53	16 04	16 40	–20,7	Antares	**Neumond**	21^h47^m
								Libration West	
Sa	15.	8 45	12 48	16 48	17 37	–23,1	Schlangenträger	Absteigender Knoten	
So	16.	9 44	13 42	17 41	18 33	–24,2	Schütze, Nunki		
Mo	17.	10 32	14 35	18 41	19 29	–24,0	Schütze, Nunki		
Di	18.	11 10	15 25	19 46	20 23	–22,6	Steinbock		
Mi	19.	11 40	16 12	20 52	21 14	–20,1	Steinbock		
Do	20.	12 04	16 57	21 59	22 03	–16,8	Wassermann		
Fr	21.	12 24	17 39	23 05	22 49	–12,9	Wassermann	Erdferne 405/29′,5	14^h
Sa	22.	12 42	18 21	–	23 34	– 8,5	* Wassermann	**Erstes Viertel**	21^h56^m
								Größte Südbreite	
So	23.	12 58	19 01	0 11	0 18	– 3,8	Fische		
Mo	24.	13 15	19 43	1 17	1 01	+ 1,1	Walfisch		
Di	25.	13 33	20 26	2 24	1 46	+ 6,0	Fische		
Mi	26.	13 53	21 12	3 34	2 32	+10,8	Widder		
Do	27.	14 18	22 02	4 46	3 22	+15,3	Widder	Libration Ost	
Fr	28.	14 50	22 56	6 00	4 14	+19,2	* Stier, Hyaden		
Sa	29.	15 32	23 54	7 14	5 11	+22,2	* Stier, A. Nath	Aufsteigender Knoten	
So	30.	16 26	–	8 23	6 11	+23,9	Zwillinge	**Vollmond**	11^h40^m
Mo	31.	17 33	0 55	9 22	7 13	+24,2	Zwillinge		

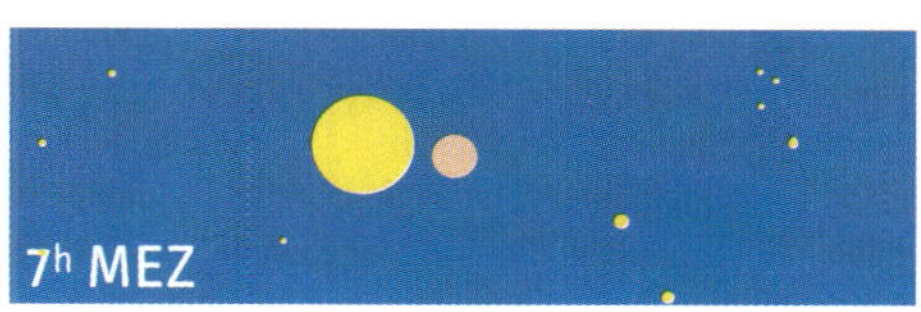

Planetenlauf

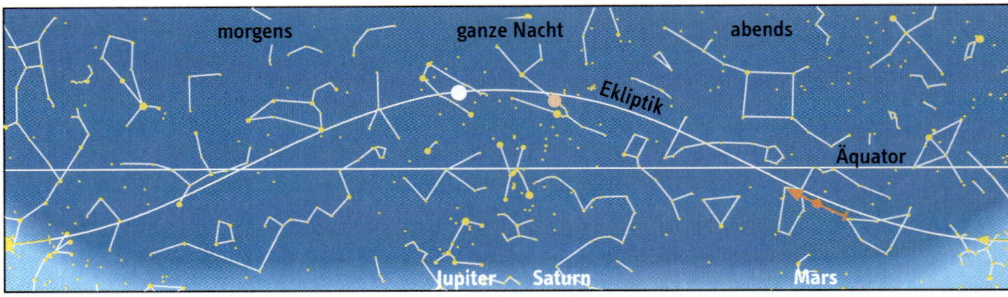

Merkur läuft der Sonne nach und holt sie am 4. ein. An diesem Tag steht er in oberer Konjunktion mit ihr. Danach gewinnt er langsam an östlichem Winkelabstand – beide Gestirne bewegen sich rechtläufig durch den Tierkreis. Bis Jahresende wächst die östliche Elongation auf 15° an. Dies reicht noch nicht für eine Abendsichtbarkeit, Merkur bleibt im Dezember unbeobachtbar. Am 11. Januar 2002 wird er seine größte östliche Elongation mit 19°01′ Winkelabstand von der Sonne erreichen.

Venus hat sich vom Morgenhimmel zurückgezogen. Allenfalls zu Monatsanfang können erfahrene Beobachter möglichst mit einem Fernglas den inneren Nachbarplaneten noch kurz vor Sonnenaufgang tief am Südosthorizont erspähen. Am 1. geht die $-3^{\mathrm{m}}9$ helle Venus um $6^{\mathrm{h}}58^{\mathrm{m}}$ auf, am 10. um $7^{\mathrm{h}}24^{\mathrm{m}}$ und am 31. um $8^{\mathrm{h}}10^{\mathrm{m}}$, also nur neun Minuten vor der Sonne. Venus läuft der Sonne nach und befindet sich am letzten Tag des Jahres nur noch $3^{\circ}2$ westlich von ihr. Am 14. Januar 2002 wird sie dann in oberer Konjunktion mit der Sonne stehen.

Mars kann zum Jahresausklang noch am Abendhimmel beobachtet werden. Am 4. verlässt der rote Planet den Steinbock und tritt in das Sternbild Wassermann. Dabei bewegt er sich zielstrebig in Richtung Himmelsäquator. Durch seine Wanderung nach Norden zu höheren Deklinationen vergrößert sich auch sein Tagbogen, weshalb die Marsuntergangszeiten fast konstant bleiben. Am 1. geht Mars um $22^{\mathrm{h}}19^{\mathrm{m}}$ unter, am letzten Tag des Jahres um $22^{\mathrm{h}}26^{\mathrm{m}}$. Bis Jahresende sinkt die Marshelligkeit auf $0^{\mathrm{m}}7$ ab – die Glanzzeit des roten Planeten vom Sommerhimmel ist nun vorbei. Der Durchmesser des Marsscheibchens schrumpft auf bescheidene $6''3$.
Zu Jahresende ist Mars 224 Millionen Kilometer (= 1,497 A. E.) von der Erde entfernt. Dies entspricht einer Lichtlaufzeit von 12 Minuten und 27 Sekunden.

Jupiter, rückläufig in den Zwillingen, nähert sich seiner Opposition, die er aber in diesem Jahr nicht mehr ganz erreicht. Das Jahr 2001 bleibt ohne Jupiteropposition. Die letzte Jupiteropposition fand am 28. November 2000 statt. Die nächste wird exakt am 1. Januar 2002 um 7^{h} morgens eintreten. Damit ist die Neujahrsnacht 2001/2002 gewissermaßen die Oppositionsnacht für Jupiter. Der Riesenplanet läuft somit im Dezember zu seiner Höchstform auf: Ganze Nacht über sichtbar, maximale Helligkeit, höchste Stellung im Tierkreis, geringste Erdentfernung. Da Venus am Nachthimmel nicht vertreten ist, so ist Jupiter das hellste Gestirn – vom Mond abgesehen natürlich.
Geht Jupiter am 1. noch um $18^{\mathrm{h}}36^{\mathrm{m}}$ auf, so erscheint der $-2^{\mathrm{m}}7$ helle Riesenplanet am letzten Tag des Jahres bereits um $16^{\mathrm{h}}20^{\mathrm{m}}$ über der Horizontlinie. Eine halbe Stunde nach Mitternacht kulminiert der Riesenplanet und geht erst morgens um $8^{\mathrm{h}}30^{\mathrm{m}}$ wieder unter. Am Jahresende hat das Jupiterscheibchen $47''1$ scheinbaren Äquatordurchmesser und $44''0$ Poldurchmesser. Schon bescheidene Teleskope lassen einwandfrei die starke Abplattung des Riesenplaneten erkennen.
Am 30. wandert der Vollmond $1^{\circ}2$ nördlich an Jupiter vorbei (siehe Abb. 12.1 auf Seite 199). Zur Opposition erreicht Jupiter seine geringste Distanz von der Erde. Dies ist bereits in der Nacht vom 30. auf 31. um 2^{h} morgens der Fall. Die Jupiterentfernung beträgt dabei 626 Millionen Kilometer (= 4,187 A. E.) von der Erde. Das Jupiterlicht ist dann 34 Minuten und 47 Sekunden zu uns unterwegs.

Saturn steht am 3. im Sternbild Stier in **Opposition** zur Sonne. An diesem Tag geht der $-0^{\mathrm{m}}4$ helle Ringplanet um $16^{\mathrm{h}}22^{\mathrm{m}}$ auf, passiert um $0^{\mathrm{h}}14^{\mathrm{m}}$ den Meridian und geht morgens um $8^{\mathrm{h}}01^{\mathrm{m}}$ unter. Für 50° nördlicher Breite be-

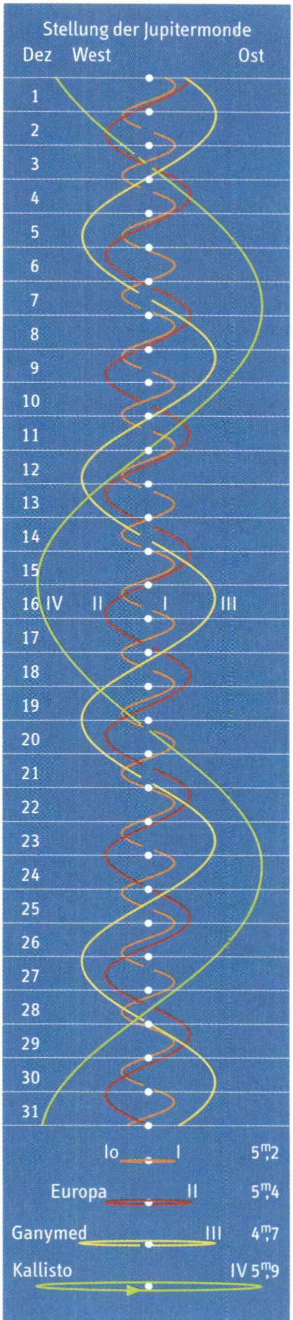

Jupitermond-Erscheinungen

Tag	MEZ h	m	Vorgang	
1.	19	14	II	DA
	20	33	II	SE
	22	02	II	DE
3.	7	12	IV	VA
	19	23	III	SA
	22	07	III	DA
	22	21	III	SE
4.	1	09	III	DE
	6	16	I	VA
5.	3	28	I	SA
	4	07	I	DA
	5	42	I	SE
	6	21	I	DE
	7	03	II	SA
6.	0	45	I	VA
	3	40	I	BE
	21	56	I	SA
	22	33	I	DA
7.	0	11	I	SE
	0	48	I	DE
	1	27	II	VA
	5	27	II	BE
	19	14	I	VA
	22	06	I	BE
8.	18	39	I	SE
	19	14	I	DE
	20	22	II	SA
	21	32	II	DA
	23	10	II	SE
9.	0	20	II	DE
10.	18	34	II	BE
	23	21	III	SA
11.	1	27	III	DA
	2	20	III	SE
	4	29	III	DE
	18	01	IV	SA
	20	26	IV	SE
	22	41	IV	DA
12.	1	22	IV	DE
	5	22	I	SA

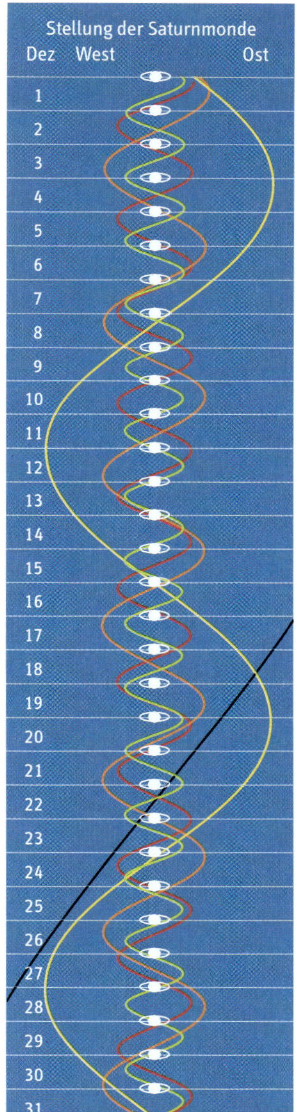

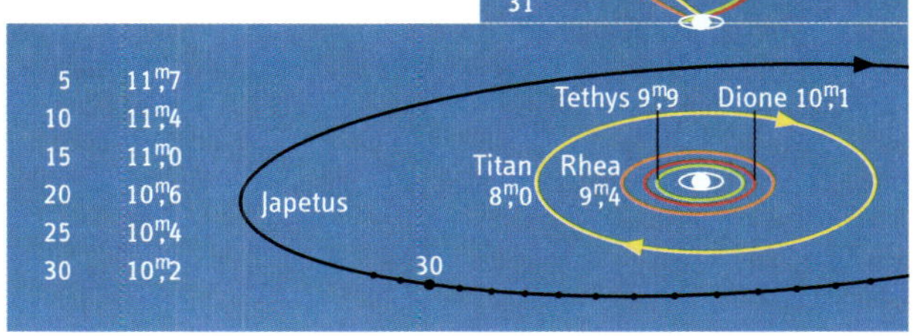

12.	5	51	I	DA
	7	36	I	SE
13.	2	39	I	VA
	5	24	I	BE
	23	50	I	SA
14.	0	17	I	DA
	2	05	I	SE
	2	32	I	DE
	4	01	II	VA
	18	12	III	BE
	21	08	I	VA
	23	50	I	BE
15.	18	19	I	SA
	18	43	I	DA
	20	33	I	SE
	20	58	I	DE
	22	58	II	SA
	23	48	II	DA
16.	1	46	II	SE
	2	36	II	DE
	18	16	I	BE
17.	20	49	II	BE
18.	3	19	III	SA
	4	45	III	DA
	6	20	III	SE
	7	47	III	DE
19.	7	15	I	SA
20.	1	11	IV	VA
	3	45	IV	VE
	4	03	IV	BA
	4	34	I	VA
	6	45	IV	BE
	7	08	I	BE
21.	1	44	I	SA
	2	01	I	DA
	3	59	I	SE
	4	15	I	DE
	6	35	II	VA
	21	29	III	BE
	23	02	I	VA
22.	1	34	I	BE
	20	12	I	SA
	20	27	I	DA
	22	27	I	SE
	22	41	I	DE
23.	1	35	II	SA
	2	04	II	DA
	4	23	II	SE
	4	52	II	DE
	17	31	I	VA
	20	00	I	BE
24.	19	52	II	VA
	23	02	II	BE
25.	7	18	III	SA
26.	17	41	II	SE
	17	59	II	DE
27.	6	28	I	VA
28.	3	38	I	SA
	3	44	I	DA
	5	53	I	SE
	5	59	I	DE
	21	20	III	VA
29.	0	44	III	BE
	0	57	I	VA
	3	17	I	BE
	22	06	I	SA
	22	10	I	DA
30.	0	21	I	SE
	0	25	I	DE
	4	12	II	SA
	4	18	II	DA
	7	00	II	SE
	7	06	II	DE
	19	26	I	VA
	21	43	I	BE
31.	18	50	I	SE
	18	51	I	DE
	33	27	II	VA

trägt die Kulminationshöhe von Saturn stattliche 60°. Die Stunden um Mitternacht eignen sich am besten, den Ringplaneten mit starker Vergrößerung zu beobachten. Im Teleskop erkennt man die starke Abplattung des Saturnglobus. Der Poldurchmesser ist rund ein Zehntel kürzer als der Äquatordurchmesser der Saturnkugel. Das ovale Planetenscheibchen weist einen Äquatordurchmesser von 20″,6 und einen Poldurchmesser von 18″,8 auf. Der mit knapp 26° fast maximal geöffnete Ring zeigt eine scheinbare Längsachse von 46″,7 und eine senkrechte Querachse von 20″,4. Gut ist jetzt auch in kleineren Teleskopen die Cassini-Trennung zu erkennen, die den Ring in einen

Konstellationen und Ereignisse

Datum	MEZ	Ereignis
1.	3^h	**Mond bei Saturn,** Mond 0°,5 nördlich – **Bedeckung** (siehe Seite 226)
3.	12	**Mond bei Jupiter,** Mond 1°,6 nördlich, **Abstand 4°,1 um 7^h und 4°,9 um 19^h**
3.	15	**Saturn in Opposition** zur Sonne
4.	23	Merkur in oberer Konjunktion mit der Sonne
6.	14	Merkur im Aphel
7.	5	Pluto in Konjunktion mit der Sonne
14.	7	Mond bei Venus, Mond 0°,8 nördlich
14.	22	Ringförmige Sonnenfinsternis – von Mitteleuropa aus unbeobachtbar (siehe Seite 28)
15.	9	Mond bei Merkur, Mond 1°,6 nördlich
18.	8	Mond bei Neptun, Mond 3°,6 südlich
19.	13	Mond bei Uranus, Mond 3°,8 südlich
20.	21	**Mond bei Mars,** Mond 4°,4 südlich, **Abstand 5°,2 um 21^h**
21.	$20^h\,21^m$	**Sonne im Winterpunkt,** Wintersonnenwende
28.	9	**Mond bei Saturn,** Mond 0°,2 nördlich, **Abstand 2°,4 um 6^h und 5°,1 um 17^h**
30.	12	Halbschattenfinsternis des Mondes – von Mitteleuropa aus unbeobachtbar (siehe Seite 28)
30.	15	**Mond bei Jupiter,** Mond 1°,2 nördlich, **Abstand 1°,8 um 17^h**

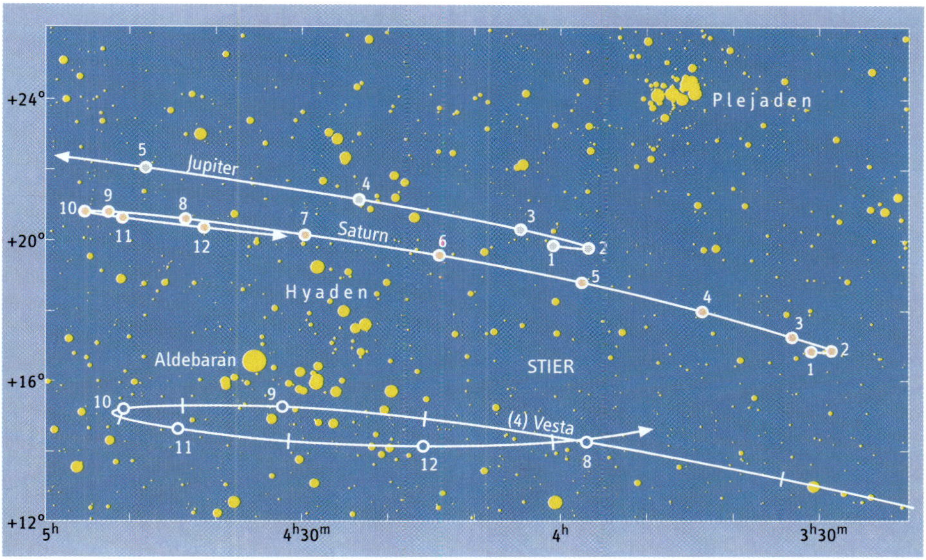

12.2 Die scheinbaren Bahnen von Jupiter, Saturn und des Kleinplaneten Vesta (4). Die Zahlen geben die jeweiligen Positionen zum Monatsersten an (Fortsetzung der Jupiterbahn für die zweite Jahreshälfte 2001, siehe Abb. 9.4 auf Seite 158).

äußeren und einen inneren teilt.

Zur Opposition erreicht Saturn auch seine geringste Entfernung von der Erde, nur zwei Stunden vor dem exakten Oppositionstermin. Saturn ist dann 1209 Millionen Kilometer oder 8,08 A. E. von uns entfernt. Das Saturnlicht benötigt damit eine Stunde und sieben Minuten, um zur Erde zu gelangen. Von der Sonne ist Saturn am Tag der Opposition 1356 Millionen Kilometer (= 9,06 A. E.) entfernt. Die Lichtlaufzeit von der Sonne zu Saturn beträgt somit eine Stunde und gut 15 Minuten.

Am 1. wird **Saturn** abermals für uns Mitteleuropäer **vom Mond bedeckt** – diesmal in den frühen Morgenstunden (siehe auch Tabelle „Sternbedeckungen durch den Mond“ auf Seite 226).

Am 17. passiert der Ringplanet abermals Aldebaran im Stier, diesmal rückläufig in 4° nördlichem Abstand (siehe auch Abb. 12.1 auf Seite 199 und Abb. 12.2 oben).

Bis zum Monatsende verfrüht sich der Saturnuntergang um zwei Stunden auf 6^h01^m, die Saturnhelligkeit geht geringfügig auf $-0^m{,}3$ zurück.

Uranus, rechtläufig im Steinbock, kann unter günstigen Sichtbedingungen von erfahrenen Planetenjägern noch am frühen Abendhimmel aufgefunden werden (siehe auch Aufsuchkarten Abb. 7.8 auf Seite 126). Am 1. geht der grünliche Planet um 22^h02^m unter, am 15. um 21^h09^m und am 31. schon um 20^h10^m. Ende Dezember wird es schwierig, den $5^m{,}9$ lichtschwachen Uranus noch zu erjagen. Zu Monatsanfang und zu Monatsende stört außerdem Mondlicht erheblich beim Aufsuchen des fernen Planeten.

Am Silvestertag trennen 3098 Millionen Kilometer (= 20,71 A. E.) Uranus von der Erde.

Neptun, rechtläufig im Steinbock, ist kein Beobachtungsobjekt mehr. Die Sonne eilt ihm im Tierkreis nach. Am 28. Januar 2002 wird sie ihn eingeholt haben. An diesem Tag steht Neptun in Konjunktion mit ihr. Am letzten Tag des Jahres trennen uns 4633 Millionen Kilometer (= 30,97 A. E.) von Neptun.

Pluto steht am 7. in Konjunktion mit der Sonne. An diesem Tag beträgt seine Erddistanz 4701 Millionen Kilometer (= 31,42 A. E.).

Planetoiden

Vesta (4) stand Ende des Vormonats in Opposition zur Sonne. Sie eilt rasch rückläufig durch das sternreiche Gebiet der Hyaden im Stier (siehe Abb. 12.2 oben). Im Laufe des Dezember sinkt die Vestahelligkeit von $6^m{,}5$ auf $7^m{,}1$ ab. Damit ist Vesta auch zu Jahresende immer noch leicht mit einem Fernglas oder kleinem Teleskop zu finden.

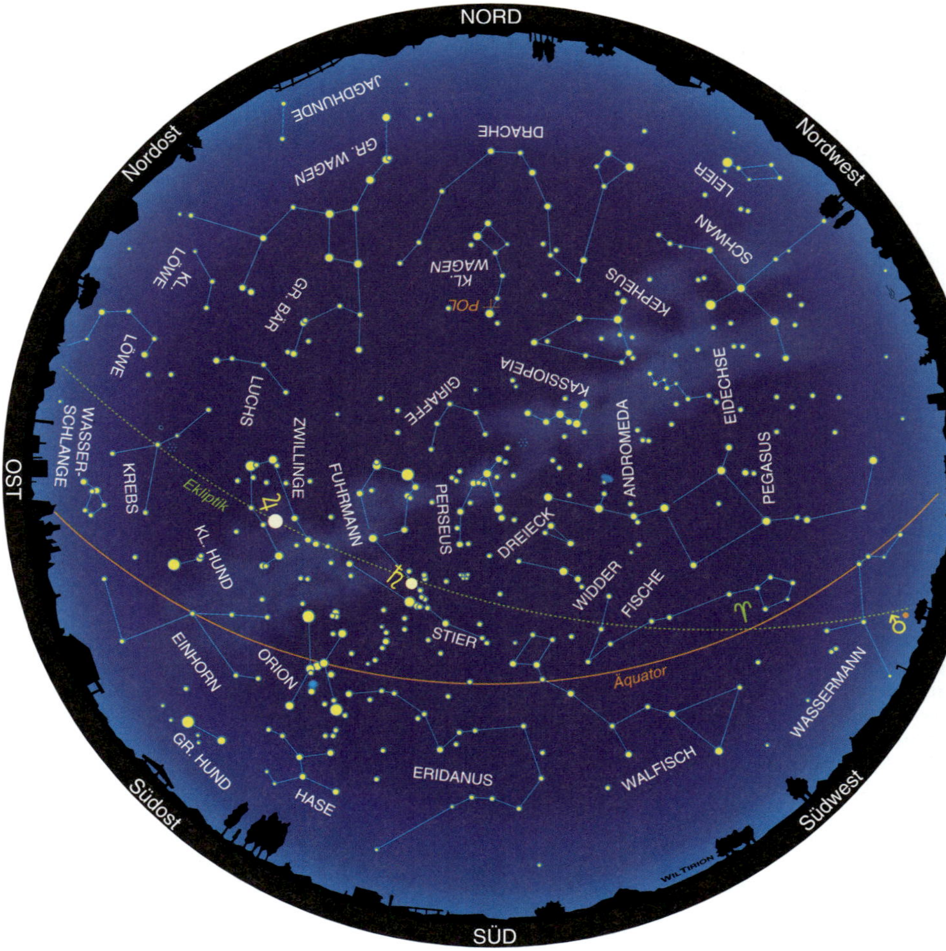

Sternenhimmel am 15. Dezember um 22ʰ MEZ.

Fixsternhimmel auch gültig für:

	MEZ	MESZ
15. 9.	4ʰ	5ʰ
1.10.	3	4
15.10.	2	3
1.11.	1	
15.11.	0	
1.12.	**23**	
15.12.	**22**	
31.12.	**21**	
15. 1.	20	
31. 1.	19	

Am 1. kulminiert Vesta um 23ʰ52ᵐ, am 15. um 22ʰ43ᵐ und am 31. schon um 21ʰ29ᵐ.

Periodische Sternschnuppenströme

Vom 6. bis 17. Dezember macht sich der ekliptikale Strom der **Geminiden** bemerkbar. Ihr Ausstrahlungspunkt liegt in den Zwillingen, rund 1° südwestlich von Kastor. Das Maximum tritt in den Morgenstunden des 14. Dezember ein, wo stündlich weit über sechzig Meteore, mitunter auch sehr helle Objekte, über den Himmel huschen. Die Geschwindigkeiten liegen um 35 Kilometer pro Sekunde, Beobachtungszeit: 21ʰ bis 6ʰ.
Vom 17. bis 24. Dezember tauchen die **Ursiden** auf, deren Radiant im Sternbild Kleiner Bär zu finden ist. Ihr scharfes Maximum erreichen die Ursiden-Meteore in der Nacht vom 22. auf 23. Dezember gegen Mitternacht. Da der Radiant zirkumpolar ist, können die Ursiden die ganze Nacht beobachtet

12.3 **Das Wintersechseck setzt sich aus den Sternen Kapella im Fuhrmann, Aldebaran im Stier, Rigel im Orion, Sirius im Großen Hund, Prokyon im Kleinen Hund und Pollux in den Zwillingen zusammen. Die drei hellen Sterne Beteigeuze, Sirius und Prokyon werden von den Amerikanern zum „Winterdreieck" zusammengefasst.**

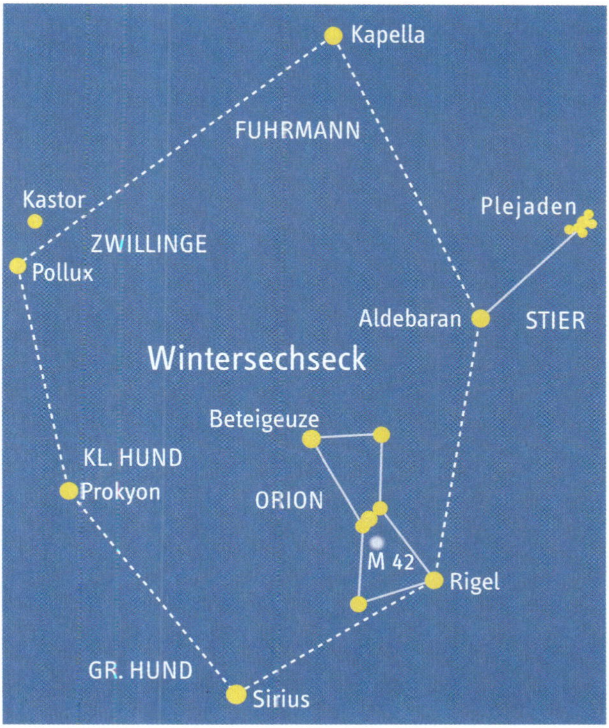

werden. Der Ursprung der Ursiden wird auf den Kometen 8P/Tuttle (früher 1858 I) zurückgeführt. Die Sternschnuppen haben mittlere Geschwindigkeiten von 35 Kilometer pro Sekunde. In den letzten Jahren wurden rund zehn bis zwanzig, manchmal auch mehr Objekte pro Stunde im Maximum registriert. Die Tendenz ist steigend. Wenig ergiebig ist der Strom mit dem Namen **Coma Bereniciden**, dessen Radiant im Haar der Berenike liegt und die um die Jahreswende auftreten – etwa von Mitte Dezember bis Mitte Januar. Es handelt sich um sehr schnelle Objekte (um 65 Kilometer pro Sekunde). Das Maximum liegt um den 20. Dezember, wobei lediglich fünf bis zehn Meteore pro Stunde zu erwarten sind.

Der Fixsternhimmel

Der Anblick des Fixsternhimmels ist jetzt wieder ähnlich dem zu Jahresbeginn im Januar. Der Kreis der Vorstellungen auf der Himmelsbühne schließt sich, das Jahr neigt sich seinem Ende zu. Allerdings fehlen noch zwei Stunden, was sich dadurch bemerkbar macht, dass zwar alle Winterbilder schon im Osten aufgegangen sind, aber tiefer als im Januar zur gleichen Beobachtungsstunde stehen. Besonders deutlich ist dies an Sirius zu erkennen, der im Südosten gerade die Horizontlinie überschritten hat, während der hintere Teil des Großen Hundes sich noch unter dem Horizont befindet.

Die Herbstbilder nehmen nun den Westen ein. Eine Ausnahme bildet Perseus, der den Platz um den Zenit (Scheitelpunkt) besetzt hält. Das Sommerdreieck hat sich aufgelöst, denn Atair im Adler ist bereits untergegangen. Tief im Nordwesten flackert die bei uns zirkumpolare Wega. Etwas höher als Wega erkennt man Deneb im Schwan. Die Kassiopeia, das Himmels-W, hat ihren Meridiandurchgang bereits hinter sich gebracht. Im Norden beginnt der Große Wagen wieder mit seinem Aufstieg.

Das Pegasusviereck und die Sternenkette der Andromeda dominieren den Westhimmel. Die Fische im Südwesten sind wenig auffällig, ebenso der Wassermann und der Walfisch, sie beleben die Himmelsszene kaum. Allerdings hält sich im Wassermann gerade ein helles, rötliches Gestirn auf, nämlich unser Nachbarplanet Mars.

Hoch im Süden hat soeben der Widder mit seinem Hauptstern Hamal (α Arietis) die Mittagslinie passiert. Der Widder gehört zum Tierkreis. Durch ihn wandert die Sonne vom 18. April bis zum 14. Mai. Vor über 2000 Jahren, zu Zeiten eines Hipparchos von Nikaia, lag der Frühlingspunkt noch im Widder. Deshalb spricht man heute noch vom Widderpunkt, wenn man den Frühlingspunkt meint, obwohl er längst in den Fischen liegt. Das Widderzeichen ♈ ist daher

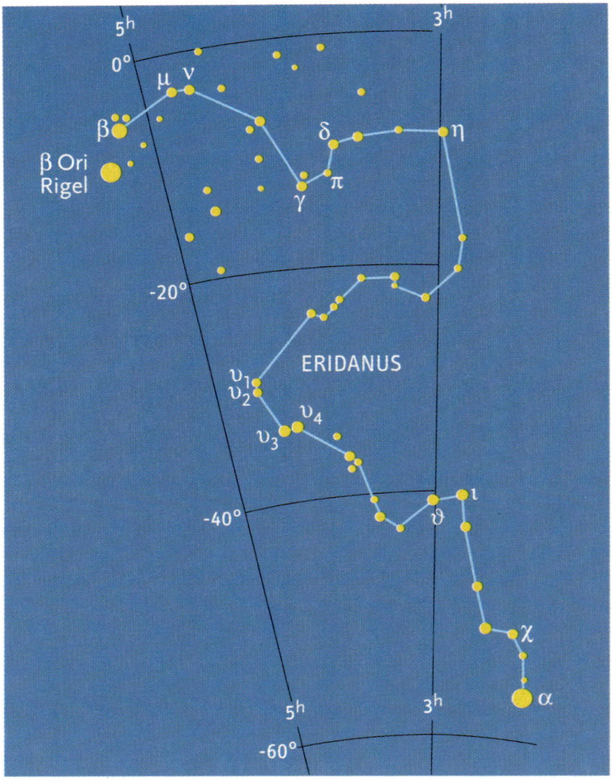

12.4 Skelettkarte des Sternbildes Eridanus.

identisch mit dem Frühlingspunktsymbol. Erst im Jahre 2610 wird der Frühlingspunkt die Fische verlassen und in den Wassermann wechseln. Man spricht daher davon, dass dann das Fischezeitalter zu Ende geht und das des Wassermanns beginnt.
In der östlichen Himmelshälfte wimmelt es nur so von hellen Gestirnen. Sieht man einmal von den beiden leuchtkräftigen Riesenplaneten Jupiter in den Zwillingen und Saturn im Stier ab, so schmücken den Osthimmel die auffälligen Sonnen des winterlichen Firmaments. Neben dem klassischen Wintersechseck, das sich aus Aldebaran im Stier, Rigel im Orion, Sirius im Großen Hund, Prokyon im Kleinen Hund, Pollux in den Zwillingen und Kapella im Fuhrmann zusammensetzt, beleben noch Beteigeuze und Kastor die Himmelsszene, also acht Sterne erster Größe und heller.
Kapella ist der nördlichste Stern erster Größe. Er verleiht dem Bild des Fuhrmanns sein charakteristisches Aussehen. Auch das Lichtband der winterlichen Milchstraße zieht mitten durch das Sternbild Fuhrmann.
Ein Blick auf die Monatssternkarte zeigt, dass der Meridianbereich südlich des Himmelsäquators nur von lichtschwachen Sternen besetzt ist, die offensichtlich zum Sternbild Eridanus gehören. An unserem aufgehellten Zivilisationshimmel sind in diesem Areal überhaupt keine Sterne zu sehen. Man gewinnt den Eindruck, westlich von Orion sei die Gegend sternleer, gewissermaßen ein Loch im Himmel. Nur unter guten Sichtbedingungen an dunklen Orten ohne störende irdische Lichtquelle sieht man die Sterne des Eridanus. Das Sternbild Eridanus ist sehr ausgedehnt. Von Mitteleuropa ist auch nur der nördliche Teil zu sehen, und der ist recht unscheinbar. Der Hauptstern Achernar (α Eridani) gehört mit $0^{m},5$ zu den zehn hellsten Sternen des irdischen Firmaments. Mit –57° Deklination steht er aber so weit südlich, dass er in unseren Breiten nie aufgeht und daher bei uns unsichtbar bleibt. Achernar ist 143 Lichtjahre von uns entfernt.
Der Eridanus ist keine Sagengestalt, keine Person, sondern ein Fluss. Der Fluss Eridanus entspringt bei Rigel im Orion. Er schlängelt sich zunächst westwärts in Richtung Cetus (Walfisch) und windet sich dann in zwei großen Bögen südwärts und verschwindet anschließend bei uns unter dem Horizont. Die bei uns sichtbaren Sterne sind dritter und vierter Größe, so dass der Eridanus den Mitteleuropäern nicht besonders auffällt.
Schon die alten Ägypter sahen in dieser Sternenanordnung einen Fluss. Nach ihrer Vorstellung war es der Totenfluss. Er beginnt bei Osiris, dem Richter der Toten, verkörpert durch das Sternbild Orion. Man sah aber auch im Eridanus das Abbild des Nils. Die Griechen übernahmen die Vorstellung von einem Fluss. Der Fluss Eridanus wird Phaeton, dem Sohn des Sonnengottes Helios zum Verhängnis. Als Phaeton nach langem

Bitten und Betteln einmal selbst mit dem Sonnenwagen und seinen vier feurigen Rossen über den Himmel kutschieren darf, wird ihm bei seiner Reise über das hohe Himmelsgewölbe schwindelig. Als er den Skorpion erblickt, erschrickt er so heftig, dass er die Kontrolle über die Rosse verliert. Die Gäule gehen durch, der Sonnenwagen schleudert, und Phaeton stürzt heraus und fällt kopfüber in die Tiefe. Schließlich plumpst er in den Fluss Eridanus, der sein feuchtes Grab wird. Seine Schwestern, die Heliaden, beweinen den unglücklichen Phaeton. Ihre Tränentropfen gerinnen zu Bernstein, den man an den Ufern des Eridanus angeblich heute noch findet. Die feurige Spur, die Phaeton bei seiner Unglücksfahrt am Firmament eingebrannt hat, ist heute noch als Milchstraße zu sehen.

Mit gut zehn Lichtjahren Entfernung gehört ε Eridani zu den Nachbarsternen unserer Sonne. Als sonnenähnlicher Einzelstern hat man vor über dreißig Jahren versucht, Radiosignale eventueller Bewohner eines Planeten von ε Eridani zu empfangen. Das Projekt lief damals unter der Bezeichnung OZMA und wurde nach einigen Jahren ohne Erfolg eingestellt.

Veränderliche Sterne

Algol-Minima	7.	5^h07^m	10.	1^h55^m	12.	22^h45^m	15.	19^h34^m	27.	6^h51^m	30.	3^h40^m
β-Lyrae-Minima	1.	11^h N	7.	22^h H	14.	10^h N	20.	21^h H	27.	8^h N		
δ-Cephei-Maxima	6.	2^h	11.	11^h	16.	20^h	22.	4^h	27.	13^h		
Mira-Helligkeit	1.	6^m	10.	6^m	20.	7^m	31.	7^m				

CASSINI auf dem Weg zum Ringplaneten

Saturn gehört zu den schönsten und beeindruckendsten Himmelsobjekten für Fernrohrbeobachter. Die mächtige Planetenkugel wird von einem riesigen, freischwebenden Ring umgeben. Selbst nüchterne Astronomen sprechen vom „Juwel des Sonnensystems". Fast jeder Laie ist fasziniert, wenn er den ringgeschmückten Planeten in einem leistungsstarken Teleskop zu Gesicht bekommt. Zwar wurden in den letzten Jahrzehnten auch um die anderen Riesenplaneten Jupiter, Uranus und Neptun Ringe entdeckt. Sie sind aber so lichtschwach, dass sie nur indirekt zu beobachten sind beziehungsweise von Raumsonden aufgezeichnet wurden. Was Größe, Helligkeit und damit Sichtbarkeit betrifft, ist der Saturnring in unserem Sonnensystem einzigartig.

Als Galileo Galilei erstmals im Jahre 1610 sein Fernrohr auf Saturn richtete, glaubte er drei nebeneinander schwebende Kugeln zu sehen. Erst Christian Huygens erkannte 1656 die wahre Natur des Saturns: eine von einem Ring umgebene Planetenkugel. Bald darauf, nämlich 1675, entdeckte Giovanni Domenico Cassini, erster Direktor der Pariser Sternwarte, dass der Ring durch eine dunkle Linie in einen inneren und einen äußeren Bereich geteilt wird. Noch heute spricht man von der Cassini-Teilung oder -Lücke. Sie ist in Fernrohren ab zehn Zentimeter Öffnung und mindestens hundertfacher Vergrößerung zu erkennen. Die Cassini-Teilung trennt den Saturnring somit in einen äußeren (A-) und einen inneren (B-) Ring. Johann Franz Encke, Astronom in Berlin, fand im Jahre 1837 eine weitere, allerdings sehr dünne, dunkle Linie in der Nähe des äußeren Randes im A-Ring. Er sprach von „Bleistiftstrich", heute ist sie unter der Bezeichnung Encke-Teilung bekannt. Ein Jahr später fand Neptunentdecker Johann Gottfried Galle von der Berliner Sternwarte innerhalb des B-Ringes einen schwachen Schimmer. Dieser C-Ring ist schwierig zu erkennen. Er reicht fast bis zur obersten Atmosphärenschicht des Saturn. Man nennt den C-Ring auch Flor- oder Kreppring. Schließlich fand man im Jahre 1969 auf langbelichteten Aufnahmen den innersten Ring (D-Ring). Die Lücke zwischen C- und D-Ring heißt Guerin-Trennung. Erst Raumsondenmissionen ließen erkennen, dass der Saturnring nicht nur aus vier, sondern aus Hunderten einzelner Ringe zusammengesetzt ist. Saturn wird daher manchmal als „Herr der tausend Ringe" bezeichnet. Nahaufnahmen lassen den Saturnring als überdimensionale, kosmische Schallplatte erscheinen. Dreimal erhielt Saturn bisher Besuch von irdischen Spähern: Am 1. September 1979 passierte

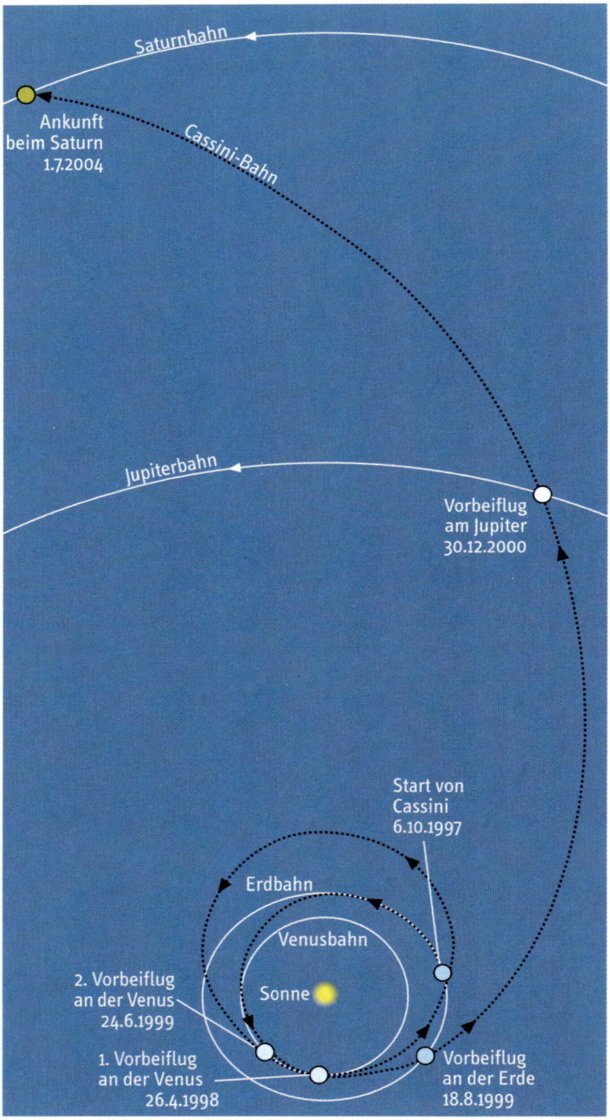

12.5 Bahn der Raumsonde Cassini zum Riesenplaneten Saturn und seinen Monden. Die Ankunft ist für den 1. Juli 2004 geplant.

Pioneer 11 in nur 20 930 Kilometer Entfernung die riesige Saturnkugel. Schon am 12. November 1980 folgte Voyager 1 und am 25. August 1981 schließlich Voyager 2. Alle drei Raumsonden funkten phantastische Aufnahmen von Saturn und seinem Ringsystem zur Erde, entdeckten über ein Dutzend neuer Monde, ließen die bizarren Oberflächenformen der größeren Saturnmonde erkennen und lösten unter anderem das Japetus-Rätsel. So erfolgreich die Sonden auch waren, einen Nachteil hatten sie: Sie flogen in wenigen Stunden an Saturn vorbei und lieferten somit nur Momentaufnahmen. Für längere Beobachtungen und ausgiebigere Erkundung des Saturnsystems waren sie nicht geschaffen.

Und so entschloss sich die amerikanische Raumfahrtbehörde NASA eine unbemannte Saturnexpedition zu starten, die den Ringplaneten eine längere Zeitspanne und ausgiebiger beobachten soll. Das ehrgeizige Projekt wurde Cassini getauft, nach dem eben erwähnten Entdecker der Saturnringteilung und von vier Saturnmonden.

„Saturnforschung ist nichts für ungeduldige Menschen“ ließ Carolyn Porco, Wissenschaftlerin an der University of Arizona und Projektleiterin der Cassini-Mission, die Journalisten anlässlich einer Pressekonferenz im Jet Propulsion Laboratory in Pasadena (Kalifornien) wissen. Wie recht sie doch hatte! Nicht nur, dass die Reise zum Saturn auch unter günstigen Umständen sieben Jahre währt. Schon Mitte der 80er Jahre wurde das Nachfolgeprojekt der bisherigen Saturnmissionen geplant. Ursprünglich sollte Cassini bereits 1991 in eine Bahn zum Saturn geschossen werden, spätestens jedoch 1995. Auch dieses Ziel konnte nicht eingehalten werden. Budgetkürzungen und technische Probleme zögerten den Start immer mehr hinaus. Schließlich war es dann doch soweit: Am 15. Oktober 1997 brachte eine Titan IV Centaur-Rakete von Cape Canaveral aus Cassini auf die fast vier Milliarden Kilometer lange Reise zum Ringplaneten. Der Flug zum Saturn dauert sieben Jahre. Dies ist noch eine relativ kurze Reisezeit. Mit dem Schub der Titan-Rakete allein wäre es jedenfalls nicht möglich, in dieser Zeitspanne – nämlich in 2451 Tagen – die sechs Tonnen schwere Cassini-Sonde zum Saturn zu katapultieren. Man nutzt vielmehr die Gravitationswirkung und den Bewegungsimpuls der Planeten Venus, Erde und Jupiter aus, um die Sonde mehrfach zu beschleunigen und so in Richtung Saturn zu schleudern. Dabei ist es notwendig, relativ knapp an den Planeten vorbeizufliegen, also sogenannte Swing-by-Manöver durchzuführen. Diese auch als „gravity-assist“ bezeichnete Verfahrensweise wurde bereits mehrfach angewandt. So flog Voyager 2 zuerst an Jupiter, dann an Saturn und Uranus sowie schließlich an Neptun vorbei und durchquerte auf diese Weise in relativ kurzer Zeit unser Sonnensystem.

Cassini passierte am 26. April 1998 erstmals unseren inneren Nachbarplaneten, wobei er sich bis auf 284 Kilometer der wolkenverhangenen Venusoberfläche näherte. Zur zweiten Begegnung mit Venus kam es am 617. Missionstag, nämlich am 24. Juni 1999, wobei die geringste Distanz von der Venusoberfläche 600 Kilometer betrug. Je geringer die Distanz bei einem Swing-by-Manöver ausfällt, desto größer der Impulsgewinn. Bereits am 18. August 1999 raste Cassini dann an der Erde vorbei, wobei um 5^h28^m Sommerzeit die geringste Entfernung mit 1170 Kilometer vom Erdboden erreicht wurde. Am 11. August wurde noch eine kleine Kurskorrektur durchgeführt. Da am gleichen Tag die letzte totale Sonnenfinsternis des ausgehenden zweiten Jahrtausends stattfand, wurden irrationale Ängste geschürt. Cassini sei der „himmlische Schreckenskönig“, den der Astrologe Nostradamus angeblich für diesen Termin angekündigt hat. Man befürchtete eine Kollision mit der Erde und in deren Folge eine radioaktive Verseuchung unserer Lufthülle durch das Plutonium der Isotopenbatterien, die Cassini mit Strom versorgen. Von den Medien wurde dieses Katastrophenszenario wie immer genüsslich breitgetreten. Doch nichts dergleichen geschah. Unser Planet beschleunigte Cassini ein weiteres Mal. Nun ist der künstliche Saturnforscher auf dem Weg zu Jupiter, den er an der Schwelle zum dritten Jahrtausend passieren wird: Am 30. Dezember 2000 wird Cassini in respektvollem Abstand von zehn Millionen Kilometer am Riesenplaneten vorbeifliegen. Näher darf Cassini nicht an Jupiter herankommen, denn dessen gewaltige Masse würde die Bahn der Raumsonde so stark abändern, dass sie ihr Ziel Saturn verfehlen würde. Dreieinhalb Jahre nach der Jupiterpassage wird schließlich Saturn erreicht. Am 1. Juli 2004 wird Cassini in eine Umlaufbahn um den Ringplaneten einschwenken. Bereits drei Wochen vorher wird Phoebe, der äußerste Saturnmond, in rund 50 000 Kilometer Distanz passiert. Bei Phoebe handelt es sich um einen eingefangenen Planetoiden. Denn dieser Satellit läuft retrograd auf einer stark geneigten Bahn (150°) um Saturn. Kurz vor dem Einschwenken in einen Saturnorbit schießt Cassini am größten Saturnmond, dem Titan, vorbei. Die Distanz gleicht dabei etwa der Entfernung Erde-Mond. Rund zwei Stunden bevor die Saturnsonde die Minimaldistanz von der Planetenkugel erreicht, stößt sie zwischen dem F- und G-Ring durch die Ringebene hindurch. Die Missionsspezialisten hoffen, dass es nicht zu einer Kollision mit einem Ringpartikel kommt. Eine halbe Stunde später zün-

12.6 Saturn, der berühmte Ringplanet, aufgenommen von Voyager 1 im Oktober 1980 (NASA/JPL).

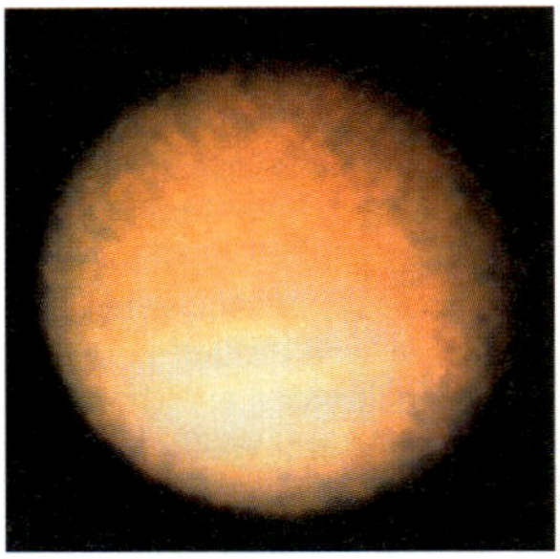

12.7 Titan, der größte Saturnmond, wird von einer dichten Atmosphäre umschlossen (Aufnahme Voyager 1, NASA/JPL).

det das Haupttriebwerk und bremst Cassini so weit ab, dass sie in eine langgestreckte Ellipse einschwenkt, dessen Perikronium (saturnnächster Bahnpunkt) bei 200 000 Kilometer, das Apokronium (saturnfernster Bahnpunkt) jedoch bei zehn Millionen Kilometer liegt, was eine Umlaufzeit von 147 Tagen ergibt. In einer späteren Missionsphase wird diese Umlaufbahn noch mehrfach modifiziert, um auch nahe Vorbeiflüge an den Saturnmonden zu ermöglichen und vor allem das Ringsystem genauer zu erkunden.
Cassini ist mit einer großen Zahl von Detektoren und Meßgeräten bestückt. Sie ist die größte, schwerste und komplexeste Planetensonde, die je gebaut wurde und vermutlich die letzte ihrer Art. Denn heute werden kleinere und einfachere Sonden auf die Reise in den interplanetaren Raum geschickt. Die Gesamtlänge von Cassini misst etwas über sechs Meter, die Gesamtmasse ohne Treibstoff beträgt zweieinhalb Tonnen, mit Treibstoff knapp sechs Tonnen. 300 Kilogramm entfällt auf die wissenschaftliche Nutzlast und 343 Kilogramm Masse hat die Tochtersonde Huygens, die auf Titan landen soll. Allein das Hitzeschutzschild von Huygens hat über hundert Kilogramm. Die vier Meter im Durchmesser große Parabolantenne, die in Italien gefertigt wurde, erlaubt eine Übertragungsrate von 190 kbit/s. Dies ist auch notwendig, denn außer reinen Messdaten sollen von den beiden Kameras an Bord gestochen scharfe Bilder hoher Auflösung übertragen werden. Die Kameras sind mit elektronischen Halbleiterdetektoren, sogenannten CCD-Chips, bestückt. Jeder Chip verfügt über 1024 × 1024 Pixels (Bildpunkte). Die Telekamera hat eine Brennweite von zwei Metern und ein Gesichtsfeld von etwa einem halben Grad Durchmesser – dies entspricht der scheinbaren Größe von Sonne und Mond am irdischen Firmament. Außer für sichtbares Licht ist die Kamera auch für ultraviolette und infrarote Strahlen empfindlich. Noch aus 1700 Kilometer Entfernung kann die Telekamera Objekte von nur zehn Meter Größe erkennen.
Die zweite Kamera an Bord von Cassini ist ein Weitwinkelinstrument von 20 cm Brennweite und einem Gesichtsfeld von 3,°5 Durchmesser. Man erhofft sich mit Hilfe der beiden Kameras unter anderem genauere Aufschlüsse über die Natur der Ringe. Noch niemand hat ein einzelnes, typisches Ringteilchen aus der Nähe gesehen. Wie verhalten sich die Ringpartikel, wie groß ist die mittlere freie Weglänge der Teilchen? Gibt es zahlreiche Minimonde im Ringsystem? Woher kommen die Speichen? Wie sind die Ringe entstanden?
Auch die Wolkenformationen sollen die Kameras enträtseln helfen. Alle bisherigen Beobachtungen zeigen eine äußerst detailarme Struktur der Wolken in der Saturnatmosphäre, ganz im Gegensatz zu Jupiter. Dabei toben auf Saturn in Zonen parallel zum Äquator die heftigsten Stürme im ganzen Sonnensystem: Windgeschwindigkeiten von über 1500 Kilometer pro Stunde wurden bislang registriert.
Weitere Experimente sollen Druck, Temperatur, chemische Zusammensetzung und den vertikalen Aufbau der Saturnatmosphäre erkunden. Dazu dienen ein Ultraviolett- und ein Infrarot-Spektrometer. Andere Instrumente an Bord des Saturn-Orbiters dienen der Plasma- und Staubanalyse (Ionen-Massenspektrometer und ein Low-energy-Plasma-Instrument, auch als Cassini-Plasma-Spektrometer bezeichnet). Das Star-light-filtering Experiment wieder soll Aufschlüsse über die Struktur der Ringe und die Partikelgröße geben: Das Licht ferner Sterne scheint durch die Ringe und wird dabei gefiltert, gestreut und gebeugt. Ferner wird das an einem zehn Meter langen Ausleger mitgeführte Magnetometer den Aufbau der Saturnmagnetosphäre genau erkunden.
Auch die Erforschung der Saturnmonde soll nicht zu kurz kommen. Von der Erde aus erscheinen die Saturnsatelliten nur als sternartige Lichtpünktchen. Cassini soll bei einzelnen Monden Oberflächendetails zwischen einem und fünf Kilometer Größe erfassen. An Titan sind vierzig nahe Vorbeiflüge geplant, an Enceladus und Japetus je sechs. Auf Enceladus gibt es vermutlich einen Kryo-Vulkanismus (Kälte-Vulkanismus): Aus der tiefgefrorenen Oberfläche spritzt an einzelnen Stellen Wasser heraus, das sofort gefriert. Dies mag erklären, warum dieser Satellit nur wenige und an manchen Stellen gar keine Einschlagkrater auf-

weist. Möglicherweise wird der dünne E-Ring des Saturn von Eispartikeln gespeist, die ein noch aktiver Vulkanismus auf Enceladus in den Weltraum schleudert.
Auch das Japetusrätsel soll gelöst werden. Wie Sternfreunde wissen, ist dieser Saturnmond in westlicher Elongation zwei Größenklassen heller als in östlicher. Die eine Japetushalbkugel ist gleißend hell, die andere kohlrabenschwarz. Warum dies so ist, das weiß bis heute niemand.
Das Hauptaugenmerk gilt Titan, dem mit 5120 Kilometer Durchmesser größten Saturnmond und zweitgrößten Mond in unserem Sonnensystem. Cassini trägt Huckepack die Tochtersonde Huygens. Es ist dies die erste europäische Planetensonde, die unter Federführung der ESA gebaut wurde. 122 europäische Wissenschaftler waren und sind zum Teil noch an diesem Projekt beteiligt. Huygens soll in die dichte und undurchsichtige Titanatmosphäre eindringen und weich auf der Titanoberfläche aufsetzen. Auch Cassini selbst wird Titan „unter die Lupe" nehmen, nämlich mit einem Radar seine Oberfläche abtasten. Sowohl die Rotationsdauer als auch die Oberflächenstrukturen sollen damit bestimmt werden. Aus tausend Kilometer Entfernung beträgt die zu erzielende Auflösung etwa fünf Kilometer, wobei Höhenunterschiede von drei Kilometer und mehr registriert werden können. Diese relativ hohe Auflösung wird durch ein spezielles Verfahren möglich, das unter der Bezeichnung „Synthetic Apertur Radar (SAR)" bekannt wurde. Die SAR-Technik basiert auf der Relativbewegung von Cassini zu Titan. Durch die rasche Lageveränderung der Parabolantenne im Raum wird die Öffnung (Apertur) des Reflektors „synthetisch" (besser: virtuell) vergrößert: Dem Empfänger wird eine riesige, schüsselförmige Radioantenne vorgetäuscht. Allerdings wird mit dem SAR-Verfahren nur knapp ein Prozent der Titanoberfläche erfaßt werden.
Besonders spannend wird das Eindringen der europäischen Tochtersonde Huygens in die undurchsichtige Atmosphäre des Riesenmondes Titan werden. Der Abstieg von Huygens zur Titanoberfläche soll am 27. November 2004 erfolgen. Huygens trifft zunächst mit einer Geschwindigkeit von 22 000 Kilometer pro Stunde auf die oberste Atmosphärenschicht von Titan. Innerhalb von nur wenigen Minuten wird das Raumfahrzeug auf nur noch tausend Kilometer pro Stunde abgebremst. Das hundert Kilogramm massereiche Hitzeschutzschild verhindert dabei, dass Huygens verglüht. Nachdem die Raumsonde Unterschallgeschwindigkeit erreicht hat, wird zunächst ein so genannter Pilotfallschirm per Sprengladung geöffnet. Anschließend entfaltet sich der Hauptfallschirm von gut acht Meter Durchmesser und bremst Huygens auf deutlich unter 400 Kilometer pro Stunde Geschwindigkeit ab. Kurz darauf werden die Beobachtungsinstrumente an Bord von Huygens aktiviert. Anschließend wird das Hitzeschutzschild abgesprengt, der große Hauptfallschirm abgeworfen und ein kleinerer Fallschirm von rund drei Meter Durchmesser geöffnet. Jetzt ist Huygens nur noch etwa hundert Kilometer über der eigentlichen Titanoberfläche. Seine Sinkgeschwindigkeit ist soweit verringert, dass der Abstieg bis zur sanften Landung rund drei Stunden dauert. Ob es zu einer „Landung" oder „Wasserung" kommt, ist noch nicht klar. Denn niemand weiß bisher, wie die Titanoberfläche aussieht. Manche Astronomen vermuten, dass Titan bei −180 °C Oberflächentemperatur von einem riesigen Methanozean umschlossen wird, auf dem Kontinente aus Wassereis schwimmen. Aus Methanwolken fällt Methanregen hernieder, die Gegend glimmt in einem düsteren, rötlichen Licht. Die rötliche Färbung geht auf den Stickstoffdunst zurück, der mit etwa 80 Prozent der Hauptbestandteil der Atmosphäre ist.
Wenn Huygens die Oberflächenberührung heil übersteht, dann werden ihre Instrumente noch einige Minuten Daten senden, bis die Batterien in der eisigen Kälte erschöpft sind. Beim Abstieg sollen neben der Registrierung von Dichte, Temperatur, Druck und chemischer Zusammensetzung sowie Windgeschwindigkeit auch Bilder von Wolkenformationen und der eigentlichen Oberfläche gewonnen werden. Dazu dient ein spezielles Radiometer mit zwei Sensoren, je einer für die horizontale und einer für die vertikale Blickrichtung. Man hofft, insgesamt über tausend Bilder zu erhalten. Ein Aerosol-Detektor soll ferner Schwebeteilchen (Staub und Tröpfchen) in der Titanluft aufspüren.
Noch ist Cassini mit Huygens längst nicht bei Saturn eingetroffen, da plant man schon das Nachfolgeprojekt, den Saturn-Ring-Observer (SRO), dessen Start schon im Jahre 2002 erfolgen soll. SRO soll erstmals eine direkte Aufnahme und Analyse einzelner Ringpartikel ermöglichen. Aber schon die Cassini-Mission wird unser Wissen über Saturn und seine Monde ungeheuer erweitern – sofern sie erfolgreich verläuft.

T.1 Die Größe der Planetenscheibchen im Jahre 2001. Man beachte den eingetragenen Maßstab in Bogensekunden. Anblick im umkehrenden Fernrohr (Norden unten, Osten rechts).

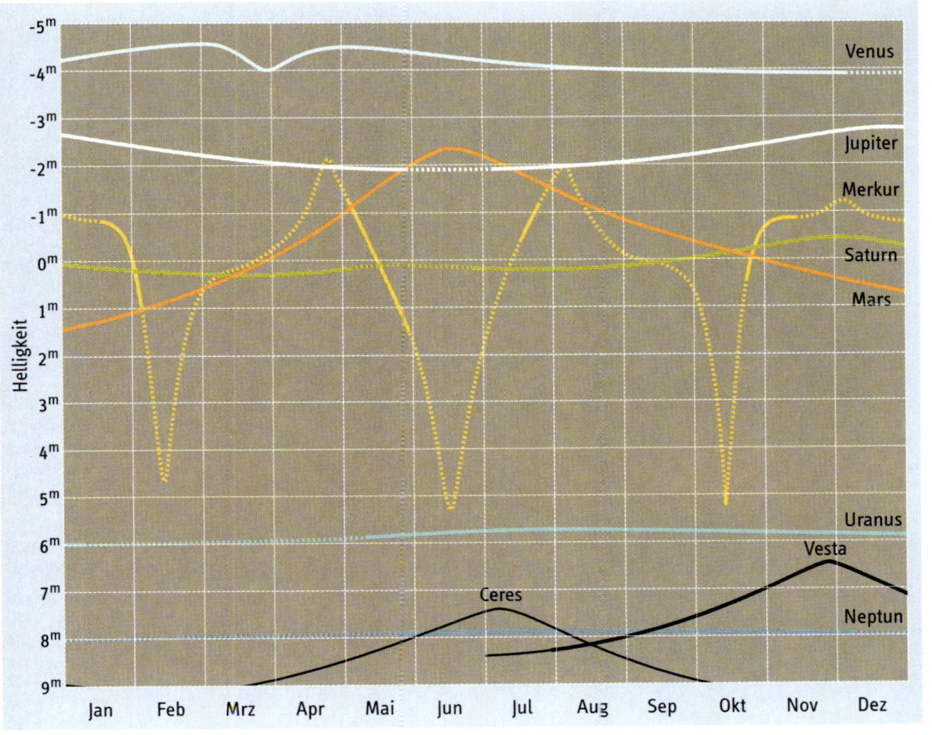

T.2 **Die Helligkeiten der Planeten 2001.**

T.3 **Die Sichtbarkeiten der Planeten im Jahre 2001.**

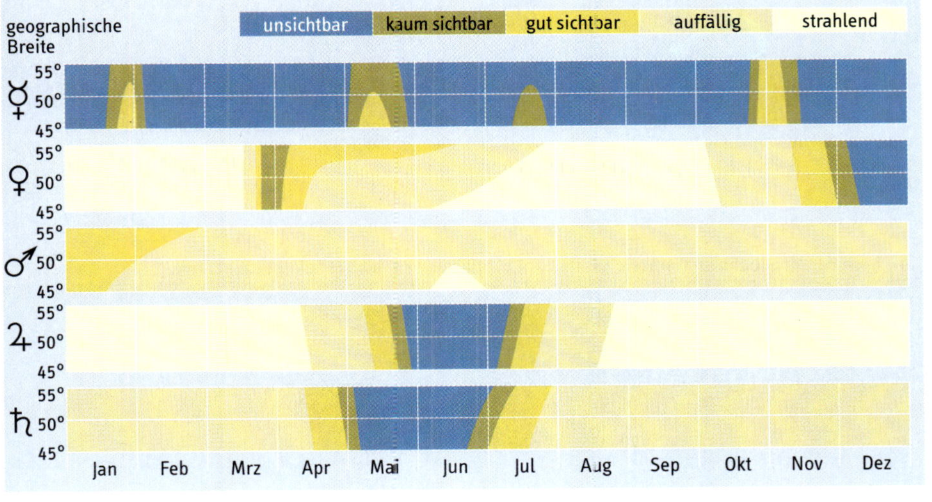

Ekliptikale Koordinaten des Mondes 2001

	JANUAR		FEBRUAR		MÄRZ		APRIL		MAI		JUNI	
Tag	Länge	Breite	Länge	Breite	Länge	Breite	Länge	Breite	Länge	Breite	Länge	Breite
	°	°	°	°	°	°	°	°	°	°	°	°
2.	0,9	−5,1	48,2	−4,4	58,0	−3,6	109,4	+0,8	148,6	+4,0	201,5	+5,1
4.	26,2	−5,2	75,6	−2,6	85,1	−1,6	138,0	+3,1	177,1	+5,0	228,5	+3,9
6.	53,1	−4,2	104,7	0,0	113,6	+0,9	167,2	+4,6	205,3	+4,9	254,5	+2,0
8.	81,8	−2,1	135,0	+2,6	143,2	+3,3	196,3	+5,0	232,7	+3,6	279,6	−0,3
10.	111,9	+0,6	165,3	+4,5	173,3	+4,7	224,4	+4,1	258,9	+1,6	303,8	−2,4
12.	142,2	+3,2	194,5	+5,2	202,5	+5,0	250,9	+2,4	283,7	−0,6	327,6	−4,1
14.	171,6	+4,8	221,7	+4,6	230,0	+4,0	275,9	+0,3	307,7	−2,6	351,4	−5,1
16.	199,4	+5,3	247,2	+3,2	255,7	+2,3	299,9	−1,8	331,5	−4,2	15,9	−5,2
18.	225,6	+4,6	271,5	+1,2	280,0	+0,2	323,5	−3,5	355,5	−5,1	41,6	−4,3
20.	250,4	+3,0	295,1	−0,9	303,6	−1,8	347,5	−4,7	20,5	−5,0	68,8	−2,4
22.	274,5	+1,0	318,7	−2,9	327,3	−3,6	12,3	−5,0	46,8	−4,0	97,4	+0,1
24.	298,1	−1,2	342,6	−4,3	351,4	−4,7	38,2	−4,4	74,3	−2,0	126,8	+2,7
26.	321,8	−3,1	7,0	−5,1	16,3	−5,0	64,9	−2,8	102,6	+0,6	156,0	+4,6
28.	345,6	−4,6	32,0	−4,8	41,9	−4,3	92,4	−0,5	131,2	+3,0	184,5	+5,3
30.	9,9	−5,2	–	–	68,3	−2,7	120,3	+1,9	159,6	+4,7	211,9	+4,8

	JULI		AUGUST		SEPTEMBER		OKTOBER		NOVEMBER		DEZEMBER	
Tag	Länge	Breite	Länge	Breite	Länge	Breite	Länge	Breite	Länge	Breite	Länge	Breite
	°	°	°	°	°	°	°	°	°	°	°	°
2.	238,2	+3,3	285,0	−0,8	329,7	−4,2	2,4	−5,0	48,6	−3,3	84,0	−0,3
4.	263,6	+1,2	309,0	−2,8	353,5	−4,9	26,9	−4,5	74,6	−1,2	111,6	+2,2
6.	288,1	−1,1	332,7	−4,3	17,6	−4,9	51,9	−3,1	101,4	+1,2	139,8	+4,2
8.	312,1	−3,1	356,4	−5,1	42,2	−3,9	77,7	−1,1	128,9	+3,4	168,2	+5,2
10.	335,9	−4,5	20,6	−5,0	67,7	−2,2	104,4	+1,3	157,2	+4,8	196,5	+5,0
12.	359,7	−5,2	45,4	−4,0	94,4	+0,1	132,4	+3,4	186,1	+5,1	224,3	+3,6
14.	24,1	−5,0	71,6	−2,1	122,8	+2,5	161,7	+4,8	214,9	+4,1	251,4	+1,4
16.	49,7	−3,8	99,5	+0,4	152,7	+4,3	191,5	+4,9	242,9	+2,2	277,6	−1,0
18.	77,0	−1,7	129,1	+2,9	183,1	+5,0	220,8	+3,8	269,6	−0,2	302,7	−3,1
20.	105,9	+0,9	159,6	+4,6	212,7	+4,3	248,6	+1,8	294,9	−2,4	326,9	−4,6
22.	135,9	+3,3	189,7	+5,1	240,5	+2,6	274,6	−0,5	319,1	−4,1	350,7	−5,3
24.	165,8	+4,9	218,2	+4,3	266,4	+0,5	299,2	−2,6	342,9	−5,1	14,6	−5,0
26.	194,8	+5,2	244,8	+2,5	291,0	−1,7	323,1	−4,1	6,8	−5,2	39,2	−3,9
28.	222,2	+4,2	270,0	+0,4	314,8	−3,4	346,8	−5,0	31,5	−4,3	65,1	−2,0
30.	248,1	+2,5	294,1	−1,7	338,5	−4,6	11,0	−5,0	57,2	−2,6	92,5	+0,5

Die Koordinaten gelten für 1^h MEZ und sind geozentrische Werte. Von Mitteleuropa aus steht der Mond etwa 0°,7 südlicher. Abstand der Mondbahn relativ zu helleren Sternen 2001:

Stern:	Aldebaran	Alhena	Pollux	Regulus	Spica	Antares	Nunki
Mond:	2° nördl.	6° nördl.	6° südl.	4° nördl.	7° nördl.	6° nördl.	2° nördl.

T.4 Lage der Mondbahn im Tierkreis relativ zur Ekliptik von 180° bis 360° ekliptikale Länge.

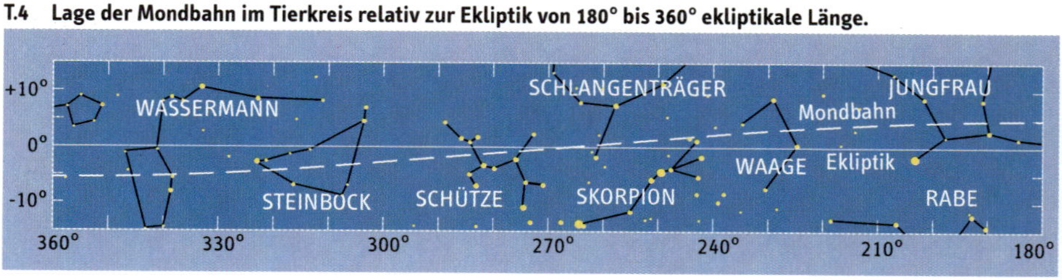

Ekliptikale Koordinaten der Sonne und der großen Planeten

Datum		SONNE Länge	MERKUR Länge	MERKUR Breite	VENUS Länge	VENUS Breite	MARS Länge	MARS Breite	JUPITER Länge	JUPITER Breite	SATURN Länge	SATURN Breite
		°	°	°	°	°	°	°	°	°	°	°
Jan	1.	280,6	284,3	−2,0	327,0	−1,5	214,9	+1,3	62,2	−0,8	54,6	−2,2
	10.	289,8	299,1	−2,1	336,7	−0,9	220,1	+1,2	61,6	−0,8	54,3	−2,2
	20.	300,0	315,5	−1,4	347,1	0,0	225,9	+1,2	61,2	−0,7	54,1	−2,1
	31.	311,2	329,2	+0,8	357,5	+1,3	232,0	+1,1	61,2	−0,7	54,1	−2,1
Feb	10.	321,3	327,6	+3,3	5,8	+2,7	237,4	+1,1	61,6	−0,6	54,3	−2,0
	20.	331,4	317,3	+3,2	12,5	+4,3	242,7	+1,0	62,3	−0,6	54,7	−2,0
	28.	339,5	315,7	+1,5	16,1	+5,6	246,7	+0,9	63,0	−0,6	55,1	−1,9
Mrz	10.	349,5	322,0	−0,5	17,7	+7,2	251,5	+0,7	64,2	−0,5	55,8	−1,9
	20.	359,4	333,5	−1,8	15,2	+8,2	255,9	+0,6	65,6	−0,5	56,6	−1,8
	31.	10,3	349,5	−2,4	8,9	+7,9	260,3	+0,3	67,4	−0,5	57,7	−1,8
Apr	10.	20,2	6,6	−2,1	3,5	+6,2	263,7	+0,1	69,2	−0,5	58,7	−1,8
	20.	30,0	26,2	−1,0	1,4	+4,0	266,4	−0,3	71,2	−0,4	59,9	−1,8
	30.	39,7	47,4	+0,7	3,2	+1,9	268,2	−0,7	73,3	−0,4	61,1	−1,7
Mai	10.	49,4	66,9	+2,1	8,0	+0,2	269,0	−1,2	75,4	−0,4	62,3	−1,7
	20.	59,0	81,2	+2,3	14,9	−1,1	268,6	−1,7	77,7	−0,4	63,6	−1,7
	31.	69,6	89,3	+0,8	24,1	−2,0	266,7	−2,4	80,2	−0,3	65,1	−1,7
Jun	10.	79,2	88,8	−1,9	33,4	−2,5	263,9	−3,1	82,5	−0,3	66,3	−1,7
	20.	88,7	83,6	−4,2	43,4	−2,8	260,7	−3,6	84,8	−0,3	67,6	−1,7
	30.	98,3	81,4	−4,4	53,9	−2,8	257,7	−4,0	87,1	−0,3	68,8	−1,7
Jul	10.	107,8	86,8	−2,8	64,7	−2,6	255,7	−4,2	89,3	−0,3	70,0	−1,7
	20.	117,3	100,0	−0,6	75,8	−2,2	255,1	−4,3	91,5	−0,3	71,0	−1,7
	31.	127,8	121,2	+1,3	88,3	−1,7	255,9	−4,2	93,9	−0,3	72,1	−1,7
Aug	10.	137,4	141,8	+1,8	99,8	−1,2	258,0	−4,1	95,9	−0,2	73,0	−1,7
	20.	147,0	160,5	+1,2	111,5	−0,7	261,2	−3,9	97,8	−0,2	73,7	−1,7
	31.	157,6	178,4	−0,1	124,5	−0,1	265,7	−3,6	99,8	−0,2	74,3	−1,8
Sep	10.	167,3	192,3	−1,5	136,5	+0,4	270,6	−3,4	101,3	−0,2	74,7	−1,8
	20.	177,1	203,4	−2,8	148,7	+0,9	276,0	−3,2	102,7	−0,2	74,9	−1,8
	30.	186,9	209,5	−3,6	160,9	+1,2	281,9	−2,9	103,9	−0,2	74,9	−1,8
Okt	10.	196,7	205,4	−2,8	173,2	+1,4	288,2	−2,7	104,8	−0,2	74,8	−1,8
	20.	206,6	195,0	+0,4	185,6	+1,5	294,7	−2,4	105,4	−0,1	74,5	−1,9
	31.	217,6	199,2	+2,1	199,3	+1,5	302,2	−2,1	105,7	−0,1	73,9	−1,9
Nov	10.	227,6	213,3	+1,8	211,8	+1,4	309,2	−1,9	105,6	−0,1	73,3	−1,9
	20.	237,7	229,2	+0,7	224,3	+1,2	316,3	−1,6	105,2	−0,1	72,6	−1,9
	30.	247,8	245,1	−0,4	236,9	+0,8	323,5	−1,4	104,4	−0,1	71,8	−1,9
Dez	10.	258,0	260,8	−1,4	249,5	+0,5	330,8	−1,2	103,4	0,0	70,9	−1,9
	20.	268,1	276,6	−2,1	262,0	+0,1	338,1	−0,9	102,2	0,0	70,1	−1,8
	31.	279,3	294,0	−2,1	275,9	−0,4	346,1	−0,7	100,8	0,0	69,4	−1,8

Länge:	Jan 1.	Mrz 1.	Mai 1.	Jul 1.	Sep 1.	Nov 1.	Dez 31.	Breite
URANUS	318°,6	321°,9	324°,5	324°,4	322°,2	320°,9	322°,4	−0°,8 bis −0°,7
NEPTUN	305,3	307,5	308,7	308,1	306,5	306,0	307,4	+0,1 bis +0,2
PLUTO	253,8	255,2	254,8	253,2	252,5	253,8	256,0	+9,8 bis +10,7

T.4 Lage der Mondbahn im Tierkreis relativ zur Ekliptik von 0° bis 180° ekliptikale Länge.

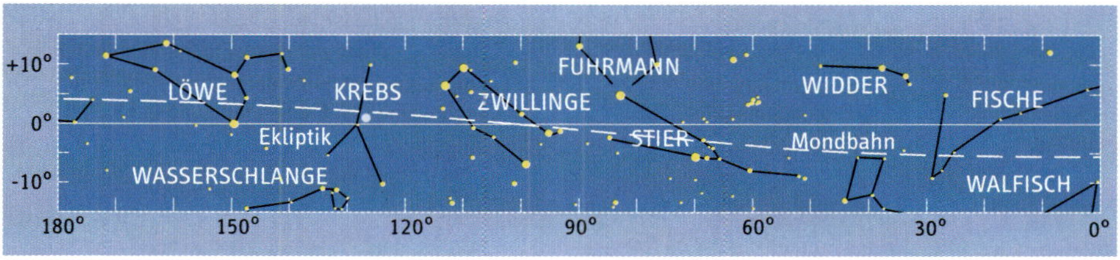

Ephemeriden der großen Planeten Januar-Juni 2001

Datum	MERKUR Rektas. h m	Deklin. °	Kulmin. h m	Unterg. h m	Du. ″	bel. %	VENUS Rektas. h m	Deklin. °	Kulmin. h m	Unterg. h m	Du. ″	bel. %
Jan 1.	19 03	−24,6	12 42	16 35	4,7	99	21 59	−13,9	15 36	20 33	20,9	59
5.	19 31	−23,9	12 54	16 53	4,8	98	22 15	−12,2	15 37	20 43	21,7	57
10.	20 07	−22,4	13 10	17 19	5,0	96	22 35	− 9,9	15 37	20 55	22,7	55
15.	20 41	−20,3	13 25	17 47	5,3	91	22 54	− 7,5	15 36	21 06	23,9	52
20.	21 14	−17,6	13 37	18 15	5,7	83	23 12	− 5,1	15 34	21 15	25,3	50
25.	21 42	−14,5	13 45	18 39	6,4	69	23 29	− 2,6	15 32	21 24	26,8	47
31.	22 04	−11,0	13 42	18 54	7,5	43	23 49	+ 0,2	15 27	21 34	28,8	43
Feb 5.	22 08	− 9,2	13 24	18 43	8,8	20	0 04	+ 2,6	15 22	21 40	30,7	40
10.	21 55	− 9,2	12 50	18 07	10,0	4	0 17	+ 4,8	15 16	21 44	32,9	37
15.	21 33	−10,7	12 09		10,5	2	0 29	+ 6,9	15 08	21 46	35,3	33
20.	21 15	−12,6	11 32	Aufg.	10,1	12	0 39	+ 8,9	14 58	21 46	38,1	29
25.	21 09	−14,1	11 08	6 15	9,3	25	0 47	+10,6	14 46	21 42	41,1	25
28.	21 11	−14,7	10 58	6 08	8,8	33	0 51	+11,5	14 37	21 38	43,1	22
Mrz 5.	21 21	−15,0	10 50	6 01	8,0	44	0 54	+12,8	14 21	21 27	46,6	18
10.	21 38	−14,6	10 47	5 56	7,4	54	0 54	+13,6	14 01	21 10	50,2	13
15.	22 00	−13,6	10 49	5 52	6,8	61	0 50	+13,9	13 37	20 48	53,8	8
20.	22 24	−11,9	10 54	5 48	6,4	67	0 43	+13,6	13 10	20 18	56,8	5
25.	22 51	− 9,7	11 02	5 44	6,0	73	0 33	+12,6	12 40		59,0	2
31.	23 25	− 6,4	11 12	5 38	5,6	79	0 20	+10,8	12 04	Aufg.	59,6	1
Apr 5.	23 55	− 3,1	11 23	5 33	5,4	85	0 10	+ 9,0	11 34	4 49	58,5	2
10.	0 28	+ 0,7	11 36	5 27	5,2	90	0 03	+ 7,1	11 08	4 31	56,1	5
15.	1 02	+ 4,8	11 50		5,1	95	23 59	+ 5,5	10 44	4 16	52,8	8
20.	1 38	+ 9,2	12 08	Unterg.	5,0	99	23 59	+ 4,2	10 25	4 02	49,1	13
25.	2 18	+13,6	12 27	19 43	5,1	100	0 02	+ 3,4	10 09	3 50	45,3	17
30.	2 59	+17,7	12 49	20 28	5,3	95	0 09	+ 3,0	9 56	3 39	41,8	22
Mai 5.	3 40	+21,1	13 10	21 09	5,6	84	0 18	+ 3,0	9 45	3 28	38,5	26
10.	4 19	+23,6	13 29	21 42	6,2	70	0 29	+ 3,3	9 37	3 18	35,6	30
15.	4 53	+25,0	13 43	22 04	6,8	55	0 42	+ 4,0	9 31	3 08	33,0	34
20.	5 21	+25,4	13 51	22 14	7,7	42	0 56	+ 4,8	9 25	2 59	30,6	38
25.	5 42	+25,2	13 51	22 12	8,7	30	1 12	+ 5,9	9 21	2 49	28,6	41
31.	5 57	+24,2	13 41	21 53	10,0	18	1 32	+ 7,4	9 18	2 38	26,5	45
Jun 5.	6 00	+23,0	13 24	21 26	11,0	10	1 50	+ 8,8	9 16	2 30	24,9	48
10.	5 55	+21,6	12 58	20 52	11,8	4	2 08	+10,3	9 15	2 21	23,5	51
15.	5 44	+20,2	12 28	20 13	12,2	1	2 27	+11,7	9 14	2 13	22,2	53
20.	5 33	+19,1	11 57		11,9	2	2 47	+13,2	9 14	2 05	21,1	56
25.	5 25	+18,6	11 30	Aufg.	11,2	7	3 08	+14,7	9 15	1 58	20,1	58
30.	5 24	+18,8	11 10	3 31	10,1	15	3 29	+16,1	9 17	1 52	19,2	60

Datum	SATURN Rektas. h m	Deklin. °	Kulmin. h m	Unterg. h m	Äqu. ″	Pol ″	RING gr.A. ″	kl.A. ″	Öffn. °	hel. Ö. °	URANUS Rektas. h m	Deklin. °
Jan 1.	3 31	+16,8	21 05	4 36	19,8	18,0	44,9	17,6	−23,1	−24,1	21 25	−15,9
15.	3 29	+16,7	20 08	3 39	19,3	17,6	43,9	17,2	−23,1	−24,2	21 28	−15,7
31.	3 29	+16,8	19 05	2 36	18,8	17,1	42,7	16,8	−23,1	−24,4	21 32	−15,4
Feb 15.	3 30	+17,0	18 08	1 39	18,3	16,6	41,5	16,4	−23,3	−24,5	21 35	−15,1
28.	3 33	+17,2	17 19	0 52	17,9	16,3	40,6	16,2	−23,5	−24,6	21 38	−14,9
Mrz 15.	3 37	+17,5	16 24	23 56	17,4	15,9	39,6	15,9	−23,7	−24,7	21 41	−14,6
31.	3 43	+17,9	15 28	23 01	17,0	15,5	38,7	15,8	−24,1	−24,8	21 44	−14,4
Apr 15.	3 50	+18,3	14 35	22 11	16,8	15,3	38,1	15,7	−24,4	−24,9	21 46	−14,2
30.	3 57	+18,7	13 44	21 22	16,6	15,1	37,6	15,8	−24,8	−25,0	21 48	−14,0
Mai 15.	4 05	+19,1	12 52	20 33	16,5	15,0	37,4	15,9	−25,1	−25,1	21 49	−14,0
31.	4 14	+19,5	11 58		16,5	15,0	37,3	16,0	−25,4	−25,2	21 49	−13,9
Jun 15.	4 22	+19,8	11 07	Aufg.	16,5	15,1	37,5	16,2	−25,6	−25,2	21 49	−14,0
30.	4 29	+20,1	10 16	2 29	16,7	15,2	37,9	16,5	−25,8	−25,3	21 48	−14,1

MARS						JUPITER						
Rektas. h m	Deklin. °	Kulmin. h m	Aufg. h m	Du. ″	bel. %	Rektas. h m	Deklin. °	Kulmin. h m	Unterg. h m	Äqu. ″	Pol ″	Datum
14 12	−12,0	7 49	2 44	5,2	92	4 01	+19,8	21 35	5 23	46,5	43,5	Jan 1.
14 21	−12,8	7 42	2 42	5,4	92	4 00	+19,8	21 18	5 06	46,0	43,1	5.
14 33	−13,7	7 34	2 38	5,5	91	3 59	+19,7	20 57	4 45	45,4	42,5	10.
14 44	−14,6	7 25	2 34	5,7	91	3 58	+19,7	20 36	4 24	44,8	41,9	15.
14 55	−15,4	7 17	2 30	5,8	91	3 57	+19,7	20 16	4 04	44,1	41,2	20.
15 06	−16,3	7 08	2 26	6,0	91	3 57	+19,7	19 56	3 44	43,4	40,6	25.
15 20	−17,2	6 58	2 21	6,3	90	3 57	+19,7	19 33	3 21	42,6	39,8	31.
15 31	−17,9	6 49	2 16	6,5	90	3 58	+19,8	19 14	3 02	41,9	39,2	Feb 5.
15 42	−18,6	6 41	2 11	6,7	90	3 58	+19,8	18 55	2 44	41,2	38,5	10.
15 52	−19,2	6 32	2 06	7,0	90	4 00	+19,9	18 37	2 26	40,5	37,9	15.
16 03	−19,7	6 23	2 00	7,3	89	4 01	+20,0	18 19	2 08	39,8	37,3	20.
16 14	−20,3	6 14	1 54	7,6	89	4 03	+20,1	18 01	1 51	39,2	36,7	25.
16 20	−20,6	6 08	1 51	7,7	89	4 04	+20,2	17 51	1 41	38,8	36,3	28.
16 30	−21,0	5 59	1 44	8,1	89	4 07	+20,3	17 33	1 25	38,2	35,7	Mrz 5.
16 40	−21,4	5 49	1 36	8,4	89	4 09	+20,5	17 16	1 08	37,6	35,2	10.
16 50	−21,8	5 39	1 29	8,8	89	4 12	+20,6	16 59	0 52	37,1	34,7	15.
16 59	−22,1	5 28	1 20	9,2	90	4 15	+20,7	16 43	0 37	36,6	34,2	20.
17 08	−22,4	5 17	1 11	9,7	90	4 19	+20,9	16 26	0 21	36,1	33,8	25.
17 18	−22,7	5 04	1 00	10,3	90	4 23	+21,1	16 07	0 03	35,5	33,2	31.
17 25	−23,0	4 52	0 49	10,8	90	4 27	+21,2	15 51	23 45	35,1	32,8	Apr 5.
17 32	−23,2	4 39	0 38	11,4	91	4 31	+21,4	15 36	23 30	34,7	32,5	10.
17 39	−23,4	4 26	0 26	12,0	91	4 35	+21,5	15 20	23 16	34,4	32,1	15.
17 44	−23,7	4 11	0 13	12,7	92	4 39	+21,7	15 04	23 01	34,0	31,8	20.
17 49	−23,9	3 56	23 57	13,4	93	4 43	+21,8	14 49	22 47	33,7	31,5	25.
17 52	−24,1	3 40	23 42	14,2	93	4 48	+22,0	14 34	22 33	33,5	31,3	30.
17 54	−24,3	3 22	23 26	15,0	94	4 52	+22,1	14 19	22 18	33,2	31,1	Mai 5.
17 56	−24,6	3 04	23 09	15,8	95	4 57	+22,3	14 04	22 04	33,0	30,9	10.
17 55	−24,9	2 44	22 50	16,6	96	5 02	+22,4	13 49	21 50	32,8	30,7	15.
17 54	−25,2	2 23	22 31	17,5	97	5 06	+22,5	13 34	21 36	32,6	30,5	20.
17 51	−25,5	2 00	22 10	18,3	98	5 11	+22,6	13 19	21 22	32,5	30,4	25.
17 45	−25,8	1 31	21 43	19,2	99	5 17	+22,7	13 02	21 05	32,4	30,3	31.
17 39	−26,1	1 06	21 20	19,8	100	5 22	+22,8	12 47	20 51	32,3	30,2	Jun 5.
17 33	−26,4	0 39	20 55	20,3	100	5 27	+22,9	12 32	20 37	32,3	30,2	10.
17 26	−26,6	0 12		20,6	100	5 32	+23,0	12 18		32,2	30,2	15.
17 18	−26,7	23 40	Unterg.	20,8	100	5 37	+23,0	12 03	Aufg.	32,2	30,2	20.
17 11	−26,8	23 14	2 55	20,8	99	5 42	+23,1	11 48	3 43	32,3	30,2	25.
17 05	−26,8	22 48	2 29	20,6	98	5 47	+23,1	11 33	3 28	32,3	30,2	30.

URANUS			NEPTUN					PLUTO		
Kulmin. h m	Unterg. h m	Du. ″	Rektas. h m	Deklin. °	Kulmin. h m	Unterg. h m	Du. ″	Rektas. h m	Deklin. °	Datum
15 00	19 44	3,4	20 30	−18,8	14 06	18 33	2,2	16 55	−12,2	Jan 1.
14 08	18 53	3,4	20 33	−18,7	13 13	17 41	2,2	16 56	−12,2	15.
13 09	17 55	3,4	20 35	−18,5	12 12		2,2	16 58	−12,2	31.
12 13		3,4	20 37	−18,4	11 16	Aufg.	2,2	17 00	−12,2	Feb 15.
11 25	Aufg.	3,4	20 39	−18,3	10 26	5 56	2,2	17 00	−12,2	28.
10 29	5 38	3,4	20 41	−18,1	9 29	4 58	2,2	17 01	−12,1	Mrz 15.
9 29	4 37	3,4	20 43	−18,0	8 28	3 56	2,2	17 01	−12,1	31.
8 32	3 39	3,4	20 44	−18,0	7 30	2 58	2,3	17 00	−12,0	Apr 15.
7 35	2 41	3,5	20 44	−17,9	6 32	1 59	2,3	16 59	−11,9	30.
6 37	1 43	3,5	20 45	−17,9	5 33	1 00	2,3	16 57	−11,9	Mai 15.
5 35	0 40	3,6	20 44	−18,0	4 29	23 53	2,3	16 56	−11,8	31.
4 35	23 37	3,6	20 43	−18,0	3 30	22 54	2,3	16 54	−11,8	Jun 15.
3 35	22 38	3,7	20 42	−18,1	2 29	21 54	2,3	16 53	−11,8	30.

Ephemeriden der großen Planeten Juli-Dezember 2001

	MERKUR						VENUS					
Datum	Rektas. h m	Deklin. °	Kulmin. h m	Aufg. h m	Du. ″	bel. %	Rektas. h m	Deklin. °	Kulmin. h m	Aufg. h m	Du. ″	bel. %
Jul 5.	5 31	+19,5	10 58	3 14	9,0	25	3 51	+17,4	9 19	1 47	18,4	62
10.	5 47	+20,6	10 55	3 04	7,9	38	4 13	+18,5	9 21	1 43	17,6	65
15.	6 11	+21,7	11 00	3 02	6,9	52	4 36	+19,6	9 25	1 40	17,0	67
20.	6 43	+22,4	11 14	3 10	6,2	68	4 59	+20,5	9 28	1 38	16,4	68
25.	7 23	+22,5	11 34	3 30	5,6	83	5 23	+21,1	9 33	1 38	15,8	70
31.	8 15	+21,2	12 02	4 07	5,2	96	5 53	+21,7	9 38	1 40	15,2	72
Aug 5.	8 58	+18,9	12 26	4 45	5,0	100	6 17	+21,9	9 43	1 44	14,7	74
10.	9 39	+15,9	12 47		5,0	99	6 42	+21,9	9 49	1 50	14,3	76
15.	10 16	+12,4	13 04	Unterg.	5,0	95	7 07	+21,6	9 54	1 57	13,9	77
20.	10 50	+ 8,7	13 18	20 01	5,1	91	7 32	+21,1	9 59	2 06	13,5	79
25.	11 21	+ 4,9	13 28	19 53	5,3	86	7 58	+20,3	10 05	2 16	13,2	81
31.	11 54	+ 0,5	13 38	19 42	5,5	81	8 27	+19,1	10 11	2 29	12,8	82
Sep 5.	12 20	− 3,0	13 44	19 31	5,8	76	8 52	+17,8	10 16	2 42	12,6	84
10.	12 43	− 6,3	13 47	19 18	6,1	70	9 17	+16,3	10 21	2 55	12,3	85
15.	13 04	− 9,2	13 48	19 05	6,5	64	9 41	+14,6	10 25	3 09	12,1	86
20.	13 22	−11,7	13 46	18 51	7,1	56	10 04	+12,8	10 29	3 23	11,8	87
25.	13 37	−13,6	13 40	18 35	7,7	46	10 28	+10,7	10 33	3 37	11,6	88
30.	13 44	−14,7	13 27	18 17	8,5	34	10 51	+ 8,6	10 36	3 51	11,5	90
Okt 5.	13 43	−14,4	13 05		9,4	19	11 14	+ 6,4	10 40	4 06	11,3	91
10.	13 30	−12,4	12 32	Aufg.	10,1	5	11 37	+ 4,0	10 43	4 20	11,1	92
15.	13 10	− 8,9	11 53	6 33	10,0	0	12 00	+ 1,6	10 46	4 35	11,0	92
20.	12 56	− 5,6	11 20	5 44	9,1	12	12 23	− 0,8	10 49	4 50	10,8	93
25.	12 56	− 4,3	11 01	5 19	7,9	35	12 46	− 3,2	10 52	5 05	10,7	94
31.	13 14	− 5,5	10 57	5 20	6,6	62	13 14	− 6,1	10 56	5 23	10,6	95
Nov 5.	13 39	− 8,0	11 02	5 37	5,9	78	13 37	− 8,5	11 00	5 38	10,5	96
10.	14 07	−11,0	11 11	6 01	5,4	88	14 00	−10,8	11 04	5 53	10,4	96
15.	14 37	−14,0	11 21	6 27	5,1	94	14 24	−13,0	11 08	6 09	10,3	97
20.	15 08	−16,8	11 33	6 54	4,9	97	14 49	−15,0	11 13	6 24	10,2	97
25.	15 40	−19,4	11 45	7 20	4,7	99	15 14	−16,9	11 18	6 40	10,2	98
30.	16 12	−21,6	11 58	7 46	4,7	100	15 39	−18,6	11 24	6 55	10,1	98
Dez 5.	16 45	−23,3	12 11		4,6	100	16 05	−20,1	11 30	7 10	10,0	99
10.	17 19	−24,5	12 26	Unterg.	4,7	100	16 31	−21,4	11 37	7 24	10,0	99
15.	17 54	−25,2	12 41	16 29	4,7	99	16 58	−22,4	11 44	7 38	9,9	99
20.	18 29	−25,3	12 56	16 44	4,8	97	17 25	−23,1	11 52	7 50	9,9	99
25.	19 04	−24,8	13 11	17 04	5,0	94	17 53	−23,6	11 59	8 00	9,9	100
31.	19 45	−23,4	13 29	17 31	5,4	88	18 26	−23,7	12 09	8 10	9,9	100

	SATURN						RING				URANUS	
Datum	Rektas. h m	Deklin. °	Kulmin. h m	Aufg. h m	Äqu. ″	Pol ″	gr.A. ″	kl.A. ″	Öffn. °	hel. Ö. °	Rektas. h m	Deklin. °
Jul 15.	4 37	+20,3	9 24	1 36	16,9	15,5	38,4	16,8	−26,0	−25,4	21 46	−14,2
31.	4 43	+20,5	8 28	0 38	17,3	15,8	39,2	17,2	−26,1	−25,5	21 44	−14,4
Aug 15.	4 49	+20,7	7 34	23 40	17,7	16,2	40,1	17,7	−26,1	−25,6	21 42	−14,6
31.	4 53	+20,8	6 35	22 41	18,2	16,6	41,3	18,2	−26,2	−25,7	21 39	−14,8
Sep 15.	4 55	+20,8	5 38	21 44	18,7	17,1	42,4	18,7	−26,1	−25,7	21 37	−15,0
30.	4 56	+20,8	4 40	20 45	19,2	17,5	43,6	19,2	−26,1	−25,8	21 36	−15,1
Okt 15.	4 54	+20,7	3 40	19 45	19,7	18,0	44,7	19,7	−26,1	−25,9	21 35	−15,2
31.	4 51	+20,6	2 34	18 40	20,1	18,4	45,7	20,1	−26,0	−25,9	21 34	−15,2
Nov 15.	4 47	+20,5	1 30	17 38	20,4	18,6	46,4	20,3	−26,0	−26,0	21 34	−15,2
30.	4 42	+20,3	0 27		20,6	18,8	46,7	20,4	−25,9	−26,1	21 36	−15,1
Dez 15.	4 37	+20,2	23 18	Unterg.	20,5	18,7	46,6	20,3	−25,8	−26,1	21 37	−14,9
31.	4 32	+20,1	22 10	6 01	20,3	18,5	46,0	20,0	−25,8	−26,2	21 40	−14,7

MARS						JUPITER						
Rektas. h m	Deklin. °	Kulmin. h m	Unterg. h m	Du. ″	bel. %	Rektas. h m	Deklin. °	Kulmin. h m	Aufg. h m	Äqu. ″	Pol ″	Datum
17 00	−26,9	22 23	2 04	20,3	97	5 52	+23,1	11 19	3 13	32,4	30,3	Jul 5.
16 56	−26,8	22 00	1 41	19,8	96	5 57	+23,2	11 04	2 58	32,5	30,4	10.
16 54	−26,8	21 39	1 19	19,2	95	6 02	+23,2	10 49	2 43	32,7	30,5	15.
16 53	−26,8	21 18	0 58	18,6	94	6 07	+23,2	10 34	2 28	32,8	30,7	20.
16 54	−26,8	21 00	0 40	18,0	93	6 11	+23,2	10 19	2 13	33,0	30,9	25.
16 57	−26,9	20 40	0 19	17,2	91	6 17	+23,1	10 01	1 55	33,3	31,1	31.
17 01	−26,9	20 24	0 03	16,5	90	6 21	+23,1	9 46	1 40	33,5	31,4	Aug 5.
17 06	−26,9	20 10	23 45	15,9	89	6 26	+23,1	9 31	1 25	33,8	31,6	10.
17 13	−27,0	19 57	23 32	15,2	88	6 30	+23,0	9 15	1 10	34,1	31,9	15.
17 21	−27,0	19 45	23 20	14,6	88	6 34	+23,0	8 59	0 55	34,4	32,2	20.
17 29	−27,0	19 34	23 09	14,1	87	6 38	+22,9	8 44	0 39	34,8	32,5	25.
17 41	−27,0	19 23	22 58	13,4	86	6 42	+22,9	8 25	0 20	35,3	33,0	31.
17 51	−26,9	19 14	22 49	12,9	86	6 46	+22,8	8 08	0 05	35,7	33,4	Sep 5.
18 03	−26,8	19 05	22 42	12,4	85	6 49	+22,8	7 52	23 46	36,1	33,8	10.
18 15	−26,7	18 57	22 35	12,0	85	6 52	+22,7	7 35	23 29	36,6	34,2	15.
18 27	−26,5	18 50	22 30	11,6	85	6 55	+22,6	7 19	23 13	37,1	34,7	20.
18 40	−26,2	18 43	22 25	11,2	85	6 58	+22,6	7 02	22 56	37,6	35,2	25.
18 53	−25,8	18 37	22 21	10,8	85	7 00	+22,5	6 44	22 39	38,2	35,7	30.
19 07	−25,4	18 31	22 18	10,4	85	7 02	+22,5	6 27	22 22	38,8	36,3	Okt 5.
19 20	−24,8	18 25	22 16	10,1	85	7 04	+22,5	6 09	22 04	39,4	36,8	10.
19 34	−24,2	18 19	22 15	9,8	85	7 05	+22,4	5 50	21 46	40,0	37,4	15.
19 49	−23,5	18 14	22 14	9,5	85	7 07	+22,4	5 32	21 27	40,6	38,0	20.
20 03	−22,8	18 08	22 13	9,2	85	7 07	+22,4	5 13	21 08	41,2	38,6	25.
20 20	−21,7	18 02	22 14	8,8	85	7 08	+22,4	4 50	20 45	42,0	39,3	31.
20 34	−20,8	17 56	22 14	8,6	85	7 08	+22,4	4 30	20 26	42,6	39,9	Nov 5.
20 49	−19,8	17 51	22 15	8,3	85	7 08	+22,4	4 10	20 05	43,3	40,5	10.
21 03	−18,7	17 46	22 16	8,1	86	7 07	+22,5	3 50	19 45	43,9	41,0	15.
21 17	−17,5	17 40	22 17	7,8	86	7 06	+22,5	3 29	19 24	44,4	41,6	20.
21 31	−16,3	17 34	22 18	7,6	86	7 04	+22,5	3 08	19 02	45,0	42,1	25.
21 45	−15,0	17 29	22 19	7,4	86	7 03	+22,6	2 47	18 41	45,5	42,5	30.
21 59	−13,7	17 23	22 20	7,2	87	7 01	+22,6	2 25	18 18	45,9	43,0	Dez 5.
22 13	−12,3	17 17	22 22	7,0	87	6 58	+22,7	2 03	17 56	46,3	43,3	10.
22 27	−10,9	17 11	22 23	6,8	87	6 56	+22,8	1 41	17 33	46,6	43,6	15.
22 40	− 9,4	17 05	22 24	6,7	88	6 53	+22,9	1 19	17 11	46,9	43,8	20.
22 54	− 7,9	16 59	22 25	6,5	88	6 50	+22,9	0 56	16 48	47,0	44,0	25.
23 10	− 6,1	16 51	22 26	6,3	89	6 47	+23,0	0 29	16 20	47,1	44,0	31.

URANUS			NEPTUN					PLUTO		
Kulmin. h m	Aufg. h m	Du. ″	Rektas. h m	Deklin. °	Kulmin. h m	Aufg. h m	Du. ″	Rektas. h m	Deklin. °	Datum
2 35	21 38	3,7	20 41	−18,2	1 29	20 54	2,3	16 51	−11,8	Jul 15.
1 29	20 34	3,7	20 39	−18,3	0 24		2,3	16 50	−11,9	31.
0 28		3,7	20 37	−18,4	23 20	Unterg.	2,3	16 50	−12,0	Aug 15.
23 19	Unterg.	3,7	20 36	−18,5	22 15	2 49	2,3	16 50	−12,1	31.
22 18	3 10	3,7	20 34	−18,6	21 15	1 48	2,3	16 50	−12,2	Sep 15.
21 17	2 09	3,7	20 34	−18,6	20 15	0 48	2,3	16 51	−12,4	30.
20 17	1 09	3,6	20 33	−18,7	19 16	23 44	2,3	16 52	−12,5	Okt 15.
19 14	0 05	3,6	20 33	−18,7	18 13	22 42	2,3	16 54	−12,6	31.
18 15	23 03	3,5	20 34	−18,6	17 15	21 44	2,2	16 56	−12,7	Nov 15.
17 17	22 06	3,5	20 35	−18,5	16 17	20 46	2,2	16 58	−12,8	30.
16 20	21 09	3,4	20 37	−18,5	15 20	19 50	2,2	17 01	−12,9	Dez 15.
15 20	20 10	3,4	20 39	−18,3	14 19	18 50	2,2	17 03	−13,0	31.

Ephemeriden hellerer Kleinplaneten 2001

CERES (1)

Datum		Rektas. h m	Deklin. °	Kulmin. h m
Mai	1.	19 37	−24,3	5 21
	5.	19 39	−24,5	5 06
	10.	19 40	−24,7	4 48
	15.	19 41	−25,0	4 29
	20.	19 41	−25,3	4 10
	25.	19 41	−25,7	3 50
	31.	19 39	−26,2	3 25
Jun	5.	19 37	−26,6	3 03
	10.	19 35	−27,0	2 41
	15.	19 31	−27,5	2 18
	20.	19 28	−27,9	1 55
	25.	19 24	−28,4	1 31
	30.	19 19	−28,8	1 07
Jul	5.	19 14	−29,2	0 42
	10.	19 10	−29,6	0 18
	15.	19 05	−30,0	23 49
	20.	19 00	−30,3	23 24
	25.	18 56	−30,5	23 00
	31.	18 51	−30,7	22 32
Aug	5.	18 48	−30,9	22 09
	10.	18 45	−31,0	21 47
	15.	18 43	−31,1	21 25
	20.	18 41	−31,1	21 04
	25.	18 40	−31,1	20 44
	31.	18 40	−31,1	20 21

PALLAS (2)

Datum		Rektas. h m	Deklin. °	Kulmin. h m
Mrz	1.	16 57	+ 9,2	6 41
	5.	17 00	+10,0	6 28
	10.	17 04	+11,0	6 12
	15.	17 07	+12,1	5 56
	20.	17 10	+13,2	5 39
	25.	17 12	+14,3	5 22
	31.	17 14	+15,7	5 00
Apr	5.	17 15	+16,9	4 41
	10.	17 15	+18,0	4 22
	15.	17 15	+19,2	4 02
	20.	17 14	+20,3	3 41
	25.	17 13	+21,4	3 20
	30.	17 11	+22,4	2 58
Mai	5.	17 08	+23,3	2 36
	10.	17 05	+24,1	2 13
	15.	17 01	+24,8	1 50
	20.	16 57	+25,4	1 26
	25.	16 53	+25,8	1 03
	31.	16 48	+26,2	0 34

Jun	5.	16 44	+26,4	0 10
	10.	16 40	+26,4	23 41
	15.	16 36	+26,3	23 18
	20.	16 32	+26,0	22 55
	25.	16 28	+25,6	22 32
	30.	16 25	+25,1	22 09
Jul	5.	16 23	+24,6	21 47
	10.	16 21	+23,9	21 25
	15.	16 19	+23,2	21 04
	20.	16 18	+22,4	20 44
	25.	16 18	+21,5	20 24
	31.	16 18	+20,5	20 01

VESTA (4)

Datum		Rektas. h m	Deklin. °	Kulmin. h m
Jun	1.	2 24	+ 8,6	10 05
	5.	2 30	+ 9,1	9 56
	10.	2 39	+ 9,7	9 44
	15.	2 47	+10,3	9 33
	20.	2 55	+10,9	9 21
	25.	3 03	+11,4	9 09
	30.	3 10	+11,9	8 57
Jul	5.	3 18	+12,3	8 45
	10.	3 26	+12,8	8 33
	15.	3 33	+13,1	8 21
	20.	3 40	+13,5	8 08
	25.	3 47	+13,8	7 56
	31.	3 56	+14,2	7 40

Aug	5.	4 02	+14,4	7 27
	10.	4 08	+14,6	7 14
	15.	4 14	+14,8	7 00
	20.	4 20	+15,0	6 46
	25.	4 26	+15,1	6 32
	31.	4 32	+15,2	6 14
Sep	5.	4 36	+15,2	5 59
	10.	4 40	+15,3	5 43
	15.	4 44	+15,3	5 27
	20.	4 47	+15,3	5 10
	25.	4 49	+15,2	4 53
	30.	4 51	+15,2	4 35
Okt	5.	4 52	+15,1	4 16
	10.	4 52	+15,0	3 57
	15.	4 52	+14,9	3 37
	20.	4 50	+14,8	3 16
	25.	4 48	+14,7	2 55
	31.	4 45	+14,6	2 28
Nov	5.	4 42	+14,5	2 04
	10.	4 37	+14,4	1 41
	15.	4 33	+14,3	1 16
	20.	4 28	+14,2	0 52
	25.	4 22	+14,1	0 27
	30.	4 17	+14,1	0 02
Dez	**5.**	4 12	+14,1	23 32
	10.	4 06	+14,1	23 07
	15.	4 02	+14,1	22 43
	20.	3 57	+14,2	22 19
	25.	3 54	+14,4	21 56
	31.	3 50	+14,6	21 29

In den **halbfett** gedruckten Tagesintervallen sind die Kleinplaneten einfacher aufzufinden. Spaltenüberschriften auf S. 218 bis 222: Rektaszension und Deklination für 1^h MEZ / Kulmination = Meridiandurchgang: MEZ für 10° östliche Länge / Aufgang oder Untergang: MEZ für 10° östliche Länge und 50° nördliche Breite / Scheinbarer Durchmesser für 1^h MEZ, Äqu.: Äquatordurchmesser, Pol: Poldurchmesser / Beleuchteter Teil des Planetenscheibchens für 1^h MEZ / Saturnring: große und kleine Ringachse, Öffnung, heliozentrische Öffnung

Zentralmeridiane Mars und Jupiter (1ʰ MEZ = 2ʰ MESZ) 2001

Mars

Dat.	Mrz	Apr	Mai	Jun	Jul	Aug	Sep	Okt	Nov	Dez
1.	62°	128°	208°	286°	21°	99°	168°	240°	298°	4°
2.	52	118	198	278	12	90	158	230	289	354
3.	43	109	189	269	3	81	149	220	279	344
4.	33	99	180	260	354	71	139	211	269	334
5.	24	90	171	251	345	62	130	201	259	324
6.	14	81	162	242	336	53	120	191	249	314
7.	5	71	152	233	327	43	111	182	240	304
8.	355	62	143	224	318	34	101	172	230	294
9.	346	52	134	215	309	25	91	162	220	284
10.	336	43	125	207	300	15	82	153	210	275
11.	327	34	116	198	291	6	72	143	200	265
12.	317	24	107	189	282	357	63	133	191	255
13.	308	15	98	180	273	347	53	124	181	245
14.	298	6	88	171	264	338	44	114	171	235
15.	289	356	79	162	255	329	34	104	161	225
16.	279	347	70	154	246	319	24	94	151	215
17.	270	338	61	145	237	310	15	85	141	205
18.	260	328	52	136	228	300	5	75	132	195
19.	251	319	43	127	219	291	356	65	122	185
20.	241	310	34	118	210	282	346	55	112	175
21.	232	300	25	109	200	272	336	46	102	166
22.	222	291	16	100	191	263	327	36	92	156
23.	213	282	7	92	182	253	317	26	82	146
24.	203	272	358	83	173	244	307	17	73	136
25.	194	263	349	74	164	234	298	7	63	126
26.	184	254	340	65	155	225	288	357	53	116
27.	175	245	331	56	145	215	278	347	43	106
28.	165	235	322	47	136	206	269	337	33	96
29.	156	226	313	38	127	196	259	328	23	86
30.	147	217	304	30	118	187	249	318	13	76
31.	137		295		108	177		308		66
D	3	−1	−1	4	7	5	−2	−10	−19	−24

Jupiter System I

Dat.	Jan	Feb	Mrz	Apr	Aug	Sep	Okt	Nov	Dez
1.	275°	128°	226°	74°	229°	80°	135°	351°	51°
2.	73	286	23	231	27	238	293	149	209
3.	231	84	181	29	185	35	91	307	7
4.	29	242	339	187	342	193	249	104	165
5.	186	40	136	344	140	351	47	262	323
6.	344	197	294	142	298	149	204	60	121
7.	142	355	92	300	96	307	2	218	279
8.	300	153	249	97	253	105	160	16	77
9.	98	311	47	255	51	262	318	174	235
10.	256	109	205	52	209	60	116	332	33
11.	54	266	3	210	7	218	274	130	191
12.	212	64	160	8	164	16	72	288	349
13.	10	222	318	165	322	174	230	86	147
14.	167	20	116	323	120	331	28	244	305
15.	325	177	273	121	278	129	186	42	103
16.	123	335	71	278	75	287	343	200	261
17.	281	133	229	76	233	85	141	358	59
18.	79	291	26	234	31	243	299	156	217
19.	237	88	184	31	189	41	97	314	15
20.	35	246	342	189	346	198	255	112	174
21.	192	44	139	347	144	356	53	270	332
22.	350	202	297	144	302	154	211	68	130
23.	148	359	95	302	100	312	9	226	288
24.	306	157	252	99	258	110	167	24	86
25.	104	315	50	257	55	268	325	183	244
26.	262	112	208	55	213	66	123	341	42
27.	59	270	5	212	11	223	281	139	200
28.	217	68	163	10	169	21	79	297	358
29.	15		321	168	326	179	237	95	156
30.	173		118	325	124	337	35	253	314
31.	331		276		282		193		112
D	3	3	3	3	2	2	2	2	2

Jupiter System II

Dat.	Jan	Feb	Mrz	Apr	Aug	Sep	Okt	Nov	Dez
1.	342°	320°	203°	175°	119°	93°	280°	259°	90°
2.	133	110	353	325	269	244	70	49	240
3.	283	260	143	115	59	34	220	199	31
4.	73	50	293	265	210	184	10	350	181
5.	224	200	83	55	360	334	161	140	332
6.	14	350	233	205	150	124	311	290	122
7.	164	141	23	355	300	275	101	81	272
8.	314	291	174	145	90	65	251	231	63
9.	105	81	324	295	240	215	42	21	213
10.	255	231	114	85	30	5	192	172	4
11.	45	21	264	235	180	155	342	322	154
12.	195	171	54	25	330	305	133	113	304
13.	346	321	204	175	121	96	283	263	95
14.	136	112	354	325	271	246	73	53	245
15.	286	262	144	115	61	36	223	204	36
16.	76	52	294	265	211	186	14	354	186
17.	227	202	84	55	1	336	164	144	337
18.	17	352	234	205	151	127	314	295	127
19.	167	142	24	355	301	277	105	85	277
20.	317	292	174	145	92	67	255	236	68
21.	108	82	324	295	242	217	45	26	218
22.	258	232	114	85	32	8	195	176	9
23.	48	23	264	235	182	158	346	327	159
24.	198	173	54	25	332	308	136	117	309
25.	348	323	204	175	122	98	286	268	100
26.	139	113	354	325	272	248	77	58	250
27.	289	263	144	115	63	39	227	208	41
28.	79	53	294	265	213	189	17	359	191
29.	229		84	55	3	339	168	149	341
30.	19		235	205	153	129	318	300	132
31.	169		25		303		108		282

D = Neigung der Planetenachse zur Erde

Korrektur für MEZ	17ʰ	18ʰ	19ʰ	20ʰ	21ʰ	22ʰ	23ʰ	24ʰ	Änderung
Mars	−126°	−111°	−97°	−82°	−68°	−53°	−38°	− 24°	+14°,6/Stunde
Jupiter System I	−135°	− 98°	−62°	−25°	+12°	+48°	+85°	+121°	+36°,6/Stunde
Jupiter System II	−140°	−104°	−67°	−31°	+ 5°	+41°	+78°	+114°	+36°,6/Stunde

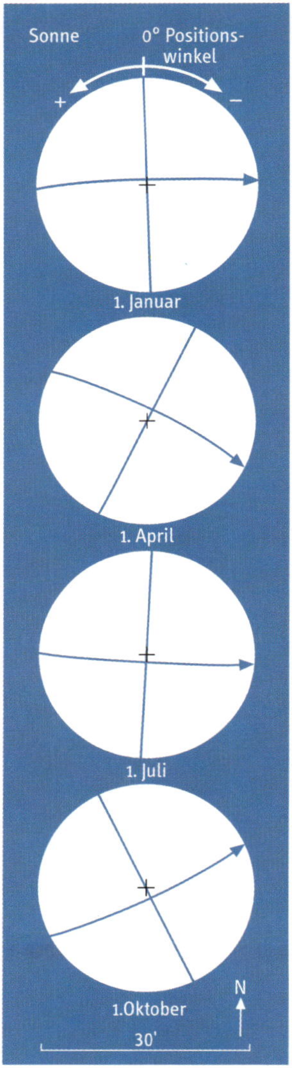

T.5 Lage des Zentralmeridians und des Äquators der Sonne im Verlauf des Jahres relativ zum Beobachter auf der Erde.

Ephemeride der Sonnenscheibe (1^h MEZ) 2001

Datum		Entferng. AE	Du. '	Z. M. °	B_0 °	P °	Sternzeit h m
Jan	1.	0,983	32,5	217,3	−3,0	+ 2,0	6 43
	10.	0,983	32,5	98,8	−4,0	− 2,3	7 18
	20.	0,984	32,5	327,1	−5,0	− 7,0	7 58
	31.	0,985	32,5	182,3	−5,9	−11,8	8 41
Feb	10.	0,987	32,4	50,6	−6,6	−15,7	9 21
	20.	0,989	32,4	278,9	−7,0	−19,0	10 00
	28.	0,991	32,3	173,6	−7,2	−21,3	10 32
Mrz	10.	0,993	32,2	41,8	−7,2	−23,5	11 11
	20.	0,996	32,1	270,0	−7,0	−25,2	11 50
	31.	0,999	32,0	124,9	−6,6	−26,1	12 34
Apr	10.	1,002	31,9	353,0	−6,0	−26,3	13 13
	20.	1,005	31,8	221,0	−5,2	−25,7	13 53
	30.	1,007	31,8	88,8	−4,3	−24,3	14 32
Mai	10.	1,010	31,7	316,6	−3,2	−22,3	15 11
	20.	1,012	31,6	184,4	−2,1	−19,5	15 51
	31.	1,014	31,5	38,8	−0,8	−15,8	16 34
Jun	10.	1,015	31,5	266,5	+0,4	−11,9	17 14
	20.	1,016	31,5	134,1	+1,6	− 7,7	17 53
	30.	1,017	31,5	1,8	+2,8	− 3,2	18 33
Jul	10.	1,017	31,5	229,4	+3,8	+ 1,4	19 12
	20.	1,016	31,5	97,1	+4,8	+ 5,8	19 51
	31.	1,015	31,5	311,6	+5,7	+10,4	20 35
Aug	10.	1,014	31,6	179,3	+6,4	+14,2	21 14
	20.	1,012	31,6	47,1	+6,8	+17,6	21 54
	31.	1,010	31,7	261,8	+7,2	+20,8	22 37
Sep	10.	1,007	31,8	129,7	+7,2	+23,1	23 16
	20.	1,004	31,8	357,7	+7,1	+24,8	23 56
	30.	1,002	31,9	225,7	+6,8	+25,9	0 35
Okt	10.	0,999	32,0	93,8	+6,2	+26,3	1 15
	20.	0,996	32,1	321,9	+5,5	+25,9	1 54
	31.	0,993	32,2	176,8	+4,5	+24,7	2 37
Nov	10.	0,990	32,3	44,9	+3,4	+22,7	3 17
	20.	0,988	32,4	273,1	+2,2	+20,0	3 56
	30.	0,986	32,4	141,3	+1,0	+16,5	4 36
Dez	10.	0,985	32,5	9,5	−0,3	+12,4	5 15
	20.	0,984	32,5	237,8	−1,5	+ 7,9	5 55
	31.	0,983	32,5	92,9	−2,9	+ 2,7	6 38

Z.M. Zentralmeridian (Abnahme 13°,2/Tag), B_0 Neigung der Sonnenachse zur Erde, P Positionswinkel des Sonnen-Nordpols, Sternzeit in Greenwich 0^h UT = 1^h MEZ

Beginn der synodischen Sonnenrotation nach Carrington 2001

Rot. Nr.	Datum		MEZ h m	Rot. Nr.	Datum		MEZ h m
1972	Jan	17.	13 02	1979	Jul	27.	9 07
1973	Feb	13.	21 14	1980	Aug	23.	14 36
1974	Mrz	13.	5 09	1981	Sep	19.	20 49
1975	Apr	9.	12 15	1982	Okt	17.	3 36
1976	Mai	6.	18 18	1983	Nov	13.	10 49
1977	Jun	2.	23 27	1984	Dez	10.	18 23
1978	Jun	30.	4 12				

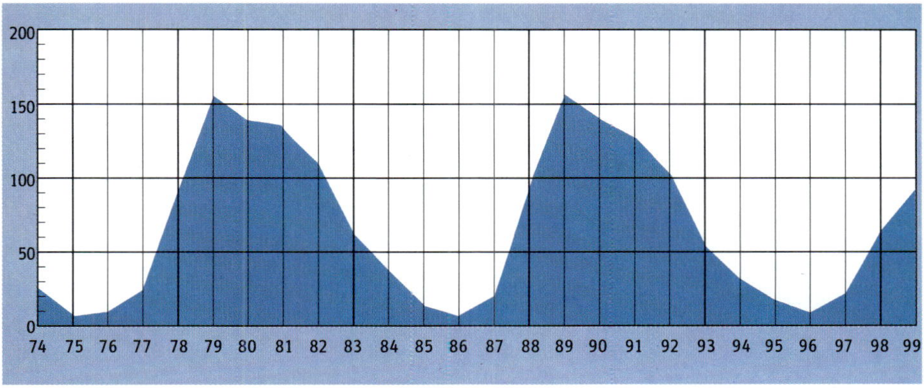

T.6 Jahresmittel der Sonnenfleckenrelativzahlen von 1974 bis 1999.

T.7 Monatsmittel der Sonnenfleckenrelativzahlen von Januar 1994 bis März 2000.

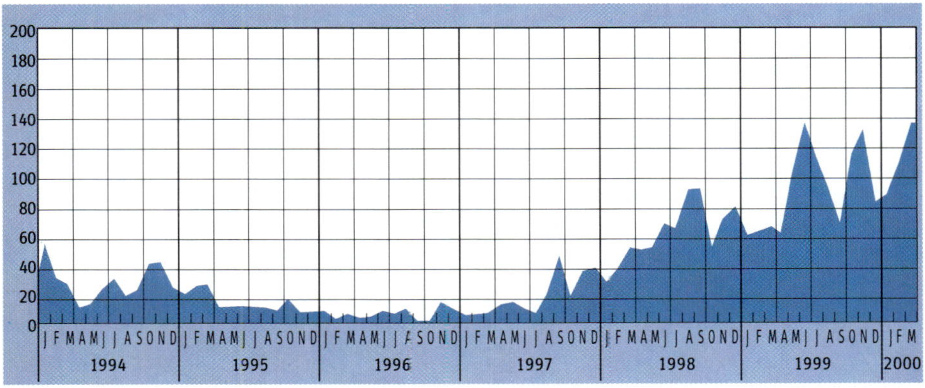

T.8 Stellung und relative Lage der zunehmenden Mondsichel zum Westhorizont jeweils am 1. Sichtbarkeitsabend nach Neumond zum Zeitpunkt des Sonnenuntergangs im Jahre 2001.

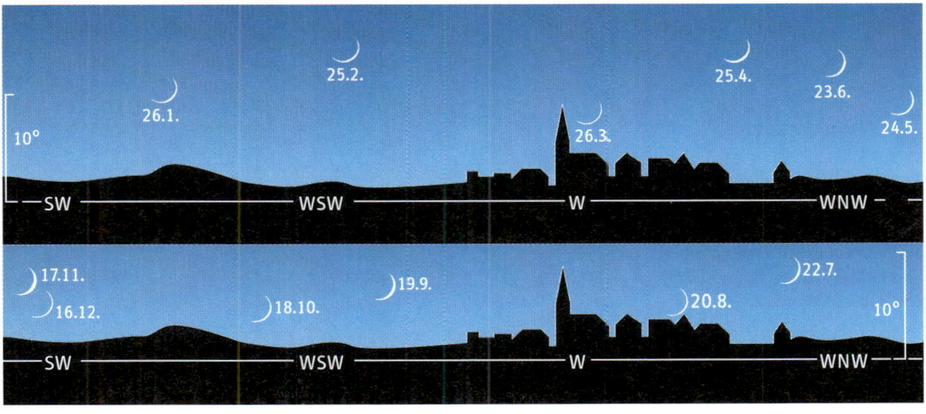

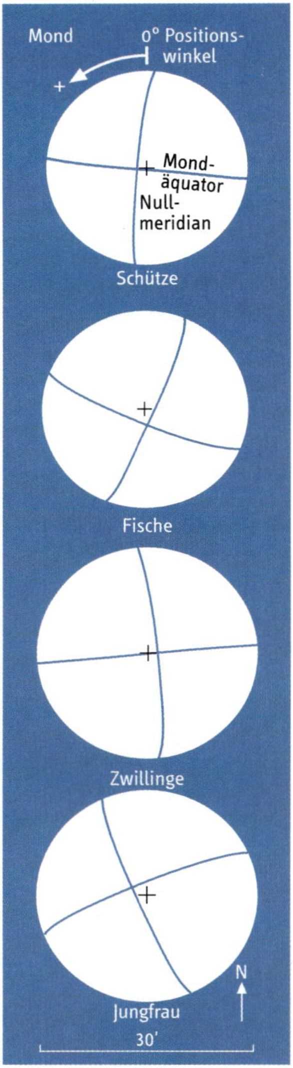

T.9 Lage des Nullmeridians und des Mondäquators relativ zum Beobachter auf der Erde in Abhängigkeit von der Position des Mondes im Tierkreis (siehe auch monatliche Rubrik „Mondlauf").

Sternbedeckungen durch den Mond 2001

Datum		MEZ		Stern	Hell.	bel.	E/A	P
		h	m		m	%		°
Jan	1.	20	15	30 Psc	4,4	39	E	95
	1.	22	30	33 Psc	4,6	40	E	125
	7.	1	00	δ^1 Tau	3,8	88	E	115
	7.	2	10	δ^3 Tau	4,3:	89	E	60
Feb	3.	19	15	HR 1517	6,0	73	E	135
	28.	19	00	SAO 93059	6,6	27	E	60
	28.	19	35	HR 797	6,3	27	E	30
Mrz	4.	1	10	ζ Tau	3,0	60	E	70
	4.	2	00	ζ Tau	3,0	60	A	290
	6.	19	05	η Cnc	5,3	87	E	65
	31.	19	15	HR 2169	5,9	42	E	95
Apr	1.	23	55	δ Gem	3,5:	56	E	140
	2.	23	20	HR 3264	5,8	66	E	110
	28.	23	25	44 Gem	5,9	30	E	55
Mai	11.	3	50	11 Sgr	5,0	87	A	325
Jun	30.	21	20	SAO 158808	6,4	78	E	165
Jul	13.	0	45	20 Cet	4,8	58	A	205
Aug	26.	20	05	SAO 184804	6,9:	60	E	45
	30.	20	55	HR 7825	6,2	91	E	55
Sep	10.	2	00	ε Tau	3,5	58	A	310
	11.	3	05	ο Tau	4,9:	47	E	355
	11.	3	25	ο Tau	4,9:	47	A	315
	12.	14	15	**Jupiter**	−2,1	31	E	150
	12.	14	45	**Jupiter**	−2,1	30	A	225
	25.	22	30	χ Sgr	5,0:	65	E	140
	27.	23	25	27 Cap	6,2	81	E	65
Okt	21.	17	30	7 Sgr	5,3	27	E	40
	21.	17	55	9 Sgr	6,0	27	E	60
	21.	18	40	SAO 186247	6,9	27	E	70
	22.	18	25	HR 7168	6,4	36	E	100
	22.	19	40	HR 7195	5,7:	37	E	90
	23.	18	30	HR 7578	6,2:	47	E	50
	25.	19	15	ε Cap	4,7:	65	E	120
	25.	23	00	κ Cap	4,7	67	E	115
	29.	0	10	30 Psc	4,4	90	E	85
	29.	2	30	33 Psc	4,6	90	E	130
Nov	3.	22	05	**Saturn**	−0,3	93	E	65
	3.	23	10	**Saturn**	−0,3	92	A	255
	11.	4	10	ν Vir	4,0	21	A	265
	13.	5	55	80 Vir	5,7	6	A	315
	21.	16	45	φ Cap	5,2	38	E	25
	21.	19	00	SAO 190214	6,6	39	E	0
Dez	1.	3	40	**Saturn**	−0,4	100	E	85
	1.	4	45	**Saturn**	−0,4	100	A	255
	5.	4	10	γ Cnc	4,7	79	A	345
	22.	18	00	33 Psc	4,6	48	E	5
	22.	21	10	HR 29	5,8	50	E	80
	28.	21	20	ι Tau	4,6:	97	E	5
	29.	5	15	109 Tau	4,9	98	E	35

Hell. = Helligkeit („:" = Doppelstern), E/A = Eintritt/Austritt, bel. = beleuchteter Teil der Mondscheibe, P = Positionswinkel

Datum		MEZ Stunde	Hamburg	Hannover	Berlin	Dresden	Leipzig	Düsseldorf	Frankfurt	Nürnberg	Stuttgart	München	Zürich	Wien
Jan	1.	20	11,6	12,7	16,8	19,4	17,2	10,1	14,0	18,4	16,7	21,5	18,0	28,3
	1.	22	22,9	26,4	28,2	–	31,3	28,2	35,1	–	–	–	–	–
	7.	0/1	49,0	51,1	53,7	57,1	55,5	51,0	55,3	59,0	59,4	03,1	03,3	05,9
	7.	2	07,9	08,2	10,4	11,2	10,3	06,7	08,6	10,5	09,8	11,7	10,3	14,2
Feb	3.	19	13,6	14,4	21,5	26,0	21,9	09,8	15,9	25,1	22,4	–	–	–
	28.	18/19	0,00	59,7	03,4	04,0	02,5	56,4	58,6	01,6	59,5	02,7	59,1	08,1
	28.	19	38,3	36,1	39,1	37,6	36,8	32,1	32,4	33,9	31,6	33,4	29,9	37,7
Mrz	4.	1	06,1	07,1	07,7	08,9	08,5	07,5	08,9	10,0	10,3	11,3	11,7	11,5
	4.	1/2	54,0	56,1	54,4	56,7	56,8	59,0	00,2	00,4	02,1	02,2	04,4	00,2
	6.	18/19	10,7	07,5	11,2	08,3	07,6	02,4	01,6	02,5	59,4	00,7	56,4	06,1
	31.	19	–	–	11,4	12,9	10,8	–	–	10,3	–	11,9	–	19,1
Apr	1.	23/24	50,1	52,8	52,2	55,4	54,9	55,8	58,3	59,5	01,6	02,6	05,6	01,2
	2.	23	13,3	15,1	17,2	19,8	18,5	14,9	18,1	20,9	20,8	23,5	23,0	26,0
	28.	23	21,6	22,3	23,1	24,0	23,5	22,4	23,6	24,5	24,7	25,5	25,7	25,9
Mai	11.	3	46,7	47,7	53,3	55,9	53,2	44,5	48,7	53,7	51,3	56,4	51,9	04,8
Jun	30.	21	08,1	09,8	12,8	15,5	13,8	09,8	13,1	16,1	16,0	18,9	18,6	22,7
Jul	13.	0	54,2	51,5	52,7	49,3	49,7	48,2	46,0	44,9	42,8	41,8	39,3	43,0
Aug	26.	19/20	–	01,9	08,3	08,4	06,2	–	58,7	03,1	59,2	03,6	57,2	12,2
	30.	20/21	58,3	56,7	02,3	01,4	59,6	50,8	52,3	55,5	51,6	54,9	48,7	03,2
Sep	10.	1/2	58,9	59,7	06,9	07,5	05,2	54,0	58,5	02,7	59,5	03,2	58,1	10,6
	11.	3	–	08,8	–	–	–	06,2	–	–	–	–	–	–
	11.	3	–	21,0	30,7	33,4	30,3	15,0	23,7	29,3	26,1	30,9	25,6	39,4
	12.	14	06,0	08,8	06,4	09,3	09,5	13,4	14,9	14,8	17,9	17,6	22,6	13,6
	12.	14	43,6	44,3	44,3	45,2	45,1	44,4	45,2	45,8	45,6	46,2	45,2	47,1
	25.	22	–	–	–	–	–	25,3	–	–	36,9	–	40,5	–
	27.	23	26,0	26,4	29,9	31,1	29,5	24,2	26,5	29,4	27,8	30,8	27,9	35,8
Okt	21.	17	28,1	27,6	32,3	32,6	30,9	23,6	25,8	29,0	26,4	29,3	–	35,9
	21.	17/18	53,7	53,8	58,3	59,5	57,7	50,1	53,1	56,7	54,3	58,0	53,7	04,4
	21.	18	–	–	–	–	–	33,3	36,4	40,0	38,1	41,5	38,2	–
	22.	18	21,8	22,2	27,7	29,5	27,1	18,2	21,9	26,5	23,7	28,4	23,6	36,6
	22.	19	33,8	34,7	38,8	40,9	39,0	32,1	35,6	39,5	37,7	41,7	38,3	47,7
	23.	18	29,4	28,7	33,5	33,7	32,0	24,0	26,2	29,6	26,4	29,9	24,7	37,0
	25.	19	09,4	09,0	16,5	18,0	14,8	03,0	06,8	12,5	08,3	14,5	07,2	27,9
	25.	22/23	54,9	56,9	01,0	05,5	02,8	55,1	00,2	05,7	04,4	10,7	07,2	20,0
	29.	0	05,1	05,6	09,9	11,9	09,9	02,6	05,9	10,1	08,0	12,4	08,4	19,6
	29.	2	23,5	27,5	30,2	–	35,4	29,2	39,8	–	–	–	–	–
Nov	3.	21/22	10,2	07,8	09,4	06,7	06,7	04,8	03,1	02,6	00,7	00,5	57,9	03,0
	3.	23	13,1	11,2	14,7	12,8	12,0	06,9	06,8	07,9	05,2	06,2	02,4	10,6
	11.	4	18,4	16,6	18,8	16,8	16,5	13,4	12,4	12,4	10,1	10,2	06,8	13,5
	13.	5	56,4	56,4	57,5	57,6	57,2	–	56,0	56,6	55,9	56,4	55,0	58,3
	21.	16	47,3	45,3	49,4	47,9	46,8	40,3	41,1	42,8	40,0	41,6	–	47,5
	21.	18/19	–	–	07,3	02,6	04,6	–	–	00,5	00,1	57,4	56,6	57,8
Dez	1.	3	33,9	34,8	37,9	39,7	38,2	32,9	36,0	39,2	38,2	41,4	39,5	45,3
	1.	4	39,6	41,0	42,7	44,8	43,7	40,5	42,9	45,1	44,5	46,6	45,1	49,2
	5.	4	–	02,8	00,6	11,7	09,7	06,3	12,0	16,4	16,7	21,0	19,8	25,0
	22.	17/18	07,0	03,6	03,7	00,5	00,8	01,2	57,3	56,0	53,8	53,1	50,0	56,2
	22.	21	06,7	07,3	10,9	12,8	11,0	04,9	07,9	11,5	09,9	13,7	10,5	19,5
	28.	21	–	–	–	31,3	–	–	–	21,5	18,4	14,8	11,2	16,9
	29.	5	16,9	16,0	18,8	18,0	17,3	14,0	15,0	16,2	15,4	16,5	15,4	18,4

Unter jeder Stadt sind die Minuten und Zehntelminuten der Sternbedeckungszeit angegeben.

Sternzeit um 20^h MEZ = 21^h MESZ auf 10° östlicher Länge

Tag	Jan	Feb	Mrz	Apr	Mai	Jun	Jul	Aug	Sep	Okt	Nov	Dez
	h m	h m	h m	h m	h m	h m	h m	h m	h m	h m	h m	h m
1.	2 26	4 28	6 19	8 21	10 19	12 21	14 20	16 22	18 24	20 22	22 25	0 23
2.	2 30	4 32	6 23	8 25	10 23	12 25	14 24	16 26	18 28	20 26	22 28	0 27
3.	2 34	4 36	6 26	8 29	10 27	12 29	14 27	16 30	18 32	20 30	22 32	0 31
4.	2 38	4 40	6 30	8 33	10 31	12 33	14 31	16 34	18 36	20 34	22 36	0 35
5.	2 42	4 44	6 34	8 37	10 35	12 37	14 35	16 38	18 40	20 38	22 40	0 39
6.	2 46	4 48	6 38	8 41	10 39	12 41	14 39	16 42	18 44	20 42	22 44	0 43
7.	2 50	4 52	6 42	8 44	10 43	12 45	14 43	16 45	18 48	20 46	22 48	0 46
8.	2 54	4 56	6 46	8 48	10 47	12 49	14 47	16 49	18 52	20 50	22 52	0 50
9.	2 58	5 00	6 50	8 52	10 51	12 53	14 51	16 53	18 56	20 54	22 56	0 54
10.	3 01	5 04	6 54	8 56	10 55	12 57	14 55	16 57	19 00	20 58	23 00	0 58
11.	3 05	5 08	6 58	9 00	10 59	13 01	14 59	17 01	19 03	21 02	23 04	1 02
12.	3 09	5 12	7 02	9 04	11 02	13 05	15 03	17 05	19 07	21 06	23 08	1 06
13.	3 13	5 16	7 06	9 08	11 06	13 09	15 07	17 09	19 11	21 10	23 12	1 10
14.	3 17	5 19	7 10	9 12	11 10	13 13	15 11	17 13	19 15	21 14	23 16	1 14
15.	3 21	5 23	7 14	9 16	11 14	13 17	15 15	17 17	19 19	21 18	23 20	1 18
16.	3 25	5 27	7 18	9 20	11 18	13 20	15 19	17 21	19 23	21 21	23 24	1 22
17.	3 29	5 31	7 22	9 24	11 22	13 24	15 23	17 25	19 27	21 25	23 28	1 26
18.	3 33	5 35	7 26	9 28	11 26	13 28	15 27	17 29	19 31	21 29	23 32	1 30
19.	3 37	5 39	7 30	9 32	11 30	13 32	15 31	17 33	19 35	21 33	23 35	1 34
20.	3 41	5 43	7 34	9 36	11 34	13 36	15 34	17 37	19 39	21 37	23 39	1 38
21.	3 45	5 47	7 37	9 40	11 38	13 40	15 38	17 41	19 43	21 41	23 43	1 42
22.	3 49	5 51	7 41	9 44	11 42	13 44	15 42	17 45	19 47	21 45	23 47	1 46
23.	3 53	5 55	7 45	9 48	11 46	13 48	15 46	17 49	19 51	21 49	23 51	1 50
24.	3 57	5 59	7 49	9 51	11 50	13 52	15 50	17 52	19 55	21 53	23 55	1 53
25.	4 01	6 03	7 53	9 55	11 54	13 56	15 54	17 56	19 59	21 57	23 59	1 57
26.	4 05	6 07	7 57	9 59	11 58	14 00	15 58	18 00	20 03	22 01	0 03	2 01
27.	4 08	6 11	8 01	10 03	12 02	14 04	16 02	18 04	20 07	22 05	0 07	2 05
28.	4 12	6 15	8 05	10 07	12 06	14 08	16 06	18 08	20 10	22 09	0 11	2 09
29.	4 16	–	8 09	10 11	12 09	14 12	16 10	18 12	20 14	22 13	0 15	2 13
30.	4 20	–	8 13	10 15	12 13	14 16	16 14	18 16	20 18	22 17	0 19	2 17
31.	4 24	–	8 17	–	12 17	–	16 18	18 20	–	22 21	–	2 21

Korrektur für andere östliche geographische Längen

Länge	4°	5°	6°	7°	8°	9°	11°	12°	13°	14°	15°	16°
Korr.	-24^m	-20^m	-16^m	-12^m	-8^m	-4^m	$+4^m$	$+8^m$	$+12^m$	$+16^m$	$+20^m$	$+24^m$

Korrektur für andere Uhrzeiten derselben Nacht (Datumswechsel um Mitternacht)

MEZ	18^h	19^m	21^h	22^h	23^h	0^h	1^h	2^h	3^h	4^h	5^h	6^h
MESZ	19^h	20^h	22^h	23^h	0^h	1^h	2^h	3^h	4^h	5^h	6^h	7^h
Korr.	-2^h00^m	-1^h00^m	$+1^h00^m$	$+2^h00^m$	$+3^h00^m$	$+4^h01^m$	$+5^h01^m$	$+6^h01^m$	$+7^h01^m$	8^h01^m	$+9^h01^m$	$+10^h02^m$

Erläuterungen siehe auch Seite 17 unter „Sternzeit".
Die obige Tabelle gibt für jeden Tag des Jahres die Sternzeit um 20^h MEZ (= 21^h Sommerzeit) am Meridian 10° östlicher Länge an. Für den Ortsmeridian des Beobachters ist eine Korrektur entsprechend der geographischen Längendifferenz zu 10° östlicher Länge anzubringen. Pro Längengrad beträgt diese Korrektur vier Minuten. Für Orte *westlich* des Meridians ist die Korrektur *abzuziehen*, für Orte *östlich* hingegen zu *addieren.* Auf der rechten Seite findet man in der Tabelle „Geographische Koordinaten größerer Städte" in der letzten Spalte die Zeitkorrektur vermerkt. Wer zu einer anderen Zeit als 20^h beobachtet, muß noch die Zeitkorrektur gemäß der obigen Tabelle anbringen. Beispiel: Wieviel Uhr Sternzeit ist es am 25. März um 23^h in München? Aus der Tabelle entnimmt man: Sternzeit am 25. März um 20^h = 7^h53^m. Dies gilt für 10° östlicher Länge. Die Zeitkorrektur für München beträgt laut Tabelle rechts sechs Minuten. Da München östlich vom 10°-Meridian liegt, sind diese sechs Minuten zu addieren, und man erhält 7^h59^m (**Achtung:** Das Vorzeichen in der Spalte Zeitkorrektur der rechten Tabelle gilt für die Korrektur der Kulminationszeiten! Für die Sternzeitberechnung kehren sich die Vorzeichen um!).- Am 25. März ist es also um 20^h MEZ 7^h59^m Sternzeit. Für 23^h MEZ ist gemäß obiger Tabelle die Korrektur von 3^h00^m anzubringen; um 23^h MEZ ist es also am 25. März in München 10^h59^m Sternzeit.

Geographische Koordinaten größerer Städte mit Zeitkorrektur

Stadt	östl. Länge	nördl. Breite	Zeitkorrektur gegen 10° östl. Länge
Aachen	6°,1	50°,8	+16^{m}
Amsterdam	4,9	52,4	+20
Antwerpen	4,4	51,2	+22
Augsburg	10,9	48,4	− 4
Baden-Baden	8,2	48,8	+ 7
Basel	7,6	47,6	+ 9
Berlin	13,4	52,5	−14
Bern	7,4	46,9	+10
Bielefeld	8,5	52,0	+ 6
Bochum	7,2	51,5	+11
Bonn	7,1	50,7	+12
Bozen	11,3	46,5	− 5
Braunschweig	10,5	52,3	− 2
Bregenz	9,8	47,5	+ 1
Bremen	8,8	53,1	+ 5
Brünn	16,6	49,2	−26
Brüssel	4,3	50,8	+23
Chemnitz	12,9	50,8	−12
Coburg	11,0	50,3	− 4
Darmstadt	8,7	49,9	+ 5
Dortmund	7,5	51,5	+10
Dresden	13,7	51,1	−15
Düsseldorf	6,8	51,2	+13
Duisburg	6,8	51,4	+13
Eisenach	10,3	51,0	− 1
Emden	7,2	53,4	+11
Erfurt	11,0	51,0	− 4
Essen	7,0	51,5	+12
Frankfurt (Main)	8,7	50,1	+ 5
Frankfurt (Oder)	14,6	52,3	−18
Freiburg (Breisgau)	7,9	48,0	+ 9
Genf	6,2	46,2	+15
Görlitz	15,0	51,2	−20
Graz	15,5	47,1	−22
Halle	12,0	51,5	− 8
Hamburg	10,0	53,6	0
Hannover	9,7	52,4	+ 1
Heidelberg	8,7	49,4	+ 5
Heilbronn	9,2	49,1	+ 3
Innsbruck	11,4	47,3	− 6
Kaiserslautern	7,8	49,4	+ 9
Karlsruhe	8,4	49,0	+ 6
Kassel	9,5	51,3	+ 2
Kiel	10°,1	54°,3	− 1^{m}
Klagenfurt	14,3	46,6	−17
Koblenz	7,6	50,4	+10
Köln	7,0	50,9	+12
Konstanz	9,2	47,7	+ 3
Krefeld	6,6	51,3	+14
Leipzig	12,4	51,3	−10
Linz (Donau)	14,3	48,3	−17
Ludwigshafen (Rh.)	8,4	49,5	+ 6
Lübeck	10,7	53,9	− 3
Lüttich	5,5	50,6	+18
Luxemburg	6,1	49,6	+15
Magdeburg	11,6	52,1	− 7
Mailand	9,2	45,5	+ 3
Mainz	8,3	50,0	+ 7
Mannheim	8,5	49,5	+ 6
Mönchengladbach	6,4	51,2	+14
München	11,6	48,1	− 6
Münster	7,6	52,0	+10
Nürnberg	11,1	49,5	− 4
Osnabrück	8,0	52,3	+ 8
Potsdam	13,1	52,4	−12
Prag	14,4	50,1	−18
Regensburg	12,1	49,0	− 8
Reutlingen	9,2	48,5	+ 3
Rostock	12,1	54,1	− 8
Rotterdam	4,5	51,9	+22
Saarbrücken	7,0	49,2	+12
Salzburg	13,1	47,8	−12
Schwerin	11,4	53,6	− 6
Stralsund	13,1	54,3	−12
Straßburg	7,7	48,6	+ 9
Stuttgart	9,2	48,8	+ 3
Trier	6,6	49,8	+13
Tübingen	9,1	48,5	+ 4
Ulm	10,0	48,4	0
Wien	16,4	48,2	−25
Wiesbaden	8,2	50,1	+ 7
Wilhelmshaven	8,1	53,5	+ 8
Worms	8,4	49,6	+ 7
Würzburg	9,9	49,8	0
Wuppertal	7,1	51,3	+11
Zürich	8,6	47,4	+ 6

Erläuterungen siehe auch Seite 16

Die Tabelle enthält die geographischen Koordinaten einiger größerer Städte in Mitteleuropa. In der vierten Spalte ist der Zeitunterschied der Ortszeit zum Meridian 10° östlicher Länge in Minuten angegeben. Um diesen Betrag kulminieren die Gestirne in der jeweiligen Stadt früher (negativer Wert) oder später (positiver Wert). Beispiel: Für Stuttgart findet man +3^{m}, für München −6^{m}. In Stuttgart gehen die Gestirne jeweils drei Minuten später durch den Meridian als im Himmelsjahr angegeben, in München dagegen um sechs Minuten früher.
Die Auf- und Untergangszeiten sind außer von der geographischen Länge auch noch von der geographischen Breite abhängig. Um sie für einen bestimmten Ort zu korrigieren, benutze man das Nomogramm auf Seite 230.

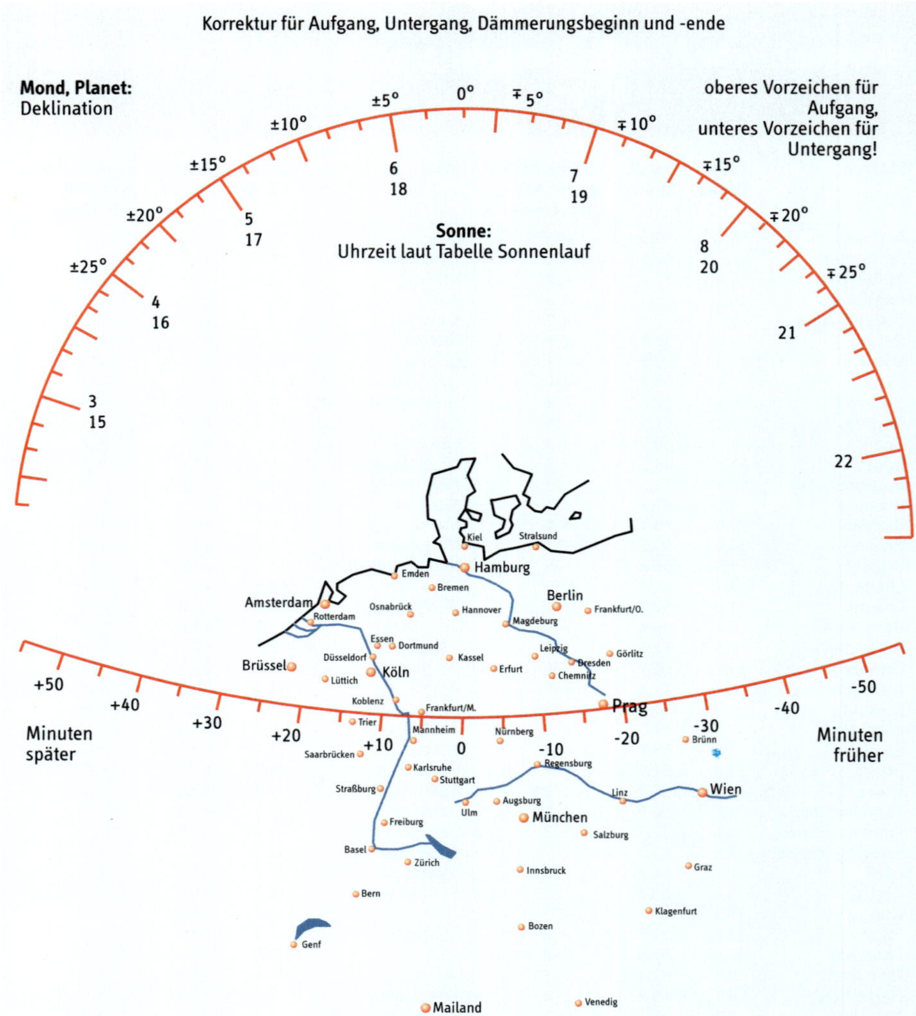

T.10 Nomogramm zur Bestimmung der Auf- und Untergangszeiten (Erläuterungen siehe Seite 16).

Korrektur für Auf- und Untergangszeiten

Sonne: Datum:			Jan. 21.	Febr. 8.	Febr. 23.	März 8.	März 20.	April 2.	April 16.	Mai 1.	Mai 20.	Juni 21.
		Dez. 22.	Nov. 22.	Nov. 3.	Okt. 19.	Okt. 6.	Sept. 23.	Sept. 10	Aug. 27.	Aug. 12.	Juli 24.	
Mond, Planet:												
Deklination		−25°	−20°	−15°	−10°	− 5°	0°	+ 5°	+10°	+15°	+20°	+25°
Hamburg	Aufgang	+21ᵐ	+15ᵐ	+10ᵐ	+ 6ᵐ	+ 3ᵐ	+ 1ᵐ	− 4ᵐ	− 7ᵐ	−11ᵐ	−16ᵐ	−22ᵐ
	Unterg.	−21	−15	−10	− 6	− 3	+ 1	+ 4	+ 7	+11	+16	+22
Hannover	Aufgang	+14	+11	+ 8	+ 5	+ 3	+ 1	− 1	− 4	− 6	− 9	−13
	Unterg.	−12	− 9	− 6	− 3	− 1	+ 1	+ 3	+ 6	+ 8	+11	+15
Berlin	Aufgang	+ 1	− 3	− 6	− 9	−12	−14	−16	−19	−21	−25	−29
	Unterg.	−28	−24	−21	−18	−16	−14	−11	− 9	− 6	− 3	+ 1
Dresden	Aufgang	− 9	−11	−12	−13	−14	−15	−16	−17	−18	−19	−21
	Unterg.	−20	−19	−18	−17	−16	−15	−14	−13	−12	−11	− 9
Leipzig	Aufgang	− 2	− 4	− 6	− 7	− 8	−10	−11	−12	−13	−15	−17
	Unterg.	−17	−15	−13	−12	−11	−10	− 8	− 7	− 6	− 4	− 2
Düsseldorf	Aufgang	+19	+18	+16	+15	+14	+13	+12	+11	+10	+ 8	+ 6
	Unterg.	+ 7	+ 8	+10	+11	+12	+13	+14	+15	+16	+18	+20
Frankfurt	Aufgang	+ 6	+ 6	+ 6	+ 5	+ 5	+ 5	+ 5	+ 5	+ 5	+ 5	+ 4
	Unterg.	+ 4	+ 5	+ 5	+ 5	+ 5	+ 5	+ 5	+ 5	+ 6	+ 6	+ 6
Nürnberg	Aufgang	− 6	− 6	− 5	− 5	− 4	− 4	− 3	− 3	− 2	− 2	− 1
	Unterg.	− 1	− 2	− 2	− 3	− 3	− 4	− 4	− 5	− 5	− 6	− 6
Stuttgart	Aufgang	− 3	− 1	0	+ 1	+ 2	+ 3	+ 4	+ 5	+ 6	+ 7	+ 9
	Unterg.	+ 9	+ 7	+ 6	+ 5	+ 4	+ 3	+ 2	+ 1	0	− 1	− 3
München	Aufgang	−15	−13	−11	− 9	− 8	− 6	− 5	− 3	− 1	+ 1	+ 3
	Unterg.	+ 3	0	− 2	− 3	− 5	− 6	− 8	− 9	−11	−13	−16
Zürich	Aufgang	− 7	− 3	0	+ 2	+ 4	+ 6	+ 8	+11	+13	+16	+20
	Unterg.	+19	+15	+12	+10	+ 8	+ 6	+ 4	+ 1	− 1	−4	− 8
Wien	Aufgang	−34	−32	−30	−28	−27	−25	−24	−22	−21	−19	−16
	Unterg.	−17	−19	−21	−22	−24	−25	−27	−28	−30	−32	−35
Halber Tagbogen												
53° nördl. Breite		3ʰ32ᵐ	4ʰ09ᵐ	4ʰ41ᵐ	5ʰ10ᵐ	5ʰ37ᵐ	6ʰ04	6ʰ31ᵐ	6ʰ58ᵐ	7ʰ28ᵐ	8ʰ00ᵐ	8ʰ38ᵐ
50° nördl. Breite		3 50	4 21	4 50	5 15	5 40	6 04	6 28	6 52	7 19	7 47	8 20
47° nördl. Breite		4 04	4 32	4 57	5 20	5 42	6 03	6 25	6 47	7 11	7 36	8 04

+ positiv: Korrektur addieren, Auf- oder Untergang findet später statt
− negativ: Korrektur subtrahieren, Auf- oder Untergang findet früher statt

Beispiel: Auf- und Untergang der Sonne am 20. März in Stuttgart.
Laut Tabelle „Sonnenlauf“ auf Seite 62 lauten die Werte 6ʰ23ᵐ und 18ʰ33ᵐ für 50° Nord und 10° Ost. Korrektur +3 und +3. Also geht die Sonne in Stuttgart um 6ʰ26ᵐ auf und um 18ʰ36ᵐ unter.
Für Daten und Deklinationen, die nicht in obiger Tabelle aufgeführt sind, nimmt man den nächstliegenden Wert, ohne einen großen Fehler zu begehen.

Literatur

astro-shop im Planetarium
Hindenburgstraße Ö1
22303 Hamburg
Tel.: (040) 511 43 48
Fax.: (040) 511 45 94

Star Observer
Das Magazin für Astronomie
Leserservice
Postfach 2354
83395 Freilassing

Sterne und Weltraum
Zeitschrift für Astronomie
Hüthig Fachverlage
Postfach 10 28 69
69018 Heidelberg

Teleskope & Zubehör

AIT – Astronomische Instrumente Thiele
Walkmühlstraße 4
65195 Wiesbaden
Tel.: (0611) 40 72 26
Fax.: (0611) 40 72 26

Astrocom GmbH
Lochhamer Schlag 5
82166 Gräfelfing
Tel.: (089) 89 889 666
Fax.: (089) 89 889 669

Astronomieservice Copernicus
Parkstraße 2
99438 Bad Berka
Tel.: (036458) 32 639
Fax.: (036458) 31 525

Astro Service Sauerland
Optik Lohmann GmbH
Maiplatz 5c
58840 Plettenberg
Tel.: (02391) 1 08 38

Baader Planetarium
Zur Sternwarte 4
80291 Mammendorf
Tel.: (08145) 8802
Fax.: (08145) 8805

DÖRR GmbH
Foto Marketing
Postfach 1280
89202 Neu-Ulm
Tel.: (0731) 97 037-0
Fax.: (0731) 97 037–37

GAV GRENZLAND-ASTRO-VERSAND
Kronprinzenstraße 9
52066 Aachen
Tel.: (0241) 513 841
Geschäftszeit von 18–21 Uhr

Intercon Spacetec
Gablinger Weg 9d
86154 Augsburg
Tel.: (0821) 414 085
Fax.: (0821) 414 081

KOSMOS Service
Postfach 10 60 11
70049 Stuttgart
Tel.: (0711) 21 91 267
Fax.: (0711) 21 91 350

Meade Instruments Europe
Lochhamer Schlag 5
82166 Gräfelfing
Tel.: (089) 898 896 00
Fax.: (089) 898 896 01

Photo Universal
Max-Planck-Straße 28
70736 Fellbach
Tel.: (0711) 957 60-0
Fax.: (0711) 957 60–40

Vehrenberg KG
Meerbuscher Straße 64–78
40670 Meerbusch-Osterath
Tel.: (02159) 5203 – 21/22/23
Fax.: (02159) 520 333

CCD-Kameras

Astrocom GmbH
Lochhamer Schlag 5
82166 Gräfelfing
Tel.: (089) 89 889 666
Fax.: (089) 89 889 669

astro-shop im Planetarium
Hindenburgstraße Ö1
22303 Hamburg
Tel.: (040) 511 43 48
Fax.: (040) 511 45 94

Baader Planetarium
Zur Sternwarte 4
80291 Mammendorf
Tel.: (08145) 8802
Fax.: (08145) 8805

Meade Instruments Europe
Lochhamer Schlag 5
82166 Gräfelfing
Tel.: (089) 898 896 00
Fax.: (089) 898 896 01

Astronomische Institute, Planetarien und Sternwarten

Augsburg
ṡ-Planetarium
Im Thäle 3
86152 Augsburg
Tel.: (08 21) 3 24 67 62

Bamberg
Dr.-Remeis-Sternwarte
Bamberg
Astronomisches Institut der
Universität Erlangen-Nürnberg
Sternwartstraße 7
96049 Bamberg
Tel.: (09 51) 9 52 22-0
Fax: (09 51) 9 52 22-22
Telex: 62 98 30 unier
e-Mail: postmaster @
sternwarte.uni-erlangen.de

Basel
Astronomisches Institut der
Universität Basel
Venusstraße 7
CH-4102 Binningen
Tel.: (0 61) 20 55-4 54
Fax: (0 61) 20 55-4 55

Berlin
Institut für Astronomie und
Astrophysik der Technischen
Universität Berlin
Hardenbergstraße 36
10623 Berlin
Tel.: (0 30) 31 42 37 83
Fax: (0 30) 3 14-2 48 85
e-Mail: bordihn @
physik.TU-Berlin.de

Archenhold-Sternwarte
Alt-Treptow 1
12435 Berlin – Treptow
Tel.: (0 30) 5 34 80 80

Wilhelm-Foerster-Sternwarte
und Planetarium
Munsterdamm 90
12169 Berlin
Tel.: (0 30) 7 90 09 30

ZEISS-Großplanetarium
Prenzlauer Allee 80
10405 Berlin
Tel.: (0 30) 42 28 41 98

Bern
Astrodrom
Universität Bern
Muesmattstr. 29
CH-3012 Bern
Tel.: (00 41) 3 16 31 86 52
Fax: (00 41) 3 16 31 42 10
e-Mail: schreng@sis.unibe.ch

Bochum
Astronomisches Institut der
Ruhr-Universität
Postfach 10 21 48
44780 Bochum
Tel.: (02 34) 7 00 34
Fax: (02 34) 70 94-1 69 54
e-Mail: astrorub @
ruba.rz.ruhr-uni-bochum.de

Planetarium und Sternwarte
Castroper Straße 67
44777 Bochum
Tel.: (02 34) 5 16 06-0
Fax: (02 34) 5 16 06-51
e-Mail: planetarium@
bochum.de

Bonn
Astronomische Institute der
Universität Bonn
Sternwarte mit Observatorium
Hoher List
Institut für Astrophysik und
Extraterrestrische Forschung
Auf dem Hügel 71
53121 Bonn
Tel. Sternwarte:
(02 28) 73 36 55, 56
Tel. Radioastronomie:
(02 28) 73 36 57, 58
Tel. Astrophysik:
(02 28) 73 36 71, 76
Gemeinsames Fax:
(02 28) 73-36 72
e-Mail: user@
astro.uni-bonn.de

Radioastronomisches Institut
mit Radioobservatorium
Stockert
e-Mail: mebold@
astro.uni-bonn.de

Observatorium Hoher List
54550 Daun/Eifel
Tel.: (0 65 92) 21 50/29 37

Radioobservatorium Stockert
53902 Eschweiler
Tel.: Bad Münstereifel
(0 22 53) 30 03

Max-Planck-Institut für
Radioastronomie
Auf dem Hügel 69
53121 Bonn
Tel.: (02 28) 52 51
Fax: (02 28) 52 52 29

Bremen
Sternwarte der
Olbers-Gesellschaft
Olbers-Planetarium der Hoch-
schule Bremen, FB Nautik
Werderstr. 73
28199 Bremen
Tel.: (04 21) 70 68 82
e-Mail: Dieter.Vornholz@
t-online.de

Dresden
Technische Universität
Dresden
Lohrmann-Observatorium und
Professur für Astronomie im
Institut für Planetare Geodäsie
Mommsenstraße 13
01069 Dresden
Tel.: (03 51) 4 63-40 97
Telex: 32 81 02 tuni d

STAR OBSERVER
SPECIAL
APOKALYPSE
PLANETEN
SCIENCE & FICTION
AB JANUAR 2001
GALAXIEN
SPECIAL STAR OBSERVER
ASTRONOMIE & WELTRAUMFORSCHUNG
www.starobserver.com
www.astromarkt.com

Fax: (03 51) 4 63-70 19
e-Mail: lohrmobs@
rcs.urz.tu-dresden.de

Frankfurt
Institut für Theoretische
Physik (Astrophysik)
Robert-Mayer-Straße 10
60325 Frankfurt/Main
Tel.: (0 69) 7 98 23 57
Telex: 41 39 32 Uni FD
Fax: (0 69) 7 98 83 50
e-Mail: kegel@
astro.uni-frankfurt.de

Freiburg im Breisgau
Kiepenheuer-Institut für
Sonnenphysik
Schöneckstraße 6
79104 Freiburg
Tel.: (07 61) 31 98-0
Fax: (07 61) 3 19 81 11
e-Mail: secr@
kis.uni-freiburg.de

Richard-Fehrenbach-Planetarium in der Gewerbeschule II
Friedrichstraße 51
79098 Freiburg im Breisgau
Tel.: (07 61) 27 60 99

Göttingen
Universitäts-Sternwarte
Geismarlandstraße 11
37083 Göttingen
Tel.: (05 51) 39 50 42/39 50 53
Fax: (05 51) 39 50 43
e-Mail: (name)@
uni-sw.gwdg.de

Außenstelle im Observatorio
del Teide/Teneriffa
Tel.: (00 34 22) 3 29-1 41
Telex: (0 52) 9 14 34 obte e
Fax: (00 34 22) 3 29-1 40

Graz
Institut für Astronomie der
Universität Graz
(Universitätssternwarte)
Universitätsplatz 5
A-8010 Graz
Tel.: (03 16) 3 80-52 70/52 71
Fax: (03 16) 38 40 91
e-Mail: arn@
bimgsl.kfunigraz.ac.at

Observatorium Lustbühel
Lustbühelstraße 46
A-8042 Graz
Tel.: (03 16) 4 13 58-16
Telex: 31 10 78 obslgz

Sonnenobservatorium
Kanzelhöhe
A-9521 Treffen/Kärnten
Tel.: (0 42 48) 27 17
Fax: 04 56-42 48-2 00

Halle
Raumflugplanetarium
Peißnitzinsel 4 a
06108 Halle
Tel.: (03 45) 2 02 87 76

Hamburg
Hamburger Sternwarte
Gojenbergsweg 112
21029 Hamburg
Tel.: (0 40) 72 52-41 12
Telex: 21 78 84 hamst d
Fax: (0 40) 72 52-41 98
e-Mail: dreimers@
hs.uni-hamburg.de

Planetarium
Hindenburgstraße Ö 1
22303 Hamburg
Tel.: (0 40) 51 49 85-0

Hannover
Astronomische Station am
Institut für Erdmessung der
Universität
Schneiderberg 50
30167 Hannover
Tel.: (05 11) 7 62 24 75

Heidelberg
Astronomisches Rechen-Institut
Mönchhofstraße 12–14
69120 Heidelberg
Tel.: (0 62 21) 40 50
Fax: (0 62 21) 40 52 97

Institut für Theoretische
Astrophysik
Tiergartenstr. 15
69121 Heidelberg
Tel.: (0 62 21) 54 48 37
Telex: 46 15 15 unikl d
Fax: (0 62 21) 54 42 21
e-Mail: wmt@
manki-ita.uni-heidelberg.de

Max-Planck-Institut für
Astronomie
Königstuhl 17
69117 Heidelberg
Tel.: (0 62 21) 52 80
Telex: 46 17 89 mpia d
Fax: (0 62 21) 52 82 46
e-Mail: mpia-hd.mpg.de

Außenstelle
Deutsch-Spanisches
Astronomisches Zentrum
Calar Alto/Almeria
Apartados Correos 511
Almeria/Spanien
Tel.: (00 34 51) 23 09 88/
22 55 76
Fax: (00 34 51) 22 55 62
e-Mail: internet: caha.es

Landessternwarte
Königstuhl 12
69117 Heidelberg
Tel.: (0 62 21) 50 90
Fax: (0 62 21) 5 09-2 02
e-Mail: Postmaster@
mail.lsw.uni-heidelberg.de

Innsbruck
Institut für Astronomie der
Universität Innsbruck
Technikerstraße 25
A-6020 Innsbruck
Tel.: (05 12) 5 07 60 31
Fax: (05 12) 5 07 29 23
e-Mail: Astro@uibk.ac.at

Jena
Universitäts-Sternwarte
Schillergäßchen 2
07745 Jena
Tel.: (0 36 41) 63 03-23
Fax: (0 36 41) 63 04 17
Telex: 33 15 06 uni dd
e-Mail: obs@
betty.astro.uni-jena.de

Planetarium
Am Planetarium 5
07743 Jena
Tel.: (0 36 41) 88 54 88
Fax: (0 36 41) 88 54 20

Kassel
Planetarium im Museum für Astronomie und Technikgeschichte
Orangerie
An der Karlsaue 20 c
34121 Kassel

Kiel
Institut für Astronomie und Astrophysik
Leibnizstr. 15
24118 Kiel
Tel.: (04 31) 8 80-41 10
Fax: (04 31) 8 80-41 00
e-Mail: jonas@astrophysik.uni-kiel.d400.de

Planetarium
Knooper Weg 62
24103 Kiel
Tel.: (04 31) 51 98-2 11

Klagenfurt
Raumflugplanetarium
Villacher Straße 239
A-9020 Klagenfurt
Sternwarte Kreuzbergl
Tel.: (04 63) 2 17 00

Köln
Physikalisches Institut der Universität zu Köln
Zülpicher Straße 77
50937 Köln
Tel.: (02 21) 4 70-35 67
Fax: (02 21) 4 70-51 62
e-Mail: ...@ph1.uni-koeln.de

Laupheim
Volkssternwarte und Planetarium
Parkweg 44
88471 Laupheim
Tel.: (0 73 92) 9 10 59
Fax: (0 73 92) 9 10 58
e-Mail: contact@planetarium-laupheim.de
http://www.planetarium-laupheim.de

Locarno
Istituto Ricerche Solari Locarno
via Patocchi
CH-6644 Orselina
Tel. + Fax: 00 41 93 33 42 26

Luzern
Planetarium im Verkehrshaus der Schweiz
Lidostraße 5
CH-6006 Luzern
Tel. (0 41) 3 70 44 44

Mannheim
Planetarium
W.-Varnholt-Allee 1
68165 Mannheim
Tel.: (06 21) 41 56 92
Fax: (06 21) 41 24 11

München
Europäische Südsternwarte (ESO)
Karl-Schwarzschild-Straße 2
85748 Garching
Tel.: (0 89) 32 00 62 76
Telex: 05-2 82 82-0 eo d
Fax: (0 89) 3 20 23 62

Institut für Astronomie und Astrophysik der Universität München
Universitäts-Sternwarte
Scheinerstraße 1
81679 München
Tel.: (0 89) 92 20 94-0
e-Mail: sam@usmv23.uni-münchen.de

Max-Planck-Institut für Extraterrestrische Physik
Karl-Schwarzschild-Str. 1
85748 Garching

Tel.: (0 89) 32 99-00
Telex: 05 21 58 45 xter d
Fax: (0 89) 32 99-35 99
e-Mail: mfs@mpe-garching

Max-Planck-Institut für Astrophysik
Karl-Schwarzschild-Straße 1
85748 Garching
Tel.: (0 89) 32 99-00
Telex: 52 46 29
Fax: (0 89) 32 99-32 35
e-Mail: userid@mpa-garching

Planetarium und Bayerische Volkssternwarte
Anzinger Straße 1
81671 München
Tel.: (0 89) 40 62 39

Planetarium
Forum der Technik
Museumsinsel 1
80538 München
Tel.: (0 89) 2 11-25-1 80
Fax: (0 89) 2 11-1 89

Münster
Astronomisches Institut der Westfälischen Wilhelms-Universität
Wilhelm-Klemm-Straße 10
48149 Münster
Tel.: 49(0)2 51-83-35 61
Telex: 89 25 29 unims d
Fax: 49(0)2 51-83-35 65
e-Mail: userid oder aimal@cygnus.uni.muenster.de

Außenstation Schalkenmehren
Hembrich 6
54552 Schalkenmehren/Eifel
Tel.: 49(0)65 92-39 14

Planetarium im Naturkundemuseum
Sentruper Straße 285
48161 Münster
Tel.: (02 51) 8 94 23

Nürnberg
Planetarium
Am Plärrer 41
90317 Nürnberg
Tel.: (09 11) 26 54 67

Sternwarte
Regiomontanusweg 1
90431 Nürnberg
Tel.: (09 11) 9 59 35 38

Osnabrück
Museum am Schölerberg/Planetarium
Am Schölerberg 8
49082 Osnabrück
Tel.: (05 41) 56 00 30

Potsdam
Astrophysikalisches Institut Potsdam
An der Sternwarte 16
14482 Potsdam

Tel.: (03 31) 7 49 90
Fax: (03 31) 7 49 92 00
e-Mail: khraedler@aip.de

Astrophysikalisches
Observatorium Potsdam/
Sonnenobservatorium
Einsteinturm
Telegrafenberg
14473 Potsdam
Tel.: (03 31) 28 80
Fax: (03 31) 2 88 23 10

Observatorium für solare
Radioastronomie Tremsdorf
14552 Tremsdorf
Tel.: (03 32 05) 22 61

Recklinghausen
Westf. Volkssternwarte/
Planetarium
Stadtgarten 6
45657 Recklinghausen
Tel.: (0 23 61) 2 31 34
e-Mail: Sternwarte.Re
@t-online.de
http://home.t-online.de/home/
Sternwarte.Re

Schneeberg
Sternwarte und Planetarium
Heinrich-Heine-Straße
08289 Schneeberg
Tel.: (0 37 72) 2 24 39

Siegen
Sternwarte der Universität
Adolf-Reichwein-Straße
57068 Siegen
Tel.: (02 71) 7 40-46 13
Fax: (02 71) 7 40-23 30

Sonneberg
Sternwarte Sonneberg
Sternwartestraße 32
96515 Sonneberg
Tel.: (0 36 75) 8 12 10
Fax: (0 36 75) 8 12 19

Stuttgart
Carl-Zeiss-Planetarium mit
Sternwarte Welzheim
Mittlerer Schloßgarten
70173 Stuttgart
Tel.: (07 11) 1 62 92 15
Fax: (07 11) 216 39 12
e-Mail: planetarium@
stuttgart.de
http://www.s.shuttle.de/
planetarium

Sternwarte Welzheim
Tel.: (0 71 82) 42 84

Tautenburg
Thüringer Landessternwarte
Karl-Schwarzschild-
Observatorium
Sternwarte 5
07778 Tautenburg
Tel.: (03 64 27) 86 30
Fax: (03 64 27) 8 63 29

Tübingen
Astronom. Institut der Univ.
Waldhäuser Straße 64
72076 Tübingen
Tel.: (0 70 71) 29 24 86
Telex: 07 26 27 14 ait d
Fax: (0 70 71) 29 34 58
e-Mail: (username) @
ait.physik.uni.tuebingen.de

Lehr- und Forschungsbereich
Theoretische Astrophysik der
Universität Tübingen
Auf der Morgenstelle 10
72076 Tübingen
Tel.: (0 70 71) 29 24 87
Fax: (0 70 71) 29 75 75
e-Mail: username@
tat.physik.uni-tuebingen.de

Welzheim
Siehe Planetarium **Stuttgart**

Wernigerode
Harzplanetarium
Sekundarschule „Maxim Gorki"
Walther-Rathenau-Straße 11
38855 Wernigerode
Tel.: (0 39 43) 3 22 77

Wien
Institut für Astronomie der
Universität Wien,
Universitäts-Sternwarte
Türkenschanzstraße 17
A-1180 Wien
Tel.: (02 22) 4 70 68 00-0
Fax: (02 22) 4 70 68 00-15
e-Mail: user@
astro.ast.univie.ac.at

Kuffner-Sternwarte
Johann Staud-Straße 10
A-1160 Wien
Tel.: (02 22) 9 14 81 30
Fax: (02 22) 9 14 81 30-31
e-Mail: admin@kuffner.ac.at

URANIA-Sternwarte
Uraniastraße 1
A-1010 Wien
Tel.: (02 22) 7 12 61 91

Planetarium der Stadt Wien
Oswald-Thomas-Platz 1
A-1020 Wien
Tel.: (02 22) 24 94 32

Wolfsburg
Planetarium
Uhlandweg 2
38440 Wolfsburg
Tel.: (0 53 61) 2 19 39

Würzburg
Institut für Astronomie und
Astrophysik
Am Hubland
97074 Würzburg
Tel.: (09 31) 8 88-50 31
Fax: (09 31) 8 88-46 03
e-Mail: deubner@
astro.uni-wuerzburg.de

Zürich
Institut für Astronomie
ETH-Zentrum
CH-8092 Zürich
Tel.: 41-1-6 32 38 13
Fax: 41-1-6 32 12 05
e-Mail: username@
astro.phys.ethz.ch

URANIA-Sternwarte
Uraniastraße 9
CH-8000 Zürich

Das Verzeichnis erhebt keinen Anspruch auf Vollständigkeit. Weitere Institute, Planetarien und Sternwarten nimmt der Herausgeber gerne auf. Entsprechende Hinweise sende man bitte an:
PLANETARIUM STUTTGART
Mittlerer Schloßgarten
D-70173 Stuttgart

Amateurastronomische Vereinigungen, Beobachtungsstationen und Privatsternwarten

Aachen
Sternwarte am Hangeweiher
VHS Aachen
Peterstr. 21–25
52062 Aachen

Aalen
Schul- und Volkssternwarte
Rombacherstraße 30
73430 Aalen

Abensberg
AK Astronomie der
Weltenburger Akademie
Adlerstraße 104
93326 Abensberg

Albstadt
Sternwarte und
Planetarium
Hartmannstraße 140
72458 Albstadt-Ebingen

Aschersleben
Planetarium Aschersleben
Im Tierpark
Auf der Alten Burg 40
06449 Aschersleben

Augsburg
siehe **Diedorf**

Backnang
Freie Initiative
Backnanger Sterngucker
Adlerstr. 9
71549 Lippoldsweiler

Bad Driburg
Sternwarte der
F.-W.-Weber-Realschule
Elsterweg 13
33014 Bad Driburg

Bad Dürkheim
Astronomischer Arbeitskreis
Pfalzmuseum für Naturkunde
Hermann-Schäfer-Str. 17
67098 Bad Dürkheim

Bad Homburg
Astronomische Gesellschaft
Orion e. V.
Valkenierstr. 10
61350 Bad Homburg

Bad Mergentheim
Astronomische Vereinigung
Weikersheim
Marienstraße 38
97980 Bad Mergentheim

Bad Nauheim
Volkssternwarte Wetterau e. V.
Burgallee 40
61231 Bad Nauheim

Bad Salzuflen
Schulsternwarte im Zentrum
Lohfeld
Wasserfuhr 25 e
32108 Bad Salzuflen

Bad Salzschlirf
Sternwarte – Freundeskreis der
Himmelskunde
Dr.-Martiny-Straße 1
36364 Bad Salzschlirf

Baindt
s. **Waldburg-Weingarten**

Basel
Astronomischer Verein
Venusstraße 7
CH-4102 Binningen

Bautzen
Sternwarte Bautzen
Schulsternwarte und
Planetarium
Czornebohstraße 82
(Naturpark)
02625 Bautzen

Bentheim
Astronomischer Verein der
Grafschaft Bentheim e. V.
Jahnstr. 3, 49828 Neuenhaus

Berlin
Bruno H. Bürgel
Sternwarte
Heerstraße 531
13593 Berlin

Bielefeld
Schulsternwarte
Brackweder Gymnasium
Beckumer Straße 10
33647 Bielefeld

Arbeitsgemeinschaft
Astronomie, Physik, Umwelt
Naturwissenschaftlicher Verein
Kreuzstraße 38
33602 Bielefeld

Volkssternwarte Ubbedissen
Wietkamp 5
33699 Bielefeld

Bietigheim-Bissingen
siehe **Ludwigsburg**

Bonn
Volkssternwarte Bonn e. V.
Poppelsdorfer Allee 47
53115 Bonn

Bozen
Amateurastronomen
„Max Valier"
Verein zur Förderung der
Astronomie in Südtirol
Neustifterweg 5
I-39100 Bozen

Braunschweig
Sternfreunde Braunschweig-
Hondelage e. V.
Ackerweg 1 B
38108 Braunschweig

Buchloe
Astronomische Gesellschaft
Buchloe e. V.
Gamsbichlstr. 10
86807 Buchloe

Bülach
Schul- und Volkssternwarte
Bülach
Rotzibüch bei Eschenmosen
CH-8180 Bülach

Buxtehude
Astronomie-AG der
VHS Buxtehude
Braunschweiger Str. 4
21614 Buxtehude

Diedorf
Astronomische Vereinigung
Augsburg e. V.
Pestalozzistraße
86420 Diedorf/Augsburg

Donzdorf
Sternfreunde Donzdorf
Messelberg-Sternwarte beim
Schulzentrum
73072 Donzdorf

Dortmund
Sternwarte im Westfalenpark
Astronomischer Verein
Dortmund e. V.
Hörder Bahnhofstr. 9
44263 Dortmund

Drebach
Volkssternwarte und Planetarium
Straße der Jugend 14
09430 Drebach (Erzgebirge)

Duisburg
Rudolf-Römer-Sternwarte
Rheinhausen e. V.
Schwarzenberger Str. 147
(im KFR)
47226 Duisburg

Düsseldorf
Benzenberg-Sternwarte
Wimpfener Straße 18
40597 Düsseldorf

Eilenburg
Sternwarte und Planetarium
Mansberg 18
04838 Eilenburg

Eisenstadt
Burgenländische
Amateurastronomen
Neusiedlerstraße 8
A-7000 Eisenstadt

Burgenländische
Landessternwarte
Dr.-Karl-Renner-Straße 1
A-7000 Eisenstadt

Erfurt
siehe **Molsdorf**

Erkrath
Sternwarte Neanderhöhe
Hochdahl, Stellarium
Hildener Straße 17
40699 Erkrath

Eschwege
Vereinigte Amateur-
Astronomen
Eschwege VAAE 1975 e. V.
Hauptstraße 36
36205 Sontra-Ulfen

Essen
Verein für volkstümliche
Astronomie
Weberplatz 1
45127 Essen

Walter-Hohmann-Sternwarte
Wallneyer Straße 159
45133 Essen

Frankfurt/Main
Volkssternwarte des Phys.
Vereins Frankfurt
Robert-Mayer-Straße 2–4
60054 Frankfurt

Freiburg
Volkssternwarte Freiburg
Staudinger Straße 10
79115 Freiburg/Br.

Sternfreunde Breisgau e. V.
Geranienstr. 2
79312 Emmendingen

Fulda
Hans-Nüchter-Sternwarte
Domänenweg 2
36037 Fulda

Planetarium im Vonderau-
Museum
Jesuitenplatz 2
36010 Fulda

Fuldatal
Volkssternwarte Rothwesten
Am Häuschensberg
34233 Fuldatal

Geretsried
Volks- und Schulsternwarte
Geretsried e. V.
Adalbert-Stifter-Str. 14
82538 Geretsried

Germering
Sternwarte des
Max-Born-Gymnasiums
Johann-Sebastian-Bach-Str. 8
82110 Germering

Glücksburg
Sternfreunde Flensburg-
Glücksburg e. V.
Menke Sternwarte und
Planetarium
Fördestr. 35, 24960 Glücksburg

Gmunden
Eisner-Sternwarte
Kalvarienberg
A-4810 Gmunden

Goch
Volkssternwarte
Goch/Kleve e. V.
Berliner Straße 69
47574 Goch-Nierswalde

Görlitz
Scultetus-Sternwarte
An der Sternwarte 1
02827 Görlitz

Gondelsheim
Kraichgau-Sternwarte
Gondelsheim e. V.
Lilienstraße 25
76669 Bad Schönborn

Göttingen
Förderkreis Planetarium
Göttingen e. V.
Stegemühlenweg 48
37083 Göttingen

ASTRONOMIE + RAUMFAHRT im Unterricht

ANGEBOT FÜR LESERINNEN UND LESER VOM KOSMOS HIMMELSJAHR

NEU IN ASTRONOMIE+RAUMFAHRT

VULKANISMUS IM SONNENSYSTEM

Vergleichende Betrachtungen mit der Erde

Experten äußern sich zu den Themen

- Kryovulkanismus im Sonnensystem
- Vulkanismus auf dem Mond
- Vulkanismus auf der Venus
- Überschwemmungen und Vulkanismus auf dem Mars
- Vulkanismus auf dem Jupitermond Io

Sie als Leserin oder Leser vom *KOSMOS Himmelsjahr* können das Heft jetzt zum günstigen Preis von DM 13,– bestellen. Bitte füllen Sie nebenstehenden Kupon aus und schicken Sie diesen an den
Friedrich Verlag – Vertrieb –
Postfach 10 01 50
30917 Seelze

oder faxen Sie Ihre Bestellung unter 0511/40004-170
E-Mail: leserservice@friedrich-verlag.de

Bestellkupon

❑ Ich bestelle die Ausgabe **Vulkanismus im Sonnensystem** zum günstigen Preis von DM 13,– zzgl. Versandkosten

Meine Adresse

Name

Straße

PLZ/Wohnort

Datum/Unterschrift

FRIEDRICH VERLAG – Postfach 10 01 50 – 30917 Seelze – Fax: 0511/40004-170

Gröbenzell
Astronomische Vereinigung
West-München (AVWM)
Grasslfinger Straße 43
82194 Gröbenzell

Gudensberg
Förderverein Schulsternwarte
Gudensberg e. V.
Schwimmbadweg 30
34281 Gudensberg

Hagen
Volkssternwarte
Eugen-Richter-Turm
58135 Hagen

Halberstadt
Verein für astronom. Bildung
im LK Halberstadt e. V.
Wilhelm-Trautewein-Str. 19
38820 Halberstadt

Hamburg
Gesellschaft für volkstümliche
Astronomie (GvA) e. V.
Hindenburgstraße Ö 1
22303 Hamburg

Hannover
Planetarium der Bismarck-
schule
An der Bismarckschule 5
30173 Hannover

Volkssternwarte
Am Lindener Berg 27
30449 Hannover

Hardheim
Astronomie-Arbeitskreis
Walter-Hohmann-Sternwarte
Alte Würzburger Straße 5
74736 Hardheim

Hattingen
Volkssternwarte Hattingen e. V.
Schonnefeldstr. 23
45326 Essen

Heilbronn
Robert-Mayer-
Volks- und Schulsternwarte
Bismarckstraße 10
74072 Heilbronn

Heppenheim
Starkenburg-Sternwarte
Kl. Bach 3
64646 Heppenheim

Herzberg
Schulsternwarte
Am Wasserturm
04916 Herzberg

Hof
Volkssternwarte Hof
Egerländer Weg 25
95032 Hof

Hückelhoven
Astronomische
Arbeitsgemeinschaft
Städt. Gymnasium
Hartlpooler Platz
41836 Hückelhoven

Ilsede
Privatsternwarte
Alter Weg 4 B
31241 Ilsede

Ingolstadt
Astronomischer Arbeitskreis
Ingolstadt e. V.
Lilienthalstraße 137
85077 Manching

Jena
Urania-Sternwarte
Schillergäßchen 2
07745 Jena

Karlsruhe
Sternwarte des
Max-Planck-Gymnasiums
Krokusweg
76199 Karlsruhe

Kassel
Astronomischer Arbeitskreis
Kassel e. V.
Wilhelmshöher Allee 300 A
34131 Kassel

Kelheim
Sternfreunde Kelheim
Gstaigkirchl 67 a
93346 Ihrlerstein

Kempten
Astronomieverein Kempten e. V.
Saarlandstr. 1
87437 Kempten

Kiel
Gesellschaft für volkstümliche
Astronomie (GvA) e. V. –
Gruppe Kiel – Hofbrook 64
24119 Kronshagen

Volkssternwarte Kronshagen
Suchsdorfer Weg 33
24119 Kronshagen

Köln
Planetarium
Blücherstraße 17, 50733 Köln

Volkssternwarte
Nikolausstraße 55
50937 Köln

Königsleiten
Sternwarte und Planetarium
Königsleiten
Königsleiten 29
A-5742 Wald i. Pinzgau

Krefeld
Vereinigung Krefelder
Sternfreunde e. V.
Friedensstr. 229
47829 Krefeld

Kreuzlingen
Sternwarte Kreuzlingen
Breitenrainstraße 21
CH-8280 Kreuzlingen

Kufstein
Astro-Club Planetarium
Schützenstraße 16
A-6332 Kufstein

Laufen
Astronomische Arbeitsgruppe
Laufen e. V.
Goethestraße 8
83410 Laufen

Leinfelden
Schul- und Volkssternwarte
Anemonenstraße 15
70771 Leinfelden-Echterdingen

Lemgo
Sternwarte Lemgo
der FH Lippe
Astronomische Arbeitsgemeinschaft an der FH Lippe e. V.
Liebigstraße 87
32655 Lemgo

Leonberg
Sternwarte Höfingen
Theodor-Heuss-Str. 6/1
71229 Leonberg

Linz
Johannes Kepler
Sternwarte Linz
Sternwarteweg 5
A-4020 Linz

Lohr
Sternwarte Luana
Zum Rötelbrunnen 2
97816 Lohr/Main

Lübeck
Sternwarte Lübeck
Am Ährenfeld 2
23564 Lübeck

Ludwigsburg
Arbeitsgemeinschaft
Astronomie
Rosenstraße 15/2
74321 Bietigheim-Bissingen

Lustenau
Vorarlberger
Amateur Astronomen
Hofsteigstraße 33
A-6890 Lustenau

Luxembourg
Astronomes Amateurs du
Luxembourg
16 B, Rue Emile Mayrisch
L-3522 Dudelange

Magdeburg
Planetarium und Sternwarte
Pablo-Picasso-Straße 21
39128 Magdeburg

Mainz
Astronomische
Arbeitsgemeinschaft
der Sternfreunde Mainz
und Umgebung e. V.
Petersplatz 2
55116 Mainz

Mönchengladbach
Astronomischer Arbeitskreis
Mönchengladbach e. V.
Engelsholt 143
41069 Mönchengladbach

Moers
Moerser Astronomische
Organisation e. V.
Drinhausstr. 2
47447 Moers

Molsdorf
Volkssternwarte Erfurt
Gothaer Straße 4 a
99192 Molsdorf

Monschau
Monschauer Sternfreunde
Sternwarte Eifel
Auf der Höhe 22
52156 Monschau

Münster
Sternfreunde Münster e. V.
Sentruper Straße 285
48161 Münster

Neumarkt
Bayerische Volkssternwarte
Moorstraße 5
92318 Neumarkt

Neumünster
Arbeitsgemeinschaft Sternwarte der Volkshochschule
Neumünster
Stadt Neumünster/Kulturamt
24534 Neumünster

Neunkirchen
Sternwarte Peterberg
Verein der Amateurastronomen
des Saarlandes e. V.
Händelstraße 1
66538 Neunkirchen

Neustadt/Weinstraße siehe **Bad Dürkheim**

Nordenham
Planetarium
Bahnhofstraße 52
26954 Nordenham

Norderney
Astronomischer Arbeitskreis
Norderney
„Wilhelm Dorenbusch
Sternwarte"
Birkenweg 22
26548 Norderney

Norderstedt
Volkssternwarte
Norderstedt e. V.
Breslauer Straße 7
24850 Norderstedt

Nürnberg
Astronomie & Philatelie
Brunhildstraße 1 a
90461 Nürnberg

Nürnberger Astronomische
Arbeitsgemeinschaft e. V.
Regiomontanusweg 1
90491 Nürnberg

Nürtingen
Neckar-Alb-Sternwarte
Astronomische Vereinigung
Nürtingen e. V.
Birkenweg 7
72622 Nürtingen

Oldenburg
Oldenburger Sternfreunde e. V.
Goldene Linie 37
26188 Edewecht/Portsloge

Ottobeuren
Allgäuer Volkssternwarte e. V.
Schwabenstraße 13
87724 Ottobeuren

Paderborn
Volkssternwarte Paderborn
e. V.
Im Schloßpark, Schloß Neuhaus
Marstallstraße 13
33104 Paderborn

Papenburg
Astronomischer Verein
Wilhelm-Leuschner-Straße 48
26871 Papenburg

Passau
Volkssternwarte
Veste Oberhaus 125
94034 Passau

Pfarrkirchen
siehe **Zeilarn**

Pforzheim
Astronomischer Arbeitskreis
Parkstraße 25
75223 Öschelbronn

Potsdam
Planetarium –
Beobachtungsstation
Im Neuen Garten 6
14469 Potsdam

Radeberg
Freundeskreis Sternwarte e. V.
Volkssternwarte Erich Bär
Stolpener Straße PF 84–40
01454 Radeberg

Regensburg
Verein der Freunde der Volks-
sternwarte Regensburg
Ägidienplatz 2
93047 Regensburg

Reutlingen
Planetarium und Sternwarte
Karlstraße 40
72764 Reutlingen

Rheine
Astro-AG Waldhügel
Birkhahnweg 8
48429 Rheine

Rodewisch
Schulsternwarte
Rützengrüner Straße 41 a
08228 Rodewisch
(Vogtland)

Rüsselsheim
Rüsselsheimer
Sternfreunde e. V.
Am Borngraben 40
65428 Rüsselsheim

Salzburg
Arbeitsgruppe für Astronomie
am „Haus der Natur"
Raphael-Donner-Straße 8
A-5026 Salzburg

Volkssternwarte am
Voggenberg
Tischlerstraße 8
A-5101 Bergheim/Sbg.

Schaffhausen
Dr. h. c. Hans-Rohr-Sternwarte
Astro-AG der
Naturforschenden Gesellschaft
Beckengässchen 23
CH-8201 Schaffhausen

Schkeuditz
Astronomisches Zentrum
An der Bergbreite
04435 Schkeuditz

Schriesheim
Arbeitsgemeinschaft Volks-
sternwarte Schriesheim e. V.
Entengasse 3
69198 Schriesheim

Seewalchen
Astronomischer Arbeitskreis
Salzkammergut +
Sternwarte Gahberg bei
Weyregg am Attersee
Sachsenstraße 2
A-4863 Seewalchen

Senftenberg
Planetarium
An der Ingenieurschule
01968 Senftenberg

Singen
Volkssternwarte Singen e. V.
Zeppelin-Realschule
Rielasingerstr. 37
78224 Singen

Soest
Volkssternwarte
Steinkuhlenweg 6
59494 Soest

Sohland
Volks- und
Schulsternwarte
Zöllnerweg 12
02689 Sohland

Solingen
Walter-Horn-Ges. e. V.
Sternwarte
Sternstraße 5
42719 Solingen

Steißlingen
Sternwarte Steißlingen
Im Städtle 19
78256 Steißlingen

St. Pölten
Niederösterreichische
Amateurastronomen
Schuhmeierstr. 1
A-3100 St. Pölten

Stuttgart
Schwäbische Sternwarte
Zur Uhlandshöhe 41
70188 Stuttgart

Suhl
Volks- und Schulsternwarte
Auf dem Hoheloh 1
98527 Suhl

Sursee
Sternwarte Sursee
Berufsschule Kotten
Kyburgerstr. 3
CH-6210 Sursee

Tirschenreuth
Volkssternwarte Tirschenreuth
Blankenbühlstraße 28
95643 Tirschenreuth

Trier
Sternwarte Trier e. V.
Max-Planck-Gymnasium
Sichelstr. 3, 54290 Trier

Tübingen
Astronomische Vereinigung
Tübingen e. V.
Sternwarte der Universität
Waldhäuser Straße 64
72076 Tübingen

Überlingen
Sternwarte Überlingen
Ob. St. Leonhardstraße 45
88662 Überlingen

Ulm
Astronomische Arbeitsgruppe
Julius-Leber-Weg 49
89075 Ulm

Violau
Sternwarte
Bruder-Klaus-Heim
86450 Violau

Waldburg
Astronomischer Arbeitskreis
Waldburg-Weingarten e. V.
Gartenstraße 31
88255 Baindt

Wertheim
Johann-Kern-Sternwarte e. V.
Mittlere Flur 20
97877 Wertheim

Wetterau
siehe **Bad Nauheim**

Wetzlar
Astronomischer Arbeitskreis
Wetzlar e. V.
Sternwarte Burgsolms
Lindenstr. 11, 35606 Solms

Wien
Astronomischer Jugendclub
Richard-Wagner-Platz 2/8
A-1160 Wien

Österreichische Astronomie- und Raumfahrtvereinigung
Dammgasse 4 – 6
A-2230 Gänserndorf

Wiener Arbeitsgemeinschaft für Astronomie
Dreyhausenstr. 11/53
A-1140 Wien

Wiesbaden
Astronomische Gesellschaft
Urania e. V.
Volkssternwarte
Bierstadter Str. 47
65189 Wiesbaden

Winterthur
Sternwarte Eschenberg
der AG Winterthur
Breitenstraße 2
CH-8542 Wiesendangen

Zeilarn
Sternfreunde Pfarrkirchen
Oberhaus, 84367 Zeilarn

Überregionale astronomische Amateur-Vereinigungen

Arbeitskreis Meteore e. V.
Berliner Straße 41
14467 Potsdam

Bundesdeutsche Arbeitsgemeinschaft für Veränderliche Sterne e. V. (BAV)
Munsterdamm 90
12169 Berlin

International Meteor Organization
Friedenstraße 5
14109 Berlin

Österreichischer Astronomischer Verein
Baumgartenstraße 23/4
A-1140 Wien

Schweizerische Astronomische Gesellschaft (SAG)
Zentralsekretariat:
Gristenbühl 13
CH-9315 Neukirch (Egnach)

Vereinigung der Sternfreunde e. V. (VdS)
Geschäftsstelle
Am Tonwerk 6
64646 Heppenheim

Das Verzeichnis erhebt keinen Anspruch auf Vollständigkeit. Weitere Vereinigungen nimmt der Herausgeber gerne auf. Entsprechende Hinweise sende man bitte an:
PLANETARIUM STUTTGART
Mittlerer Schloßgarten
70173 Stuttgart

Übersicht der Monatsthemen von 1990–2000

November, S. 183	Computerprogramme für Sternfreunde
Dezember, S. 202	Leben unter fremden Sonnen
1995	
Januar, S. 30	Woher kommen die Sterne?
Februar, S. 54	Was sind Gravitationslinsen?
März, S. 69	Bleibt die Menschheit die Krone der Schöpfung?
April, S. 82	Galaxien – Bausteine des Universums
Mai, S. 98	Die größten Teleskope der Erde
Juni, S. 115	Was versteht man unter „Dynamischer Zeit"?
Juli, S. 131	Was sind Kometen?
August, S. 137	Saturn ohne Ring
September, S. 162	Der Andromeda-Nebel
Oktober, S. 179	Ein Spaziergang durch das Regenmeer
November, S. 196	Johannes Kepler und seine Gesetze
Dezember, S. 210	Kastor – der sterbliche Zwillingsbruder
1996	
Januar, S. 42	Ida – ein Planetoid mit Mond
Februar, S. 54	Der rätselhafte Omegapunkt
März, S. 65	Was versteht man unter „Aberration"?
April, S. 80	Gammastrahlenausbrüche im Kosmos
Mai, S. 94	Sonnenuhren und Gnomonik
Juni, S. 108	Die Mondbahn in Extremlage
Juli, S. 121	Ein Komet stürzt auf Jupiter
August, S. 133	Die Rochesche Grenze
September, S. 145	Charles Messier und sein berühmter Nebelkatalog
Oktober, S. 159	Die Sonnenfinsternis vom 12. Oktober 1996
November, S. 175	Wie entstehen Spiralnebel?
Dezember, S. 189	Zauberformel „CCD" – ungeahnte Möglichkeiten für Astronomen und Sternfreunde
1997	
Januar, S. 38	Droht der Erde eine Zukunft ohne Sternenhimmel?
Februar, S. 52	Hale-Bopp, ein heller Besenstern
März, S. 65	Wenn der Mond in den Schatten der Erde tritt
April, S. 81	Die geheimnisvolle Strahlung aus dem Hintergrund
Mai, S. 94	Anatomie des Mondes
Juni, S. 105	Wie viele Universen gibt es ?
Juli, S. 121	Supernovae – Sternexplosionen im All
August, S. 135	Rotierende Schwarze Löcher – Tore zu anderen Welten
September, S. 151	John Goodricke – das vergessene Genie
Oktober, S. 163	Kapella – der gelbe Riesenstern
November, S. 179	51 Pegasi – ein sonnenähnlicher Stern mit einem Planeten
Dezember, S. 191	Die Zeit und ihre Teile
1998	
Januar, S. 40	Wie alt ist das Universum?
Februar, S. 55	Der Orion-Nebel – Fabrik der Sterne
März, S. 70	Gibt es braune Zwerge?
April, S. 83	Goldene Zahl und Epakte
Mai, S. 97	Was sind Plutinos?
Juni, S. 110	Jung, hell und blau: Exotische Kugelsternhaufen
Juli, S. 125	Hale-Bopp, der große Komet von 1997
August, S. 139	Vorschau auf die totale Sonnenfinsternis vom 11. August 1999
September, S. 157	GALILEO erforscht Jupiter
Oktober, S. 174	Die Trabanten des Ringplaneten
November, S. 190	Die Leoniden
Dezember, S. 204	Wann beginnt das dritte Jahrtausend?
1999	
Januar, S. 42	Das Rätsel der dunklen Materie
Februar, S. 59	Ein Streifzug durch den Ozean der Stürme
März, S. 73	Richard C. Carrington und die Sonnenrotation
April, S. 89	Die Erforschung des roten Planeten
Mai, S. 105	Pluto wieder fernster Planet

Das Kalendarium 2001 bis 2008

Das Kalendarium enthält für die Jahre 2001 bis 2008 alle Wochentage, die Mondphasen (☽: Erstes Viertel, ○: Vollmond, ☾: Letztes Viertel, ●: Neumond), die beweglichen Feiertage sowie die Zahl der Tage (Gemeinjahr oder Schaltjahr).
Ferner sind vermerkt: Beginn der Jahreszeiten sowie Sonnennähe und -ferne der Erde (alle Zeiten MEZ), Sonnen- und Mondfinsternisse (in Mitteleuropa sichtbare Finsternisse sind durch **Fettdruck** hervorgehoben) und schließlich die wichtigsten Konstellationen der Planeten. Halbschattenfinsternisse des Mondes sind, da kaum auffallend, nicht vermerkt.

Bei Merkur sind die größten östlichen und westlichen Elongationen angegeben. Sofern es zu einer Abend- oder Morgensichtbarkeit in unseren Breiten kommt, ist das Datum **fettgedruckt.** *Kursivdruck* bedeutet schwierige Sichtbedingungen, Normaldruck: Merkur bleibt unsichtbar. Bei Venus sind außer den Daten der größten Elongationen auch die unteren und oberen Konjunktionen vermerkt.
Für die äußeren Planeten (Mars bis Pluto) sind die Oppositionen und Konjunktionen angegeben sowie das Sternbild, in dem der Planet seine Oppositionsstellung erreicht. Ferner sind die Oppositionsentfernungen von der Erde in Millionen Kilometer vermerkt.

2001

Januar					
Mo	1	8	15	22	29
Di	2	9☺	16☾	23	30
Mi	3☽	10	17	24●	31
Do	4	11	18	25	
Fr	5	12	19	26	
Sa	**6**	13	20	27	
So	**7**	**14**	**21**	**28**	

Februar				
Mo		5	12	19	26
Di		6	13	20	27
Mi		7	14	21	28
Do	1☽	8☺	15☾	22	
Fr	2	9	16	23●	
Sa	3	10	17	24	
So	**4**	**11**	**18**	**25**	

März					
Mo		5	12	19	26
Di		6	13	20	27
Mi		7	14	21	28
Do	1	8	15	22	29
Fr	2	9☺	16☾	23	30
Sa	3☽	10	17	24	31
So	**4**	**11**	**18**	**25●**	

April						
Mo		2	9	**16**	23●	30☽
Di		3	10	17	24	
Mi		4	11	18	25	
Do		5	12	19	26	
Fr		6	**13**	20	27	
Sa		7	14	21	28	
So	**1☽**	**8☺**	**15☾**	**22**	**29**	

Mai					
Mo		7☺	14	21	28
Di	**1**	8	15☾	22	29☽
Mi	2	9	16	23●	30
Do	3	10	17	**24**	31
Fr	4	11	18	25	
Sa	5	12	19	26	
So	**6**	**13**	**20**	**27**	

Juni					
Mo		**4**	11	18	25
Di		5	12	19	26
Mi		6☺	13	20	27
Do		7	**14**☾	21●	28☽
Fr	1	8	15	22	29
Sa	2	9	16	23	30
So	**3**	**10**	**17**	**24**	

Juli						
Mo		2	9	16	23	30
Di		3	10	17	24	31
Mi		4	11	18	25	
Do		5☺	12	19	26	
Fr		6	13☾	20●	27☽	
Sa		7	14	21	28	
So	**1**	**8**	**15**	**22**	**29**	

August					
Mo		6	13	20	27
Di		7	14	21	28
Mi	1	8	15	22	29
Do	2	9	16	23	30
Fr	3	10	17	24	31
Sa	4☺	11	18	25☽	
So	**5**	**12☾**	**19●**	**26**	

September					
Mo		3	10☾	17●	24☽
Di		4	11	18	25
Mi		5	12	19	26
Do		6	13	20	27
Fr		7	14	21	28
Sa	1	8	15	22	29
So	**2☺**	**9**	**16**	**23**	**30**

Oktober					
Mo	1	8	15	22	29
Di	2☺	9	16●	23	30
Mi	**3**	10☾	17	24☽	31
Do	4	11	18	25	
Fr	5	12	19	26	
Sa	6	13	20	27	
So	**7**	**14**	**21**	**28**	

November					
Mo		5	12	19	26
Di		6	13	20	27
Mi		7	14	21	28
Do	1☺	8☾	15●	22	29
Fr	2	9	16	23☽	30☺
Sa	3	10	17	24	
So	**4**	**11**	**18**	**25**	

Dezember						
Mo		3	10	17	24	31
Di		4	11	18	**25**	
Mi		5	12	19	**26**	
Do		6	13	20	27	
Fr		7☾	14●	21	28	
Sa	1	8	15	22☽	29	
So	**2**	**9**	**16**	**23**	**30☺**	

Feiertage:

Aschermittwoch:	28. Feb.	Pfingstsonntag:	3. Juni	1. Advent:	2. Dez.
Ostersonntag:	15. April	Fronleichnam:	14. Juni		
Chr. Himmelfahrt:	24. Mai	Totensonntag:	25. Nov.		

Das Jahr 2001 ist ein Gemeinjahr zu 365 Tagen.

Beginn der Jahreszeiten:

Frühling: 20. März 14^h31^m
Sommer: 21. Juni 8^h37^m

Herbst: 23. Sept. 0^h04^m
Winter: 21. Dez. 20^h22^m

Erde in Sonnennähe: 4. Jan. 10^h
Erde in Sonnenferne: 4. Juli 15^h

Finsternisse:

9. Jan.: totale Mondfinsternis
21. Juni: totale Sonnenfinsternis

5. Juli: partielle Mondfinsternis
14. Dez.: ringförmige Sonnenfinsternis

Planeten:

Innere Planeten

Merkur:	Größte östliche Elongation:	**28. Jan.** (18°)	**22. Mai** (22°)	18. Sept. (27°)
	Größte westliche Elongation:	11. März (27°)	*9. Juli* (21°)	**29. Okt.** (19°)
Venus:	Größte östliche Elongation:	17. Jan. (47°)	Untere Konjunktion: 30. März	
	Größte westliche Elongation:	8. Juni (46°)		

Äußere Planeten	Opposition	(Mio. km)	im Sternbild	Konjunktion
Mars:	13. Juni	67	Schlangenträger	–
Jupiter:	(1. Januar 2002)	626	Zwillinge	14. Juni
Saturn:	3. Dezember	1209	Stier	25. Mai
Uranus:	14. August	2837	Steinbock	9. Februar
Neptun:	30. Juli	4351	Steinbock	26. Januar
Pluto:	3. Juni	4395	Schlangenträger	7. Dezember

2002

Januar

Mo		7	14	21☽	28☺
Di	**1**	8	15	22	29
Mi	2	9	16	23	30
Do	3	10	17	24	31
Fr	4	11	18	25	
Sa	5	12	19	26	
So	**6**☾	**13**●	**20**	**27**	

Februar

Mo	4☾	11	18	25
Di	5	12●	19	26
Mi	6	13	20☽	27☺
Do	7	14	21	28
Fr	1	8	15	22
Sa	2	9	16	23
So	**3**	**10**	**17**	**24**

März

Mo		4	11	18	25
Di		5	12	19	26
Mi		6☾	13	20	27
Do		7	14●	21	28☺
Fr	1	8	15	22☽	**29**
Sa	2	9	16	23	30
So	**3**	**10**	**17**	**24**	**31**

April

Mo	**1**	8	15	22	29
Di	2	9	16	23	30
Mi	3	10	17	24	
Do	4☾	11	18	25	
Fr	5	12●	19	26	
Sa	6	13	20☽	27☺	
So	**7**	**14**	**21**	**28**	

Mai

Mo		6	13	**20**	27
Di		7	14	21	28
Mi	1	8	15	22	29
Do	2	**9**	16	23	**30**
Fr	3	10	17	24	31
Sa	4☾	11	18	25	
So	**5**	**12**●	**19**☽	**26**☺	

Juni

Mo		3☾	10	17	24☺
Di		4	11●	18☽	25
Mi		5	12	19	26
Do		6	13	20	27
Fr		7	14	21	28
Sa	1	8	15	22	29
So	**2**	**9**	**16**	**23**	**30**

Juli

Mo	1	8	15	22	29
Di	2☾	9	16	23	30
Mi	3	10●	17☽	24☺	31
Do	4	11	18	25	
Fr	5	12	19	26	
Sa	6	13	20	27	
So	**7**	**14**	**21**	**28**	

August

Mo		5	12	19	26
Di		6	13	20	27
Mi		7	14	21	28
Do	1☾	8●	15☽	22☺	29
Fr	2	9	16	23	30
Sa	3	10	17	24	31☾
So	**4**	**11**	**18**	**25**	

September

Mo		2	9	16	23	30
Di		3	10	17	24	
Mi		4	11	18	25	
Do		5	12	19	26	
Fr		6	13☽	20	27	
Sa		7●	14	21☺	28	
So	**1**	**8**	**15**	**22**	**29**☾	

Oktober

Mo		7	14	21☺	28
Di	1	8	15	22	29☾
Mi	2	9	16	23	30
Do	**3**	10	17	24	31
Fr	4	11	18	25	
Sa	5	12	19	26	
So	**6**●	**13**☽	**20**	**27**	

November

Mo		4●	11☽	18	25
Di		5	12	19	26
Mi		6	13	20☺	27☾
Do		7	14	21	28
Fr	**1**	8	15	22	29
Sa	2	9	16	23	30
So	**3**	**10**	**17**	**24**	

Dezember

Mo		2	9	16	23	30
Di		3	10	17	24	31
Mi		4●	11☽	18	**25**	
Do		5	12	19☺	**26**	
Fr		6	13	20	27☾	
Sa		7	14	21	28	
So	**1**	**8**	**15**	**22**	**29**	

Feiertage:

Aschermittwoch:	13. Feb.	Pfingstsonntag:	19. Mai	1. Advent:	1. Dez.
Ostersonntag:	31. März	Fronleichnam:	30. Mai		
Chr. Himmelfahrt:	9. Mai	Totensonntag:	24. Nov.		

Das Jahr 2002 ist ein Gemeinjahr zu 365 Tagen.

Beginn der Jahreszeiten:

Frühling: 20. März 20^h16^m
Sommer: 21. Juni 14^h24^m
Herbst: 23. Sept. 5^h55^m
Winter: 22. Dez. 2^h14^m
Erde in Sonnennähe: 2. Jan. 15^h
Erde in Sonnenferne: 6. Juli 5^h

Finsternisse:

11. Juni: ringförmige Sonnenfinsternis
4. Dez.: totale Sonnenfinsternis

Planeten:

Innere Planeten

Merkur:	Größte östliche Elongation:	*11. Jan.* (19°)	**4. Mai** (21°)	1. Sept. (27°)	*26. Dez.* (20°)
	Größte westliche Elongation:	21. Feb. (27°)	21. Juni (23°)	**13. Okt.** (18°)	
Venus:	Obere Konjunktion:	14. Jan.	Untere Konjunktion: 31. Okt.		
	Größte östliche Elongation:	22. Aug. (46°)			

Äußere Planeten	Opposition	(Mio. km)	im Sternbild	Konjunktion
Mars:	–	–	–	10. August
Jupiter:	1. Januar	626	Zwillinge	20. Juli
Saturn:	17. Dezember	1205	Stier	9. Juni
Uranus:	20. August	2841	Steinbock	13. Februar
Neptun:	2. August	4349	Steinbock	28. Januar
Pluto:	7. Juni	4414	Schlangenträger	9. Dezember

2003

Januar

Mo		**6**	13	20	27
Di		7	14	21	28
Mi	**1**	8	15	22	29
Do	2●	9	16	23	30
Fr	3	10☽	17	24	31
Sa	4	11	18☺	25☾	
So	**5**	**12**	**19**	**26**	

Februar

Mo		3	10	17☺	24
Di		4	11	18	25
Mi		5	12	19	26
Do		6	13	20	27
Fr		7	14	21	28
Sa	1●	8	15	22	
So	**2**	**9☽**	**16**	**23☾**	

März

Mo		3●	10	17	24	31
Di		4	11☽	18☺	25☾	
Mi		5	12	19	26	
Do		6	13	20	27	
Fr		7	14	21	28	
Sa	1	8	15	22	29	
So	**2**	**9**	**16**	**23**	**30**	

April

Mo		7	14	**21**	28
Di	1●	8	15	22	29
Mi	2	9	16☺	23☾	30
Do	3	10☽	17	24	
Fr	4	11	**18**	25	
Sa	5	12	19	26	
So	**6**	**13**	**20**	**27**	

Mai

Mo		5	12	19	26
Di		6	13	20	27
Mi		7	14	21	28
Do	**1●**	8	15	22	**29**
Fr	2	9☽	16☺	23☾	30
Sa	3	10	17	24	31●
So	**4**	**11**	**18**	**25**	

Juni

Mo		2	**9**	16	23	30
Di		3	10	17	24	
Mi		4	11	18	25	
Do		5	12	**19**	26	
Fr		6	13	20	27	
Sa		7☽	14☺	21☾	28	
So	**1**	**8**	**15**	**22**	**29●**	

Juli

Mo		7☽	14	21☾	28
Di	1	8	15	22	29●
Mi	2	9	16	23	30
Do	3	10	17	24	31
Fr	4	11	18	25	
Sa	5	12	19	26	
So	**6**	**13☺**	**20**	**27**	

August

Mo		4	11	18	25
Di		5☽	12☺	19	26
Mi		6	13	20☾	27●
Do		7	14	21	28
Fr	1	8	15	22	29
Sa	2	9	16	23	30
So	**3**	**10**	**17**	**24**	**31**

September

Mo	1	8	15	22	29
Di	2	9	16	23	30
Mi	3☽	10☺	17	24	
Do	4	11	18☾	25	
Fr	5	12	19	26●	
Sa	6	13	20	27	
So	**7**	**14**	**21**	**28**	

Oktober

Mo		6	13	20	27
Di		7	14	21	28
Mi	1	8	15	22	29
Do	2☽	9	16	23	30
Fr	**3**	10☺	17	24	31
Sa	4	11	18☾	25●	
So	**5**	**12**	**19**	**26**	

November

Mo		3	10	17☾	24●
Di		4	11	18	25
Mi		5	12	19	26
Do		6	13	20	27
Fr		7	14	21	28
Sa	1☽	8	15	22	29
So	**2**	**9☺**	**16**	**23**	**30☽**

Dezember

Mo	1	8☺	15	22	29
Di	2	9	16☾	23●	30☽
Mi	3	10	17	24	31
Do	4	11	18	**25**	
Fr	5	12	19	**26**	
Sa	6	13	20	27	
So	**7**	**14**	**21**	**28**	

Feiertage:

Aschermittwoch:	5. März	Pfingstsonntag:	8. Juni	1. Advent:	30. Nov.
Ostersonntag:	20. April	Fronleichnam:	19. Juni		
Chr. Himmelfahrt:	29. Mai	Totensonntag:	23. Nov.		

Das Jahr 2003 ist ein Gemeinjahr zu 365 Tagen.

Beginn der Jahreszeiten:

Frühling: 21. März 2^h00^m
Sommer: 21. Juni 20^h10^m

Herbst: 23. Sept. 11^h47^m
Winter: 22. Dez. 8^h04^m

Erde in Sonnennähe: 4. Jan. 6^h
Erde in Sonnenferne: 4. Juli 7^h

Finsternisse:

16. Mai: totale Mondfinsternis
31. Mai: ringförmige Sonnenfinsternis
9. Nov.: totale Mondfinsternis
23. Nov.: totale Sonnenfinsternis

Planeten:

Innere Planeten

Merkur:	Größte östliche Elongation:	**16. April** (20°)	14. Aug. (27°)	9. Dez. (21°)
	Größte westliche Elongation:	*4. Feb.* (25°)	3. Juni (24°)	**27. Sept.** (18°)
	Untere Konjunktion:	**7. Mai – Transit!**		
Venus:	Größte westliche Elongation:	11. Jan. (47°)		
	Obere Konjunktion:	18. Aug.		

Äußere Planeten	Opposition	(Mio. km)	im Sternbild	Konjunktion
Mars:	28. August	56	Wassermann	–
Jupiter:	2. Februar	647	Krebs	22. August
Saturn:	31. Dezember	1204	Zwillinge	24. Juni
Uranus:	24. August	2845	Wassermann	17. Februar
Neptun:	4. August	4348	Steinbock	30. Januar
Pluto:	9. Juni	4435	Schlangenträger	12. Dezember

2004

Januar

Mo		5	12	19	26
Di		**6**	13	20	27
Mi		7○	14	21●	28
Do	**1**	8	15☾	22	29☽
Fr	2	9	16	23	30
Sa	3	10	17	24	31
So	**4**	**11**	**18**	**25**	

Februar

Mo		2	9	16	23
Di		3	10	17	24
Mi		4	11	18	25
Do		5	12	19	26
Fr		6○	13☾	20●	27
Sa		7	14	21	28☽
So	**1**	**8**	**15**	**22**	**29**

März

Mo	1	8	15	22	29☽
Di	2	9	16	23	30
Mi	3	10	17	24	31
Do	4	11	18	25	
Fr	5	12	19	26	
Sa	6	13☾	20●	27	
So	**7**○	**14**	**21**	**28**	

April

Mo		5○	**12**☾	19●	26
Di		6	13	20	27☽
Mi		7	14	21	28
Do	1	8	15	22	29
Fr	2	**9**	16	23	30
Sa	3	10	17	24	
So	**4**	**11**	**18**	**25**	

Mai

Mo		3	10	17	24	**31**
Di		4○	11☾	18	25	
Mi		5	12	19●	26	
Do		6	13	**20**	27☽	
Fr		7	14	21	28	
Sa	**1**	8	15	22	29	
So	**2**	**9**	**16**	**23**	**30**	

Juni

Mo		7	14	21	28
Di	1	8	15	22	29
Mi	2	9☾	16	23	30
Do	3○	**10**	17●	24	
Fr	4	11	18	25☽	
Sa	5	12	19	26	
So	**6**	**13**	**20**	**27**	

Juli

Mo		5	12	19	26
Di		6	13	20	27
Mi		7	14	21	28
Do	1	8	15	22	29
Fr	2○	9☾	16	23	30
Sa	3	10	17●	24	31○
So	**4**	**11**	**18**	**25**☽	

August

Mo		2	9	16●	23☽	30○
Di		3	10	17	24	31
Mi		4	11	18	25	
Do		5	12	19	26	
Fr		6	13	20	27	
Sa		7☾	14	21	28	
So	**1**	**8**	**15**	**22**	**29**	

September

Mo		6☾	13	20	27
Di		7	14●	21☽	28○
Mi	1	8	15	22	29
Do	2	9	16	23	30
Fr	3	10	17	24	
Sa	4	11	18	25	
So	**5**	**12**	**19**	**26**	

Oktober

Mo		4	11	18	25
Di		5	12	19	26
Mi		6☾	13	20☽	27
Do		7	14●	21	28○
Fr	1	8	15	22	29
Sa	2	9	16	23	30
So	**3**	**10**	**17**	**24**	**31**

November

Mo	**1**	8	15	22	29
Di	2	9	16	23	30
Mi	3	10	17	24	
Do	4	11	18	25	
Fr	5☾	12●	19☽	26○	
Sa	6	13	20	27	
So	**7**	**14**	**21**	**28**	

Dezember

Mo		6	13	20	27
Di		7	14	21	28
Mi	1	8	15	22	29
Do	2	9	16	23	30
Fr	3	10	17	24	31
Sa	4	11	18☽	**25**	
So	**5**☾	**12**●	**19**	**26**○	

Feiertage:

Aschermittwoch:	25. Feb.	Pfingstsonntag:	30. Mai	1. Advent:	28. Nov.
Ostersonntag:	11. April	Fronleichnam:	10. Juni		
Chr. Himmelfahrt:	20. Mai	Totensonntag:	21. Nov.		

Das Jahr 2004 ist ein **Schaltjahr** zu 366 Tagen.

Beginn der Jahreszeiten:

Frühling: 20. März 7h47m
Sommer: 21. Juni 1h57m
Herbst: 22. Sept. 17h30m
Winter: 21. Dez. 13h42m
Erde in Sonnennähe: 4. Jan. 19h
Erde in Sonnenferne: 4. Juli 12h

Finsternisse:

19. April: Partielle Sonnenfinsternis
4. Mai: totale Mondfinsternis
14. Okt.: Partielle Sonnenfinsternis
28. Okt.: totale Mondfinsternis

Planeten:

Innere Planeten

Merkur:	Größte östliche Elongation:	**29. März** (19°)	27. Juli (27°)	21. Nov (22°)	
	Größte westliche Elongation:	*17. Jan.* (24°)	14. Mai (26°)	**9. Sept.** (18°)	**29. Dez.** (22°)
Venus:	Größte östliche Elongation:	29. März (46°)	Untere Konjunktion: **8. Juni – Transit!**		
	Größte westliche Elongation:	17. Aug. (46°)			

Äußere Planeten	Opposition	(Mio. km)	im Sternbild	Konjunktion
Mars:	–	–	–	15. September
Jupiter:	4. März	662	Löwe	21. September
Saturn:	(13. Januar 2005)	1208	Zwillinge	8. Juli
Uranus:	27. August	2849	Wassermann	22. Februar
Neptun:	6. August	4346	Steinbock	2. Februar
Pluto:	11. Juni	4457	Schlangenträger	13. Dezember

2005

Januar						
Mo		3☾	10●	17☽	24	31
Di		4	11	18	25☺	
Mi		5	12	19	26	
Do		6	13	20	27	
Fr		7	14	21	28	
Sa	1	8	15	22	29	
So	**2**	**9**	**16**	**23**	**30**	

Februar					
Mo		7	14	21	28
Di	1	8●	15	22	
Mi	2☾	9	16☽	23	
Do	3	10	17	24☺	
Fr	4	11	18	25	
Sa	5	12	19	26	
So	**6**	**13**	**20**	**27**	

März					
Mo		7	14	21	**28**
Di	1	8	15	22	29
Mi	2	9	16	23	30
Do	3☾	10●	17☽	24	31
Fr	4	11	18	**25**☺	
Sa	5	12	19	26	
So	**6**	**13**	**20**	**27**	

April					
Mo		4	11	18	25
Di		5	12	19	26
Mi		6	13	20	27
Do		7	14	21	28
Fr	1	8●	15	22	29
Sa	2☾	9	16☽	23	30
So	**3**	**10**	**17**	**24**☺	

Mai					
Mo	2	9	**16**☽	23☺	30☾
Di	3	10	17	24	31
Mi	4	11	18	25	
Do	**5**	12	19	**26**	
Fr	6	13	20	27	
Sa	7	14	21	28	
So	**1**☾ **8**●	**15**	**22**	**29**	

Juni					
Mo		6●	13	20	27
Di		7	14	21	28☾
Mi	1	8	15☽	22☺	29
Do	2	9	16	23	30
Fr	3	10	17	24	
Sa	4	11	18	25	
So	**5**	**12**	**19**	**26**	

Juli					
Mo		4	11	18	25
Di		5	12	19	26
Mi		6●	13	20	27
Do		7	14☽	21☺	28☾
Fr	1	8	15	22	29
Sa	2	9	16	23	30
So	**3**	**10**	**17**	**24**	**31**

August					
Mo	1	8	15	22	29
Di	2	9	16	23	30
Mi	3	10	17	24	31
Do	4	11	18	25	
Fr	5●	12	19☺	26☾	
Sa	6	13☽	20	27	
So	**7**	**14**	**21**	**28**	

September					
Mo		5	12	19	26
Di		6	13	20	27
Mi		7	14	21	28
Do	1	8	15	22	29
Fr	2	9	16	23	30
Sa	3●	10	17	24	
So	**4**	**11**☽	**18**☺	**25**☾	

Oktober						
Mo		**3**●	10☽	17☺	24	31
Di		4	11	18	25☾	
Mi		5	12	19	26	
Do		6	13	20	27	
Fr		7	14	21	28	
Sa	1	8	15	22	29	
So	**2**	**9**	**16**	**23**	**30**	

November					
Mo		7	14	21	28
Di	**1**	8	15	22	29
Mi	2●	9☽	16☺	23☾	30
Do	3	10	17	24	
Fr	4	11	18	25	
Sa	5	12	19	26	
So	**6**	**13**	**20**	**27**	

Dezember					
Mo		5	12	19	**26**
Di		6	13	20	27
Mi		7	14	21	28
Do	1●	8☽	15☺	22	29
Fr	2	9	16	23☾	30
Sa	3	10	17	24	31●
So	**4**	**11**	**18**	**25**	

Feiertage:

Aschermittwoch:	9. Feb.	Pfingstsonntag:	15. Mai	1. Advent:	27. Nov.
Ostersonntag:	27. März	Fronleichnam:	26. Mai		
Chr. Himmelfahrt:	5. Mai	Totensonntag:	20. Nov.		

Das Jahr 2005 ist ein Gemeinjahr zu 365 Tagen.

Beginn der Jahreszeiten:

Frühling: 20. März 13^h33^m
Sommer: 21. Juni 7^h46^m
Herbst: 22. Sept. 23^h23^m
Winter: 21. Dez. 19^h35^m
Erde in Sonnennähe: 2. Jan. 2^h
Erde in Sonnenferne: 5. Juli 6^h

Finsternisse:

8. April: ringförmige Sonnenfinsternis
3. Okt.: ringförmige Sonnenfinsternis
17. Okt.: partielle Mondfinsternis

Planeten:

Innere Planeten

Merkur: Größte östliche Elongation:	**12. März** (18°)	9. Juli (26°)	3. Nov (23°)
Größte westliche Elongation:	26. April (27°)	**23. Aug.** (18°)	**12. Dez.** (21°)
Venus: Obere Konjunktion:	31. März		
Größte östliche Elongation:	3. Nov. (47°)		

Äußere Planeten	Opposition	(Mio. km)	im Sternbild	Konjunktion
Mars:	7. November	69	Widder	–
Jupiter:	3. April	667	Jungfrau	22. Oktober
Saturn:	13. Januar	1208	Zwillinge	23. Juli
Uranus:	1. September	2851	Wassermann	25. Februar
Neptun:	8. August	4345	Steinbock	3. Februar
Pluto:	14. Juni	4482	Schlangenträger	16. Dezember

INTERCON SPACETEC®
139
Nordamerika Nebel
Deneb
Schwan
FUJINON
PENTAX
Alles für die Astronomie
TELESKOPE
FERNGLÄSER
ZUBEHÖR
BÜCHER
POSTER
STERNKARTEN
SOFTWARE
ICS
VIXEN
GALAXY
PENTAX
TELE VUE
CELESTRON
MIYAUCHI
TAKAHASHI
FUJINON
LEICA
Riesenauswahl
Große Ausstellung
www.intercon-spacetec.com
INTERCON SPACETEC
Gab inger Weg 9 d
D-86154 Augsburg
Fax 0821-414 085
Tel. 0821-414 081
ASTRONOMIE 2001
INTERCON SPACETEC
Katalog ASTRONOMIE 2001
192 Seiten kompetente Information
Schutzgebühr 10,– DM

KOSMOS
SERVICE

Einklappbare Ringsonnenuhr
Die Ringsonnenuhr hat den großen Vorteil, dass sie an jedem Ort der Welt ohne Zuhilfenahme von Kompaß und Libelle eingesetzt werden kann. Diese Ausführung ist zudem taschengerecht einklappbar. Aus Messing und Stahl, Ø 6 cm.
Art.-Nr. 800 070
DM 69,-

CD-ROM „Planetarium Bessel"
Bessel ist ein modernes Computer-Planetarium auf höchstem Niveau. Es zeigt 46.000 Sterne, 300 Nebel, Sonne, Mond und die großen Planeten, ferner die Sternbilder und Sternbildgrenzen und vieles mehr. Das Mini-Planetarium zeigt zusätzlich ähnlich wie eine drehbare Sternkarte die gerade beobachtete Himmelshälfte.
Art.-Nr. 800 072
DM 49,-

Stellarscope
Der Himmel wie wir ihn sehen: Der Blick durch das Stellarscope zeigt den gesamten mit bloßem Auge sichtbaren Sternenhimmel auf geographischen Breiten zwischen 20° und 60°, für Nord- und Südhalbkugel der Erde. Die präzisen Karten enthalten über 1.500 Sterne; alle Sternbilder und die hellsten Sterne sind mit Namen angegeben.
Art.-Nr. 850 106
DM 49,90

Regenschirm Sternenhimmel
Jetzt leuchten über Ihnen immer die Sterne – selbst bei Tag und schlechtem Wetter. Auf der Innenseite des Schirmes sind die Sternenbilder, so wie Sie sie am Himmel sehen, mit genauer Bezeichnung aufgebracht. Bespannung aus dunkelblauem Stoff, mit Holzgriff, Spannweite 100 cm.
Art.-Nr. 840 003
DM 49,-

Planetenfinder „Planetica"
Für die einfache Orientierung im All. Der Planetenfinder zeigt die Stellung der Planeten in unserem Sonnensystem für jedes Datum im Zeitraum zwischen 1940 und 2019 an. Einfach gewünschtes Datum und Uhrzeit einstellen.
Art.-Nr. 850 107
DM 59,-

Anforderungs-Coupon

☐ **Katalog Astronomie 2000** (kostenlos)

☐ **Astro-Gerätekataloge** (Voreinsendung DM 5,-)

Meine Anschrift:

Vorname, Name

Straße/Nr.

PLZ/Ort

Außerdem bestelle ich gegen Rechnung
zuzüglich DM 7,80 Versandkostenpauschale:

Exp. Art. Preis

Exp. Art. Preis

Gesamt

Unterschrift/Datum

hija 01

Postfach 10 60 11 | 70049 Stuttgart | Tel: 0711/21 91 267 | Fax: 0711/21 91 350
eMail: astro@kosmos.de | Internet www.kosmos.de

2006

Januar

Mo		2	9	16	23 30
Di		3	10	17	24 31
Mi		4	11	18	**25**
Do		5	12	19	26
Fr		**6**☽	13	20	27
Sa		7	14○	21	28
So	**1**	**8**	**15**	**22**☾	**29**●

Februar

Mo		6	13○	20	27
Di		7	14	21☾	28●
Mi	1	8	15	22	
Do	2	9	16	23	
Fr	3	10	17	24	
Sa	4	11	18	25	
So	**5**☽	**12**	**19**	**26**	

März

Mo		6☽	13	20	27
Di		7	14	21	28
Mi	1	8	15○	22☾	29●
Do	2	9	16	23	30
Fr	3	10	17	24	31
Sa	4	11	18	25	
So	**5**	**12**	**19**	**26**	

April

Mo		3	10	**17**	24
Di		4	11	18	25
Mi		5☽	12	19	26
Do		6	13○	20	27●
Fr		7	**14**	21☾	28
Sa	1	8	15	22	29
So	**2**	**9**	**16**	**23**	**30**

Mai

Mo	1	8	15	22	29
Di	2	9	16	23	30
Mi	3	10	17	24	31
Do	4	11	18	**25**	
Fr	5☽	12	19	26	
Sa	6	13○	20☾	27●	
So	**7**	**14**	**21**	**28**	

Juni

Mo		**5**	12	19	26
Di		6	13	20	27
Mi		7	14	21	28
Do	1	8	**15**	22	29
Fr	2	9	16	23	30
Sa	3	10	17	24	
So	**4**☽	**11**○	**18**☾	**25**●	

Juli

Mo		3☽	10	17☾	24	31
Di		4	11○	18	25●	
Mi		5	12	19	26	
Do		6	13	20	27	
Fr		7	14	21	28	
Sa	1	8	15	22	29	
So	**2**	**9**	**16**	**23**	**30**	

August

Mo		7	14	21	28
Di	1	8	15	22	29
Mi	2☽	9○	16☾	23●	30
Do	3	10	17	24	31☽
Fr	4	11	18	25	
Sa	5	12	19	26	
So	**6**	**13**	**20**	**27**	

September

Mo		4	11	18	25
Di		5	12	19	26
Mi		6	13	20	27
Do		7○	14☾	21	28
Fr	1	8	15	22●	29
Sa	2	9	16	23	30☽
So	**3**	**10**	**17**	**24**	

Oktober

Mo		2	9	16	23	30
Di		**3**	10	17	24	31
Mi		4	11	18	25	
Do		5	12	19	26	
Fr		6	13	20	27	
Sa		7○	14☾	21	28	
So	**1**	**8**	**15**	**22**●	**29**☽	

November

Mo		6	13	20●	27
Di		7	14	21	28☽
Mi	**1**	8	15	22	29
Do	2	9	16	23	30
Fr	3	10	17	24	
Sa	4	11	18	25	
So	**5**○	**12**☾	**19**	**26**	

Dezember

Mo		4	11	18	**25**
Di		5○	12☾	19	**26**
Mi		6	13	20●	27☽
Do		7	14	21	28
Fr	1	8	15	22	29
Sa	2	9	16	23	30
So	**3**	**10**	**17**	**24**	**31**

Feiertage:

Aschermittwoch:	1. März	Pfingstsonntag:	4. Juni	Totensonntag:	26. Nov.
Ostersonntag:	16. April	Fronleichnam:	15. Juni	1. Advent:	3. Dez.
Chr. Himmelfahrt:	25. Mai				

Das Jahr 2006 ist ein Gemeinjahr zu 365 Tagen.

Beginn der Jahreszeiten:

Frühling: 20. März 19^h25^m
Sommer: 21. Juni 13^h26^m
Herbst: 23. Sept. 5^h03^m
Winter: 22. Dez. 1^h22^m
Erde in Sonnennähe: 4. Jan. 17^h
Erde in Sonnenferne: 4. Juli 0^h

Finsternisse:

29. März: totale Sonnenfinsternis
22. Sept.: ringförmige Sonnenfinsternis
7. Sept.: partielle Mondfinsternis

Planeten:

Innere Planeten

Merkur:	Größte östliche Elongation:	**24. Feb.** (18°)	*20. Juni* (25°)	17. Okt. (25°)
	Größte westliche Elongation:	8. April (28°)	*7. Aug.* (19°)	**25. Nov.** (20°)
Venus:	Untere Konjunktion:	13. Jan.	Obere Konjunktion: 27. Oktober	
	Größte westliche Elongation:	25. März (47°)		

Äußere Planeten	Opposition	(Mio. km)	im Sternbild	Konjunktion
Mars:	–	–	–	23. Oktober
Jupiter:	4. Mai	660	Waage	21. November
Saturn:	27. Januar	1216	Krebs	7. August
Uranus:	5. September	2854	Wassermann	1. März
Neptun:	11. August	4344	Steinbock	6. Februar
Pluto:	16. Juni	4506	Schlangenträger	18. Dezember

2007

Januar					
Mo	**1**	8	15	22	29
Di	2	9	16	23	30
Mi	3○	10	17	24	31
Do	4	11☾	18	25	
Fr	5	12	19●	26☽	
Sa	6	13	20	27	
So	7	14	21	28	

Februar				
Mo	5	12	19	26
Di	6	13	20	27
Mi	7	14	21	28
Do	1	8	15	22
Fr	2○	9	16	23
Sa	3	10☾	17●	24☽
So	4	11	18	25

März					
Mo		5	12☾	19●	26
Di		6	13	20	27
Mi		7	14	21	28
Do	1	8	15	22	29
Fr	2	9	16	23	30
Sa	3	10	17	24	31
So	4○	11	18	25☽	

April					
Mo		2○	**9**	16	23	30
Di		3	10☾	17●	24☽
Mi		4	11	18	25
Do		5	12	19	26
Fr		6	13	20	27
Sa		7	14	21	28
So	1	8	15	22	29

Mai					
Mo		7	14	**21**	**28**
Di	1	8	15	22	29
Mi	2○	9	16●	23☽	30
Do	3	10☾	**17**	24	31
Fr	4	11	18	**25**	
Sa	5	12	19	26	
So	6	13	20	27	

Juni					
Mo		4	11	18	25
Di		5	12	19	26
Mi		6	13	20	27
Do		**7**	14	21	28
Fr	1○	8☾	15●	22☽	29
Sa	2	9	16	23	30○
So	3	10	17	24	

Juli					
Mo	2	9	16	23	30○
Di	3	10	17	24	31
Mi	4	11	18	25	
Do	5	12	19	26	
Fr	6	13	20	27	
Sa	7☾	14●	21	28	
So	1	8	15	22☽	29

August					
Mo		6	13●	20	27
Di		7	14	21☽	28○
Mi	1	8	15	22	29
Do	2	9	16	23	30
Fr	3	10	17	24	31
Sa	4	11	18	25	
So	5☾	12	19	26	

September					
Mo		3	10	17	**24**
Di		4☾	11●	18	25
Mi		5	12	19☽	26○
Do		6	13	20	27
Fr		7	14	21	28
Sa	1	8	15	22	29
So	2	9	16	23	30

Oktober					
Mo	1	8	15	22	29
Di	2	9	16	23	30
Mi	**3**☾	10	17	24	31
Do	4	11●	18	25	
Fr	5	12	19☽	26○	
Sa	6	13	20	27	
So	7	14	21	28	

November					
Mo		5	12	19	26
Di		6	13	20	27
Mi		7	14	21	28
Do	1☾	8	15	22	29
Fr	2	9	16	23	30
Sa	3	10●	17☽	24○	
So	4	11	18	25	

Dezember					
Mo		3	10	17☽	24○	31☾
Di		4	11	18	**25**
Mi		5	12	19	**26**
Do		6	13	20	27
Fr		7	14	21	28
Sa	1☾	8	15	22	29
So	2	9●	16	23	30

Feiertage:

Aschermittwoch:	21. Februar	Pfingstsonntag:	27. Mai	Totensonntag:	25. Nov.
Ostersonntag:	8. April	Fronleichnam:	7. Juni	1. Advent:	2. Dez.
Chr. Himmelfahrt:	17. Mai	Buß- und Bettag:	21. Nov.		

Das Jahr 2007 ist ein Gemeinjahr zu 365 Tagen.

Beginn der Jahreszeiten:

Frühling: 21. März 1^h07^m	Herbst: 23. Sept. 10^h51^m	Erde in Sonnennähe: 3. Jan. 21^h
Sommer: 21. Juni 19^h06^m	Winter: 22. Dez. 7^h08^m	Erde in Sonnenferne: 7. Juli 1^h

Finsternisse:

29. März: Partielle Sonnenfinsternis	**3./4. März:** Totale Mondfinsternis
11. Sept.: Partielle Sonnenfinsternis	28. Aug.: Totale Mondfinsternis

Planeten:

Innere Planeten

Merkur:	Größte östliche Elongation:	**7. Feb.**	(18°)	*2. Juni*	(23°)	29. Sept.	(26°)
	Größte westliche Elongation:	22. März	(28°)	*20. Juli*	(20°)	**8. Nov.**	(19°)
Venus:	Größte östliche Elongation:	9. Juni	(45°)	Untere Konjunktion: 18. Aug.			
	Größte westliche Elongation:	28. Okt.	(46°)				

Äußere Planeten	Opposition	(Mio. km)	im Sternbild	Konjunktion
Mars:	24. Dezember	88	Zwillinge	–
Jupiter:	5. Juni	644	Schlangenträger	23. Dezember
Saturn:	10. Februar	1227	Löwe	21. August
Uranus:	9. September	2855	Wassermann	5. März
Neptun:	13. August	4343	Steinbock	8. Februar
Pluto:	19. Juni	4532	Schütze	21. Dezember

2008

	Januar	Februar	März	April
Mo	7 14 21 28	4 11 18 25	3 10 17 **24** 31	7 14 21 28☾
Di	**1** 8● 15☽ 22○ 29	5 12 19 26	4 11 18 25	1 8 15 22 29
Mi	2 9 16 23 30☾	6 13 20 27	5 12 19 26	2 9 16 23 30
Do	3 10 17 24 31	7● 14☽ 21○ 28	6 13 20 27	3 10 17 24
Fr	4 11 18 25	1 8 15 22 29☾	7● 14☽ 21○ 28	4 11 18 25
Sa	5 12 19 26	2 9 16 23	1 8 15 22 29☾	5 12☽ 19 26
So	6 13 20 27	3 10 17 24	2 9 16 23 30	6● 13 20○ 27

	Mai	Juni	Juli	August
Mo	5● 12☽ 19 26	2 9 16 23 30	7 14 21 28	4 11 18 25
Di	6 13 20○ 27	3● 10☽ 17 24	1 8 15 22 29	5 12 19 26
Mi	7 14 21 28☾	4 11 18○ 25	2 9 16 23 **30**	6 13 20 27
Do	**1** 8 15 **22** 29	5 12 19 26☾	3● 10☽ 17 24 31	7 14 21 28
Fr	2 9 16 23 30	6 13 20 27	4 11 18○ 25☾	1● 8☽ 15 22 29
Sa	3 10 17 24 31	7 14 21 28	5 12 19 26	2 9 16○ 23☾ 30●
So	4 11 18 25	1 8 15 22 29	6 13 20 27	3 10 17 24 31

	September	Oktober	November	Dezember
Mo	1 8 15○ 22☾ 29●	6 13 20 27	3 10 17 24	1 8 15 22 29
Di	2 9 16 23 30	7☽ 14○ 21☾ 28	4 11 18 25	2 9 16 23 30
Mi	3 10 17 **24**	1 8 15 22 29●	5 12 19☾ 26	3 10 17 24 31
Do	4 11 18 25	2 9 16 23 30	6☽ 13○ 20 27●	4 11 18 **25**
Fr	5 12 19 26	**3** 10 17 24 31	7 14 21 28	5☽ 12○ 19☾ **26**
Sa	6 13 20 27	4 11 18 25	**1** 8 15 22 29	6 13 20 27●
So	7☽ 14 21 28	5 12 19 26	2 9 16 23 30	7 14 21 28

Feiertage:

Aschermittwoch:	6. Februar	Pfingstsonntag:	11. Mai	Totensonntag:	23. Nov.
Ostersonntag:	23. März	Fronleichnam:	22. Mai	1. Advent:	30. Nov.
Chr. Himmelfahrt:	1. Mai	Buß- und Bettag:	19. Nov.		

Das Jahr 2008 ist ein **Schaltjahr** zu 366 Tagen.

Beginn der Jahreszeiten:

Frühling: 20. März 6^h48^m
Sommer: 21. Juni 0^h59^m
Herbst: 22. Sept. 16^h44^m
Winter: 21. Dez. 13^h03^m
Erde in Sonnennähe: 3. Jan. 1^h
Erde in Sonnenferne: 4. Juli 9^h

Finsternisse:

7. Februar: Ringförmige Sonnenfinsternis
1. August: Totale Sonnenfinsternis
21. Februar: Totale Mondfinsternis
16. August: Partielle Mondfinsternis

Planeten:

Innere Planeten

Merkur:	Größte östliche Elongation:	*22. Jan.* (19°)	**14. Mai** (22°)	11. Sept. (27°)
	Größte westliche Elongation:	3. März (27°)	*1. Juli* (22°)	**22. Okt.** (18°)
Venus:	Obere Konjunktion: 9. Juni			

Äußere Planeten	Opposition	(Mio. km)	im Sternbild	Konjunktion
Mars:	–	–	Schütze	5. Dezember
Jupiter:	9. Juli	622	Schlangenträger	–
Saturn:	24. Februar	1240	Löwe	4. September
Uranus:	13. September	2856	Wassermann	8. März
Neptun:	15. August	4342	Steinbock	11. Februar
Pluto:	20. Juni	4558	Schütze	22. Dezember

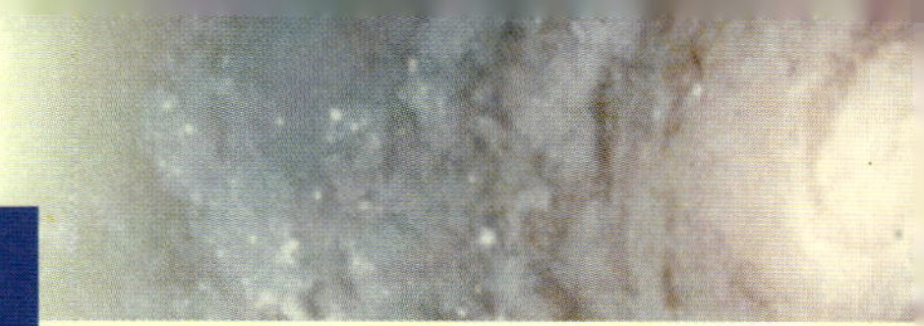

Handlich, aktuell, unentbehrlich

Das bewährte Astro-Standardwerk präsentiert sich jetzt in komplett aktualisierter Form. Alle Bereiche der Astronomie und Weltraumkunde werden kompakt und auf dem neuesten Stand der Forschung dargestellt.

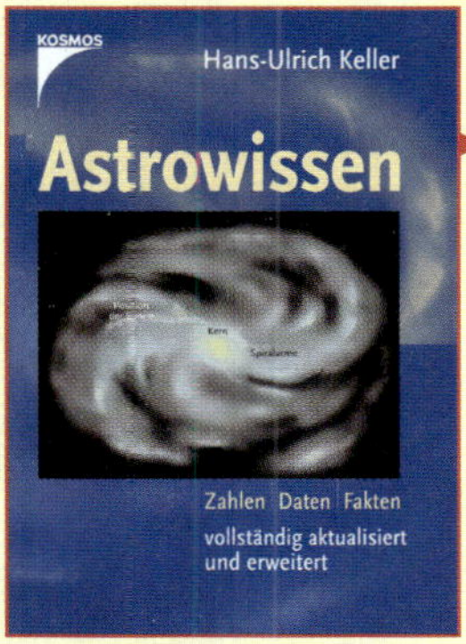

Hans-Ulrich Keller
Astrowissen

240 Seiten
110 Abbildungen
gebunden

ISBN 3-440-08074-9

Wie wird das Wetter? Der Meteorologe Uwe Wesp weist den Weg durch Wind und Wolken und erklärt typische Wetterverläufe. Mit der praktischen Wetterscheibe lassen sich mühelos eigene Kurzzeit-Prognosen erstellen!

Uwe Wesp
Der Kosmos Wetterführer

64 Seiten
75 Abbildungen
kartoniert

ISBN 3-440-08064-1

Das umfassende Handbuch für alle „Mondsüchtigen". Sternfreunde und Naturbeobachter erhalten nicht nur eine Einführung in die Landschaft der Mond-Krater und der Mond-„Meere". Sie erfahren auch, wie der Mond jeden Tag anders und neu zu beobachten ist.

Lacroux/Legrand
Der Kosmos Mondführer

144 Seiten
170 Abbildungen
Klappenbroschur

ISBN 3-440-08447-7

KOSMOS

Faszination Weltall

Die himmlischen Kalender

Ein Muss für anspruchsvolle Sternbeobachter: Der „Sternenhimmel" erscheint jetzt im 61. Jahrgang. Das beeindruckende Werk bietet alle notwendigen Detail-Informationen für jeden Sternfreund!

- 3.000 Himmelsereignisse sind übersichtlich aufbereitet
- Astrokalender für jeden Tag

Hans Roth (Hrsg.)
Der Sternenhimmel 2001

356 Seiten
90 Abbildungen
Klappenbroschur

ISBN 3-440-08458-

Der himmlische Terminkalender für Sternbeobachter und alle, die es werden wollen! Von Juli 2000 bis Juli 2001 bietet das Astro.Jahr für jeden Monat alle wichtigen Informationen zu Sonne, Mond und Planeten. Unter anderem mit folgenden praktischen Projekten:

- die Mondfinsternis im Januar 2001
- der Kleinplanet Vesta im Fernglas
- Sternschnuppen am Sommerhimmel

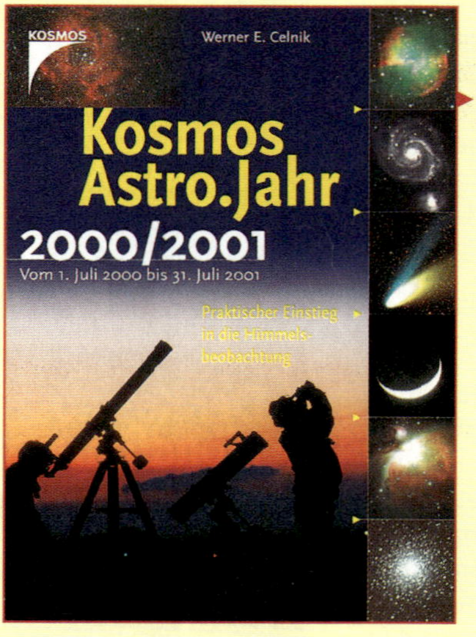

Werner E. Celnik
Kosmos Astro.Jahr 2000/2001

160 Seiten
197 Abbildungen
kartoniert

ISBN 3-440-08071-4

www.kosmos.de

Den Himmel entdecken

Das leicht verständliche Jahrbuch für die schnelle Orientierung am Nachthimmel. Einprägsame Grafiken und Monatssternkarten zeigen die „himmlischen“ Abläufe auf einen Blick. So macht die Himmelsbeobachtung von Anfang an Spaß – Monat für Monat in Bild und Text.

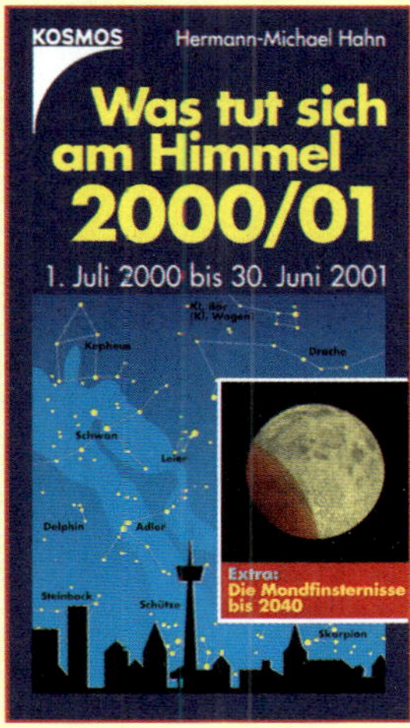

Hermann-Michael Hahn
Was tut sich am Himmel 2000/01

96 Seiten
12 Sternkarten
52 Abbildungen
Klappenbroschur

ISBN 3-440-08059-5

Dieses Set vereint alles, was der Einsteiger zur Beobachtung des nächtlichen Himmels braucht: Sternkarte und Sternführer, der den Sternhimmel Monat für Monat mit den aktuellen Planetenpositionen präsentiert und über die Namen der Sterne und Sternbilder informiert. Das Astro-Poster der Plejaden (Siebengestirn) im Format DIN A2 ist ein dekorativer Wandschmuck.

Hahn/Weiland
Das Kosmos Sternhimmel-Set

Drehbare Sternkarte für Einsteiger, Sternführer „Den Himmel entdecken“ (96 S., 70 Abb.), Astro-Poster A2

ISBN 3-440-08134-6

Brandheiße Aussichten
Die Software Quantum Image - Lassen Sie sich faszinieren von der neuen Dimension der Bildbearbeitung.
CORONADO
QUANTUM IMAGE
Version 4.0
NEU: H-Alpha-Sonnenfilter für Amateurastronomen.
OSDV - Ihre Coronado-Generalvertretung.
Wir bauen jetzt unser Händlernetz auf - Setzen Sie sich mit uns in Verbindung!
Losmandy
Teleskope & Zubehör
Ihr kompetenter Fachhändler für Losmandy-, Tele-Vue-, Meade-, Bresser-, JMI-, Celestron- & Vixen-Produkte. Wir beraten Sie unabhängig und kompetent zu allen Sachfragen der Astronomie und hochwertigem Zubehör.
Komplettes Info-Paket gegen 8,- DM in Briefmarken
O.S.D.V.
Göttker/Pietsch GmbH
Münsterstraße 111 · D-48155 Münster
Tel. +49 (0) 25 06 - 29 00 + 29 10 · Fax +49 (0) 25 06 - 29 12
www.osdv.de · www.osdv.com · E-Mail: info@osdv.de